OPENBOOK

LICENCE / BACHELOR

MATHÉMATIQUES

EN ÉCONOMIE-GESTION

STÉPHANE ROSSIGNOL

DUNOD

Les contenus complémentaires et les corrigés des exercices sont disponibles en ligne sur www.dunod.com à la page du livre.

Conseiller éditorial : Lionel Ragot

Création graphique de la maquette intérieure : SG Créations
Création graphique de la couverture : Hokus Pokus Créations
Crédits iconographiques : Master Lu – Fotolia.com

Illustrations : Élisabeth Rossignol

5 rue Laromiguière, 75005 Paris
www.dunod.com

ISBN 978-2-10-070954-0

Sommaire

Avant-propos

Pourquoi faut-il étudier les mathématiques en licence d'économie-gestion et en bachelor ? Les nouveaux bacheliers sont souvent surpris de devoir étudier autant les mathématiques en licence d'économie-gestion et en bachelor. Toutefois ils doivent se rendre compte rapidement que celles-ci sont très utiles car :

– les données économiques sont très souvent quantitatives ;

– pour raisonner rigoureusement, la formalisation mathématique et la modélisation sont souvent nécessaires.

En physique comme en économie, la modélisation consiste à représenter de façon simplifiée la réalité pour pouvoir en analyser précisément et rigoureusement un aspect. On traduit en termes mathématiques les hypothèses que l'on fait sur les questions économiques étudiées, puis on en tire logiquement et mathématiquement les conséquences, qu'on retraduit ensuite en termes économiques. Dans ses *Principes mathématiques de la théorie des richesses* (1838), Cournot est un précurseur de la modélisation mathématique en économie. Celle-ci sera de plus en plus développée à partir de la révolution marginaliste (1870).

Remarquons que les variables économiques dépendent les unes des autres, c'est pourquoi il est particulièrement utile de connaître la théorie mathématique des fonctions d'une ou plusieurs variables réelles. Les agents économiques ont un comportement d'optimisation : la firme cherche à maximiser son profit, le consommateur veut maximiser son bien-être ou son utilité, etc. Ceci rend nécessaire l'étude de l'optimisation mathématique, c'est-à-dire la recherche des maxima et des minima des fonctions d'une ou plusieurs variables.

Que trouve-t-on dans ce manuel ? Le manuel commence par sept chapitres consacrés à l'analyse des fonctions d'une variable. Les trois chapitres suivants exposent les bases de l'algèbre linéaire. Les deux derniers chapitres sont dévolus aux fonctions de plusieurs variables (non linéaires).

Plus précisément, le premier chapitre donne les bases des fonctions d'une variable réelle. Le deuxième est consacré à la dérivation. Le troisième donne une introduction aux suites numériques, utiles particulièrement quand on étudie l'évolution dans le temps d'une variable économique. Le quatrième traite des limites et de la continuité des fonctions d'une variable réelle. Bien que, dans les manuels, les limites sont généralement exposées en détail avant d'aborder la dérivation, nous avons préféré l'ordre inverse, pour des raisons pédagogiques. Nous avons seulement introduit la notion de limite finie en un point au chapitre 2, c'est-à-dire juste ce qui est nécessaire pour comprendre la définition du nombre dérivé comme limite du taux d'accroissement. Cet ordre est celui des programmes de mathématiques au lycée.

Le chapitre 5 présente en détail les fonctions puissances, logarithmes et exponentielles, qui permettent de modéliser une croissance (ou décroissance) régulière. Le sixième chapitre donne l'essentiel de ce qu'il faut connaître pour l'étude locale d'une fonction au voisinage d'un point, et l'étude globale sur tout un intervalle, en particulier pour la recherche des extrema. Le septième chapitre donne les rudiments de calcul intégral.

Les chapitres 8, 9 et 10 exposent l'essentiel de l'algèbre linéaire. Après un exemple introductif, on explique ce qu'est un espace vectoriel, une application linéaire, une matrice, un déterminant. On apprend comment résoudre un système d'équations linéaires et comment diagonaliser une matrice.

Le onzième chapitre est une introduction aux fonctions de plusieurs variables. Enfin le dernier chapitre est consacré à l'optimisation des fonctions de plusieurs variables, si importante en économie.

Ce livre ne traite que des mathématiques nécessaires pour la licence d'économie-gestion et le bachelor :

- nous avons écarté les thèmes mathématiques utiles aux économistes et aux gestionnaires, mais d'un niveau trop avancé, comme l'optimisation dynamique, le contrôle optimal, la programmation linéaire, etc. ;
- nous avons aussi omis les questions mathématiques qui sont abordées couramment en licence de sciences, mais qui sont moins immédiatement utiles en économie et en gestion : fonctions trigonométriques, nombres complexes, équations différentielles, etc. ;
- nous ne traitons pas non plus des probabilités et des statistiques car celles-ci font l'objet d'un autre manuel dans la même collection.

Quelles sont les spécificités de ce manuel ? Chaque chapitre commence par une introduction qui explique de la façon la plus simple possible l'intérêt et l'idée générale des notions vues dans le chapitre. Comme pour tous les ouvrages de la collection « Openbook », chaque chapitre commence par une rubrique « Objectifs » et finit par « Les points clés », pour clarifier toujours davantage le travail et les enjeux. La rubrique « Les grands auteurs » présente un mathématicien important.

La plupart des théorèmes et propositions sont démontrés. Rappelons qu'en mathématique, proposition et théorème sont synonymes : dans les deux cas, il s'agit d'assertions que l'on démontre rigoureusement. Les démonstrations les plus longues sont disponibles sur le site www.dunod.com.

On s'est efforcé de donner de nombreux exemples, et également de nombreuses applications économiques détaillées et concrètes, pour comprendre l'utilité des notions mathématiques étudiées.

Plusieurs exercices figurent à la fin de chaque chapitre. Certains sont corrigés en fin d'ouvrage ; on trouvera la correction des autres sur le site www.dunod.com.

Remerciements. Je tiens à remercier chaleureusement pour leurs relectures et leurs commentaires : Meglena Jeleva, Raphaël Giraud et Chimène Fischler, ainsi que Morgane Tanvé, Antoine Auberger et François Lassner. Merci également à Lionel Ragot et aux éditions Dunod pour leur proposition de rédiger ce manuel. Bien entendu, je reste seul responsable des erreurs et insuffisances de ce livre. Enfin, je remercie Élisabeth pour ses illustrations.

À Gabriel.

Table des matières

Chapitre 1

Les variables économiques dépendent les unes des autres : le taux de chômage dépend du taux de croissance de l'économie (et de bien d'autres facteurs), le profit des entreprises dépend du niveau de la consommation, etc. C'est pourquoi les économistes ont besoin de savoir analyser des variables quantitatives et la façon dont elles dépendent les unes des autres. Cela nécessite de connaître l'analyse mathématique des fonctions et de leurs propriétés.

Les fonctions les plus simples sont les fonctions d'une seule variable réelle. Nous commençons leur étude dans ce chapitre. Comme toutes les mathématiques modernes sont fondées sur la théorie des ensembles, il est utile de débuter par un rappel sur ce sujet. Enfin, nous abordons ici les raisonnements par récurrence. Ils peuvent être nécessaires quand on veut montrer qu'une propriété qui dépend d'un entier n est vraie pour toute valeur de cet entier.

LES GRANDS AUTEURS

Gottfried Wilhelm Leibniz (1646-1716)

G.W. Leibniz était un esprit universel. Docteur en droit, il s'intéressa à toutes sortes de disciplines : physique, logique, philosophie, mathématiques. Il disait en effet : « Je ne méprise presque rien. »
En physique, il inventa le concept d'énergie cinétique, sous le nom de « force vive ».
En logique, il voulait créer une langue universelle qui serait entièrement logique.
Son système philosophique original cherchait à dépasser tout dualisme et à montrer l'harmonie de l'univers.
En mathématiques, il est le premier à avoir utilisé le terme de « fonction », et il est co-inventeur avec Newton (▸ chapitre 2) du calcul infinitésimal, c'est-à-dire du calcul mathématique utilisant les dérivées. ■

Fonctions d'une variable réelle : les bases

Plan

Objectifs

→ **Connaître** les bases élémentaires de la théorie des ensembles.

→ **Comprendre** ce qu'est une fonction.

→ **Savoir utiliser** les fonctions usuelles les plus simples.

→ **Découvrir** la notion de raisonnement par récurrence.

1 Rappels sur les ensembles

1.1 Introduction

Toute l'analyse mathématique moderne repose sur la théorie des ensembles. Nous n'allons pas commencer par faire un cours général sur la théorie des ensembles, car cela peut être très compliqué ! Nous allons seulement introduire le minimum indispensable.

Dans la vie courante, on a souvent besoin de regrouper des « objets » qui se ressemblent. Par exemple les habits de taille S, ou bien les élèves d'un lycée qui apprennent l'allemand, etc. Dans tous les cas on a une collection d'objets qui vont « ensemble » parce qu'ils ont quelque chose en commun.

Le symbole $\in$ signifie « appartient », et le symbole $\notin$ signifie « n'appartient pas ».

En mathématiques, on appelle une telle collection d'objets un **ensemble**, et chacun des objets en question est désigné par le nom d'**élément**. Par exemple, l'ensemble L des lettres de l'alphabet comporte 26 éléments. L'ensemble des voyelles comporte 6 éléments. Si on désigne par V ce dernier ensemble, alors $V = \{a; e; i; o; u; y\}$, et on note $a \in V$ pour signifier que la lettre a appartient à l'ensemble des voyelles. Comme b est une lettre mais n'est pas une voyelle, on note alors $b \in L$ mais $b \notin V$.

On peut définir un ensemble simplement en donnant la liste de ses éléments. On dit que l'ensemble est défini **en extension**. Par exemple $E = \{2; 3; 4; 5; 6\}$.

On peut aussi définir un ensemble en donnant une propriété qui caractérise ses éléments. On dit que l'ensemble est défini **en compréhension**. Par exemple on peut dire que E est l'ensemble des entiers compris entre 2 et 6. En notation mathématique, on écrit $E = \{x\,;\, x \text{ entier et } 2 \leq x \leq 6\}$.

On dit qu'un **ensemble** est **fini** s'il comporte un nombre fini d'éléments. On appelle **cardinal** de cet ensemble le nombre de ses éléments. Par exemple l'ensemble E que nous venons de considérer est fini, de cardinal égal à 5, et on note $card(E) = 5$.

On dit qu'un **ensemble** est **infini** s'il comporte un nombre infini d'éléments. Par exemple l'ensemble $\mathbb{N}$ des entiers positifs ou nuls est un ensemble infini.

Il est utile également de considérer un ensemble qui n'a aucun élément. On appelle **ensemble vide** un tel ensemble, et on le note $\varnothing$.

1.2 Opérations sur les ensembles

Considérons deux ensembles A et B.

Définition 1.1

Quand tous les éléments de l'ensemble A sont aussi éléments de l'ensemble B, on dit que A est **inclus** dans B et on note $A \subset B$. On dit aussi que A est une **partie** de B, ou que A est un **sous-ensemble** de B.

Remarquons que l'écriture mathématique de la phrase « tous les éléments de A sont aussi éléments de B » est :

$$\forall x, \qquad x \in A \Rightarrow x \in B$$

Le symbole ∀ signifie « pour tout » et le symbole ⇒ signifie « implique ».

Exemple 1.1

Toutes les voyelles sont des lettres, donc $V \subset L$. L'ensemble des voyelles est une « partie » de l'ensemble des lettres.

À partir de deux ensembles A et B, on peut former d'autres ensembles à l'aide des opérations « union » et « intersection ». On les définit de la façon suivante.

Définition 1.2

$A \cup B$ est l'ensemble des éléments qui sont dans A ou dans B (ou dans les deux). On lit « A union B ».
$A \cap B$ est l'ensemble des éléments qui sont à la fois dans A et dans B. On lit « A inter B ».

Il est pratique de représenter graphiquement les ensembles à l'aide de diagrammes de forme ovale. On appelle ces représentations des **diagrammes de Venn**.

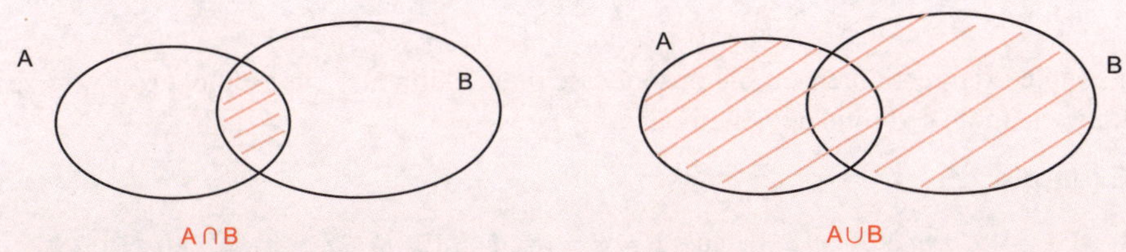

(a) L'intersection A ∩ B
(b) L'union A ∪ B

▲ **Figure 1.1** Diagrammes de Venn

Exemple 1.2

Notons D l'ensemble formé des 5 premières lettres de l'alphabet, c.-à-d. $D = \{a; b; c; d; e\}$. Alors si V est l'ensemble des voyelles, on a :

$$V \cap D = \{a; e\} \quad \text{et} \quad V \cup D = \{a; b; c; d; e; i; o; u; y\}$$

L'union est la façon ensembliste de dire « ou », l'intersection est la façon ensembliste de dire « et ». Il est aussi utile de savoir dire « non » dans le langage de la théorie des ensembles. C'est l'objet de la définition suivante.

Définition 1.3

Si A et B sont deux ensembles, alors $A \setminus B$ désigne l'ensemble des éléments qui sont dans A mais pas dans B.

Exemple 1.3

Si $A = \{3; 4; 5; 6; 7\}$ et $B = \{6; 7; 8; 9; 10\}$, alors $A \setminus B = \{3; 4; 5\}$.

Définition 1.4

Si on est dans un ensemble E fixé, et qu'on considère uniquement des parties de E, alors **le complémentaire** de A dans E est l'ensemble de tous les éléments de E qui ne sont pas dans A. On note A^c cette partie de E.
Pour tout partie A de E, on a donc $A^c = E \setminus A = \{x \in E; x \notin A\}$.

Exemple 1.4

Dans l'ensemble des lettres, il est clair que $V^c = C$, où C est l'ensemble des consonnes. Autrement dit, le complémentaire de l'ensemble des voyelles est l'ensemble des consonnes.

Définition 1.5

Si E et F sont deux ensembles, on appelle **produit cartésien** de E et F, noté $E \times F$, l'ensemble de tous les couples $(x; y)$ où $x \in E$ et $y \in F$. Si $E = F$, le produit cartésien $E \times E$ est noté E^2.
On peut aussi considérer le produit cartésien de n ensembles E_1, ..., E_n. C'est l'ensemble noté $E_1 \times \ldots \times E_n$, de tous les n-uplets $(x_1; \ldots; x_n)$, où $x_i \in E_i$ pour tout i. Si tous les E_i sont égaux, le produit cartésien $E_1 \times \ldots \times E_n$ est noté E^n.

Un couple $(x; y)$ est un ensemble ordonné de deux éléments. Un n-uplet $(x_1, x_2, \ldots, x_n)$ est un ensemble ordonné de n éléments.

Exemple 1.5

1. Si $E = \{a; b; c\}$ et $F = \{2; 3\}$, alors $E \times F = \{(a; 2), (a; 3), (b; 2), (b; 3), (c; 2), (c; 3)\}$.
2. Si $E = \{j; k\}$, alors $E^2 = \{(j; j), (j; k), (k; j), (k; k)\}$.

Remarquons que dans un couple, l'ordre compte. Ainsi $(j; k) \neq (k; j)$. De même, dans un n-uplet $(x_1; \ldots; x_n)$, l'ordre compte.

1.3 Les ensembles de nombres

En mathématiques, on s'intéresse beaucoup aux nombres, donc aussi aux ensembles de nombres. Ce que nous venons de voir sur les ensembles s'applique bien sûr aux ensembles de nombres. Rappelons quels sont les principaux ensembles de nombres qu'il est utile de connaître.

1.3.1 Les nombres entiers et rationnels

- L'ensemble des nombres entiers positifs ou nuls est noté $\mathbb{N}$. On l'appelle aussi **ensemble des entiers naturels**. On a $\mathbb{N} = \{0; 1; 2; 3; \ldots\}$.
- L'ensemble des nombres entiers positifs, négatifs ou nuls est noté $\mathbb{Z}$. On l'appelle aussi **ensemble des entiers relatifs**. On a $\mathbb{Z} = \{\ldots; -3; -2; -1; 0; 1; 2; 3; \ldots\}$.

- L'**ensemble des nombres rationnels** est noté $\mathbb{Q}$. C'est l'ensemble des nombres qui s'écrivent comme un entier divisé par un autre entier.

  On a $\mathbb{Q} = \left\{\frac{p}{q} ; \text{ où } p \in \mathbb{Z} \text{ et } q \in \mathbb{Z}, \text{ avec } q \neq 0\right\}$.

On ajoute en indice le signe + quand on veut se restreindre aux nombres positifs, et le signe – quand on veut se restreindre aux nombres négatifs. On met en exposant le signe * pour préciser que l'on enlève le nombre 0.

Exemple 1.6

$\mathbb{Q}^* = \{x \in \mathbb{Q} ; x \neq 0\}$
$\mathbb{Q}^*_+ = \{x \in \mathbb{Q} ; x > 0\}$
$\mathbb{Z}_- = \{x \in \mathbb{Z} ; x \leq 0\}$

1.3.2 L'ensemble $\mathbb{R}$ des nombres réels

Il est souvent pratique de représenter les nombres sur une droite. Les nombres entiers peuvent être ainsi représentés comme des graduations sur cette droite.

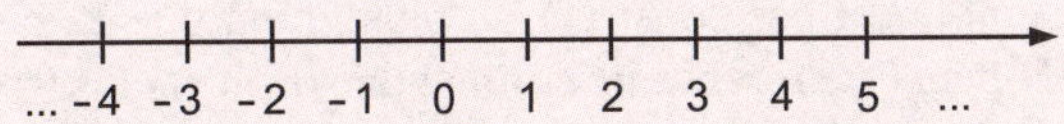

▲ **Figure 1.2** Les nombres sur la droite

On voit clairement qu'avec les nombres entiers, il y a des « trous » sur la droite. Autrement dit, il y a beaucoup plus de points sur la droite que de nombres entiers. Les points strictement compris entre 1 et 2 par exemple, ne correspondent à aucun entier.

Si on représente les nombres rationnels sur cette même droite, alors on a l'impression de « boucher les trous » entre les points représentant les entiers. En effet, il y a une infinité de rationnels compris par exemple entre 1 et 2. Bouche-t-on complètement tous les trous en procédant ainsi ? Autrement dit, toute longueur représentable sur la droite correspond-elle à un nombre rationnel ? On sait depuis l'Antiquité que la réponse est négative. Les anciens Grecs en effet savaient que si on considère un carré de côté 1, la longueur de la diagonale (que nous notons de nos jours $\sqrt{2}$) ne correspond à aucun rationnel.

Il n'existe pas d'entiers p et q tels que $\frac{p}{q}$ = longueur du côté de la diagonale = $\sqrt{2}$.

Cette découverte avait beaucoup perturbé les mathématiciens grecs. Bien que les rationnels soient très nombreux, quand on les représente sur une droite, il y a encore des trous ! Pour combler ces trous, c'est-à-dire pour que chaque point corresponde à un nombre, nous allons utiliser la notation décimale des nombres. Un entier s'écrit bien sûr sans chiffre après la virgule. Un rationnel non entier peut s'écrire avec un nombre fini ou infini de chiffres après la virgule.

Par exemple : $\frac{18}{5} = 3{,}6$; $\frac{4}{3} = 1{,}333\ldots$; $\frac{72}{11} = 6{,}545454\ldots$

Si un rationnel s'écrit avec un nombre infini de chiffres après la virgule, alors son développement décimal[1] est toujours périodique. Pour combler les trous sur la ligne, il suffit d'accepter les développements décimaux infinis non périodiques. On appelle $\mathbb{R}$ l'ensemble des nombres qui ont une écriture décimale avec un nombre fini ou infini de chiffres après la virgule, que ce développement décimal soit périodique ou pas. Un tel nombre sera appelé nombre réel, et $\mathbb{R}$ est l'ensemble des nombres réels. Il est clair que $\mathbb{N} \subset \mathbb{Z} \subset \mathbb{Q} \subset \mathbb{R}$. Comme pour $\mathbb{Z}$ et $\mathbb{Q}$, on a les notations :

$$\mathbb{R}_+ = \{x \in \mathbb{R}; \quad x \geq 0\}$$
$$\mathbb{R}_- = \{x \in \mathbb{R}; \quad x \leq 0\}$$
$$\mathbb{R}^* = \{x \in \mathbb{R}; \quad x \neq 0\}$$

1.3.3 L'ensemble $\mathbb{C}$ des nombres complexes

Nous avons vu que dans l'ensemble $\mathbb{Q}$ des nombres rationnels, il n'y a pas de solution à l'équation $x^2 = 2$ (la diagonale du carré de coté 1 n'est pas rationnelle). La construction de $\mathbb{R}$ permet d'avoir des solutions à l'équation $x^2 = 2$ (et aussi à $x^2 = 3$, etc.). Il serait utile aussi d'avoir des solutions à l'équation $x^2 = -1$. Mais dans $\mathbb{R}$ il n'y en a pas, car le carré d'un nombre réel est toujours positif.

L'ensemble $\mathbb{C}$ des nombres complexes permet de résoudre ce type d'équations (et bien d'autres...). Cet ensemble est par construction plus grand que $\mathbb{R}$, c'est-à-dire $\mathbb{R} \subset \mathbb{C}$. Nous avons vu que $\mathbb{R}$ peut être représenté comme une droite (sans trous...). $\mathbb{C}$ peut être représenté comme un plan. Nous n'en dirons pas plus sur ce sujet, car dans ce livre nous travaillerons seulement sur l'ensemble $\mathbb{R}$.

1.3.4 Les intervalles de $\mathbb{R}$

Les intervalles sont des parties de $\mathbb{R}$ qui méritent une étude particulière.

Définition 1.6

Si I est une partie de $\mathbb{R}$, on dit que I est un **intervalle** si pour tout $x, y \in I$, l'ensemble I contient tous les nombres réels compris entre x et y.
On distingue les **intervalles fermés** (qui contiennent leurs extrémités), les **intervalles ouverts** (qui ne contiennent aucune de leurs extrémités) et les intervalles semi-ouverts.

Dans $\mathbb{R}$, on a des notations spécifiques pour les intervalles. Si a et b sont deux nombres réels donnés, avec $a < b$, alors on note :

$[a; b] = \{x \in \mathbb{R}; a \leq x \leq b\}$ qui est l'intervalle fermé d'extrémités a et b.

$]a; b[= \{x \in \mathbb{R}; a < x < b\}$ qui est l'intervalle ouvert d'extrémités a et b.

On a aussi les intervalles semi-ouverts :

$[a; b[= \{x \in \mathbb{R}; a \leq x < b\}$

$]a; b] = \{x \in \mathbb{R}; a < x \leq b\}$

1 Le « développement décimal » signifie la suite des chiffres après la virgule. Il est périodique s'il est composé d'une même suite de chiffres répétée indéfiniment.

Enfin, il y a les intervalles non bornés :

$[a; +\infty[= \{x \in \mathbb{R}; a \leq x\}$ qui est fermé

$]a; +\infty[= \{x \in \mathbb{R}; a < x\}$ qui est ouvert

$]-\infty; a] = \{x \in \mathbb{R}; x \leq a\}$ qui est fermé

$]-\infty; a[= \{x \in \mathbb{R}; x < a\}$ qui est ouvert

∞ est le symbole mathématique désignant l'infini.

L'ensemble vide est un intervalle, on peut par exemple l'écrire $\varnothing =]1; 1[$.
$\mathbb{R}$ est lui-même un intervalle. On peut l'écrire $\mathbb{R} =]-\infty; +\infty[$.
On peut remarquer facilement qu'une intersection d'intervalles est un intervalle. En revanche, une union d'intervalles n'est pas forcément un intervalle.

Exemple 1.7

Intersections d'intervalles :

$[2; 5] \cap]3; 6] =]3; 5]$

$]-1; +6] \cap [2; +\infty[= [2; 6]$

$[2; 4] \cap [7; 10] = \varnothing$

Unions d'intervalles :

$[2; 15] \cup]5; 32[= [2; 32[$ est un intervalle.

$[2; 5] \cup]15; 32[$ n'est pas un intervalle.

Définition 1.7

L'**intérieur** d'un intervalle I est par définition cet intervalle auquel on a enlevé les extrémités. On le notera $\text{int}(I)$.
On dit que x_0 est un point intérieur à I s'il est élément de $\text{int}(I)$.

Exemple 1.8

Si $I = [3; 5]$, son intérieur est $\text{int}(I) =]3; 5[$
Si $I = [4; 8[$, son intérieur est $\text{int}(I) =]4; 8[$
Si $I = [2; +\infty[$, son intérieur est $\text{int}(I) =]2; +\infty[$

Définition 1.8

Si $x_0 \in \mathbb{R}$, on dit qu'une propriété $\mathcal{P}(x)$ est vraie **au voisinage de** x_0 si elle est vraie pour tout x suffisamment proche de x_0, autrement dit s'il existe un nombre $r > 0$ (même petit), tel que $\mathcal{P}(x)$ est vraie pour tout $x \in]x_0 - r; x_0 + r[$.

Cette notion de propriété vraie « au voisinage de » est utile quand on parle de continuité ou de dérivabilité des fonctions (▸ chapitres 2 et 4).

Exemple 1.9

On peut dire que la propriété « $x(2 - x) \geq 0$ » est vraie au voisinage de $x_0 = 1$, car pour tout $x \in]0; 2[$, on a $x(2 - x) \geq 0$. Par contre cette propriété est fausse au voisinage de 2, car pour tout $x > 2$, on a $x(2 - x) < 0$ (même pour x très proche de 2).

1.4 Majorants, minorants

Quand on considère un ensemble de nombre réels, même défini de façon un peu abstraite, il est utile de savoir si ses éléments sont bornés, c'est-à-dire encadrés par deux nombres donnés, ou bien s'ils peuvent être aussi grands que l'on veut. C'est l'objet des définitions suivantes. Considérons une partie non vide A de $\mathbb{R}$.

Définition 1.9

- On dit que A est **minorée** s'il existe $k \in \mathbb{R}$ tel que $k \leq x$ pour tout $x \in A$. On dit alors que k est un **minorant** de A.
- On dit que A est **majorée** s'il existe $K \in \mathbb{R}$ tel que $K \geq x$ pour tout $x \in A$. On dit alors que K est un **majorant** de A.
- On dit que A est **bornée** si elle est majorée et minorée.

Exemple 1.10

- Soit $A_1 = [1; +\infty[$. Alors A_1 est minorée mais n'est pas majorée. Tous les nombres réels inférieurs ou égaux à 1 sont des minorants de A_1.
- Soit $A_2 = [-3; 7[$. Alors A_2 est minorée et majorée, donc bornée.
- Soit $A_3 = \mathbb{N}$. Alors A_3 est minorée par 0 mais pas majorée.

Définition 1.10

- On dit que A admet un **plus petit élément** s'il existe un élément m de A qui minore tous les autres. On note $m = \min(A)$.
- On dit que A admet un **plus grand élément** s'il existe un élément M de A qui majore tous les autres. On note $M = \max(A)$.

Exemple 1.11

Soit $A = [3; 5[$. Il est clair que A admet un plus petit élément qui est $m = 3$. Par contre, A n'admet pas de plus grand élément. (Le nombre 5 majore A mais il n'appartient pas à A.)

Proposition 1.1

- Si A est une partie non vide majorée de $\mathbb{R}$, alors l'ensemble de ses majorants admet toujours un plus petit élément. On le note $\sup(A)$, et on l'appelle **borne supérieure** de A.
- Si A est une partie non vide minorée de $\mathbb{R}$, alors l'ensemble de ses minorants admet toujours un plus grand élément. On le note $\inf(A)$, et on l'appelle **borne inférieure** de A.

Il s'agit d'une propriété importante de l'ensemble $\mathbb{R}$, que nous ne démontrerons pas. Notons que ceci n'est pas vrai dans $\mathbb{Q}$. Par exemple, soit $B = \{x \in \mathbb{Q}; x^2 < 2\}$. Cet ensemble est majoré dans $\mathbb{Q}$, mais n'admet pas de borne supérieure dans $\mathbb{Q}$. Par contre, il admet une borne supérieure dans $\mathbb{R}$, il s'agit de $\sqrt{2}$.

Exemple 1.12

Soit $A =]2; +\infty[$. Ici A n'est pas majorée, donc n'a pas de borne supérieure. En revanche, elle est minorée ; sa borne inférieure est 2. Néanmoins elle n'a pas de plus petit élément.

2 Fonctions

2.1 Qu'est-ce qu'une fonction ?

Dans la vie courante, on dit qu'une chose est « fonction » d'une autre, si la première chose dépend de la seconde. Par exemple, les vêtements qu'une personne porte sont fonction du temps qu'il fait. S'il pleut, elle porte un imperméable, s'il fait froid, elle porte un manteau, etc. En géométrie, la surface d'un carré est fonction du côté du carré : si le côté mesure 10 cm, alors la surface est 100 cm^2, si le côté mesure 20 cm, la surface est 400 cm^2, etc. En économie, on peut dire que le chômage est fonction de la croissance. Ces exemples vont nous aider à comprendre la définition mathématique d'une fonction.

Étant donnés deux ensembles A et B, on a la définition suivante.

Définition 1.11

Une **fonction** f de A dans B est une règle qui, à chaque élément de A, associe au plus un élément de B.
Pour tout $x \in A$, on note $f(x)$ l'élément de B (s'il existe) qui lui est associé par la fonction f. On appelle A l'ensemble de départ, et B l'ensemble d'arrivée.

Notation

On peut résumer ce qui précède à l'aide de la notation symbolique suivante :

$$\begin{aligned} f : A &\to B \\ x &\mapsto f(x) \end{aligned}$$

Si on représente graphiquement les ensembles A et B par des diagrammes de Venn, il est d'usage de représenter la fonction f par des flèches qui vont des éléments de A vers les éléments de B (► figure 1.3).

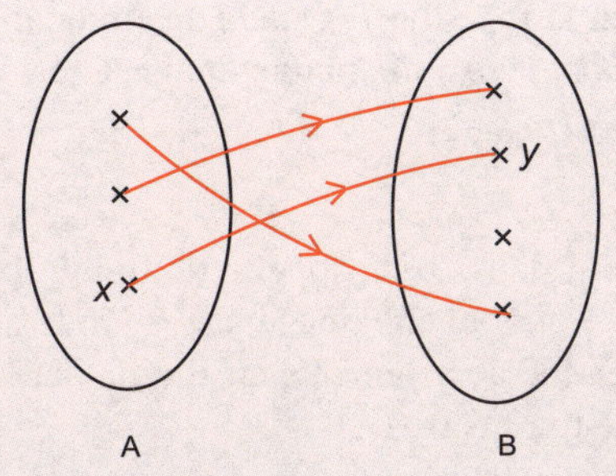

▲ **Figure 1.3 Une fonction de *A* dans *B***

Exemple 1.13

On note le bénéfice d'une petite entreprise lors de quatre années consécutives dans le tableau suivant.

Année	2010	2011	2012	2013
Bénéfice (en euros)	17 235	18 201	16 475	16 953

On peut dire que le bénéfice est fonction de l'année. Écrivons-le mathématiquement, avec les notations précédentes. Ici A est l'ensemble des années, c'est-à-dire $A = \{2010; 2011; 2012; 2013\}$. De plus, B est l'ensemble des bénéfices possibles ; disons pour simplifier : $B = \mathbb{R}$. Notre fonction f associe ici à chaque année le bénéfice effectivement réalisé. On a donc :

$$f(2010) = 17\,235$$
$$f(2011) = 18\,201$$
$$f(2012) = 16\,475$$
$$f(2013) = 16\,953$$

Exemple 1.14

À chaque nombre entier positif ou nul, on associe le double de ce nombre. La fonction f est alors définie de $\mathbb{N}$ dans $\mathbb{N}$. On ne peut pas comme dans l'exemple précédent énumérer chaque élément de l'ensemble de départ, puisque celui-ci est infini. On écrit alors plutôt :

$$\text{pour tout } x \in \mathbb{N}, \quad f(x) = 2x$$

Quand f est une fonction de A dans B, écrire $y = f(x)$ signifie donc que l'on a : $x \in A$, $y \in B$, et y est associé à x par la fonction f. On dit alors que y est l'**image** de x par f, et que x est l'**antécédent** de y par f.

Dans notre exemple 1.13, le nombre 17 235 est l'image de 2010 par f, et 2010 est l'antécédent de 17 235 par f.

Dans notre exemple 1.14, le nombre 16 est l'image de 8 par f, et 8 est l'antécédent de 16 par f.

Remarquons que dans notre définition de la notion de fonction, nous avons dit que f associe au plus un élément de B à chaque élément de A. Tout élément x de A a donc zéro ou une image par la fonction f. Quand on étudie la fonction f, les éléments de A qui nous intéressent sont ceux qui ont une image. C'est pourquoi on introduit les définitions suivantes.

Définition 1.12

Si f est une fonction de A dans B, on appelle **domaine de définition** de f l'ensemble des éléments de A qui ont une image par f. On le note D_f.
L'**image** de f est l'ensemble des éléments de B qui sont l'image d'au moins un élément de A. On la note $\mathrm{Im}(f)$ ou $f(A)$.

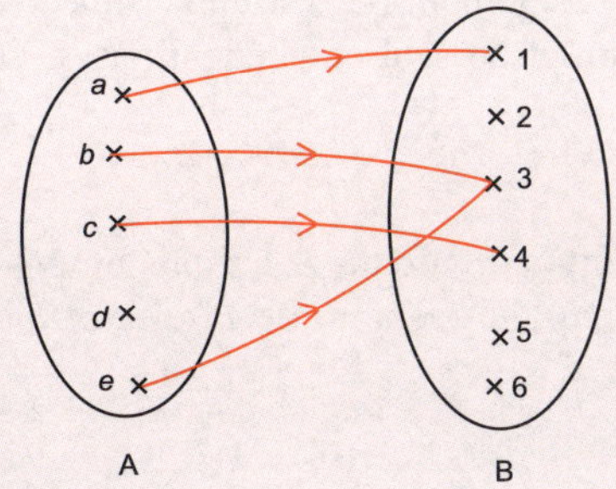

▲ Figure 1.4 **Domaine de définition**

Sur la figure 1.4, le domaine de définition de la fonction f est $D_f = \{a; b; c; e\}$, l'image est $\text{Im}(f) = \{1; 3; 4\}$.

2.2 Fonction composée

Il est souvent utile d'appliquer successivement plusieurs fonctions, ce qu'en mathématique on appelle une fonction composée. Considérons trois ensembles A, B et C, et deux fonctions f et g, telles que f est définie de A dans B et g est définie de B dans C.

Définition 1.13

La **fonction composée** de f et g est la fonction h, définie de A dans C, telle que pour $x \in A$, on a $h(x) = g(f(x))$. On la note $g \circ f$.

Si y est l'image de x par f, et si z est l'image de y par g, alors z est l'image de x par $h = g \circ f$.

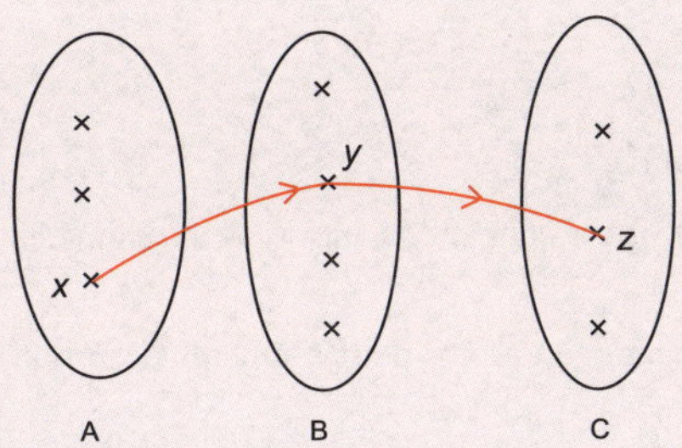

▲ Figure 1.5 **Fonction composée**

2.3 Bijection

Si f est une fonction de A dans B, et si tout élément de A a une image par f dans B (autrement dit si $D_f = A$), alors on dit que f est une **application** de A dans B.

Si f est une application, tout élément de A a une et une seule image dans B. Si, de plus, tout élément de B a un et un seul antécédent par f, alors on dit que f est une bijection.

Définition 1.14

On dit que f est une **bijection** de A dans B si tout élément de A a une et une seule image par f dans B **et** que tout élément de B a un et un seul antécédent par f dans A.

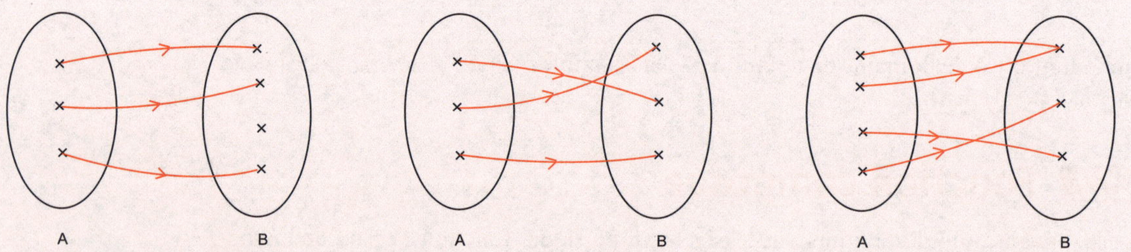

Application **a** — Application **b** — Application **c**

Une seule de ces 3 applications est une bijection.

a f n'est pas une bijection car un élément de B n'a pas d'antécédent.

b Ici f est une bijection.

c f n'est pas une bijection car un élément de B a deux antécédents.

▲ **Figure 1.6 Applications, bijections**

Proposition 1.2

Si A et B sont des ensembles finis, et s'il existe une bijection f entre A et B, alors A et B ont le même nombre d'éléments, c'est-à-dire $card(A) = card(B)$.

Démonstration

On le démontre par l'absurde.

- Si $card(A) > card(B)$, il est clair qu'au moins deux éléments de A ont la même image dans B par la bijection f.
- Si $card(A) < card(B)$, alors au moins deux éléments de B ont le même antécédent par f dans A. ■

2.4 Application réciproque

Quand on a une bijection f de A dans B, on peut considérer l'application g de B dans A qui fait exactement le chemin en sens inverse (flèches inversées sur la figure), c'est-à-dire : si y est l'image de x par f, alors x est l'image de y par g.

Définition 1.15

Si f est une bijection de A dans B, l'**application réciproque** de f est la fonction g de B dans A définie par :
Pour tout $y \in B$, si $x \in A$ est tel que $f(x) = y$, alors $g(y) = x$.
L'application réciproque de f est notée f^{-1}.

Puisque l'application réciproque consiste à faire le chemin en sens inverse, quand on compose une application et sa réciproque, on doit revenir au point de départ. C'est ce qu'exprime la proposition suivante.

Proposition 1.3

Si f^{-1} est l'application réciproque de f, alors :

$$\text{pour tout } x \in A,\quad (f^{-1} \circ f)(x) = x,\ \text{ et pour tout } y \in B,\quad (f \circ f^{-1})(y) = y$$

Démonstration

Soit $g = f^{-1}$ l'application réciproque.
Soit $x \in A$ et $y = f(x)$. On a $g(y) = x$ donc $g(f(x)) = x$.
On montre de même la deuxième égalité. ■

La définition de la notion d'application réciproque nous mène de façon évidente à la proposition suivante.

Proposition 1.4

Si g est l'application réciproque de f, alors f est l'application réciproque de g.

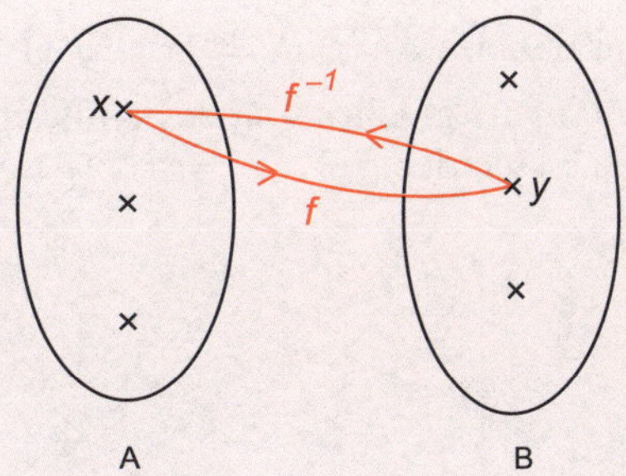

▲ Figure 1.7 **Application réciproque**

3 Fonctions de ℝ dans ℝ

3.1 Introduction

Un type de fonctions est particulièrement utile : celles qui sont définies sur des ensembles de nombres. On s'intéresse ici pour le moment aux fonctions f de $\mathbb{R}$ dans $\mathbb{R}$. Une fonction f de $\mathbb{R}$ dans $\mathbb{R}$ est une règle qui associe à chaque nombre élément de $\mathbb{R}$ (ou d'une partie de $\mathbb{R}$) un autre nombre réel.

En notant D_f le domaine de définition de f, à tout $x \in D_f$ on associe le nombre $f(x)$.

Exemple 1.15

- Soit f de $\mathbb{R}$ dans $\mathbb{R}$ définie par $f(x) = x^2$. Ici $D_f = \mathbb{R}$.
- Soit f de $\mathbb{R}$ dans $\mathbb{R}$ définie par $f(x) = \frac{1}{x}$. Ici $D_f = \mathbb{R}^*$ car on n'a pas le droit de diviser par zéro.

3.2 Représentation graphique d'une fonction

On sait que l'ensemble $\mathbb{R}$ des nombres réels peut être représenté par une droite. Une fonction f de $\mathbb{R}$ dans $\mathbb{R}$ peut être représentée graphiquement par une courbe dans le plan.

L'axe des abscisses (droite horizontale) représente $\mathbb{R}$ comme ensemble de départ de la fonction, et l'axe des ordonnées (droite verticale) représente $\mathbb{R}$ comme ensemble d'arrivée.

On trace dans le plan la courbe représentant tous les points (x,y), avec $x \in \mathbb{R}$ et $y \in \mathbb{R}$, tels que $y = f(x)$. On note C_f cette courbe, dite **courbe représentative** de la fonction f, ou **graphe** de f.

Un coup d'oeil à la courbe permet souvent de comprendre quelles sont les propiétés de la fonction f.

Si f et g sont des fonctions réciproques l'une de l'autre, alors le graphe de g et celui de f sont symétriques par rapport à la première bissectrice, c'est-à-dire par rapport à la droite d'équation $y = x$.

Par exemple, si f et g sont définies par $f(x) = 3x$ et $g(x) = \frac{1}{3}x$, alors f et g sont réciproques l'une de l'autre. Leurs graphes sont des droites passant par $O = (0;0)$ et symétriques par rapport à la bissectrice.

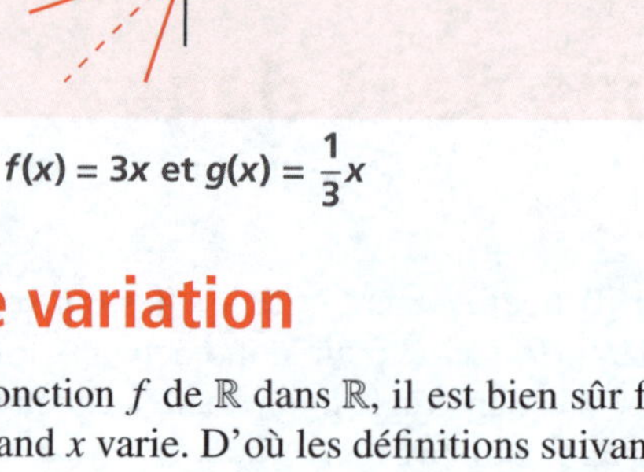

▲ **Figure 1.8 Fonctions $f(x) = 3x$ et $g(x) = \frac{1}{3}x$**

3.3 Sens de variation

Quand on étudie une fonction f de $\mathbb{R}$ dans $\mathbb{R}$, il est bien sûr fort utile de savoir comment varie $y = f(x)$ quand x varie. D'où les définitions suivantes.

Définition 1.16

Soit I un intervalle de $\mathbb{R}$ et f une fonction de $\mathbb{R}$ dans $\mathbb{R}$ telle que $I \subset D_f$.

- On dit que f est **croissante** sur I si : $\forall x_1 \in I, \forall x_2 \in I, x_1 < x_2 \Rightarrow f(x_1) \leq f(x_2)$
- On dit que f est **strictement croissante** sur I si :
$$\forall x_1 \in I, \quad \forall x_2 \in I, \quad x_1 < x_2 \Rightarrow f(x_1) < f(x_2)$$
- On dit que f est **décroissante** sur I si :
$$\forall x_1 \in I, \quad \forall x_2 \in I, \quad x_1 < x_2 \Rightarrow f(x_1) \geq f(x_2)$$
- On dit que f est **strictement décroissante** sur I si :
$$\forall x_1 \in I, \quad \forall x_2 \in I, \quad x < y \Rightarrow f(x_1) > f(x_2)$$
- On dit que f est **monotone** sur I si elle est croissante sur I, ou si elle est décroissante sur I.
- On dit que f est **strictement monotone** sur I si elle est strictement croissante sur I, ou si elle est strictement décroissante sur I.

Graphiquement, la croissance se traduit par une courbe qui monte, et la décroissance par une courbe qui descend.

Exemple 1.16

Soit f de $\mathbb{R}$ dans $\mathbb{R}$ définie par $f(x) = 2x + 3$. La fonction f est strictement croissante sur $\mathbb{R}$.

Soit g de $\mathbb{R}$ dans $\mathbb{R}$ définie par $g(x) = -3x + 5$. La fonction g est strictement décroissante sur $\mathbb{R}$.

Les fonctions f et g sont toutes deux strictement monotones sur $\mathbb{R}$.

Si une fonction n'est pas monotone sur un intervalle I, elle peut l'être sur un intervalle plus petit.
Par exemple soit h définie de $\mathbb{R}$ dans $\mathbb{R}$ par $h(x) = x^2$.
La fonction h n'est pas monotone sur $\mathbb{R}$, car elle n'est pas croissante sur tout $\mathbb{R}$, ni décroissante sur tout $\mathbb{R}$. Par contre, elle est monotone sur $\mathbb{R}_+$ (car croissante sur $\mathbb{R}_+$), et monotone sur $\mathbb{R}_-$ (car décroissante sur $\mathbb{R}_-$).

3.4 Parité

Pour de nombreuses fonctions usuelles, quand on connaît $f(x)$ pour $x \geq 0$, on peut en déduire les valeurs pour $x < 0$. C'est le cas en particulier des fonctions paires et des fonctions impaires.

Définition 1.17

- Une fonction f définie de $\mathbb{R}$ dans $\mathbb{R}$ est dite **paire** si : $\forall x \in \mathbb{R}, f(-x) = f(x)$.
- Une fonction f définie de $\mathbb{R}$ dans $\mathbb{R}$ est dite **impaire** si : $\forall x \in \mathbb{R}, f(-x) = -f(x)$.

De ces définitions on peut déduire immédiatement des conséquences graphiques importantes.

Proposition 1.5

– Une fonction f est **paire** si et seulement si son graphe C_f est symétrique par rapport à l'axe des ordonnées Oy.
– Une fonction f est **impaire** si et seulement si son graphe C_f est symétrique par rapport à l'origine $(0; 0)$.

Démonstration

– Soit $M(x; f(x))$ un point du graphe de f et $N(-x; f(x))$ son symétrique par rapport à l'axe des ordonnées. Il est clair que N appartient au graphe C_f si et seulement si $f(-x) = f(x)$.
– Soit $M(x; f(x))$ et $P(-x; -f(x))$ son symétrique par rapport à l'origine $(0; 0)$. Il est clair que P appartient au graphe C_f si et seulement si $f(-x) = -f(x)$. ■

Exemple 1.17

1. La fonction f de $\mathbb{R}$ dans $\mathbb{R}$ définie par $f(x) = x^2$ est paire.
En effet, $f(-x) = (-x)^2 = x^2 = f(x)$.
2. La fonction f de $\mathbb{R}$ dans $\mathbb{R}$ définie par $f(x) = x^3$ est impaire.
En effet, $f(-x) = (-x)^3 = -x^3 = -f(x)$.
3. Plus généralement, supposons que f est un monôme (▶ section 6 de ce chapitre), défini par $f(x) = x^n$ où $n \in \mathbb{N}$. Alors f est paire si n est pair, et f est impaire si n est impair.

Définition 1.18

La fonction « **valeur absolue** » d'un nombre réel x, notée $|x|$, est définie par :

$$|x| = x \quad \text{si} \quad x \geq 0 \quad \text{et} \quad |x| = -x \quad \text{si} \quad x \leq 0$$

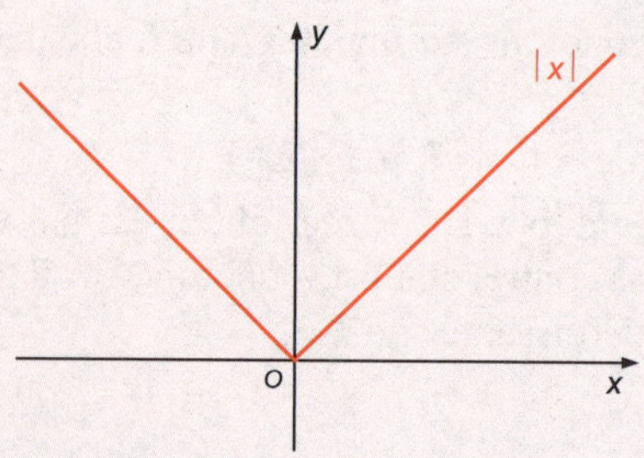

▲ **Figure 1.9 Fonction valeur absolue**

Proposition 1.6

La fonction « valeur absolue » est paire. De plus, elle vérifie « l'**inégalité triangulaire** » : pour tout $x, y \in \mathbb{R}$, on a $|x + y| \leq |x| + |y|$ et $|x - y| \leq |x| + |y|$.

Démonstration

Posons $f(x) = |x|$. On a par définition $f(x) = x$ si $x \geq 0$ et $f(x) = -x$ si $x \leq 0$.
Calculons $f(-x)$.
– Si $x \geq 0$, on a $f(-x) = -(-x)$ car $-x \leq 0$, donc $f(-x) = x = f(x)$.
– Si $x \leq 0$, on a $f(-x) = (-x)$ car $-x \geq 0$, donc $f(-x) = -x = f(x)$.

On a bien $f(-x) = f(x)$ pour tout $x \in \mathbb{R}$, donc f est paire.

Démontrons maintenant l'inégalité triangulaire.

$|x + y| \leq |x| + |y|$ équivaut à : $(|x + y|)^2 \leq (|x| + |y|)^2$

c'est-à-dire équivaut à : $(x + y)^2 \leq x^2 + y^2 + 2 \times |x| \times |y|$

ce qui revient à : $(x^2 + 2xy + y^2) \leq x^2 + y^2 + 2 \times |x| \times |y|$

Cette dernière inégalité est vraie car $xy \leq |x| \times |y|$, ce qui achève de démontrer que $|x + y| \leq |x| + |y|$.

On démontre de la même façon que $|x - y| \leq |x| + |y|$. ■

4 Raisonnement par récurrence

4.1 Le principe

Supposons que l'on veuille montrer qu'une propriété $\mathcal{P}(n)$ est vraie pour tout entier n, où $n \in \mathbb{N}^*$. Si l'on sait d'une part que cette propriété est vraie pour $n = 1$, et si l'on parvient d'autre part à montrer que, lorsqu'elle est vraie pour un entier n quel qu'il soit, elle est vraie nécessairement pour l'entier suivant $n + 1$, alors on peut dire qu'elle est vraie pour tout entier $n \geq 1$.

En effet, on sait que $\mathcal{P}(1)$ est vraie par hypothèse. On sait aussi que $\mathcal{P}(n)$ vraie implique $\mathcal{P}(n + 1)$ vraie. On peut alors écrire :

$\mathcal{P}(1)$ est vraie, donc $\mathcal{P}(2)$ est vraie. $\mathcal{P}(2)$ est vraie, donc $\mathcal{P}(3)$ est vraie. Ainsi de suite... Finalement, on a donc bien $\mathcal{P}(n)$ vraie pour tout $n \geq 1$.

On dit qu'**on a fait un raisonnement par récurrence**.

On fait souvent des raisonnements par récurrence lorsque l'on fait la somme de n termes. La notation suivante est très pratique pour de telles sommes.

Notation

Si $x_1, x_2, ..., x_n$ sont des nombres réels, la somme $x_1 + x_2 + ... + x_n$ est notée $\sum_{k=1}^{n} x_k$.

De même, le produit $x_1 \times x_2 \times ... \times x_n$ est noté $\prod_{k=1}^{n} x_k$.

Le symbole $\sum_{k=1}^{n}$ signifie que l'on somme tous les x_k, quand k varie entre 1 et n.

Le symbole $\prod_{k=1}^{n}$ signifie[2] que l'on fait le produit de tous les x_k, quand k varie entre 1 et n.

2 – $\sum$ est la lettre grecque *sigma* (en majuscule) qui correspond au S. Il symbolise la somme en mathématiques.
– $\prod$ est la lettre grecque *pi* (en majuscule) qui correspond au P. Il symbolise le produit en mathématiques.

Par exemple, la somme des n premiers entiers est notée $1 + 2 + \ldots + n = \sum_{k=1}^{n} k$.

La somme des carrés des n premiers entiers est notée $1^2 + 2^2 + \ldots + n^2 = \sum_{k=1}^{n} k^2$.

Le produit des n premiers entiers est $1 \times 2 \times \ldots \times n = \prod_{k=1}^{n} k$.

Liée à ce produit, on a la définition suivante.

Définition 1.19

La **factorielle** de l'entier strictement positif n est le produit des n premiers entiers strictements positifs. On la note $n!$ (et on lit « factorielle n »). On a donc :

$$n! = 1 \times 2 \times \ldots \times n = \prod_{k=1}^{n} k$$

Par exemple, on a $3! = 3 \times 2 \times 1 = 6$ et $5! = 5 \times 4 \times 3 \times 2 \times 1 = 120$.
On pose par convention $0! = 1$.

4.2 Exemples de raisonnements par récurrence

4.2.1 La somme des n premiers entiers positifs

On veut montrer que la somme des n premiers nombres entiers strictement positifs est égale à $\frac{n(n+1)}{2}$, c'est-à-dire que $1 + 2 + \ldots + n = \frac{n(n+1)}{2}$. On appelle $\mathcal{P}(n)$ cette propriété. Elle est clairement vraie pour $n = 1$, car pour $n = 1$ on a $\frac{n(n+1)}{2} = 1$.
Supposons cette propriété vraie pour un entier n. Est-elle alors vraie pour $n + 1$?
Par hypothèse $\mathcal{P}(n)$ vraie signifie que $1 + 2 + \ldots + n = \frac{n(n+1)}{2}$.
On a alors $1+2+\ldots+n+(n+1) = \frac{n(n+1)}{2} + (n+1) = (n+1)(\frac{n}{2}+1) = (n+1)\frac{(n+2)}{2}$ et la propriété est donc vraie au rang $n + 1$.
On a donc montré par récurrence que pour tout entier $n \geq 1$, on a :

$$1 + 2 + \ldots + n = \frac{n(n+1)}{2}$$

4.2.2 Les fonctions de coûts sous-additives

On note $C(x)$ le coût de production d'une quantité x d'un certain bien par une firme. La fonction C, définie de $\mathbb{R}_+$ dans $\mathbb{R}_+$, est appelée fonction de coût. Supposons qu'il soit toujours moins coûteux de produire une quantité totale de bien avec une seule firme qu'avec deux. Dans ce cas, on a $C(x_1 + x_2) \leq C(x_1) + C(x_2)$ pour tout $x_1, x_2 \geq 0$. On dit que la fonction de coût est sous-additive.

Montrons par récurrence que :

$$\forall n \geq 2, \quad C(x_1 + \ldots + x_n) \leq C(x_1) + \ldots + C(x_n) \quad \text{pour tout} \quad x_1, \ x_2, \ \ldots, \ \ x_n \geq 0$$

Autrement dit, montrons que quel que soit le nombre n de firmes, il est moins coûteux de produire avec une seule firme qu'avec n firmes.

C'est vrai pour $n = 2$ puisque la fonction C est supposée sous-additive. Supposons que la propriété est vraie pour n firmes, et montrons qu'elle est vraie pour $n+1$ firmes.

Pour tout $x_1, ..., x_n, x_{n+1} \geq 0$, on a :

$$C(x_1 + \ldots + x_n + x_{n+1}) = C\left((x_1 + \ldots + x_n) + x_{n+1}\right) \leq C(x_1 + \ldots + x_n) + C(x_{n+1})$$

d'après la sous-additivité et

$$C(x_1 + \ldots + x_n) \leq C(x_1) + \ldots + C(x_n)$$

d'après l'hypothèse de récurrence au rang n.

Donc :

$$C(x_1 + \ldots + x_n + x_{n+1}) \leq C(x_1) + \ldots + C(x_n) + C(x_{n+1})$$

Ce qui signifie que la propriété est vraie pour $n + 1$ firmes.

La propriété est vraie pour 2 firmes, et on a montré que si elle est vraie pour n firmes, alors elle sera vraie aussi pour $n + 1$ firmes, donc on peut dire qu'elle est vraie pour n'importe quel nombre n de firmes, avec $n \geq 2$.

On a donc démontré que si la fonction de coût est sous-additive, il est moins coûteux de produire avec une seule firme qu'avec n firmes (quel que soit n).

Nous utiliserons aussi un raisonnement par récurrence pour démontrer la formule du binôme de Newton (▸ proposition 1.14).

5 Fonctions linéaires, fonctions affines

5.1 Fonctions linéaires

Des fonctions de $\mathbb{R}$ dans $\mathbb{R}$ particulièrement simples et utiles sont celles qui consistent à multiplier tout nombre réel par une constante fixée. Elles correspondent à une relation de proportionnalité.

Définition 1.20

On dit que f est une fonction **linéaire** de $\mathbb{R}$ dans $\mathbb{R}$ s'il existe une constante a, avec $a \in \mathbb{R}$, telle que : $\forall x \in \mathbb{R}, \ f(x) = ax$

Proposition 1.7

Une telle fonction a pour représentation graphique une droite passant par le point $(0; 0)$.

Exemple 1.18

f de $\mathbb{R}$ dans $\mathbb{R}$ définie par $f(x) = 3x$.

5.2 Fonctions affines

Si on ajoute une constante à une fonction linéaire, on obtient une famille de fonctions particulièrement utiles, les fonctions affines.

Définition 1.21

On dit que f est une fonction **affine** de $\mathbb{R}$ dans $\mathbb{R}$ s'il existe des constantes a et b, avec $a \in \mathbb{R}$, $b \in \mathbb{R}$, telles que : $\forall x \in \mathbb{R}$, $f(x) = ax + b$

Les fonctions linéaires sont donc des fonctions affines particulières (elles sont telles que $b = 0$).

Proposition 1.8

Une fonction affine f a pour représentation graphique une droite. Si $f(x) = ax+b$ pour tout $x \in \mathbb{R}$, on dit que a est la **pente** de la droite, ou encore son **coefficient directeur**, et que b est l'**ordonnée à l'origine**.
La fonction f est strictement croissante sur $\mathbb{R}$ si $a > 0$, elle est strictement décroissante si $a < 0$, et elle est constante si $a = 0$.

Exemple 1.19

La fonction f de $\mathbb{R}$ dans $\mathbb{R}$ définie par $f(x) = \frac{1}{2}x + 2$ est une fonction affine.

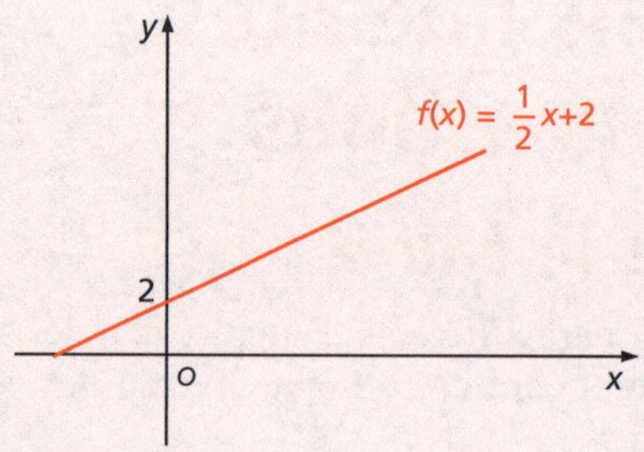

▲ **Figure 1.10 Une fonction affine**

APPLICATION Le modèle keynésien simple

Dans le modèle keynésien simple de base, la consommation C est une fonction croissante affine du revenu Y, donnée par : $C = cY + C_0$. La pente ici est c. Pour respecter la loi psychologique fondamentale de Keynes (selon laquelle la consommation augmente moins vite que le revenu), on considère généralement que $0 < c < 1$.

6 Fonctions usuelles

Nous avons étudié les fonctions linéaires et affines et vu que leurs représentations graphiques sont des droites. Nous allons maintenant étudier d'autres fonctions de $\mathbb{R}$ dans $\mathbb{R}$ très utilisées : les monômes, la fonction racine carrée, les polynômes et les fonctions rationnelles.

6.1 Monômes

Pour $x \in \mathbb{R}$ et $k \in \mathbb{N}^*$, on note x^k le nombre x multiplié k fois par lui-même. Ainsi on a : $x^2 = x \times x$, et $x^3 = x \times x \times x$, etc. Par convention, on pose $x^0 = 1$. On a les règles de calcul suivantes :

- pour tout $x \in \mathbb{R}$, pour tout $k, k' \in \mathbb{N}$, on a $x^k \times x^{k'} = x^{k+k'}$
- pour tout $x, y \in \mathbb{R}$, pour tout $k \in \mathbb{N}$, on a $x^k \times y^k = (xy)^k$
- pour tout $x \in \mathbb{R}$, pour tout $k, n \in \mathbb{N}$, on a $(x^k)^n = x^{k\times n}$

Définition 1.22

On dit que la fonction f est un **monôme** si f est définie par $f(x) = ax^k$ pour tout $x \in \mathbb{R}$, où a et k sont fixés, $a \in \mathbb{R}$, $k \in \mathbb{N}$. Si $a \neq 0$, on dit que k est le **degré** du monôme.

Exemple 1.20

- La fonction f définie pour tout $x \in \mathbb{R}$ par $f(x) = 3x^2$ est un monôme de degré 2.
- La fonction linéaire f définie pour tout $x \in \mathbb{R}$ par $f(x) = cx$ est un monôme de degré 1 si $c \neq 0$.
- La fonction constante définie pour tout $x \in \mathbb{R}$ par $f(x) = 5$ est un monôme de degré 0.

6.2 La fonction racine carrée

La fonction f définie pour tout $x \geq 0$ par $f(x) = x^2$ est une bijection[3] de $\mathbb{R}_+$ dans $\mathbb{R}_+$. Son application réciproque est notée $f^{-1}(x) = \sqrt{x}$, qu'on appelle fonction racine carrée.

Définition 1.23

Pour $x \geq 0$, le nombre $\sqrt{x}$ est l'unique réel positif dont le carré est égal à x, c'est-à-dire : $(\sqrt{x})^2 = x$.

Le graphe de la fonction racine carrée est le symétrique de celui de $f(x) = x^2$ par rapport à la bissectrice, puisque ces fonctions sont réciproques l'une de l'autre.

3 Ce point est démontré au chapitre 5.

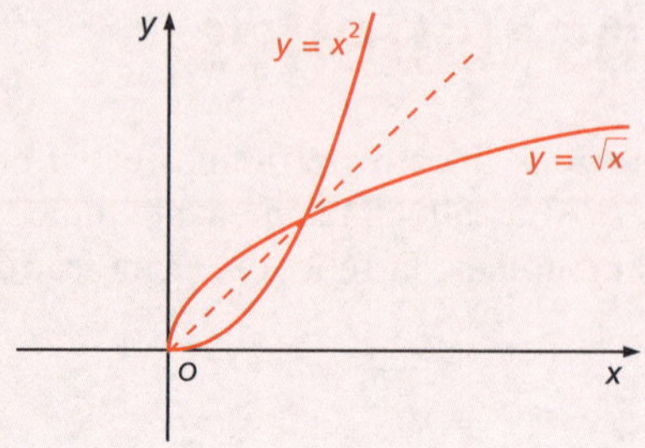

▲ **Figure 1.11** **Fonction carré et fonction racine carrée**

Proposition 1.9

Si $\alpha > 0$, l'équation $x^2 = \alpha$ possède deux solutions dans $\mathbb{R}$, qui sont $x = \sqrt{\alpha}$ et $x = -\sqrt{\alpha}$.

Démonstration

$(\sqrt{\alpha})^2 = \alpha$ par définition, et $(-\sqrt{\alpha})^2 = (\sqrt{\alpha})^2 = \alpha$, donc $\sqrt{\alpha}$ et $-\sqrt{\alpha}$ sont bien solutions de l'équation $x^2 = \alpha$. Il n'y a pas d'autre solution positive que $\sqrt{\alpha}$ car la fonction f définie par $f(x) = x^2$ est une bijection de $\mathbb{R}_+$ dans $\mathbb{R}_+$. S'il y avait une autre solution négative $x = -\beta \neq -\sqrt{\alpha}$, avec $\beta > 0$, alors β serait une autre solution positive à l'équation. C'est impossible puisque l'on vient de voir qu'il n'y a pas d'autre solution positive. Donc $\sqrt{\alpha}$ et $-\sqrt{\alpha}$ sont les seules solutions de l'équation $x^2 = \alpha$. ■

6.3 Polynômes

6.3.1 Définition et propriétés

Si on additionne plusieurs monômes, on obtient un polynôme.

Définition 1.24

On dit que la fonction f est un **polynôme** (ou une fonction polynômiale) si f est la somme d'un nombre fini de monômes, c'est-à-dire si $f(x) = a_n x^n + a_{n-1} x^{n-1} + \ldots + a_1 x + a_0$ pour tout $x \in \mathbb{R}$, où $n \in \mathbb{N}$, $a_0, a_1, \ldots, a_n$ sont dans $\mathbb{R}$.
Si $a_n \neq 0$, on dit que n est le **degré** du polynôme.

Notation

Le polynôme $f(x) = a_n x^n + a_{n-1} x^{n-1} + \ldots + a_1 x + a_0$ peut s'écrire de façon plus synthétique :

$$f(x) = \sum_{k=0}^{n} a_k x^k$$

Exemple 1.21

- La fonction f définie pour tout $x \in \mathbb{R}$ par $f(x) = 3x^2 + 6x - 4$ est un polynôme de degré 2.
- La fonction f définie pour tout $x \in \mathbb{R}$ par $f(x) = 4x^3 - 4x$ est un polynôme de degré 3.

On note $f + g$ la fonction qui, à tout x, associe $f(x) + g(x)$. De même, on note $f \times g$ la fonction qui, à tout x, associe $f(x) \times g(x)$, etc.

On a vu que si k et k' sont des entiers naturels, alors $x^k \times x^{k'} = x^{k+k'}$. Grâce à cette petite propriété, on obtient que le produit de deux monômes est un monôme, et finalement que le produit de deux polynômes est un polynôme.

Proposition 1.10

Si f et g sont deux fonctions polynômes, alors $f + g$, $f - g$ et $f \times g$ sont des fonctions polynômes (mais pas en général f/g).

Exemple 1.22

Si f et g sont les fonctions polynômes définies pour tout $x \in \mathbb{R}$ par $f(x) = 2x + 3$ et $g(x) = 3x^2 - 7$, alors $f \times g$ est définie par $(f \times g)(x) = f(x) \times g(x) = (2x + 3) \times (3x^2 - 7) = 6x^3 + 9x^2 - 14x - 21$.

6.3.2 Racines d'un polynôme

Définition 1.25

Si f est un polynôme, on appelle **racine** de ce polynôme tout nombre $a \in \mathbb{R}$ tel que $f(a) = 0$.

Exemple 1.23

Si la fonction Q est définie pour tout $x \in \mathbb{R}$ par $Q(x) = x^2 - 3x + 2$, alors Q est un polynôme de degré 2. On remarque que $Q(1) = 1 - 3 + 2 = 0$ et $Q(2) = 4 - 6 + 2 = 0$, donc $x = 1$ et $x = 2$ sont racines du polynôme Q.

Proposition 1.11

Soit f un polynôme, et $a \in \mathbb{R}$. Le réel a est une racine de f si et seulement si il existe un polynôme P tel que $f(x) = (x - a) \times P(x)$ pour tout $x \in \mathbb{R}$.
Autrement dit, quand a est racine du polynôme f, alors on peut factoriser f par $x - a$.

Démonstration

- Si $f(x) = (x - a) \times P(x)$ pour tout $x \in \mathbb{R}$, alors $f(a) = (a - a) \times P(a) = 0$, donc a est une racine de f.
- Montrons la réciproque.

  On veut montrer que si a est une racine de f, alors f peut s'écrire sous la forme $f(x) = (x - a) \times P(x)$, où P est un polynôme.

  Supposons d'abord que $a = 0$. Si 0 est une racine de f, où $f(x) = a_n x^n + a_{n-1}x^{n-1} + \ldots + a_1 x + a_0$ pour tout $x \in \mathbb{R}$, alors $f(0) = a_0 = 0$, donc f s'écrit $f(x) = a_n x^n + a_{n-1}x^{n-1} + \ldots + a_1 x = x(a_n x^{n-1} + a_{n-1}x^{n-2} + \ldots + a_1) = (x - 0) \times P(x)$, pour $P(x) = a_n x^{n-1} + a_{n-1}x^{n-2} + \ldots + a_1$. On a donc bien montré la propriété recherchée pour $a = 0$.

  Supposons maintenant $a \neq 0$. Soit g le polynôme défini pour tout $y \in \mathbb{R}$ par $g(y) = f(y + a)$. Pour $y = x - a$, on a $g(y) = f(y + a) = f(x)$.

$g(y) = f(y + a)$ pour tout y, et a est une racine de f, donc $g(0) = f(a) = 0$. Le polynôme g a donc pour racine 0. On vient de montrer que la proposition est vraie quand la racine est nulle. On en déduit qu'il existe un polynôme Q tel que $g(y) = y \times Q(y)$ pour tout $y \in \mathbb{R}$. Comme $y = x - a$, on a donc $g(x - a) = (x - a) \times Q(x - a)$ pour tout $x \in \mathbb{R}$, c'est-à-dire $f(x) = (x - a) \times Q(x - a)$ pour tout $x \in \mathbb{R}$. La réciproque est donc démontrée, puisque $P(x) = Q(x - a)$ est un polynôme. ■

On peut déduire facilement de la proposition précédente le corollaire suivant.

Corollaire

Si f est un polynôme de degré n sur $\mathbb{R}$, ayant n racines distinctes $x_1, x_2, ..., x_n$ dans $\mathbb{R}$, alors f s'écrit, pour tout $x \in \mathbb{R}$:

$$f(x) = a_n(x - x_1)(x - x_2)\dots(x - x_n)$$

On en déduit qu'un polynôme de degré n admet au plus n racines distinctes dans $\mathbb{R}$.

Exemple 1.24

Reprenons le polynôme Q de l'exemple précédent, tel que $Q(x) = x^2 - 3x + 2$ pour tout $x \in \mathbb{R}$. Puisque $x = 1$ et $x = 2$ sont racines, on peut donc factoriser par $(x - 1)$ et par $(x - 2)$, ce qui donne $Q(x) = (x - 1)(x - 2)$.

6.3.3 Comment trouver les racines d'un polynôme f ?

Nous n'étudierons que les polynômes de degré 1 et 2 ici. En effet, pour f de degré 3 ou 4, les formules donnant les racines de f sont très compliquées, et à partir du degré 5 il n'existe pas de formule générale donnant les racines.

Le symbole ⇔ signifie « est équivalent à » ou encore « si et seulement si ».

Si f est de degré 1. C'est très facile. Un polynôme de degré 1 a toujours une unique racine dans $\mathbb{R}$. En effet, si $f(x) = a_1x + a_0$, où $a_1 \neq 0$, alors $f(x) = 0 \Leftrightarrow x = -\dfrac{a_0}{a_1}$.

Si f est de degré 2. Alors différentes situations sont possibles. Le polynôme f peut avoir deux racines dans $\mathbb{R}$, une seule racine, ou aucune racine.

Commençons par le cas simple où f s'écrit $f(x) = x^2 - \alpha$, où $\alpha \in \mathbb{R}$. Il s'agit donc de résoudre l'équation $x^2 = \alpha$.

- Si $\alpha > 0$, alors $f(x) = 0 \Leftrightarrow x = \sqrt{\alpha}$ ou $x = -\sqrt{\alpha}$, comme nous l'avons vu en étudiant la fonction racine carrée (▶ proposition 1.9). Le polynôme f a donc deux racines distinctes dans $\mathbb{R}$.
- Si $\alpha = 0$, alors $f(x) = 0 \Leftrightarrow x = 0$. Le polynôme f a une unique racine.
- Si $\alpha < 0$, alors $f(x) = 0$ n'a pas de racine dans $\mathbb{R}$. En effet, pour tout $x \in \mathbb{R}$, on a $x^2 \geq 0$, ce qui est incompatible avec $x^2 = \alpha$.

Considérons maintenant le cas général d'un polynôme de degré 2 quelconque. On retrouve les trois mêmes situations (deux racines, une racine, aucune racine).

Proposition 1.12

Racines d'un polynôme de degré 2

Soit f un polynôme de degré 2 sur $\mathbb{R}$, défini pour tout x par $f(x) = ax^2 + bx + c$, où $a \neq 0$. On pose $\Delta = b^2 - 4ac$. On dit que Δ est le discriminant de f.
Le nombre de racines de f dépend seulement du signe de Δ.

– Si $\Delta > 0$, alors f a deux racines réelles distinctes x_1 et x_2, données par :

$$x_1 = \frac{-b - \sqrt{\Delta}}{2a} \text{ et } x_2 = \frac{-b + \sqrt{\Delta}}{2a}$$

– Si $\Delta = 0$, alors f a une unique racine réelle x_1, donnée par : $x_1 = \dfrac{-b}{2a}$

– Si $\Delta < 0$, alors f n'a aucune racine réelle.

Démonstration

Comme $a \neq 0$, on peut écrire :

$$\begin{aligned} f(x) &= a\left[x^2 + \frac{b}{a}x + \frac{c}{a}\right] = a\left[\left(x + \frac{b}{2a}\right)^2 - \frac{b^2}{4a^2} + \frac{c}{a}\right] \\ &= a\left[\left(x + \frac{b}{2a}\right)^2 - \left(\frac{b^2 - 4ac}{4a^2}\right)\right] \end{aligned}$$

Donc en posant $\alpha = \dfrac{\Delta}{4a^2}$, on a :

$$f(x) = a\left[\left(x + \frac{b}{2a}\right)^2 - \alpha\right]$$

– Si $\Delta > 0$, alors $\alpha > 0$, et :

$$\begin{aligned} f(x) &= a\left[\left(x + \frac{b}{2a}\right) - \sqrt{\alpha}\right]\left[\left(x + \frac{b}{2a}\right) + \sqrt{\alpha}\right] \\ &= a\left[\left(x + \frac{b}{2a}\right) - \frac{\sqrt{\Delta}}{2a}\right] \times \left[\left(x + \frac{b}{2a}\right) + \frac{\sqrt{\Delta}}{2a}\right] \end{aligned}$$

On a $f(x) = 0$ si et seulement si $\left(x + \dfrac{b}{2a}\right) - \dfrac{\sqrt{\Delta}}{2a} = 0$ ou $\left(x + \dfrac{b}{2a}\right) + \dfrac{\sqrt{\Delta}}{2a} = 0$.
On en déduit que $f(x) = 0$ a deux solutions réelles :

$$x_1 = -\frac{b}{2a} - \frac{\sqrt{\Delta}}{2a} \quad \text{et} \quad x_2 = -\frac{b}{2a} + \frac{\sqrt{\Delta}}{2a}$$

– Si $\Delta = 0$, alors $\alpha = 0$ et $f(x) = a\left(x + \dfrac{b}{2a}\right)^2$.

Donc $f(x) = 0$ a une seule solution réelle : $x_1 = -\dfrac{b}{2a}$.

– Si $\Delta < 0$, alors $\alpha < 0$, donc $\left[\left(x + \dfrac{b}{2a}\right)^2 - \alpha\right] > 0$ pour tout $x \in \mathbb{R}$.

L'équation $\left[\left(x + \dfrac{b}{2a}\right)^2 - \alpha\right] = 0$ n'a pas de solution dans $\mathbb{R}$, donc $f(x) = 0$ n'a pas non plus de solution dans $\mathbb{R}$. ■

Exemple 1.25

- Si la fonction f est donnée par $f(x) = x^2 + x - 6$ pour tout $x \in \mathbb{R}$, alors $\Delta = 1 + 24 = 25$. Le discriminant Δ est strictement positif, donc f a deux racines : $x_1 = \dfrac{-1-5}{2} = -3$ et $x_2 = \dfrac{-1+5}{2} = 2$.
- Si la fonction g est donnée par $g(x) = -x^2 + x - 6$ pour tout $x \in \mathbb{R}$, alors $\Delta = 1 - 24 = -23$. Le discriminant Δ est strictement négatif, donc g n'a aucune racine réelle.
- Si la fonction h est donnée par $h(x) = 4x^2+4x+1$ pour tout $x \in \mathbb{R}$, alors $\Delta = 16 - 4 \times 4 = 0$. Le discriminant Δ est nul, donc la fonction h admet une unique racine, donnée par $x_1 = \dfrac{-4}{8} = \dfrac{-1}{2}$.

Proposition 1.13

Signe d'un polynôme de degré 2

Soit f un polynôme de degré 2 sur $\mathbb{R}$, défini pour tout x par $f(x) = ax^2 + bx + c$, où $a \neq 0$. Soit $\Delta = b^2 - 4ac$ le discriminant de f.

- Si $\Delta > 0$, alors $f(x)$ est du signe opposé au coefficient a entre les racines x_1 et x_2 de f, et $f(x)$ est du signe de a pour $x \notin [x_1 ; x_2]$.
- Si $\Delta = 0$, alors $f(x)$ est du signe de a pour tout $x \in \mathbb{R}$, et s'annule en $x_1 = \dfrac{-b}{2a}$.
- Si $\Delta < 0$, alors $f(x)$ est du signe de a pour tout $x \in \mathbb{R}$, et ne s'annule jamais.

Démonstration

Si $\Delta > 0$, alors $f(x) = a(x - x_1)(x - x_2)$.

Pour $x \in]x_1 ; x_2[$, on a $(x - x_1) > 0$ et $(x - x_2) < 0$, donc $(x - x_1)(x - x_2) < 0$, d'où $f(x)$ du signe opposé au nombre a.

Pour $x < x_1$, on a $(x - x_1) < 0$ et $(x - x_2) < 0$, donc $(x - x_1)(x - x_2) > 0$, d'où $f(x)$ du signe de a. Pour $x > x_2$, on a $(x - x_1) > 0$ et $(x - x_2) > 0$, donc $(x - x_1)(x - x_2) > 0$, d'où $f(x)$ du signe de a.

Si $\Delta = 0$, alors $f(x) = a(x - x_1)^2$, qui est du signe de a pour tout $x \in \mathbb{R}$, et nul seulement si $x = x_1$.

Si $\Delta < 0$, alors $f(x) = a\left[\left(x + \dfrac{b}{2a}\right)^2 - \dfrac{\Delta}{4a^2}\right]$ avec $\Delta < 0$, donc $\left[\left(x + \dfrac{b}{2a}\right)^2 - \dfrac{\Delta}{4a^2}\right] > 0$ pour tout $x \in \mathbb{R}$. On en déduit que $f(x)$ est du signe de a pour tout $x \in \mathbb{R}$. ■

Exemple 1.26

Reprenons l'exemple 1.25.

- Soit f définie par $f(x) = x^2 + x - 6$ pour tout x. On a $\Delta = 25$. Les racines sont -3 et 2, donc $f(x) < 0$ si $x \in]-3; 2[$, et $f(x) > 0$ si $x < -3$ ou $x > 2$.
- Soit g définie par $g(x) = -x^2 + x - 6$ pour tout x. On a $\Delta = -23$. Le polynôme g n'a pas de racine, et $g(x) < 0$ pour tout $x \in \mathbb{R}$.
- Soit h définie par $h(x) = 4x^2 + 4x + 1$ pour tout x. On a $\Delta = 0$. L'unique racine est $-\dfrac{1}{2}$, donc $h(x) > 0$ pour tout $x \in \mathbb{R}$ tel que $x \neq -\dfrac{1}{2}$, et $h\left(-\dfrac{1}{2}\right) = 0$.

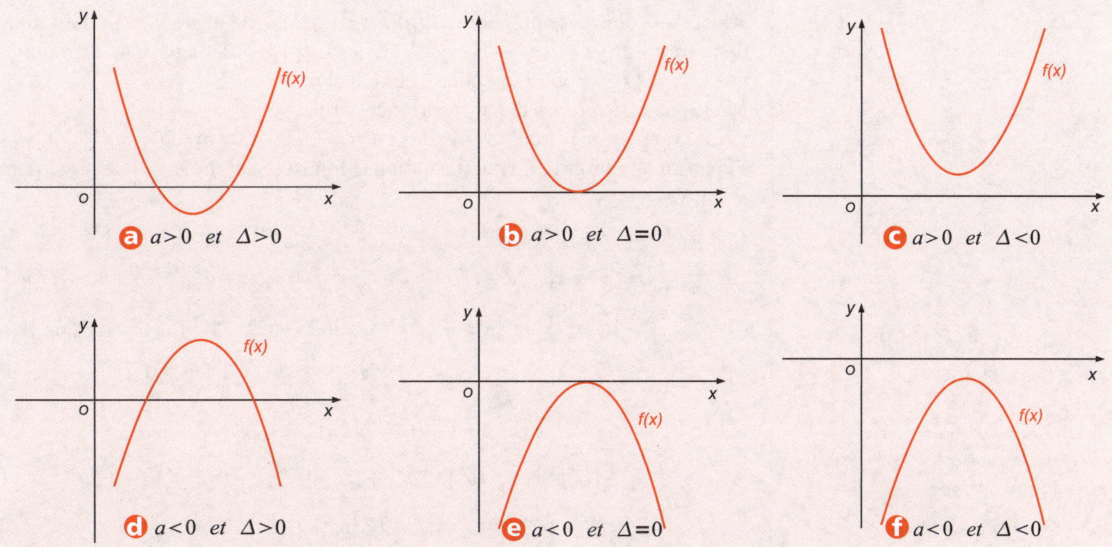

a Si $a > 0$ et $\Delta > 0$ le polynôme a deux racines, et est négatif entre les racines, positif ailleurs.
b Si $a > 0$ et $\Delta = 0$ le polynôme a une seule racine et est toujours positif.
c Si $a > 0$ et $\Delta < 0$ le polynôme n'a pas de racine, et est toujours strictement positif.
d Si $a < 0$ et $\Delta > 0$ le polynôme a deux racines, et est positif entre les racines, négatif ailleurs.
e Si $a < 0$ et $\Delta = 0$ le polynôme a une seule racine et est toujours négatif.
f Si $a < 0$ et $\Delta < 0$ le polynôme n'a pas de racine, et est toujours strictement négatif.

▲ **Figure 1.12 Signe du polynôme *f* de degré 2**

6.3.4 Binôme de Newton

Quand on travaille avec des polynômes, on a souvent besoin de calculer des expressions de la forme $(x+2)^5$, $(x-4)^8$, etc. La proposition suivante nous donne une formule générale pour faire ces calculs.

Proposition 1.14

Formule du binôme de Newton

Soient $x, y \in \mathbb{R}$, et $n \in \mathbb{N}^*$. On a :

$$(x+y)^n = C_n^0 x^n + C_n^1 x^{n-1} y + C_n^2 x^{n-2} y^2 + \ldots + C_n^k x^{n-k} y^k + \ldots + C_n^n y^n$$

où $C_n^0 = C_n^n = 1$ et $C_n^k = \dfrac{n!}{k!(n-k)!}$ pour $1 \leq k \leq n-1$.

On a : $C_n^1 = n$ et $C_n^{n-k} = C_n^k$.

On écrit souvent cette formule sous la forme suivante :

$$(x+y)^n = \sum_{k=0}^{n} C_n^k x^{n-k} y^k$$

Pour $n = 1$, on obtient :

$$(x+y)^1 = x + y$$

Pour $n = 2$, la formule donne :

$$(x+y)^2 = x^2 + 2xy + y^2$$

c'est l'identité remarquable bien connue.

Démonstration

Pour $x \in \mathbb{R}$ donné, le polynôme $P(y) = (x+y)^n$ est de degré n en y. Il est donc de la forme $P(y) = a_n y^n + a_{n-1} y^{n-1} + \ldots + a_1 y + a_0$. Il s'agit donc de montrer que $a_k = C_n^k x^{n-k}$ pour tout entier k entre 0 et n.

Montrons cette propriété par récurrence sur n.

C'est vrai pour $n = 1$ car $(x+y)^1 = x + y = C_1^0 x + C_1^1 y$ avec $C_1^0 = C_1^1 = 1$.

Supposons la propriété vraie jusqu'à n. Montrons qu'elle est vraie aussi pour $n+1$. On a :

$$\begin{aligned}
(x+y)^{n+1} &= (x+y)(x+y)^n \\
&= (x+y)\left[C_n^0 x^n + C_n^1 x^{n-1} y + C_n^2 x^{n-2} y^2 + \ldots + C_n^k x^{n-k} y^k + \ldots + C_n^n y^n\right] \\
&= \left[C_n^0 x^{n+1} + C_n^1 x^n y + C_n^2 x^{n-1} y^2 + \ldots + C_n^k x^{n-k+1} y^k + \ldots + C_n^n x y^n\right] \\
&\quad + \left[C_n^0 x^n y + C_n^1 x^{n-1} y^2 + C_n^2 x^{n-2} y^3 + \ldots + C_n^k x^{n-k} y^{k+1} + \ldots + C_n^n y^{n+1}\right] \\
&= C_n^0 x^{n+1} + \left(C_n^1 y + C_n^0 y\right) x^n + \left(C_n^2 y^2 + C_n^1 y^2\right) x^{n-1} + \ldots \\
&\quad + \left(C_n^k y^k + C_n^{k-1} y^k\right) x^{n-k+1} + \ldots + \left(C_n^n y^n + C_n^{n-1} y^n\right) x + C_n^n y^{n+1} \\
&= x^{n+1} + \left(C_n^1 y + C_n^0 y\right) x^n + \left(C_n^2 y^2 + C_n^1 y^2\right) x^{n-1} + \ldots \\
&\quad + \left(C_n^k y^k + C_n^{k-1} y^k\right) x^{n-k+1} + \ldots + \left(C_n^n y^n + C_n^{n-1} y^n\right) x + y^{n+1}
\end{aligned}$$

Et on veut montrer que :

$$(x+y)^{n+1} = x^{n+1} + C_{n+1}^1 x^n y + C_{n+1}^2 x^{n-1} y^2 + \ldots + C_{n+1}^k x^{n-k+1} y^k + \ldots + y^{n+1}$$

Il s'agit donc de montrer que pour tout entier k entre 1 et n, le coefficient de $x^{n-k+1} y^k$ est le même dans les deux expressions de $(x+y)^{n+1}$, c'est-à-dire qu'il faut montrer que l'on a $C_n^k + C_n^{k-1} = C_{n+1}^k$, pour $C_{n+1}^k = \dfrac{(n+1)!}{k!(n+1-k)!}$.

On a :

$$\begin{aligned}
C_n^k + C_n^{k-1} &= \frac{n!}{k!(n-k)!} + \frac{n!}{(k-1)!(n-k+1)!} = \frac{n!}{(k-1)!(n-k)!}\left[\frac{1}{k} + \frac{1}{n-k+1}\right] \\
&= \frac{n!}{(k-1)!(n-k)!} \times \frac{n-k+1+k}{k \times (n-k+1)} \\
&= \frac{n!}{(k-1)!(n-k)!} \times \frac{n+1}{k \times (n-k+1)} = \frac{(n+1)!}{k!(n-k+1)!}
\end{aligned}$$

qui est bien le résultat recherché. ■

6.4 Fonctions rationnelles

Nous avons vu qu'un produit de deux fonctions polynômes est une fonction polynôme. Par contre, le quotient de deux fonctions polynômes n'est pas en général une fonction polynôme. Cela nous amène à la définition suivante.

Définition 1.26

Une fonction f de $\mathbb{R}$ dans $\mathbb{R}$ est une **fonction rationnelle** si elle s'écrit sous la forme $f(x) = \dfrac{A(x)}{B(x)}$, où A et B sont deux fonctions polynômes[4].

4 On suppose ici que B n'est pas le polynôme nul (c'est-à-dire n'est pas tel que $B(x) = 0$ pour tout $x \in \mathbb{R}$).

En général une fonction rationnelle n'est pas définie sur tout $\mathbb{R}$, car on ne peut pas la définir pour x tel que $B(x) = 0$. Son domaine de définition est $D_f = \{x \in \mathbb{R} ; B(x) \neq 0\}$.

Exemple 1.27

Prenons $A(x) = x^2 + x - 12$ et $B(x) = x^2 - 3x + 2$.

La fonction f définie par $f(x) = \dfrac{A(x)}{B(x)} = \dfrac{x^2 + x - 12}{x^2 - 3x + 2}$ est une fonction rationnelle.

Comme les solutions de $B(x) = 0$ sont $x = 1$ et $x = 2$, la fonction f est définie pour tout $x \in \mathbb{R}$, sauf pour $x = 1$ et $x = 2$.

APPLICATION **Coût moyen**

Notons $C(x)$ le coût de production d'une quantité x d'un certain bien par une firme. On appelle coût moyen la fonction $CM(x) = \dfrac{C(x)}{x}$.

Si la fonction de coût C est un polynôme, alors le coût moyen CM est une fonction rationnelle.

Supposons par exemple que le coût total est $C(x) = 10 + 2x$.

Remarquons que cela signifie que le coût fixe est $CF = 10$ et le coût variable $CV(x) = 2x$.

Le coût moyen est alors $CM(x) = \dfrac{10 + 2x}{x} = \dfrac{10}{x} + 2$.

Les points **clés**

- L'analyse mathématique est fondée sur la théorie des ensembles, en particulier les ensembles de nombres.
- On peut utiliser la notion mathématique de fonction pour modéliser la façon dont une variable économique y peut dépendre d'une autre variable économique x.
- Si une variable économique y est une fonction d'une autre variable économique x, ce que l'on note $y = f(x)$, l'étude des propriétés mathématiques de la fonction f permet de mieux comprendre la façon dont y dépend de x.
- Les fonctions les plus simples sont les fonctions linéaires et affines : leurs représentations graphiques sont des droites.
- Si on veut montrer qu'une propriété qui dépend d'un entier n est vraie pour toute valeur de cet entier, on peut faire un raisonnement par récurrence.

ÉVALUATION

Vous trouverez les corrigés détaillés de tous les exercices sur la page du livre sur le site www.dunod.com

Quiz

1 Vrai/Faux

Dites si les affirmations suivantes sont vraies ou fausses. Justifiez vos réponses.

1. Tout nombre réel est rationnel.
2. Tout nombre rationnel est réel.
3. Une partie majorée non vide de $\mathbb{R}$ admet toujours un plus grand élément.
4. Une partie majorée non vide de $\mathbb{R}$ admet toujours une borne supérieure.
5. La fonction f définie par $f(x) = x^2$ est une bijection de $\mathbb{R}$ dans $\mathbb{R}$.
6. La seule fonction f de $\mathbb{R}$ dans $\mathbb{R}$ qui est à la fois paire et impaire est la fonction nulle (c'est-à-dire telle que $f(x) = 0, \forall x \in \mathbb{R}$).

► Corrigés p. 364

Exercices

2 Mélanges d'intersections et d'unions

Montrer que si A, B, C sont des ensembles, alors :

$$(A \cup B) \cap C = (A \cap C) \cup (B \cap C)$$

et

$$(A \cap B) \cup C = (A \cup C) \cap (B \cup C)$$

3 Max, min, sup, inf

Dans l'ensemble $\mathbb{R}$, donner le plus grand élément, le plus petit élément, la borne sup, la borne inf des parties suivantes.

1. $A = [1; 3[$
2. $B =]-4; +\infty[$
3. $C = \left\{\frac{1}{n}; n \in \mathbb{N}^*\right\}$

4 Domaine de définition

Quel est le domaine de définition D_f des fonctions suivantes ?

1. $f(x) = \dfrac{2}{x}$
2. $f(x) = 4 + \dfrac{7}{x-2}$
3. $f(x) = 2 + \dfrac{8}{x^2+2}$
4. $f(x) = 17 + 3x + \dfrac{9}{x^2-16}$
5. $f(x) = 5 - \dfrac{2}{x^2-5x+6}$

► Corrigés p. 364

5 Fonctions paires, fonctions impaires

Dites si les fonctions suivantes sont paires, impaires, ou ni l'un ni l'autre :

1. $f(x) = 2x^4 - x^2 + 7$
2. $g(x) = x^3 - 7x$
3. $h(x) = x^5 + 2x^2 + 1$
4. $F(x) = \dfrac{x^3+8}{x^2+7}$

6 Une récurrence

Montrer par récurrence que :
$1^2 + 2^2 + \ldots + n^2 = \dfrac{n(n+1)(2n+1)}{6}$ pour tout $n \in \mathbb{N}^*$.

7 Coût quadratique et fonction de profit

Une entreprise fabrique des objets qu'elle vend au prix unitaire de 100 euros. Les coûts de fabrication d'une quantité q d'objets sont donnés par :

$$C(q) = 0{,}1q^2 + 50q + 4\,000$$

1. Calculer le profit $\Pi(q)$ de l'entreprise si elle fabrique q objets et qu'elle réussit à les vendre tous au prix unitaire de 100 euros.
2. Pour quelles valeurs de q le profit est-il nul ?
3. Pour quelles valeurs de q le profit est-il positif ?

8 Factorisation pour résoudre

Soit f la fonction définie pour tout $x \in \mathbb{R}$ par :

$$f(x) = x^3 - 7x^2 + 14x - 8$$

1. Calculer $f(1)$. En déduire une factorisation de f.

2. Résoudre $f(x) = 0$.

9 Binôme de Newton

Calculer $(x + 2)^5$ de deux façons différentes :

1. Par calcul direct.

2. En utilisant la formule du binôme de Newton.

10 Fonction rationnelle et coût moyen

Une imprimerie produit des ouvrages au coût unitaire de 5 euros pour les 2 000 premiers exemplaires, et de 8 euros pour les exemplaires au-delà de 2 000 (car elle doit alors utiliser une machine plus coûteuse).

Quelle est la fonction de coût total ?

Quelle est la fonction de coût moyen ?

Chapitre 2

Quand une variable économique dépend d'une autre, on veut pouvoir mesurer facilement les variations de la première en fonction des variations de la seconde. Par exemple, si le coût total de production C d'un bien dépend de la quantité produite Q, c'est-à-dire $C = f(Q)$, comment dire de façon simple de combien augmente environ le coût quand la quantité produite augmente un peu ?

La notion de dérivée permet de répondre à ce type de questions. L'idée générale consiste à dire : quand on bouge seulement un peu le long d'une courbe, on peut considérer que cette courbe est quasiment une droite. Pour une petite augmentation de la quantité produite, le coût augmente approximativement de façon linéaire. Autrement dit, tant que les variations sont petites, l'augmentation du coût est approximativement proportionnelle à l'accroissement de la quantité produite. Le coefficient de proportionnalité s'appelle la dérivée.

Connaître la dérivée d'une fonction sur tout un intervalle permet d'étudier ses variations, c'est ce que nous verrons dans ce chapitre.

LES GRANDS AUTEURS

Isaac Newton (1643-1727)

Isaac Newton est un physicien et mathématicien anglais. Il fait ses études à Cambridge où il s'intéresse particulièrement aux mathématiques, à l'astronomie, l'alchimie et la théologie.

À l'aide d'un prisme, il montre que l'on peut décomposer la lumière blanche en plusieurs couleurs. Il est surtout connu pour sa théorie de la gravitation universelle, qui montre qu'entre deux objets existe une force d'attraction proportionnelle au produit des masses des deux objets, et inversement proportionnelle au carré de la distance qui les sépare. Il invente le calcul infinitésimal – c'est-à-dire le calcul mathématique utilisant les dérivées – en même temps que Leibniz. À l'aide de ce calcul infinitésimal, il déduit de sa loi de la gravitation les lois de Kepler qui décrivent le mouvement des planètes autour du soleil. En mathématiques, il a aussi découvert la formule du binôme.

Son ouvrage majeur est *Principes mathématiques de la philosophie naturelle* publié en 1687. Il y applique les mathématiques à l'étude des phénomènes naturels, confirmant l'intuition de Galilée que « le livre de la nature est écrit en langage mathématique ». ■

Dérivées

Plan

Objectifs

→ **Comprendre** la notion de dérivée d'une fonction de $\mathbb{R}$ dans $\mathbb{R}$.
→ **Savoir calculer** la dérivée des fonctions les plus courantes.
→ **Utiliser** la dérivée pour étudier les variations d'une fonction.
→ **Faire** le lien entre la dérivée et la notion microéconomique d'élasticité.

1 Dérivée d'une fonction en un point

1.1 Taux d'accroissement

Lorsque nous avons étudié les fonctions linéaires et affines, nous avons introduit la notion de « pente ». Si f est une fonction affine, définie par $f(x) = ax + b$, alors sa courbe représentative C_f est une droite, et a est la pente de cette droite.

On peut faire les remarques qualitatives suivantes :

- si $a > 0$ et a grand, alors la pente est forte, la droite C_f monte « vite » ;
- si $a > 0$ mais a petit, alors la pente est faible, la droite C_f monte « lentement » ;
- si $a < 0$ alors la pente est négative, la droite C_f « descend », etc.

Lorsque la courbe C_f est une droite, elle monte de façon régulière ou bien descend de façon régulière, c'est-à-dire la fonction f croît ou bien décroît de façon régulière.

Pour une fonction quelconque f, la courbe C_f ne sera plus une droite et elle ne variera pas obligatoirement de façon régulière. On aimerait mesurer ici aussi la « vitesse » de croissance ou de décroissance. Pour cela, on utilise la notion de taux d'accroissement définie ci-dessous.

Le symbole Δ signifie « variation de ».

Définition 2.1

Si f est une fonction définie de $\mathbb{R}$ dans $\mathbb{R}$, le **taux d'accroissement** (ou accroissement moyen) de f entre les points x_0 et x_1 est le ratio $\dfrac{f(x_1) - f(x_0)}{x_1 - x_0}$, avec $x_1 \neq x_0$.

Le taux d'accroissement est souvent noté $\dfrac{\Delta f}{\Delta x}$, avec $\Delta x = x_1 - x_0$ et $\Delta f = f(x_1) - f(x_0)$.

Exemple 2.1

Soit f de $\mathbb{R}$ dans $\mathbb{R}$, définie par $f(x) = x^2$. Le taux d'accroissement de f entre $x_0 = 6$ et $x_1 = 9$ est $\dfrac{\Delta f}{\Delta x} = \dfrac{f(9) - f(6)}{9 - 6} = \dfrac{9^2 - 6^2}{9 - 6} = \dfrac{81 - 36}{3} = 15$.

APPLICATION Taux d'accroissement du coût de production

Le coût total de production C d'une quantité Q d'un bien est $C = f(Q)$, avec $f(Q) = 100 + 2Q^2$. Ici 100 représente le coût fixe, et $2Q^2$ le coût variable. Supposons que la production initiale est $Q_0 = 10$, et qu'elle passe ensuite à $Q_1 = 12$.

Le coût initial est $C_0 = 100 + 2Q_0^2 = 100 + 200 = 300$. Le coût est ensuite $C_1 = 100 + 2Q_1^2 = 100 + 288 = 388$.

L'augmentation du coût est égale à $\Delta C = C_1 - C_0 = 388 - 300 = 88$, et l'augmentation de la production est égale à $\Delta Q = Q_1 - Q_0 = 2$.

Le taux d'accroissement est donc égal à $\dfrac{\Delta C}{\Delta Q} = \dfrac{88}{2} = 44$. L'augmentation du coût est en moyenne de 44 par unité produite supplémentaire.

Proposition 2.1

Si f est affine, définie par $f(x) = ax + b$, sa pente est égale au taux d'accroissement, c'est-à-dire : $a = \dfrac{f(x_1) - f(x_0)}{x_1 - x_0}$

Démonstration

$$\frac{f(x_1) - f(x_0)}{x_1 - x_0} = \frac{(ax_1 + b) - (ax_0 + b)}{x_1 - x_0} = \frac{a(x_1 - x_0)}{x_1 - x_0} = a \qquad \blacksquare$$

On peut remarquer que si f est une fonction quelconque de $\mathbb{R}$ dans $\mathbb{R}$, le taux d'accroissement est la pente de la droite sécante (S), passant par le point $M_0(x_0; y_0)$ et $M_1(x_1; y_1)$.

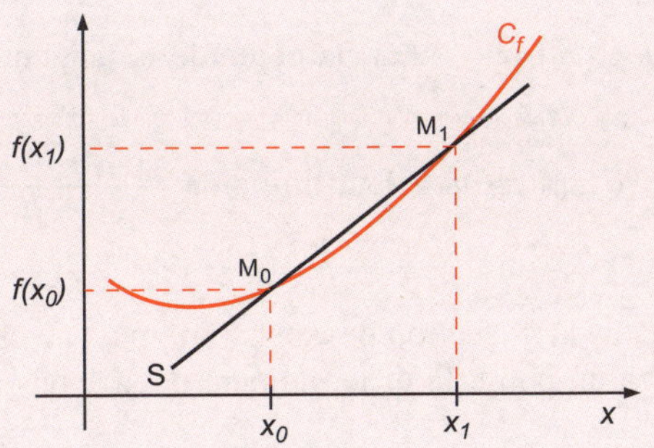

▲ **Figure 2.1** **Sécante (S) et taux d'accroissement**

1.2 Tangente et dérivée

Nous avons donc vu qu'une fonction affine est une fonction dont la courbe représentative a une pente constante. En effet, une droite, cela monte (ou descend) en tout point à la même vitesse !

Pour une fonction quelconque, les variations ne sont pas forcément régulières. Sur la figure 2.1, on voit que près de x_0 la courbe C_f monte doucement, mais que près de x_1 elle monte plus vite. Le taux d'accroissement $\dfrac{f(x_1) - f(x_0)}{x_1 - x_0}$ est donc une sorte de moyenne sur tout l'intervalle. On voudrait savoir à quelle vitesse « monte » (ou descend) la courbe C_f au point x_0 exactement. Il faudrait pour cela calculer le taux d'accroissement de f quand x_1 est très proche de x_0.

Considérons donc $x_1 = x_0 + h$, et rapprochons de plus en plus x_1 de x_0, c'est-à-dire faisons tendre h vers 0. La droite sé cante (S) pivote et à la limite (S) devient ce qu'on appelle la droite **tangente** à C_f en x_0 (► figure 2.2).

À la limite, quand $x_1 = x_0 + h$ tend vers x_0, c'est-à-dire quand h tend vers 0, la sécante (S) tend vers la tangente (T), et le taux d'accroissement $\dfrac{f(x_0 + h) - f(x_0)}{(x_0 + h) - x_0} = \dfrac{f(x_0 + h) - f(x_0)}{h}$ tend vers la pente de la tangente (T).

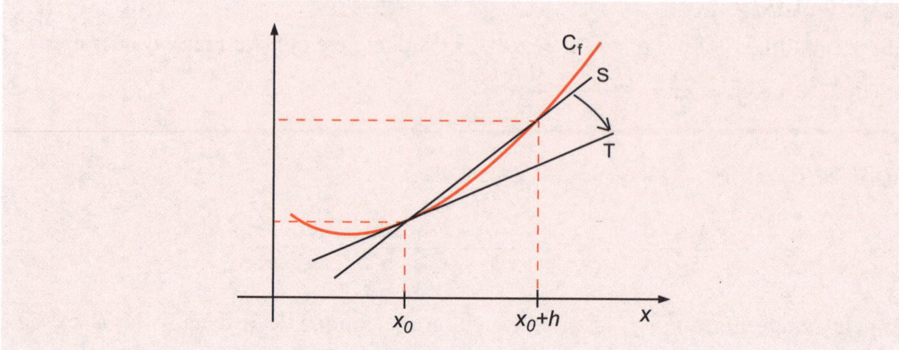

▲ **Figure 2.2** **À la limite la sécante (*S*) tend vers la tangente (*T*)**

Il est d'usage de noter $f'(x_0)$ ou $\dfrac{df}{dx}(x_0)$ la pente de la tangente (T) à la courbe C_f au point x_0.

On peut donc dire que $f'(x_0)$ est la valeur limite de $\dfrac{f(x_0+h)-f(x_0)}{h}$ quand h tend vers 0. On note alors $f'(x_0) = \lim\limits_{h\to 0} \dfrac{f(x_0+h)-f(x_0)}{h}$.

Nous approfondirons dans la 3e section de ce chapitre puis au chapitre 4 la notion de limite d'une fonction en un point. Pour le moment nous avons abouti à la définition suivante.

Définition 2.2

Dérivée en un point

On dit que la fonction f est **dérivable** au point x_0 si le taux d'accroissement $\dfrac{f(x_0+h)-f(x_0)}{h}$ se rapproche d'une valeur limite quand h tend vers 0.

On appelle **dérivée** (ou nombre dérivé) de la fonction f au point x_0 le nombre $f'(x_0)$ défini par $f'(x_0) = \lim\limits_{h\to 0} \dfrac{f(x_0+h)-f(x_0)}{h}$.

La dérivée est notée $f'(x_0)$ ou $\dfrac{df}{dx}(x_0)$.

Attention, la dérivée n'existe pas toujours, car il n'y a pas toujours de valeur limite !

En écrivant $\Delta x = (x_0+h) - x_0 = h$ et $\Delta f = f(x_0+h) - f(x_0)$, on a donc $f'(x_0) = \dfrac{df}{dx}(x_0) = \lim\limits_{\Delta x\to 0} \dfrac{\Delta f}{\Delta x}$

Proposition 2.2

Équation de la tangente

La tangente à la courbe C_f en x_0 est la droite (T) d'équation :

$$y = f(x_0) + f'(x_0)(x - x_0)$$

Démonstration

La tangente (T) est une droite de pente $f'(x_0)$, et passant par le point $M_0(x_0; f(x_0))$.

Elle est donc d'équation $y = ax + b$, avec $a = f'(x_0)$ et avec $f(x_0) = ax_0 + b$.
D'où $b = f(x_0) - ax_0 = f(x_0) - f'(x_0) \times x_0$.
On en déduit que l'équation de la tangente est :

$$y = f'(x_0) \times x + f(x_0) - f'(x_0) \times x_0 = f(x_0) + f'(x_0)(x - x_0)$$ ■

Exemple 2.2

Soit f la fonction de $\mathbb{R}$ dans $\mathbb{R}$, définie par $f(x) = x^2$. Calculons la dérivée de f au point $x_0 = 1$.

Le taux d'accroissement en 1 est $\dfrac{f(1+h) - f(1)}{h} = \dfrac{(1+h)^2 - 1}{h} = \dfrac{1 + 2h + h^2 - 1}{h}$ $= \dfrac{2h + h^2}{h} = 2 + h$ qui tend vers 2 quand h tend vers 0, d'où la dérivée $f'(1) = 2$.

La pente de la tangente à C_f en $x = 1$ est égale à 2.

L'équation de la tangente est $y = f(1) + f'(1)(x - 1)$, c'est-à-dire $y = 1 + 2(x - 1)$, qu'on peut écrire $y = 2x - 1$.

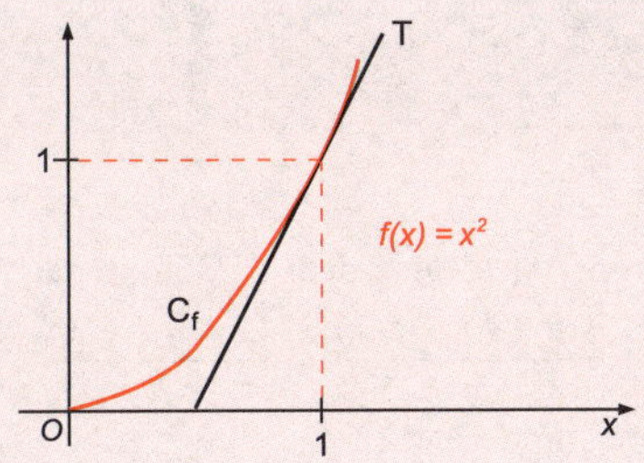

▲ **Figure 2.3 Graphe et tangente de $f(x) = x^2$**

La proposition suivante donne une approximation linéaire de $f(x_0 + h)$, qui revient en fait à dire que le point d'abscisse $x_0 + h$ de la courbe C_f est proche du point d'abscisse $x_0 + h$ de la tangente.

En disant qu'au voisinage de x_0 la courbe C_f ressemble à la droite (T), on fait une approximation linéaire.

Proposition 2.3

Pour h proche de 0, on peut faire l'approximation :

$$f(x_0 + h) \simeq f(x_0) + f'(x_0)h$$

Démonstration

$f'(x_0) = \lim\limits_{h \to 0} \dfrac{f(x_0 + h) - f(x_0)}{h}$ donc si h est proche de 0, alors $\dfrac{f(x_0 + h) - f(x_0)}{h}$ est proche de $f'(x_0)$, d'où $f(x_0 + h)$ est proche de $f(x_0) + f'(x_0)h$ ■

En notant $\dfrac{df}{dx}$ la dérivée (au lieu de $f'(x)$), la proposition 2.3 signifie que $\dfrac{\Delta f}{\Delta x} \simeq \dfrac{df}{dx}$ quand Δx est proche de 0.

APPLICATION Variation du profit

Supposons que le profit d'une firme est une fonction $\Pi(p)$ du prix p du bien produit.
Elle est telle que $\Pi(10) = 50\,000$ et $\Pi'(10) = -2000$. Cela signifie que si le prix unitaire est de 10 €, alors le profit de la firme est égal à 50 000 €. Si la firme augmente légèrement son prix qui passe de 10 à $10 + h$, alors le profit baisse, et vaut alors $\Pi(10+h) \simeq \Pi(10) + \Pi'(10) \times h = 50\,000 - 2000h$. Par exemple, $\Pi(12) \simeq 50\,000 - 2000 \times 2 = 46\,000$.

2 Fonction dérivée et applications

2.1 Qu'est-ce qu'une fonction dérivée ?

Définition 2.3

Si f est dérivable en tout point d'un intervalle ouvert I de $\mathbb{R}$, alors on peut définir la fonction qui à tout $x_0 \in I$ associe $f'(x_0)$. Cette fonction s'appelle la **dérivée** (ou fonction dérivée) de f sur I. On la note f' ou $\dfrac{df}{dx}$.

Exemple 2.3

Calculons la dérivée de la fonction f de $\mathbb{R}$ dans $\mathbb{R}$, définie par $f(x) = x^3$.

Le taux d'accroissement est $\dfrac{f(x+h) - f(x)}{h} = \dfrac{(x+h)^3 - x^3}{h}$.

Quand on développe $(x+h)^3$, on obtient :

$$(x+h)^3 = (x+h)^2(x+h) = (x^2 + 2hx + h^2)(x+h) = x^3 + 3hx^2 + 3h^2x + h^3.$$

Le taux d'accroissement devient :

$$\frac{(x+h)^3 - x^3}{h} = \frac{1}{h}\left[x^3 + 3hx^2 + 3h^2x + h^3 - x^3\right] = 3x^2 + 3hx + h^2$$

qui tend clairement vers $3x^2$ quand h tend vers 0 (pour tout x fixé).

La fonction dérivée de f est donc ici donnée par $f'(x) = 3x^2$.

Plus x est grand (en valeur absolue), plus $f'(x)$ est grand, et donc plus f « monte vite ».

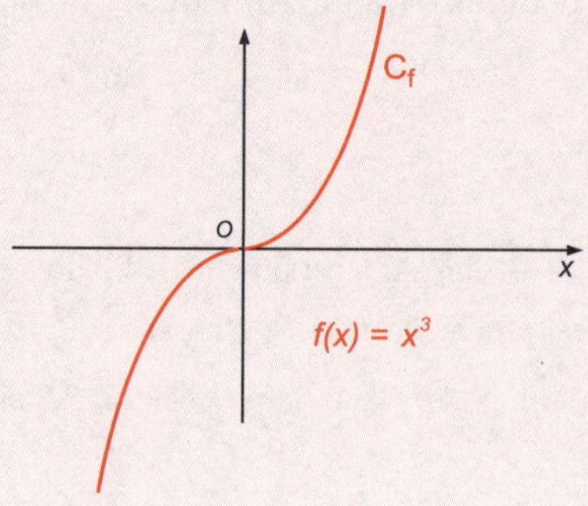

▲ **Figure 2.4** Graphe de $f(x) = x^3$

APPLICATION Coût marginal

Le **coût marginal** désigne le taux d'accroissement du coût qui résulte d'une très petite augmentation de la quantité produite. Si la fonction de coût est $C(Q)$, le coût marginal est $\frac{\Delta C}{\Delta Q}$ avec ΔQ petit.

Si la fonction de coût est dérivable, on a $\lim_{\Delta Q \to 0} \frac{\Delta C}{\Delta Q} = \frac{dC}{dQ}$, c'est pourquoi dans ce cas on appelera coût marginal la dérivée de la fonction de coût, notée $C_m(Q) = \frac{dC}{dQ}$[1].

On parlera de même d'**utilité marginale** notée $U_m(x) = \frac{dU}{dx}$ pour désigner la dérivée de la fonction d'utilité.

Les dérivées les plus simples à calculer sont les dérivées des fonctions constantes. En effet, toute fonction constante a une dérivée nulle. Ce résultat est intuitif car une fonction constante a un taux d'accroissement nul en tout point.

Proposition 2.4

Dérivée d'une fonction constante

Soit f une fonction constante, c.-à-d. $f(x) = c$ pour tout $x \in \mathbb{R}$, où c est une constante fixée, $c \in \mathbb{R}$. Alors $f'(x) = 0$, pour tout $x \in \mathbb{R}$.

Démonstration

$$f'(x) = \lim_{h \to 0} \frac{f(x+h) - f(x)}{h} = \lim_{h \to 0} \frac{c - c}{h} = 0$$ ■

Calculons aussi la dérivée de la fonction racine carrée, qui est souvent utilisée dans les fonctions de demande ou de production.

Proposition 2.5

Dérivée de la fonction racine carrée

Soit f la fonction définie par $f(x) = \sqrt{x}$ pour $x \geq 0$.

Alors f est dérivable sur $]0; +\infty[$, et $f'(x) = \frac{1}{2\sqrt{x}}$ pour tout $x > 0$.

Démonstration

Le taux d'accroissement est :

$$\frac{f(x+h) - f(x)}{h} = \frac{\sqrt{x+h} - \sqrt{x}}{h} = \frac{(\sqrt{x+h} - \sqrt{x})(\sqrt{x+h} + \sqrt{x})}{h(\sqrt{x+h} + \sqrt{x})} = \frac{x+h-x}{h(\sqrt{x+h} + \sqrt{x})} =$$

$$\frac{h}{h(\sqrt{x+h} + \sqrt{x})} = \frac{1}{(\sqrt{x+h} + \sqrt{x})}$$ qui tend vers $\frac{1}{(2\sqrt{x})}$ quand h tend vers 0.

La fonction dérivée de f est donc ici donnée par $f'(x) = \frac{1}{2\sqrt{x}}$ pour $x > 0$. ■

1 Voir J. Etner, M. Jeleva, *Microéconomie*, coll. « Openbook », Dunod, 2014 p. 60-61.

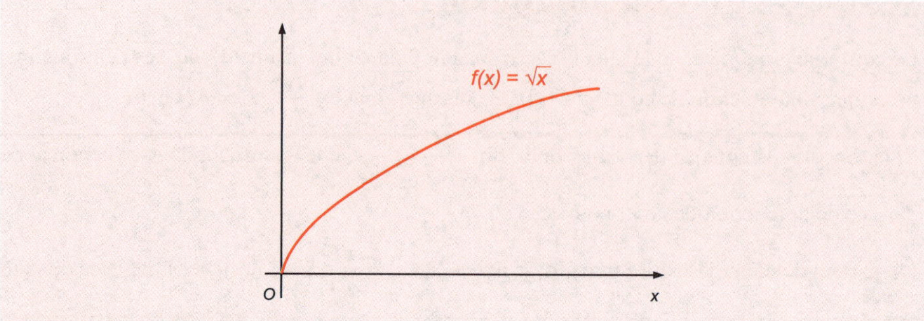

▲ **Figure 2.5** **Graphe de $f(x) = \sqrt{x}$**

2.2 Élasticité

On a vu que si $y = f(x)$, avec f dérivable, alors si la variation Δx est petite, le taux d'accroissement $\frac{\Delta f}{\Delta x}$ est proche de la dérivée $\frac{df}{dx}$ (▶ proposition 2.3).

Supposons que la demande Q d'un certain bien est une fonction du revenu R, avec $Q = f(R)$. D'après la proposition 3, la dérivée $f'(R)$ fournit une valeur approchée de l'augmentation ΔQ de la demande, provenant d'une augmentation ΔR du revenu : $\frac{\Delta Q}{\Delta R} \simeq f'(R)$ donc $\Delta Q \simeq f'(R)\Delta R$.

La limitation d'une telle formule est qu'elle dépend de l'unité de mesure choisie (centimes, euros, dollars... pour le revenu ; kg, tonnes, etc. pour les quantités). Si on exprime les variations en pourcentage, on n'a plus de problème d'unité. C'est ce que permet la notion d'élasticité, qui n'est autre que la dérivée exprimée en pourcentages (pour chaque variable).

Définition 2.4

Si f est dérivable, de dérivée $\frac{df}{dx}$, l'**élasticité** de f par rapport à x est définie par :

$$\varepsilon_x^f = \frac{df}{dx} \times \frac{x}{f(x)}$$

Proposition 2.6

Si f est dérivable, quand x augmente de 1 %, alors $f(x)$ augmente d'environ ε_x^f fois 1 %.

Démonstration

$\varepsilon_x^f = \frac{df}{dx} \times \frac{x}{f(x)} \simeq \frac{\Delta f}{\Delta x} \times \frac{x}{f(x)}$ car on a $\frac{df}{dx} \simeq \frac{\Delta f}{\Delta x}$ pour Δx proche de 0 (▶ proposition 2.3)

donc $\varepsilon_x^f \simeq \frac{\Delta f}{f(x)} \times \frac{x}{\Delta x}$, c'est-à-dire $\frac{\Delta f}{f(x)} \simeq \varepsilon_x^f \times \frac{\Delta x}{x}$.

$\frac{\Delta x}{x}$ est le taux de croissance de x et $\frac{\Delta f}{f(x)}$ est le taux de croissance de f.

Si $\frac{\Delta x}{x} = 1$ %, alors $\frac{\Delta f}{f(x)} = \varepsilon_x^f \times 1$ %. ■

APPLICATION Élasticité-revenu, élasticité-prix

a. Élasticité-revenu[2]. La demande Q d'un certain bien dépend du revenu R. L'élasticité de la demande par rapport au revenu est :

$$\varepsilon_R^Q = \frac{dQ}{dR} \times \frac{R}{Q}.$$

Supposons que $\varepsilon_R^Q = 1{,}5$. Alors, si le revenu augmente de 1 %, la demande augmente de 1,5 %. De même, si le revenu augmente de 2 %, la demande augmente de 3 % environ.

b. Élasticité-prix[3]. La demande Q d'un certain bien dépend de son prix P. L'élasticité de la demande par rapport au prix est :

$$\varepsilon_P^Q = \frac{dQ}{dP} \times \frac{P}{Q}.$$

Supposons que $\varepsilon_P^Q = -2$. Alors, si le prix augmente de 1 %, la demande baisse de 2 %. De même, si le prix augmente de 3 %, la demande baisse de 6 % environ.

Exemple 2.4

Supposons que la demande Q est une fonction du revenu R, avec $Q = Q(R)$, où $Q(R) = 3\sqrt{R}$.

On a $Q'(R) = \dfrac{3}{2\sqrt{R}}$ donc $\varepsilon_R^Q = \dfrac{3}{2\sqrt{R}} \times \dfrac{R}{3\sqrt{R}} = \dfrac{1}{2}$.

Si le revenu augmente de 5 %, la demande augmente de 2,5 %.

3 Limite finie d'une fonction en un point

3.1 Qu'est-ce qu'une limite ?

Pour aborder la notion de nombre dérivé de f en un point, nous avons dû introduire la notion de « limite », puisque la dérivée est la « limite » du taux d'accroissement.

Quand on écrit $f'(x_0) = \lim\limits_{h\to 0} \dfrac{f(x_0+h) - f(x_0)}{h}$, cela signifie que quand h se rapproche très près de 0 (on dit « quand h tend vers 0 »), alors le taux d'accroissement se rapproche d'aussi près que l'on veut de $f'(x_0)$. Par exemple, quand nous avons calculé $f'(1)$ pour f définie par $f(x) = x^2$, nous avons obtenu (▸ exemple 2.2) :

$$f'(1) = \lim_{h\to 0} \frac{(1+h)^2 - 1}{h} = \lim_{h\to 0} \frac{2h + h^2}{h} = \lim_{h\to 0}(2+h) = 2$$

On peut dire que $\lim\limits_{h\to 0}(2+h) = 2$ car $2 + h$ est aussi près que l'on veut de 2 pourvu que h soit suffisamment près de 0.

Pour calculer la dérivée de f en 1, on a donc calculé la « limite » de la fonction $g(h) = \dfrac{(1+h)^2 - 1}{h}$ quand h tend vers 0. Cela nous amène à la définition suivante.

2 Voir J. Etner, M. Jeleva, *Op. cit.*, p. 8.
3 Voir J. Etner, M. Jeleva, *Op. cit.*, p. 10.

Définition 2.5

Limite en un point

Considérons un intervalle ouvert I de $\mathbb{R}$, et un point x_0, avec $x_0 \in I$. Supposons que f est définie sur I, sauf peut-être en x_0. On dit que f a pour **limite** le nombre réel l quand x tend vers x_0 si $f(x)$ devient aussi proche que l'on veut de l, pour tout x suffisamment proche de x_0 (avec $x \neq x_0$).

On note $\lim_{x \to x_0} f(x) = l$.

Nous verrons une formulation mathématique plus précise de cette définition au chapitre 4 (▸ Definition 4.1).

Exemple 2.5

On veut calculer la dérivée en $x_0 = 2$ de la fonction f définie par $f(x) = \frac{1}{x}$, pour $x > 0$.

Pour cela, on doit calculer la limite du taux d'accroissement : $f'(2) = \lim_{h \to 0} \frac{f(2+h) - f(2)}{h}$.

Cela signifie que l'on doit déterminer $\lim_{h \to 0} g(h)$, où g est la fonction définie par :

$$g(h) = \frac{f(2+h) - f(2)}{h} = \frac{1}{h}\left[\frac{1}{2+h} - \frac{1}{2}\right]$$

$$g(h) = \frac{1}{h}\left[\frac{1}{2+h} - \frac{1}{2}\right] = \frac{1}{h}\left[\frac{2-(2+h)}{2(2+h)}\right] = \frac{1}{h} \times \frac{-h}{2(2+h)} = \frac{-1}{2 \times (2+h)}$$

où $2 + h$ tend vers 2 quand h tend vers 0, donc $\lim_{h \to 0} g(h) = \frac{-1}{4}$.

On peut conclure que $f'(2) = \frac{-1}{4}$.

3.2 Opérations sur les limites

Pour éviter d'avoir à faire systématiquement beaucoup de calculs à chaque fois que l'on doit calculer la limite d'une fonction, les quelques propriétés suivantes peuvent être utiles.

Proposition 2.7

Limites d'une somme, d'un produit, d'un quotient

Supposons que $\lim_{x \to x_0} f(x) = l$ et $\lim_{x \to x_0} g(x) = m$, alors :

(i) $\lim_{x \to x_0} (f(x) + g(x)) = l + m$

(ii) $\lim_{x \to x_0} (f(x) \times g(x)) = l \times m$

(iii) $\lim_{x \to x_0} \left(\frac{f(x)}{g(x)}\right) = \frac{l}{m}$ (si $m \neq 0$)

Démonstration

Donnons l'intuition pour la première propriété. Si $\lim_{x \to x_0} f(x) = l$ et $\lim_{x \to x_0} g(x) = m$, alors quand x est proche de x_0, on peut dire que $f(x)$ est proche de l et que $g(x)$ est proche de m, d'où $f(x) + g(x)$ est proche de $l + m$.

On procède de même pour les autres propriétés. ■

La démonstration mathématique plus précise repose sur la formulation mathématique précise de la notion de limite que nous verrons au chapitre 4 (▶ Définition 4.1)

Proposition 2.8

Si f est dérivable en x_0, alors $\lim\limits_{x \to x_0} f(x) = f(x_0)$.

Démonstration

Supposons f dérivable en x_0. Le taux d'accroissement $\dfrac{f(x_0+h) - f(x_0)}{h}$ a donc une limite finie quand $h \to 0$, limite égale à $f'(x_0)$. On remarque alors que : $f(x_0+h) - f(x_0) = \left(\dfrac{f(x_0+h) - f(x_0)}{h}\right) \times h$, où $\left(\dfrac{f(x_0+h) - f(x_0)}{h}\right)$ tend vers $f'(x_0)$ et où h tend vers 0, donc $f(x_0+h) - f(x_0)$ tend vers 0. Cela signifie bien que $f(x_0+h)$ tend vers $f(x_0)$, et donc que f est continue en x_0. ■

4 Calculs de dérivées

4.1 Quelques règles de calcul

Les règles de calcul des limites de fonctions en un point que nous venons de voir vont nous aider pour calculer les dérivées de fonctions s'écrivant à partir d'autres fonctions, puisque une dérivée est une limite de taux d'accroissement.

Supposons que u et v sont des fonctions dérivables sur un intervalle ouvert I de $\mathbb{R}$. Alors on peut calculer les dérivées de $u + v$, de $u - v$, de $u \times v$, de $\dfrac{u}{v}$, à partir des dérivées de u et de v.

Proposition 2.9

Dérivées d'une somme, d'un produit, d'un quotient

Soient u et v deux fonctions dérivables sur l'intervalle ouvert I de $\mathbb{R}$.

(i) Si f est définie par $f(x) = u(x) + v(x)$,
alors f est dérivable et $f'(x) = u'(x) + v'(x)$.

(ii) Si f est définie par $f(x) = u(x) \times v(x)$,
alors f est dérivable et $f'(x) = u'(x)v(x) + u(x)v'(x)$.

(iii) Si f est définie par $f(x) = \dfrac{u(x)}{v(x)}$,
alors f est dérivable et $f'(x) = \dfrac{u'(x)v(x) - u(x)v'(x)}{[v(x)]^2}$ pour tout x tel que $v(x) \neq 0$.

(iv) Si f est définie par $f(x) = \dfrac{1}{v(x)}$,
alors f est dérivable et $f'(x) = \dfrac{-v'(x)}{[v(x)]^2}$ pour tout x tel que $v(x) \neq 0$.

Démonstration

(i) $f'(x) = \lim_{h\to 0} \dfrac{u(x+h)+v(x+h)-u(x)-v(x)}{h} = \lim_{h\to 0} \dfrac{u(x+h)-u(x)}{h} + \lim_{h\to 0} \dfrac{v(x+h)-v(x)}{h}$

(d'après la proposition 2.7 (i)) donc $f'(x) = \lim_{h\to 0} \dfrac{u(x+h)-u(x)}{h} + \lim_{h\to 0} \dfrac{v(x+h)-v(x)}{h}$
$= u'(x) + v'(x)$

(ii) $\dfrac{f(x+h)-f(x)}{h} = \dfrac{u(x+h)v(x+h)-u(x)v(x)}{h}$

$= \dfrac{1}{h}\,[u(x+h)\,(v(x+h)-v(x))+(u(x+h)-u(x))\,v(x)]$

$= u(x+h)\dfrac{(v(x+h)-v(x))}{h} + \dfrac{(u(x+h)-u(x))}{h}v(x)$

Comme on a :

$\lim_{h\to 0} u(x+h) = u(x)$ (d'après la proposition 2.8)

$\lim_{h\to 0} \dfrac{(v(x+h)-v(x))}{h} = v'(x)$

$\lim_{h\to 0} \dfrac{(u(x+h)-u(x))}{h} = u'(x)$

On en déduit que $\dfrac{f(x+h)-f(x)}{h}$ tend vers $u(x)v'(x) + u'(x)v(x)$.

(iii) $\dfrac{f(x+h)-f(x)}{h} = \dfrac{1}{h}\left[\dfrac{u(x+h)}{v(x+h)} - \dfrac{u(x)}{v(x)}\right] = \dfrac{1}{h}\dfrac{u(x+h)v(x)-v(x+h)u(x)}{v(x+h)v(x)}$

$= \dfrac{1}{hv(x+h)v(x)}\,[v(x)\,(u(x+h)-u(x)) - u(x)\,(v(x+h)-v(x))]$

$= \dfrac{1}{v(x+h)v(x)}\left[v(x)\left(\dfrac{u(x+h)-u(x)}{h}\right) - u(x)\left(\dfrac{v(x+h)-v(x)}{h}\right)\right]$

où $\lim_{h\to 0} v(x+h) = v(x)$

$\lim_{h\to 0} \dfrac{(u(x+h)-u(x))}{h} = u'(x)$ et $\lim_{h\to 0} \dfrac{(v(x+h)-v(x))}{h} = v'(x)$

donc $\dfrac{f(x+h)-f(x)}{h}$ tend vers $\dfrac{1}{(v(x))^2}\,[v(x)u'(x) - u(x)v'(x)]$ quand h tend vers 0.

(iv) Immédiat en appliquant **(iii)** pour $u(x) = 1$. ■

Corollaire

Soit u une fonction dérivable sur un intervalle ouvert I de $\mathbb{R}$, et soit c une constante, $c \in \mathbb{R}$.

(i) Si f est définie par $f(x) = u(x) + c$ pour tout x, alors f est dérivable sur I et $f'(x) = u'(x)$.

(ii) Si f est définie par $f(x) = u(x) \times c$ pour tout x, alors f est dérivable sur I et $f'(x) = u'(x) \times c$.

Démonstration

Pour montrer **(i)**, on pose $v(x) = c$ pour tout x, et on applique la proposition 2.9 sur la dérivée d'une somme de fonctions : $f'(x) = u'(x) + v'(x)$, avec $v'(x) = 0$ car v est constante.

Pour montrer **(ii)**, on pose $v(x) = c$ pour tout x, et on applique la proposition 2.9 sur la dérivée d'un produit de fonctions :

$$f'(x) = u'(x)v(x) + u(x)v'(x) = [u'(x) \times c] + [u(x) \times 0] = u'(x) \times c$$ ■

La proposition suivante va permettre de préciser l'approximation donnée à la proposition 2.3.

Proposition 2.10

f a pour dérivée le nombre l en x_0 si et seulement si il existe une fonction ε définie au voisinage[4] de 0 telle que $f(x_0 + h) = f(x_0) + lh + h\varepsilon(h)$, avec $\lim_{h\to 0} \varepsilon(h) = 0$.

Démonstration

Soit $\varepsilon(h) = \dfrac{f(x_0 + h) - f(x_0)}{h} - l$.

Par définition du nombre dérivé en un point, f a pour dérivée le nombre l en x_0 si et seulement si $\lim_{h\to 0} \varepsilon(h) = 0$. ■

Soient I et J deux intervalles de $\mathbb{R}$. Considérons une fonction f de I dans $\mathbb{R}$, et une fonction g de J dans $\mathbb{R}$, telle que $f(I) \subset J$, si bien que $g \circ f$ est définie sur I. On suppose que $x_0 \in I$, et $y_0 = f(x_0)$.

Proposition 2.11

Dérivée d'une fonction composée

Si f est dérivable en x_0 et g dérivable en y_0, alors $g \circ f$ est dérivable en x_0, et $(g \circ f)'(x_0) = g'(f(x_0)) \times f'(x_0)$.

Démonstration

On va utiliser deux fois le critère de dérivabilité de la proposition 2.10.

On l'applique d'abord à f :

$$(g \circ f)(x_0 + h) = g(f(x_0 + h)) = g(f(x_0) + f'(x_0)h + h\varepsilon(h)) \text{ avec } \lim_{h\to 0} \varepsilon(h) = 0$$

Posons $k = f'(x_0)h + h\varepsilon(h)$. Quand h tend vers 0, alors k tend vers 0.

On applique maintenant le critère de dérivabilité à g. Il existe une fonction ε_1 de la variable k, telle que $\lim_{k\to 0} \varepsilon_1(k) = 0$, et :

$$g(y_0 + k) = g(y_0) + g'(y_0)k + k\varepsilon_1(k)$$

En remplaçant k et y_0 par leurs valeurs, on obtient, puisque $y_0 + k = f(x_0 + h)$:

$$g(f(x_0 + h)) = g(f(x_0)) + g'(f(x_0)) \times [f'(x_0)h + h\varepsilon(h)] + k\varepsilon_1(k)$$

$$g(f(x_0 + h)) = g(f(x_0)) + g'(f(x_0)) \times f'(x_0)h + g'(f(x_0)) \times [h\varepsilon(h)] + [f'(x_0)h + h\varepsilon(h)]\,\varepsilon_1(k)$$

$$g(f(x_0 + h)) = g(f(x_0)) + g'(f(x_0)) \times f'(x_0)h + h \times \varepsilon_2(h)$$

où $\varepsilon_2(h) = g'(f(x_0)) \times \varepsilon(h) + [f'(x_0) + \varepsilon(h)]\,\varepsilon_1(k)$ donc $\lim_{h\to 0} \varepsilon_2(h) = 0$ On en déduit donc, d'après le critère de la proposition précédente, que $g'(f(x_0)) \times f'(x_0)$ est la dérivée de $g \circ f$ en x_0. ■

Exemple 2.6

On veut calculer la dérivée de $H(x) = \sqrt{1 + x^3}$ pour $x > -1$. Posons $f(x) = 1 + x^3$ et $g(y) = \sqrt{y}$. On a $H = g \circ f$. On connaît la dérivée de g et celle de f (▶ section 2.1).

On a $g'(y) = \dfrac{1}{2\sqrt{y}}$ et $f'(x) = 3x^2$, d'où $H'(x) = g'(f(x)) \times f'(x) = \dfrac{1}{2\sqrt{1 + x^3}} \times 3x^2$.

4 Rappelons que dire que la fonction ε est définie au voisinage de 0 signifie que ε est définie sur un intervalle ouvert (même petit) contenant 0 (▶ définition 1.8)

Proposition 2.12

Dérivée d'une fonction réciproque

Si f est une bijection de I dans J, où I et J sont des intervalles de $\mathbb{R}$, et que f est dérivable en $x_0 \in I$, avec $f'(x_0) \neq 0$, alors son application réciproque $g = f^{-1}$ est dérivable en $y_0 = f(x_0)$, et $g'(y_0) = \dfrac{1}{f'(x_0)}$.

Ceci s'écrit aussi $(f^{-1})'(y_0) = \dfrac{1}{f' \circ f^{-1}(y_0)}$.

Démonstration

Si $y \in J$, alors $x = g(y) \in I$, ce qui équivaut à $y = f(x)$. Quand x tend vers x_0, on a y tend vers y_0 car f dérivable en x_0 implique $\lim f(x) = f(x_0)$ (► proposition 2.8). D'où :

$\dfrac{g(y) - g(y_0)}{y - y_0} = \dfrac{x - x_0}{f(x) - f(x_0)}$ qui tend vers $\dfrac{1}{f'(x_0)}$ quand x tend vers x_0, donc quand y tend vers y_0.

On a donc bien $g'(y_0) = \dfrac{1}{f'(x_0)}$.

D'autre part, $g'(y_0) = (f^{-1})'(y_0)$ et $f'(x_0) = f' \circ f^{-1}(y_0)$, ce qui donne la deuxième formule. ■

Exemple 2.7

Soit f définie de $\mathbb{R}_+$ dans $\mathbb{R}_+$ définie par $f(x) = x^2$. La fonction f est une bijection de $\mathbb{R}_+$ dans $\mathbb{R}_+$, de fonction réciproque $f^{-1}(x) = \sqrt{x}$. La dérivée de f est $f'(x) = 2x$ (► paragraphe 4.2, dérivée d'un polynôme). On en déduit la dérivée de f^{-1} :

$$f^{-1}(x) = \frac{1}{f' \circ f^{-1}(x)} = \frac{1}{2f^{-1}(x)} = \frac{1}{2\sqrt{x}}$$

On retrouve ainsi la dérivée de la fonction racine carrée, déjà calculée plus haut (► proposition 2.5).

4.2 Dérivée d'un polynôme

Les polynômes sont les fonctions les plus faciles à dériver : elles sont définies sur tout $\mathbb{R}$, et à l'aide des propositions précédentes il est facile de calculer leurs dérivées. Commençons par dériver les monômes.

Proposition 2.13

Dérivée de x^n

Soit f définie sur $\mathbb{R}$ par $f(x) = x^n$, où $n \in \mathbb{N}^*$.
Alors f est dérivable, et $f'(x) = nx^{n-1}$.

Démonstration

On va démontrer cette proposition par récurrence (► voir section 4, chapitre 1, pour des explications sur ce qu'est un raisonnement par récurrence).

– Commençons par le montrer pour $n = 1$. Si $f(x) = x$, alors le taux d'accroissement est $\dfrac{f(x+h) - f(x)}{h} = \dfrac{x + h - x}{h} = 1$ qui tend bien sûr vers 1 quand h tend vers 0.
D'où $f'(x) = 1$ si $n = 1$, ce qui correspond bien à l'énoncé de la proposition pour $n = 1$ (car $x^0 = 1$).

– Supposons que cette proposition est vraie pour un certain entier n. Peut-on en déduire qu'elle est vraie pour l'entier suivant, c'est-à-dire pour $n + 1$?

Si $f(x) = x^{n+1}$, alors on peut écrire $f(x) = u(x) \times v(x)$, avec $u(x) = x^n$ et $v(x) = x$.

D'après la formule sur la dérivée d'un produit, on a $f'(x) = u'(x) \times v(x) + u(x) \times v'(x)$.

La proposition est vraie pour n, donc $u'(x) = nx^{n-1}$. De plus $v'(x) = 1$ d'où :

$f'(x) = nx^{n-1} \times x + x^n \times 1 = nx^n + x^n = (n + 1)x^n$, ce qui signifie que la proposition est vraie pour $n + 1$.

– Récapitulons : nous savons que la proposition est vrai pour $n = 1$. D'autre part, nous avons montré que si elle est vraie pour un entier n, elle sera vraie aussi pour l'entier suivant.

On peut donc dire :

– elle est vraie pour 1, donc elle est vraie aussi pour l'entier suivant c'est-à-dire 2 ;

– elle est vraie pour 2, donc elle est vraie aussi pour l'entier suivant c'est-à-dire 3 ;

et ainsi de suite...

On voit donc de proche en proche qu'elle est vraie finalement pour tout entier supérieur à 1.

On a donc démontré la proposition par récurrence. ■

Un polynôme est une somme de monômes. Comme la dérivée d'une somme de fonctions est la somme des dérivées de ces fonctions, on peut donc calculer facilement la dérivée de n'importe quel polynôme.

Proposition 2.14

Dérivée d'un polynôme

Tout polynôme f est dérivable sur $\mathbb{R}$, et sa dérivée est la somme des dérivées des monômes qui le composent.

Si $f(x) = a_n x^n + a_{n-1}x^{n-1} + \ldots + a_1 x + a_0$ pour tout $x \in \mathbb{R}$,
alors $f'(x) = na_n x^{n-1} + (n-1)a_{n-1}x^{n-2} + \ldots + a_1$.

La démonstration est immédiate d'après la proposition sur la dérivée d'une somme.

Exemple 2.8

Soit f définie pour tout $x \in \mathbb{R}$ par $f(x) = 2x^3 - 7x^2 + 8x + 15$

On sait calculer la dérivée de chaque terme, d'où :

$$f'(x) = 2 \times (3x^2) - 7 \times (2x) + 8 \times 1 + 0 = 6x^2 - 14x + 8$$

4.3 Dérivée d'une fonction rationnelle

Nous savons dériver les polynômes, et nous savons dériver le quotient de deux fonctions dérivables, donc nous pouvons calculer la dérivée de n'importe quelle fonction rationnelle, puisqu'une fonction rationnelle est le quotient de deux polynômes.

Proposition 2.15

Soit f une fonction rationnelle, définie par $f(x) = \dfrac{P(x)}{Q(x)}$, où P et Q sont des polynômes.

Alors $f'(x) = \dfrac{P'(x)Q(x) - P(x)Q'(x)}{(Q(x))^2}$ pour tout x tel que $Q(x) \neq 0$.

La démonstration est immédiate d'après la proposition 2.9 (iii) sur la dérivée d'un quotient.

Exemple 2.9

Soit f définie par $f(x) = \dfrac{x^3 - 7x + 2}{x^2 - 3x + 2}$.

Ici $P(x) = x^3 - 7x + 2$ et $Q(x) = x^2 - 3x + 2$,

d'où $P'(x) = 3x^2 - 7$ et $Q'(x) = 2x - 3$,

donc $f'(x) = \dfrac{P'(x)Q(x) - P(x)Q'(x)}{(Q(x))^2} = \dfrac{(3x^2 - 7)(x^2 - 3x + 2) - (x^3 - 7x + 2)(2x - 3)}{(x^2 - 3x + 2)^2}$.

Une fonction rationnelle particulièrement simple et fréquemment utilisée est tout simplement l'inverse d'un monôme. D'où la proposition suivante.

Proposition 2.16

Si f est définie pour tout x non nul par $f(x) = \dfrac{1}{x^n}$, où $n \in \mathbb{N}^*$, alors $f'(x) = \dfrac{-n}{x^{n+1}}$.

Démonstration

f est une fonction rationnelle, $f = \dfrac{P}{Q}$, où pour tout x on a : $P(x) = 1$ et $Q(x) = x^n$.

Les dérivées sont $P'(x) = 0$ et $Q'(x) = nx^{n-1}$,

donc $f'(x) = \dfrac{P'(x)Q(x) - P(x)Q'(x)}{(Q(x))^2} = \dfrac{-nx^{n-1}}{(x^n)^2} = \dfrac{-n}{x^{n+1}}$. ■

5 Dérivées d'ordre supérieur

Si la fonction f est définie et dérivable sur un intervalle I de $\mathbb{R}$, il se peut que sa dérivée f' soit elle-même dérivable. On obtient ainsi la dérivée de la dérivée. Celle-ci peut elle-même être dérivable, et ainsi de suite. Ceci nous conduit à la définition suivante.

Définition 2.6

Soit f définie et dérivable sur l'intervalle I de $\mathbb{R}$. Sa dérivée f' est appelée **dérivée première** de f.

Si f' est dérivable, on appelle la dérivée de f' la **dérivée seconde** de f, notée f''.

La **dérivée troisième**, notée $f^{(3)}$, est la dérivée de la dérivée seconde.

On définit ainsi de proche en proche pour tout entier $n \geq 2$, la **dérivée $n^{ième}$** de f, notée $f^{(n)}$: c'est la dérivée de la dérivée $(n-1)^{ième}$ de f (si elle existe).

On verra au chapitre 6 que la dérivée première et la dérivée seconde d'une fonction sont utiles pour déterminer les valeurs maximales ou minimales de cette fonction. La dérivée seconde donne des informations sur la forme de la courbe (▸ section 5 concavité, convexité, chapitre 6).

Exemple 2.10

Soit f définie sur $\mathbb{R}$ par $f(x) = x^4$.

La dérivée première de f est $f'(x) = 4x^3$ (▸ section 4.2).

La dérivée seconde de f' est f'' telle que $f''(x) = 12x^2$.

La dérivée troisième est $f^{(3)}(x) = 24x$.

La dérivée quatrième est $f^{(4)}(x) = 24$.

La dérivée cinquième est $f^{(5)}(x) = 0$.

La dérivée $n^{ième}$ pour $n \geq 5$ est donnée par $f^{(n)}(x) = 0$.

6 Étude des variations d'une fonction

6.1 Lien entre le signe de la dérivée et le sens de variation

On a vu que si f est dérivable en un point x_0, alors au voisinage de x_0 la courbe C_f est très proche de la tangente (T), qui est une droite de pente $f'(x_0)$.

– Si $f'(x_0) > 0$, la tangente (T) est une droite strictement croissante. La courbe C_f est donc très proche d'une droite strictement croissante au voisinage de x_0.

– Si $f'(x_0) < 0$, la tangente (T) est une droite strictement décroissante. La courbe C_f est donc très proche d'une droite strictement décroissante au voisinage de x_0.

On comprend donc facilement que si f est dérivable sur tout un intervalle, le signe de sa dérivée va nous aider à tracer le graphe de f, en perticulier pour savoir si f est croissante ou décroissante. C'est l'objet de la proposition suivante.

Proposition 2.17

Signe de la dérivée et sens de variation

Soit f une fonction de $\mathbb{R}$ dans $\mathbb{R}$, dérivable sur un intervalle ouvert I.

– si $f' > 0$ sur I, alors f est strictement croissante sur I ;

– si $f' < 0$ sur I, alors f est strictement décroissante sur I.

Démonstration

On donne ici seulement l'intuition. La démonstration mathématique précise est donnée au chapitre 6, section 1. Supposons $f' > 0$ sur I.

En chaque point de l'intervalle I, on peut dire que $\frac{\Delta f}{\Delta x} \simeq \frac{df}{dx} > 0$. En tout point de I, une petite augmentation $\Delta x > 0$ de la variable x, entraine une augmentation $\Delta f > 0$ de la fonction f. Comme ceci est vrai en chaque point, on en déduit que f est strictement croissante sur I.

Le principe est exactement le même pour $f' < 0$ sur I. ■

On peut remarquer que à l'inverse f strictement croissante n'implique pas $f' > 0$ sur tout l'intervalle. Par exemple, soit f définie pour tout $x \in \mathbb{R}$ par $f(x) = x^3$. Alors f est strictement croissante sur tout $\mathbb{R}$, et $f'(x) = 3x^2 \geq 0$, mais $f'(0) = 0$.

Un théorème plus précis sur le lien entre signe de la dérivée et sens de variations est établi au chapitre 6, comme corollaire du théorème des accroissements finis (► chapitre 6, section 1).

EN PRATIQUE

Si on veut étudier les variations d'une fonction, il faut donc avant tout déterminer sur quels intervalles sa dérivée est positive, et sur quels intervalles elle est négative.

Une fois déterminés ces intervalles, on peut les faire figurer dans un « tableau de variations » qui permet déjà de visualiser l'allure de la fonction.

Le tableau de variations fait figurer :

- les valeurs possibles de x, sur la première ligne ;
- le signe de la dérivée en fonction de la valeur de x correspondante, sur la deuxième ligne ;
- la croissance ou décroissance de la fonction f selon la valeur de x, sur la troisième ligne.

On fait figurer aussi dans le tableau les valeurs de f aux bornes, ainsi que les valeurs de f aux points où sa dérivée s'annule. On peut ensuite tracer la courbe. La tangente est horizontale là où la dérivée est nulle.

Notons qu'il peut être aussi utile de calculer les limites de la fonction aux bornes de son intervalle de définition ; c'est ce que nous verrons au chapitre 4.

6.2 Exemples d'études du sens de variation de fonctions

Pour bien comprendre la méthode, considérons deux exemples.

Exemple 2.11

Étude de $f(x) = 3x^2 - 24x + 45$ sur l'intervalle $[0; 10]$.

Cette fonction est un polynôme donc est dérivable sur tout $\mathbb{R}$.

$$f'(x) = 6x - 24$$

$$f'(x) > 0 \Leftrightarrow x > 4 \text{ et } f'(x) < 0 \Leftrightarrow x < 4$$

La fonction f est donc strictement décroissante sur $[0; 4[$ et strictement croissante sur $]4; 10]$.
Les valeurs aux bornes sont $f(0) = 45$ et $f(10) = 300 - 240 + 45 = 105$.

La dérivée s'annule en $x = 4$. On a $f(4) = 3 \times 16 - 24 \times 4 + 45 = 48 - 96 + 45 = -3$

On peut maintenant dresser le tableau de variations.

x	0		4		10
$f'(x)$		−	0	+	
$f(x)$	45	↘	−3	↗	105

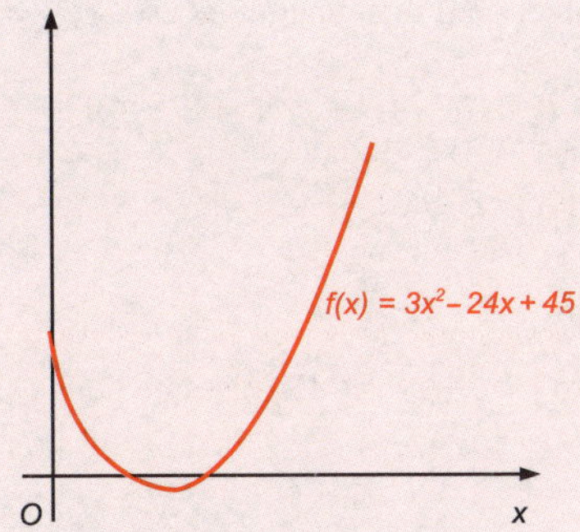

▲ **Figure 2.6** **Graphe de $f(x) = 3x^2 - 24x + 45$**

Exemple 2.12

Étude de $f(x) = x^3 - 12x + 3$ sur l'intervalle [−5; +5].

Cette fonction est un polynôme donc est dérivable sur tout $\mathbb{R}$.

$$f'(x) = 3x^2 - 12$$

$$f'(x) = 0 \Leftrightarrow x^2 = 4, \text{ c'est-à-dire } x = \pm 2$$

$$f'(x) < 0 \Leftrightarrow x^2 < 4, \text{ c'est-à-dire } -2 < x < +2$$

$$f'(x) > 0 \Leftrightarrow x^2 > 4, \text{ c'est-à-dire } x \in]-\infty; -2[\cup]+2; +\infty[$$

La fonction f est croissante, puis décroissante, puis croissante.

Les valeurs aux bornes sont :

$$f(-5) = (-5)^3 - 12 \times (-5) + 3 = -125 + 60 + 3 = -62$$

$$f(5) = 5^3 - 12 \times 5 + 3 = 125 - 60 + 3 = 68$$

La dérivée s'annule en $x = -2$ et $x = 2$.

On a $f(-2) = -8 + 24 + 3 = 19$ et $f(2) = 8 - 24 + 3 = -13$.

D'où le tableau de variations :

x	−5		−2		+2		+5
$f'(x)$		+	0	−	0	+	
$f(x)$	−62	↗	19	↘	−13	↗	68

APPLICATION La maximisation du profit

Dans les deux applications qui suivent, on étudie les variations de la fonction de profit d'une firme, afin de déterminer quelle quantité de bien la firme doit produire pour maximiser son profit. On utilise pour cela la dérivée de la fonction de profit.

a. Profit d'une firme dans un marché concurrentiel. Quand on est dans une situation concurrentielle, la firme ne peut pas fixer le prix de son choix. Elle doit s'aligner sur le prix du marché P, qui pour elle est comme une constante fixée. Supposons que le coût de production d'une quantité Q est $C(Q) = 4Q + Q^2$

Le profit vaut alors :

$$\Pi(Q) = P \times Q - C(Q) = P \times Q - \left(4Q + Q^2\right) = (P-4)Q - Q^2$$

La dérivée de la fonction de profit est :

$$\Pi'(Q) = P - 4 - 2Q$$

On a $\Pi'(Q) > 0 \Leftrightarrow Q < \dfrac{P-4}{2}$ et $\Pi'(Q) < 0 \Leftrightarrow Q > \dfrac{P-4}{2}$

- si $P > 4$, la fonction de profit est croissante pour $Q < \dfrac{P-4}{2}$, et décroissante pour $Q > \dfrac{P-4}{2}$. Le profit est donc maximum pour $Q^* = \dfrac{P-4}{2}$;
- si $P < 4$, alors $\Pi'(Q) = P - 4 - 2Q < -2Q < 0$. La fonction de profit est décroissante pour tout $Q > 0$. Le profit est maximum pour $Q = 0$. Le mieux est de ne rien produire car le prix P est trop bas.

b. Profit d'un monopole. Quand une entreprise est un monopole, elle peut librement fixer son prix P puisqu'il n'y a pas de concurrence. Toutefois la demande Q est une fonction décroissante du prix. Quel est le prix idéal pour maximiser son profit ? Si le prix est trop bas, les recettes sont faibles. Mais si le prix est trop élevé, la demande et donc le volume des ventes est faible. Il faut étudier précisément les variations du profit en fonction du prix.

Supposons que la demande Q dépende du prix P de la façon suivante : $Q = 80 - 2P$.

Cette relation peut aussi s'écrire : $P = \dfrac{80-Q}{2}$. Le prix est donc une fonction de la quantité vendue :

$$P = P(Q) = 40 - \frac{1}{2}Q$$

Supposons de plus que le coût de production d'une quantité Q est $C(Q) = 4Q + Q^2$.

Le profit vaut alors :

$$\Pi(Q) = P(Q) \times Q - C(Q) = (40 - \frac{1}{2}Q) \times Q - \left(4Q + Q^2\right) = 36Q - \frac{3}{2}Q^2$$

La dérivée de la fonction de profit est :

$$\Pi'(Q) = 36 - 3Q$$

On a $\Pi'(Q) > 0 \Leftrightarrow Q < \dfrac{36}{3} = 12$ et $\Pi'(Q) < 0 \Leftrightarrow Q > 12$.

La fonction de profit est croissante pour $Q < 12$, et décroissante pour $Q > 12$. Le profit est donc maximum pour $Q^* = 12$. Le prix est alors $P^* = 40 - \dfrac{1}{2}Q^* = 40 - 6 = 34$.

Les points **clés**

- La dérivée d'une fonction est la limite de son taux d'accroissement.
- La dérivée permet de donner une valeur approchée des variations d'une fonction autour d'un point, quand ces variations sont petites.
- La courbe représentative d'une fonction est à peu près une droite (la tangente), quand on reste à proximité d'un point fixé.
- Les régles de calcul des limites permettent de trouver les règles de calcul des dérivées.
- Quand on connaît le signe de la dérivée d'une fonction, on peut en déduire si cette fonction est croissante ou décroissante.
- Pour déterminer le maximum ou le minimum d'une fonction, il est utile de calculer sa dérivée et le signe de celle-ci.

ÉVALUATION

Vous trouverez les corrigés détaillés de tous les exercices sur la page du livre sur le site www.dunod.com

Quiz

1 Vrai/Faux

Dites si les affirmations suivantes sont vraies ou fausses. Justifiez vos réponses.

1. Une fonction f définie sur $\mathbb{R}$ a un taux d'accroissement constant si et seulement si elle est affine.
2. Si une fonction f est dérivable en x_0, alors son graphe admet une tangente en x_0.
3. La dérivée d'une fonction composée est la composée des dérivées.
4. Toute fonction polynôme est dérivable sur tout $\mathbb{R}$.
5. Toute fonction rationnelle est dérivable sur son ensemble de définition.

► Corrigés p. 364

Exercices

2 Dérivée du coût de production

On note $C(Q)$ le coût total de production de Q unités d'un bien. On suppose que C est dérivable.

1. Supposons que $C'(500) = 20$. Qu'est-ce que cela signifie concrètement ?
2. Supposons que l'on vende ce bien au prix unitaire $P = 25$, et que la production actuelle est de 500. Est-il intéressant d'augmenter un peu la production ?
3. Même question pour un prix $P = 15$.

► Corrigés p. 364

3 Dérivée limite du taux d'accroissement

En utilisant la définition de la dérivée en un point, déterminer la dérivée de f en $x_0 = 1$, si $f(x) = \dfrac{2}{x+1}$ pour tout $x \geq 0$. Tracer sur un même graphique le graphe de f et sa tangente en x_0.

► Corrigés p. 364

4 Limite en un point

Calculer la limite en $x_0 = 1$ des fonctions suivantes :

1. $f(x) = x^2 - 3x + 7$
2. $f(x) = \dfrac{x^2 - 1}{x - 1}$
3. $f(x) = \dfrac{x^3 - 8x^2 + 19x - 12}{x^2 - 3x + 2}$
4. $f(x) = \dfrac{x^2 - 3x + 2}{x^3 - 1}$

5 Dérivée et tangente

1. Soit f définie pour tout réel x par $f(x) = \dfrac{1}{4}x^3$.
Calculer la dérivée de f en $x_0 = 2$. Tracer sur un même graphique la courbe représentant f et sa tangente en $x_0 = 2$.
2. Mêmes questions pour $f(x) = 1 + 2\sqrt{x}$ avec $x_0 = 4$.

6 Calculs de dérivées

Calculer les dérivées des fonctions suivantes, après avoir déterminé leur ensemble de définition.

1. $f(x) = 3x^4 - 7x^3 + 8x - 2$
2. $f(x) = 17x^2 - \sqrt{x}$
3. $f(x) = \sqrt{x^2 + 1}$
4. $f(x) = \dfrac{8}{x} - \dfrac{7}{x^3}$
5. $f(x) = \dfrac{2 + x}{2 - x}$
6. $f(x) = \dfrac{x^2 - 7}{x - 3}$
7. $f(x) = \sqrt{\dfrac{1 - x}{x^2 + 2}}$

► Corrigés p. 364

7 Profit sur un marché concurrentiel

1. Une firme est dans un marché concurrentiel pour la production d'un bien donné. Le prix du marché est $P = 100$. Le coût de production pour cette firme d'une quantité Q de bien est $C(Q) = 60Q + 2Q^2$.

Calculer la fonction de profit puis sa dérivée. Quelle est la quantité Q^* qui maximise le profit de la firme ?

2. Mêmes questions avec $P = 50$.

8 Profit d'un monopole

Une entreprise est en situation de monopole pour la production d'un bien. On suppose que la demande Q dépend du prix P de la façon suivante :

$$Q = 100 - \frac{1}{2}P$$

Supposons de plus que le coût de production d'une quantité Q est :

$$C(Q) = 60Q + 2Q^2$$

Calculer la fonction de profit en fonction uniquement de la quantité Q, puis sa dérivée. Quelle est la quantité Q^* qui maximise le profit de la firme ?

9 Variations d'une fonction

On considère la fonction f définie pour tout x par :

$$f(x) = \frac{1}{3}x^3 - 4x^2 + 12x - 5$$

Étudier les variations de la fonction f sur $[0; 10]$.

Calculer sa dérivée et faire son tableau de variations sur cet intervalle.

Chapitre 3

En économie, on a souvent besoin d'étudier des suites de données numériques, en particulier quand on suit l'évolution des valeurs d'une variable économique au cours du temps.

On peut étudier par exemple la suite formée des valeurs successives :

– du PIB chaque année ;
– du taux de chômage chaque mois ;
– du taux d'inflation chaque année.

Il est donc utile pour l'économiste de savoir analyser des suites de nombres et répondre à des questions comme :

– les valeurs sont-elles de plus en plus élevées (on dit que la suite est croissante) ?
– les valeurs de cette suite varient-elles de moins en moins avec le temps, pour se rapprocher d'un nombre donné (on dit que la suite est convergente) ?

L'étude mathématique des suites numériques (ou suites de nombres réels) permet de répondre à ce type de questions.

LES GRANDS AUTEURS

Archimède (287-212 av. J.-C.)

Archimède est un mathématicien et physicien grec, vivant à Syracuse en Sicile. On considère que c'est l'un des plus grands mathématiciens de l'Antiquité. Il trouve le fameux principe d'Archimède : «Tout corps plongé dans l'eau subit de bas en eau une force opposée au poids du volume d'eau déplacé.»

Dans son traité *La quadrature de la parabole*, il calcule l'aire de la zone délimitée par une parabole et une droite la coupant. Pour cela, il encadre cette aire par les aires de suites de polygones dont on connaît la surface. Cela revient à montrer que l'aire de cette zone de parabole est limite d'une suite de surfaces de polygones, même si la notion de limite n'existe pas à l'époque. Ce faisant, Archimède est un précurseur de l'utilisation des suites et séries numériques, et préfigure le calcul intégral. Il calcule le volume de la sphère selon une méthode similaire.

Il meurt lors de la prise de Syracuse par les Romains. Selon la légende, il aurait été tué par un soldat romain alors qu'il était occupé à résoudre un problème de géométrie. ■

Suites numériques

Plan

Objectifs

→ **Comprendre** la notion de suite de nombre réels et les principaux outils en relation avec elle : croissance, décroissance, suite arithmétique, suite géométrique.

→ **Savoir** ce qu'est une suite convergente, et comment on peut démontrer la convergence.

→ **Utiliser** les suites récurrentes linéaires pour calculer le capital dont on dispose au bout de *n* périodes, quand on a un taux d'intérêt fixe et que l'on place chaque année des sommes variables.

1 Introduction aux suites de nombres réels

1.1 Qu'est-ce qu'une suite numérique ?

Il nous faut d'abord donner une définition mathématique à cette idée de suite de nombres. L'idée de départ est qu'on a un premier nombre, que l'on peut noter par exemple u_1, puis un deuxième que l'on notera u_2, puis un troisième noté u_3, et ainsi de suite... On a donc associé à chaque entier (1, puis 2, puis 3...) un nombre réel (u_1, puis u_2, puis u_3...). La suite est alors notée $(u_1,u_2,u_3\ldots)$.

C'est ce qu'en mathématique on appelle une fonction (ou application) de l'ensemble des entiers dans l'ensemble des nombres réels, autrement dit une fonction de $\mathbb{N}^*$ dans $\mathbb{R}$.

Souvent le premier nombre de la suite est associé à l'entier 0, on le note alors u_0. La suite est alors notée $(u_0,u_1,u_2\ldots)$. Comme on démarre à 0, la suite est ici une fonction de $\mathbb{N}$ dans $\mathbb{R}$.

La suite comporte une infinité de nombres, bien sûr on ne peut pas tous les écrire. On résume tout ceci avec la définition suivante.

Définition 3.1

Une **suite numérique**, ou **suite de nombres réels** (ou simplement suite), est une fonction définie de $\mathbb{N}$ dans $\mathbb{R}$ (ou de $\mathbb{N}^*$ dans $\mathbb{R}$).

Si pour cette fonction u_0 est l'image de 0, et u_1 l'image de 1, u_2 l'image de 2, etc., u_n l'image de n pour tout $n \in \mathbb{N}$, alors on note symboliquement $(u_n)_{n\in\mathbb{N}}$ pour l'ensemble de la suite.

Cela signifie que $(u_n)_{n\in\mathbb{N}}$ désigne $(u_0,u_1,u_2\ldots)$. Au lieu de $(u_n)_{n\in\mathbb{N}}$, on désigne souvent la suite par $(u_n)_n$, ou même par (u_n).

Pour désigner les entiers on peut utiliser une autre lettre que n. Par exemple s'il s'agit de l'évolution d'une variable économique au cours du temps, on utilise souvent la lettre t. On parle alors de la suite $(u_t)_{t\in\mathbb{N}}$.

Bien entendu, pour désigner la suite elle-même, on peut utiliser une autre lettre que u. Si on étudie l'évolution de la consommation au cours du temps, on parlera de la suite $(c_t)_{t\in\mathbb{N}}$, où c_t est la consommation l'année t.

APPLICATION Évolution de l'épargne

a. Si j'ai initialement 2 000 euros d'économies, et que j'ajoute 100 euros par mois à mon épargne, alors la suite qui décrit l'évolution de mon épargne au cours du temps est la suivante :

$$u_0 = 2\,000\,;\ u_1 = 2\,100\,;\ u_2 = 2\,200\,;\ \text{etc.}$$

Il est clair que le n^e mois mon épargne u_n sera égale à 2 000 euros plus 100 euros fois le nombre de mois. Autrement dit : $u_n = 2\,000 + (100 \times n)$ pour tout $n \in \mathbb{N}$.

b. Supposons que j'ai initialement 1 000 euros, que je n'ajoute rien à cette somme par la suite, mais que ces 1 000 euros sont placés à un taux d'intérêt de 5 %. Leur valeur au départ est $u_0 = 1\,000$. Au bout d'un an je possède une somme $u_1 = 1\,000 \times 1{,}05 = 1050$, au bout de deux ans j'ai $u_2 = (1\,000 \times 1{,}05) \times 1{,}05 = 1\,000 \times 1{,}05^2$, etc. Au bout de n années, mon épargne initiale vaut $u_n = 1\,000 \times 1{,}05^n$, pour tout $n \in \mathbb{N}$.

1.2 Propriétés des suites

On va maintenant introduire quelques définitions mathématiques bien utiles pour décrire l'évolution d'une suite de nombres.

Définition 3.2

- On dit que la suite $(u_n)_{n\in\mathbb{N}}$ est **croissante** si $u_n \leq u_{n+1}$, $\forall n \in \mathbb{N}$.
- On dit que $(u_n)_{n\in\mathbb{N}}$ est **strictement croissante** si $u_n < u_{n+1}$, $\forall n \in \mathbb{N}$.
- On dit que la suite $(u_n)_{n\in\mathbb{N}}$ est **décroissante** si $u_n \geq u_{n+1}$, $\forall n \in \mathbb{N}$.
- On dit que $(u_n)_{n\in\mathbb{N}}$ est **strictement décroissante** si $u_n > u_{n+1}$, $\forall n \in \mathbb{N}$.
- Enfin, on dit que $(u_n)_{n\in\mathbb{N}}$ est **monotone** si elle est croissante, ou si elle est décroissante (strictement monotone si elle est strictement croissante ou strictement décroissante).

Exemple 3.1

1. Soit la suite (u_n) définie par $u_n = 2\,000 + (100 \times n)$ pour tout $n \in \mathbb{N}$. Cette suite est strictement croissante.
2. Soit la suite (x_n) définie par $x_n = \dfrac{1}{1+n}$ pour tout $n \in \mathbb{N}$. On a donc $x_0 = 1$, puis $x_1 = \dfrac{1}{2}$, et $x_2 = \dfrac{1}{3}$, etc. Cette suite est strictement décroissante.
3. Soit la suite (y_n) définie par $y_n = (-1)^n$ pour tout $n \in \mathbb{N}$. On a donc $y_0 = 1$, puis $y_1 = -1$, et $y_2 = +1$, ainsi de suite en alternant les signes. Cette suite n'est pas monotone, car n'est ni croissante, ni décroissante.
4. Soit la suite (z_n) définie par $z_0 = 10$; $z_1 = 15$; $z_2 = 20$; et $z_n = 25$ pour $n \geq 3$. La suite (z_n) est croissante, mais n'est pas strictement croissante.

Quand on étudie une suite, il est utile de savoir si celle-ci peut varier de façon très importante, ou si elle reste cloisonnée entre des bornes. Cela conduit aux définitions qui suivent.

Définition 3.3

- On dit que la suite $(u_n)_{n\in\mathbb{N}}$ est **majorée** s'il existe $M \in \mathbb{R}$, tel que $u_n \leq M$, $\forall n \in \mathbb{N}$.
- On dit que la suite $(u_n)_{n\in\mathbb{N}}$ est **minorée** s'il existe $m \in \mathbb{R}$, tel que $u_n \geq m$, $\forall n \in \mathbb{N}$.
- On dit que la suite $(u_n)_{n\in\mathbb{N}}$ est **bornée** si elle est majorée et minorée.

Exemple 3.2

1. La suite $u_n = \dfrac{1}{1+n}$ est minorée par 0 et majorée par 1 donc bornée.
2. La suite $u_n = n^2$ n'est pas bornée car non majorée.
3. La suite $u_n = (-1)^n$ est bornée, car $-1 \leq (-1)^n \leq 1$.

1.3 Suites arithmétiques, suites géométriques

Les suites qui croissent (ou décroissent) de façon régulière sont particulièrement simples et utiles, notamment pour analyser la croissance (ou décroissance) de variables économiques. Il y a deux façons principales pour une suite de nombres de croître (ou décroître) régulièrement :

- Première façon : on ajoute un même terme à chaque période. Cela conduit à la notion de suite arithmétique.
- Seconde façon : on multiplie par un même facteur à chaque période. Cela conduit à la notion de suite géométrique.

D'où les définitions suivantes.

Définition 3.4

- On dit qu'une **suite** $(u_n)_{n\in\mathbb{N}}$ est **arithmétique** s'il existe $r \in \mathbb{R}$ tel que : $u_{n+1} = u_n + r$, $\forall n \in \mathbb{N}$. Le nombre r est appelé **raison** de la suite arithmétique. Dans ce cas on a $u_n = u_0 + nr$, $\forall n \in \mathbb{N}$.
- On dit qu'une **suite** $(u_n)_{n\in\mathbb{N}}$ est **géométrique** s'il existe $q \in \mathbb{R}$ tel que : $u_{n+1} = qu_n$, $\forall n \in \mathbb{N}$. Le nombre q est appelé **raison** de la suite géométrique. Dans ce cas on a $u_n = q^n u_0$, $\forall n \in \mathbb{N}$.

APPLICATION Évolution régulière de l'épargne

a. Supposons que chaque année, je mette de côté 2 000 euros et que ma richesse initiale est de 5 000 euros. Si x_n désigne mon épargne totale la n^e année, alors la suite (x_n) est clairement une suite arithmétique, puisque $x_{n+1} = x_n + 2\,000$. Comme $x_0 = 5\,000$, on a au total $x_n = 5\,000 + 2\,000n$.

Mon épargne totale la 10e année par exemple est $x_{10} = 5\,000 + 20\,000 = 25\,000$. Remarquons qu'ici on ne parle pas de taux d'intérêt. Il s'agit simplement d'accumuler des sommes placées.

b. Supposons maintenant que j'aie ici aussi 5 000 euros de richesse initiale, mais que cette somme soit placée à un taux d'intérêt r, disons par exemple $r = 5$ %. Par contre, je n'ajoute rien par la suite. Mes 5 000 euros vont donc augmenter de 5 % par an. Ma richesse initiale $y_0 = 5\,000$, sera $y_1 = 5\,000 \times 1{,}05$ au bout d'un an, puis $y_2 = 5\,000 \times 1{,}05 \times 1{,}05$ au bout de deux ans, etc. Ma richesse au bout de n années est donc y_n tel que $y_n = 5\,000 \times 1{,}05^n$. On a donc ici une suite géométrique de raison $q = 1{,}05$.

c. Si je plaçais mes économies au taux d'intérêt 5 % et que chaque année j'ajoutais une certaine somme, j'obtiendrais une suite un peu plus compliquée, mélange de suite arithmétique et de suite géométrique. Nous étudierons ce type de suite dans la 5e section de ce chapitre.

2 Convergence

2.1 Suites convergentes

Quand on étudie l'évolution d'une variable économique, il est intéressant de savoir si elle est croissante, décroissante, majorée, minorée, etc. Nous venons d'étudier ces notions. Mais il est tout aussi intéressant de savoir si cette variable va fluctuer de façon importante à l'avenir ou bien si, au contraire, elle va fluctuer de moins en moins avec le temps, pour se rapprocher d'un nombre donné que l'on appellera sa limite. Dans ce dernier cas, on dit que la suite est convergente.

Définition 3.5

Une suite $(u_n)_{n\in\mathbb{N}}$ est dite **convergente** s'il existe un nombre $l \in \mathbb{R}$ tel que, si on attend suffisamment (c.-à-d. pour n assez grand), u_n va se rapprocher d'aussi près que l'on veut de l. On dit dans ce cas que l est la limite de $(u_n)_{n\in\mathbb{N}}$, on note $l = \lim\limits_{n\to+\infty} u_n$.
Si $(u_n)_{n\in\mathbb{N}}$ ne converge pas on dit qu'elle **diverge**.

Formulation mathématique :
La suite $(u_n)_{n\in\mathbb{N}}$ est dite **convergente** s'il existe un nombre $l \in \mathbb{R}$ tel que :

$$\forall \varepsilon > 0,\ \exists N \in \mathbb{N},\ n \geq N \Rightarrow l - \varepsilon < u_n < l + \varepsilon$$

c'est-à-dire, pour tout $\varepsilon > 0$ même petit, si on attend suffisamment (= N grand), à partir de $n = N$ on a $u_n \in]l - \varepsilon; l + \varepsilon[$.

La formulation mathématique de la définition n'est utile que pour certaines démonstrations de théorèmes.

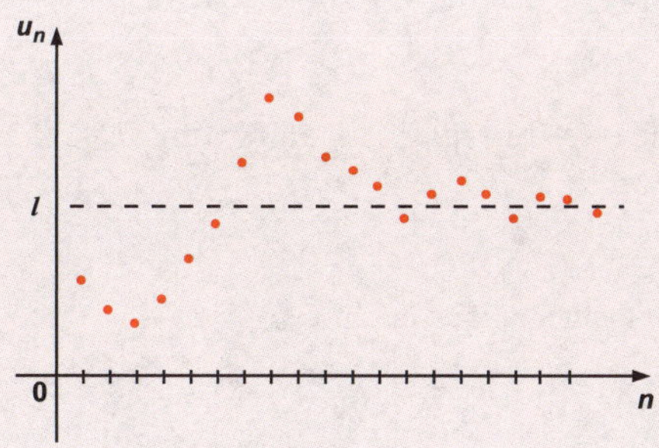

▲ **Figure 3.1** La suite (u_n) converge vers l

Exemple 3.3

1. $u_n = \dfrac{1}{1+n}$ converge vers $l = 0$.
2. $u_n = n^2$ diverge (car dépasse n'importe quel l).
3. $u_n = (-1)^n$ diverge (car oscille sans arrêt).

Les suites convergentes ont des propriétés intéressantes. Nous allons énoncer les principales.

Proposition 3.1

Toute suite convergente est bornée.

Démonstration

Utilisons la définition mathématique. Soit $\varepsilon > 0$ et N tel que $u_n \in]l-\varepsilon, l+\varepsilon[$ pour tout $n \geq N$.
Soit $M = \max(u_0, u_1, \ldots, u_{N-1}, l+\varepsilon)$. Alors M est un majorant de (u_n).
Soit $m = \min(u_0, u_1, \ldots, u_{N-1}, l-\varepsilon)$. Alors m est un minorant de (u_n).
La suite (u_n) est majorée et minorée donc bornée. ■

Remarquons que toute suite non bornée est donc forcément divergente. Par exemple $u_n = n^2$ est non bornée donc diverge.
La réciproque de la proposition est fausse : (u_n) bornée n'implique pas (u_n) convergente. Par exemple : $u_n = (-1)^n$ est bornée mais ne converge pas.
La limite d'une suite est un nombre vers lequel cette suite a tendance à s'approcher de plus en plus. Il parait donc logique que ce nombre soit unique. C'est l'objet de la proposition suivante.

Proposition 3.2

Quand une suite est convergente, sa limite est unique.

Démonstration

Supposons qu'il y a deux limites l et l', $l < l'$.
Pour n grand, u_n doit être à la fois dans $]l-\varepsilon, l+\varepsilon[$ et dans $]l'-\varepsilon, l'+\varepsilon[$.
C'est impossible pour $\varepsilon > 0$ assez petit (pour ε inférieur à $\frac{1}{2}(l'-l)$). ■

Proposition 3.3

Si la suite (u_n) est telle que $\lim\limits_{n\to+\infty} |u_n| = 0$, alors $\lim\limits_{n\to+\infty} u_n = 0$.

Démonstration

Appliquons la définition mathématique de $\lim\limits_{n\to+\infty} |u_n| = 0$:

$$\forall\varepsilon > 0,\ \exists N \in \mathbb{N},\ n \geq N \Rightarrow \big||u_n| - l\big| < \varepsilon$$

où $l = 0$, donc :

$$\forall\varepsilon > 0,\ \exists N \in \mathbb{N},\ n \geq N \Rightarrow |u_n| < \varepsilon$$

d'où $\lim\limits_{n\to+\infty} u_n = 0$. ■

2.2 Suites ayant une limite infinie

Parmi les suites divergentes, on peut distinguer :

- Celles qui ont tendance à prendre des valeurs de plus en plus grandes. On dit qu'elles ont pour limite $+\infty$.
- Celles qui ont tendance à prendre des valeurs de plus en plus négatives. On dit qu'elles ont pour limite $-\infty$.
- Celles qui divergent, mais qui n'ont pas non plus pour limite $+\infty$ ou $-\infty$. Par exemple, celles qui oscillent continuellement (comme $u_n = (-1)^n$).

Commençons par les premières.

Définition 3.6

On dit que la **suite** $(u_n)_{n\in\mathbb{N}}$ **tend vers** $+\infty$ si, quand on attend suffisamment (c.-à-d. pour n assez grand), u_n va être aussi grand que l'on veut. On note $\lim\limits_{n\to+\infty} u_n = +\infty$.

Formulation mathématique :

$\lim\limits_{n\to+\infty} u_n = +\infty$ si et seulement si :

$$\forall A > 0,\ \exists N \in \mathbb{N},\ n \geq N \Rightarrow u_n > A$$

C'est-à-dire, pour tout $A > 0$ même très grand, si on attend suffisamment ($= N$ grand), à partir de $n = N$ on a $u_n > A$.

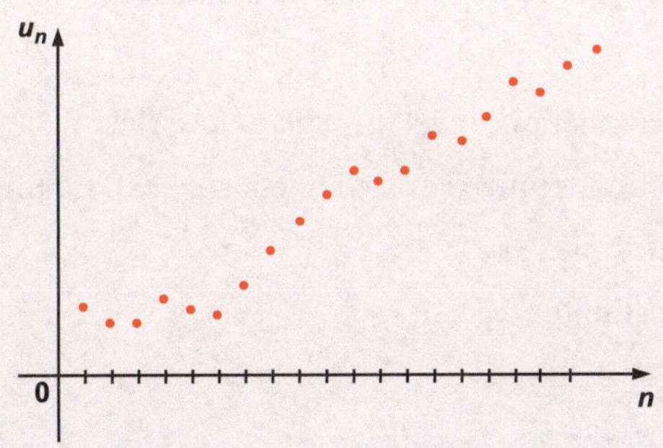

▲ **Figure 3.2** La suite (u_n) tend vers $+\infty$

Exemple 3.4

Si $u_n = n^2$, alors $\lim\limits_{n\to+\infty} u_n = +\infty$.

On a une définition similaire pour la limite $-\infty$.

Définition 3.7

On dit que la **suite** $(u_n)_{n\in\mathbb{N}}$ **tend vers** $-\infty$ si, quand on attend suffisamment (c.-à-d. pour n assez grand), u_n va être aussi bas que l'on veut (c.-à-d. dans les nombres négatifs). On note $\lim\limits_{n\to+\infty} u_n = -\infty$.

Formulation mathématique :
$\lim_{n \to +\infty} u_n = -\infty$ si et seulement si :

$$\forall B < 0,\ \exists N \in \mathbb{N},\ n \geq N \Rightarrow u_n < B$$

c'est-à-dire, pour tout $B < 0$ même très négatif ($B = -100\,000$ par exemple), si on attend suffisamment (= N grand), à partir de $n = N$ on a $u_n < B$.

Exemple 3.5

Si $u_n = -n^2$, alors $\lim_{n \to +\infty} u_n = -\infty$.

Récapitulons ce que nous avons vu au sujet des limites de suites. Si u_n désigne ma richesse l'année n, on peut dire que :

- si $\lim_{n \to +\infty} u_n = l$, c'est que ma richesse se rapproche d'une valeur donnée l ;
- si $\lim_{n \to +\infty} u_n = +\infty$, c'est que je deviens de plus en plus riche, extrêmement riche avec le temps ;
- si $\lim_{n \to +\infty} u_n = -\infty$, c'est que je deviens de plus en plus endetté, extrêmement endetté avec le temps.

Nous avons vu que les suites les plus simples et les plus utiles sont les suites arithmétiques et géométriques. Nous allons maintenant étudier leurs limites.

Proposition 3.4

Soit (u_n) une suite arithmétique, avec $u_n = u_0 + nr$. Alors :

- la suite (u_n) a une limite finie si et seulement si $r = 0$. La limite est alors u_0 ;
- la suite (u_n) a pour limite $+\infty$ si $r > 0$;
- la suite (u_n) a pour limite $-\infty$ si $r < 0$.

Démonstration

La démonstration est très simple. Quand $r = 0$, la suite (u_n) est constante égale à u_0, donc converge.

- quand $r > 0$, $\lim_{n \to +\infty} nr = +\infty$, donc $\lim_{n \to +\infty} u_n = +\infty$;
- quand $r < 0$, $\lim_{n \to +\infty} nr = -\infty$, donc $\lim_{n \to +\infty} u_n = -\infty$. ■

Exemple 3.6

Considérons la suite arithmétique définie pour tout $n \in \mathbb{N}$ par $u_n = nr + 100$, où r est la raison de la suite.

- si $r = 10$, alors $u_n = 10n + 100$ tend vers $+\infty$;
- si $r = 0$, alors $u_n = 100$ est constante ;
- si $r = -5$, alors $u_n = -5n + 100$ tend vers $-\infty$.

Proposition 3.5

Soit (u_n) une suite géométrique, avec $u_n = q^n$.
Si $-1 < q < 1$, alors (u_n) a pour limite 0.
Si $q > 1$, alors (u_n) tend vers $+\infty$.
Si $q = 1$, alors (u_n) est constante, égale à 1 pour tout n.
Si $q = -1$, alors (u_n) prend alternativement les valeurs 1 et -1.
Si $q < -1$, alors (u_n) n'a pas de limite.

Démonstration

– Supposons $q > 1$. Alors $q = 1 + \alpha$, avec $\alpha > 0$. La formule du binôme de Newton (► proposition 1.14) donne :

$$q^n = (1+\alpha)^n = 1 + C_n^1\alpha + C_n^2\alpha^2 + \ldots + C_n^n\alpha^n \geq 1 + C_n^1\alpha = 1 + n\alpha$$

On a $\lim\limits_{n\to+\infty} 1 + n\alpha = +\infty$ et $q^n \geq 1 + n\alpha$ pour tout n, donc $\lim\limits_{n\to+\infty} q^n = +\infty$

– Supposons $q = 1$. Alors $u_n = q^n = 1^n = 1$ pour tout n.

– Supposons $0 < q < 1$. Alors $\frac{1}{q} > 1$, donc $\left(\frac{1}{q}\right)^n$ est une suite géométrique de raison plus grande que 1. Nous venons de voir qu'une telle suite tend vers $+\infty$, d'où $\lim\limits_{n\to+\infty}\left(\frac{1}{q}\right)^n = +\infty$.

$\left(\frac{1}{q}\right)^n$ tend vers $+\infty$ quand $n \to +\infty$, donc (q^n) tend vers $+\infty$ quand $n \to +\infty$.

– Si $q = 0$, on a bien sûr $u_n = q^n = 0$ qui tend vers 0.

– Pour $q < 0$, le comportement de la suite géométrique de raison q est le même que celui de la suite de raison $q' = -q > 0$, hormis le signe de u_n, qui est positif pour n pair, et négatif pour n impair.

D'où si $-1 < q < 0$, alors (u_n) a pour limite 0, et si $q < -1$ alors (u_n) diverge.

Pour $q = -1$, alors $u_n = (-1)^n$ qui vaut 1 pour n pair, et qui vaut -1 pour n impair. ■

3 Théorèmes de convergence

Quand on étudie une suite, connaître son comportement asymptotique – c'est-à-dire son comportement pour n grand – est important. Il faut en particulier pouvoir déterminer si une suite donnée converge ou pas.

La définition abstraite de la convergence est compliquée à utiliser, c'est pourquoi il est utile de disposer de quelques théorèmes qui permettent de démontrer facilement qu'une suite converge. C'est l'objet de cette section.

3.1 Suite encadrée

La proposition qui suit indique que lorsqu'une suite (u_n) est positive mais plus petite qu'une autre suite (v_n), si (v_n) tend vers 0, alors (u_n) tend elle aussi vers 0.

Proposition 3.6

Soient (u_n) et (v_n) deux suites telles que $0 \leq u_n \leq v_n$, pour tout n à partir d'un certain rang.
Si $\lim\limits_{n\to+\infty} v_n = 0$, alors $\lim\limits_{n\to+\infty} u_n = 0$.

Démonstration

Intuitivement, on comprend que u_n est « coincée » entre 0 et v_n, et comme v_n tend vers 0, alors u_n ne peut que tendre aussi vers 0. Voici la démonstration basée sur la définition purement mathématique :

$$\forall\varepsilon > 0,\ \exists N,\ \text{pour } n \geq N \text{ on a } v_n \in]-\varepsilon,\varepsilon[$$
$$\forall\varepsilon > 0,\ \exists N,\ \text{pour } n \geq N \text{ on a } v_n < \varepsilon$$

D'où :

$$\forall\varepsilon > 0,\ \exists N,\ \text{pour } n \geq N \text{ on a : } 0 \leq u_n \leq v_n < \varepsilon$$

ce qui signifie que $\lim\limits_{n\to+\infty} u_n = 0$. ■

Remarque : $0 \leq u_n \leq v_n$ « à partir d'un certain rang » signifie qu'il existe un entier N tel que $0 \leq u_n \leq v_n$ pour tout $n \geq N$.

Corollaire

Si $|u_n| \leq Aq^n$ pour n grand avec $0 < q < 1$, alors $\lim\limits_{n\to+\infty} u_n = 0$.

Démonstration

En posant $v_n = Aq^n$, on peut appliquer la proposition précédente à la suite $(|u_n|)$, d'où $\lim\limits_{n\to+\infty} |u_n| = 0$.
D'après la proposition 3.3, on peut en déduire que $\lim\limits_{n\to+\infty} u_n = 0$. ■

Le théorème suivant exprime le fait que lorsqu'une suite est coincée entre deux autres, si ces deux dernières suites convergent vers une même limite l, alors la première aussi. On peut dire que cette première suite est « serrée » de plus en plus près par les deux autres. C'est pourquoi il est d'usage de le nommer « théorème des gendarmes ».

Théorème

Théorème des gendarmes

Soient (x_n), (y_n) et (z_n) trois suites telles que, à partir d'un certain rang, on a $x_n \leq y_n \leq z_n$.
S'il existe $l \in \mathbb{R}$, avec $\lim\limits_{n\to+\infty} x_n = \lim\limits_{n\to+\infty} z_n = l$, alors on a aussi $\lim\limits_{n\to+\infty} y_n = l$.

Démonstration

Posons $u_n = y_n - x_n$ et $v_n = z_n - x_n$.
On a $0 \leq u_n \leq v_n$ et $\lim v_n = 0$, donc d'après la proposition qui précède, $\lim y_n = l$. ■

Dans le même ordre d'idée, on a la proposition suivante qui découle immédiatement de la définition d'une suite tendant vers $+\infty$.

Proposition 3.7

Soient (u_n) et (v_n) deux suites.
Si $u_n \geq v_n$ pour tout n à partir d'un certain rang, et si $\lim v_n = +\infty$, alors $\lim u_n = +\infty$.

3.2 Opérations sur les suites

Il est très souvent utile d'additionner, multiplier, diviser... une suite par une autre. Si ces suites convergent, peut-on de même additionner, multiplier, diviser... leurs limites ? C'est l'objet de la proposition suivante.

Proposition 3.8

Soient (u_n) et (v_n) deux suites dans $\mathbb{R}$. Si (u_n) converge vers $l_1 \in \mathbb{R}$ et (v_n) converge vers $l_2 \in \mathbb{R}$, alors :

(i) Pour tout $\lambda \in \mathbb{R}$, (λu_n) converge vers λl_1

(ii) $(u_n + v_n)$ converge vers $l_1 + l_2$

(iii) $(\lambda u_n + \mu v_n)$ converge vers $\lambda l_1 + \mu l_2$

(iv) $(u_n v_n)$ converge vers $l_1 l_2$

(v) si $l_2 \neq 0$, $(\frac{u_n}{v_n})$ converge vers $\frac{l_1}{l_2}$

Démonstration

Montrons seulement **(ii)**, car les autres points de la proposition ont des démonstrations similaires.

(ii) $|u_n + v_n - l_1 - l_2| = |(u_n - l_1) + (v_n - l_2)| \leq |u_n - l_1| + |v_n - l_2|$

$\forall \varepsilon > 0, \exists N_1, N_2, n \geq N_1 \Rightarrow |u_n - l_1| < \varepsilon$ et $n \geq N_2 \Rightarrow |v_n - l_2| < \varepsilon$

$n \geq N = \max(N_1, N_2) \Rightarrow |u_n + v_n - l_1 - l_2| \leq |u_n - l_1| + |v_n - l_2| < 2\varepsilon$ ∎

Si (u_n) et (v_n) ont des limites qui peuvent être infinies, on a les tableaux suivants :

$\lim u_n$	$\lim \frac{1}{u_n}$
$+\infty$	0
$-\infty$	0
0^+	$+\infty$
0^-	$-\infty$
$l \neq 0$	$\frac{1}{l}$

$\lim u_n$	$\lim v_n$	$\lim(u_n + v_n)$	$\lim(u_n v_n)$
$+\infty$	$+\infty$	$+\infty$	$+\infty$
$+\infty$	$-\infty$	?	$-\infty$
$-\infty$	$-\infty$	$-\infty$	$+\infty$
$+\infty$	0	$+\infty$	?
$+\infty$	$l > 0$	$+\infty$	$+\infty$
$+\infty$	$l < 0$	$+\infty$	$-\infty$

Le tableau n'est pas tout à fait exhaustif, mais les cas restants sont similaires (en faisant attention au signe).

Le ? dans le tableau signifie qu'on ne peut pas conclure. On parle dans ce cas de **forme indéterminée**. Par exemple, si (u_n) tend vers $+\infty$, et (v_n) tend vers $-\infty$, alors pour $(u_n + v_n)$ plusieurs situations sont possibles :

– la suite $(u_n + v_n)$ peut tendre vers $+\infty$ (ex. : $u_n = 2n$ et $v_n = -n$) ;

– la suite $(u_n + v_n)$ peut tendre vers $-\infty$ (ex. : $u_n = n$ et $v_n = -2n$) ;

– la suite $(u_n + v_n)$ peut tendre vers une limite finie (ex. : $u_n = 2n + 1$ et $v_n = -2n$) ;

– la suite $(u_n + v_n)$ peut ne pas avoir de limite (ex. : $u_n = n + (-1)^n$ et $v_n = -n$).

Le 0^+ dans le tableau signifie que (u_n) tend vers 0 en gardant des valeurs strictement positives pour tout n (ex. : $u_n = \frac{1}{n}$). Le 0^- signifie que (u_n) tend vers 0 en gardant des valeurs strictement négatives pour tout n (par exemple $u_n = -\frac{1}{n^2}$).

3.3 Convergence des suites monotones

Quand une suite est monotone, il est plus facile d'étudier sa convergence. C'est l'objet de cette sous-section.

Proposition 3.9

Si une suite croissante est majorée, alors elle converge.
Si une suite décroissante est minorée, alors elle converge.

Démonstration

Soit (u_n) croissante et majorée par M.

Soit $a = \inf\{K > 0 \text{ tel que } u_n \leq K, \forall n\}$.

$\forall \varepsilon > 0$, $a - \varepsilon$ ne majore pas la suite (u_n), donc il existe N, tel que $a - \varepsilon < u_N$.

(u_n) croissante, donc pour $n \geq N$, $u_n \in [a - \varepsilon; a]$.

D'où $a = \lim\limits_{n\to+\infty} u_n$.

La démonstration est similaire pour une suite décroissante et minorée. ■

Nous allons montrer maintenant que si deux suites se rapprochent l'une de l'autre, l'une en croissant, l'autre en décroissant, alors elles tendent vers une même limite. C'est l'objet de la définition et de la proposition qui suivent.

Définition 3.8

Deux suites (u_n) et (v_n) sont dites **adjacentes** si (u_n) est croissante, (v_n) décroissante, et $\lim\limits_{n\to+\infty} (v_n - u_n) = 0$ (et donc $u_n \leq v_n$).

Proposition 3.10

Si deux suites sont adjacentes, alors elles convergent, et leurs limites sont égales.

Démonstration

$\forall \varepsilon > 0$, $\exists N$, pour $n \geq N$ on a : $0 \leq v_n - u_n < \varepsilon$.

Mais d'après la proposition précédente, (u_n) converge vers une limite l, et (v_n) converge vers une limite l'.

A-t-on $l = l'$?

$\exists N', \ n \geq N' \Rightarrow (|u_n - l| < \varepsilon$ et $|v_n - l'| < \varepsilon$ et $0 \leq v_n - u_n < \varepsilon)$

$|l' - l| = |(l' - v_n) + (v_n - u_n) + (u_n - l)| < \varepsilon + \varepsilon + \varepsilon = 3\varepsilon$

$|l' - l| < 3\varepsilon$ pour tout $\varepsilon > 0$, d'où $l' = l$. ■

4 Séries

4.1 Qu'est-ce qu'une série ?

Une série est une suite définie comme la somme des termes d'une autre suite.

Définition 3.9

Soit (u_n) une suite. On appelle **série de terme général** u_n la suite (S_n) définie par $S_n = u_0 + u_1 + \ldots + u_n$ pour tout n.

Si (u_n) n'est définie que pour $n \geq 1$, alors on considère $S_n = u_1 + \ldots + u_n$.

Définition 3.10

On dit que la **série converge** si (S_n) converge. On note S la limite éventuelle de la série, et on écrit alors $S = \sum_{n=0}^{\infty} u_n$.

APPLICATION Série des revenus annuels

À la suite d'un investissement initial l'année 0, un projet rapporte un revenu R_1 la première année, un revenu R_2 la deuxième année, etc. La somme de tous les revenus engendrés par le projet les n premières années est alors la série :

$$S_n = R_1 + R_2 + \ldots + R_n$$

4.2 Série géométrique

Soit $q \in \mathbb{R}$, et $u_n = q^n$ pour tout $n \in \mathbb{N}$. La suite (u_n) est donc une suite géométrique.

Définition 3.11

On appelle **série géométrique** la série (S_n) de terme général $u_n = q^n$. On a donc :

$$S_n = \sum_{i=0}^{n} q^i$$

Proposition 3.11

Si $q \neq 1$, alors $S_n = \dfrac{1 - q^{n+1}}{1 - q}$.

Démonstration

$S_n = 1 + q + q^2 + \ldots + q^n$.

Si $q \neq 1$, on a $S_n \times (1-q) = (1+q+\ldots+q^n)(1-q) = (1+q+\ldots+q^n) - (q+q^2+\ldots+q^{n+1}) = 1-q^{n+1}$

d'où $S_n = \dfrac{1 - q^{n+1}}{1 - q}$. ■

Proposition 3.12

La série géométrique (S_n) converge si et seulement si $-1 < q < 1$. Dans ce cas, sa limite est $S = \lim\limits_{n\to+\infty} S_n = \dfrac{1}{1 - q}$.

Démonstration

- Si $q = 1$, on a $S_n = n + 1$ qui diverge.
- Si $q \neq 1$, on a $S_n = \dfrac{1 - q^{n+1}}{1 - q}$, donc (S_n) converge si et seulement si (q^{n+1}) converge, c'est-à-dire la série géométrique converge si et seulement si la suite géométrique converge. Cette dernière converge si $-1 < q < 1$, et diverge si $q = -1$ ou si $|q| > 1$.

Pour $-1 < q < 1$, on a $\lim\limits_{n\to\infty} q^n = 0$, donc $\lim\limits_{n\to\infty} S_n = \lim\limits_{n\to\infty} \dfrac{1 - q^{n+1}}{1 - q} = \dfrac{1}{1 - q}$. ■

APPLICATION Série des chiffres d'affaires

La clientèle d'une entreprise augmente de 10 % par an, si bien que son chiffre d'affaires augmente aussi de 10 % par an. En notant u_0 le chiffre d'affaires initial, et u_n le chiffre d'affaires l'année n, on a $u_n = u_0 \times 1{,}1^n$. La suite (u_n) est une suite géométrique. Le chiffre d'affaires cumulé de l'année 0 à l'année n est donné par la série géométrique (S_n), où :

$$S_n = \sum_{k=0}^{n} u_k = u_0 \times \sum_{k=0}^{n} 1{,}1^k = u_0 \times \frac{1 - 1{,}1^{n+1}}{1 - 1{,}1} = u_0 \times \frac{1{,}1^{n+1} - 1}{0{,}1} = 10 \times u_0 \times (1{,}1^{n+1} - 1)$$

Si par exemple $u_0 = 50\,000$ euros et $n = 8$, on obtient $S_8 = 10 \times 50\,000 \times (1{,}1^8 - 1) = 571\,795$.

4.3 Étude de la convergence d'une série

La proposition 3.13 énonce une condition nécessaire (mais pas suffisante) de convergence d'une série.

Proposition 3.13

Soit (S_n) une série de terme général u_n. Si (S_n) converge, alors $\lim\limits_{n \to +\infty} u_n = 0$.

Démonstration

(S_n) converge donc il existe un nombre réel S tel que $\lim\limits_{n \to +\infty} S_n = S$. Pour n assez grand, S_n est aussi près que l'on veut de S. On aura à la fois S_n et S_{n-1} aussi près que l'on veut de S, donc S_n et S_{n-1} seront également arbitrairement proches l'un de l'autre. Comme $S_n - S_{n-1} = u_n$, cela signifie que u_n sera aussi proche que l'on veut de 0, pour n suffisamment grand, c'est-à-dire $\lim\limits_{n \to +\infty} u_n = 0$.
En utilisant la définition mathématique de la limite, ceci peut s'écrire :
Pour tout $\varepsilon > 0$, il existe N, tel que $n \geq N \Rightarrow -\varepsilon < S_n - S < \varepsilon$ et $-\varepsilon < S_{n-1} - S < \varepsilon$.
D'où $-2\varepsilon < S_n - S_{n-1} < 2\varepsilon$, c'est-à-dire $-2\varepsilon < u_n < 2\varepsilon$, ce qui signifie que $\lim\limits_{n \to +\infty} u_n = 0$. ■

Attention ! La réciproque est fausse. La suite (u_n) peut tendre vers 0 sans que la série (S_n) converge.

POUR ALLER PLUS LOIN

► Voir p. 81

Exemple 3.7

Pour $|q| < 1$, la série géométrique de terme général q^n converge (► proposition 3.12), et on a bien $u_n = q^n$ qui tend vers 0 quand n tend vers $+\infty$.

Définition 3.12

Soit (S_n) une série de terme général u_n de signe quelconque. On dit que cette série est **absolument convergente** si la série de terme général $|u_n|$ est convergente.

Proposition 3.14

Toute série absolument convergente est convergente. La réciproque est fausse.

Démonstration

Soit (S_n) une série de terme général u_n, telle que cette série soit absolument convergente. Pour chaque n, on peut avoir u_n positif ou négatif. Posons :

$$x_n = u_n \text{ si } u_n \geq 0 \text{ et } x_n = 0 \text{ si } u_n \leq 0$$
$$y_n = 0 \text{ si } u_n \geq 0 \text{ et } y_n = -u_n \text{ si } u_n \leq 0.$$

Pour tout n, on a $|u_n| = x_n + y_n$ et $u_n = x_n - y_n$.
On a $0 \leq x_n \leq |u_n|$ et $0 \leq y_n \leq |u_n|$. Comme la série de terme général $(|u_n|)$ converge, on peut dire que la série de terme général (x_n) converge, et que celle de terme général (y_n) converge aussi. Comme $u_n = x_n - y_n$, on en déduit que la série de terme général (u_n) converge également. ■

4.4 Séries à termes positifs

On considère dans tout ce paragraphe une série (S_n) de terme général u_n, avec $u_n \geq 0$ pour tout n.

Proposition 3.15

(S_n) est croissante.

Démonstration

$S_{n+1} - S_n = u_{n+1} \geq 0$ par hypothèse. ■

Proposition 3.16

(S_n) converge si et seulement si elle est majorée.

Démonstration

Si (S_n) est majorée, alors (S_n) est une suite croissante et majorée, donc convergente (► proposition 3.9).

Réciproquement, si (S_n) converge alors elle est bornée, comme toute suite convergente (► proposition 3.1). ■

Proposition 3.17

On considère les séries (S_n) et (T_n) de termes généraux positifs u_n et v_n. On suppose que $u_n \leq v_n$ pour tout n à partir d'un certain rang N.

- Si (T_n) converge alors (S_n) converge.
- Si (S_n) diverge alors (T_n) diverge.

Démonstration

On a $S_n = \sum_{k=0}^{n} u_k$ et $T_n = \sum_{k=0}^{n} v_k$. Notons S'_n et T'_n les séries obtenues en sommant seulement à partir de N, c.-à-d. $S'_n = \sum_{k=N}^{n} u_k$ et $T'_n = \sum_{k=N}^{n} v_k$.

(S_n) converge si et seulement si $S'_n = \sum_{k=N}^{n} u_k$ converge.

(T_n) converge si et seulement si $T'_n = \sum_{k=N}^{n} v_k$ converge.

$0 \leq S'_n \leq T'_n$, pour tout $n \geq N$.

(T_n) converge $\Rightarrow (T'_n)$ converge $\Rightarrow (S'_n)$ converge $\Rightarrow (S_n)$ converge.

(S_n) diverge $\Rightarrow (S'_n)$ diverge $\Rightarrow (T'_n)$ diverge $\Rightarrow (T_n)$ diverge. ■

Proposition 3.18

Règle de D'Alembert

Soit une série (S_n) de terme général strictement positif u_n.

On suppose que $\lim_{n \to +\infty} \frac{u_{n+1}}{u_n} = l$.

- Si $0 \leq l < 1$, alors la série (S_n) converge.
- Si $l > 1$, alors la série (S_n) tend vers $+\infty$.

Démonstration

– Si $0 \leq l < 1$, soit $\alpha \in]l; 1[$. Pour N assez grand, on aura $n \geq N \Rightarrow \dfrac{u_{n+1}}{u_n} \leq \alpha < 1$. Donc pour $n \geq N$:

$$u_n = \frac{u_n}{u_{n-1}} \times \frac{u_{n-1}}{u_{n-2}} \times \ldots \times \frac{u_{N+1}}{u_N} \times u_N \leq \alpha^{n-N} \times u_N$$

D'où :

$$\sum_{k=N+1}^{n} u_k \leq \sum_{k=N+1}^{n} \alpha^{k-N} \times u_N$$

qui converge quand n tend vers $+\infty$. D'où (S_n) converge.

– Si $l > 1$, soit $\alpha \in]1; l[$. Pour N assez grand, on aura $n \geq N \Rightarrow \dfrac{u_{n+1}}{u_n} \geq \alpha > 1$. Donc pour $n \geq N$:

$$u_n = \frac{u_n}{u_{n-1}} \times \frac{u_{n-1}}{u_{n-2}} \times \ldots \times \frac{u_{N+1}}{u_N} \times u_N \geq \alpha^{n-N} \times u_N$$

D'où :

$$\sum_{k=N+1}^{n} u_k \geq \sum_{k=N+1}^{n} \alpha^{k-N} \times u_N$$

qui tend vers $+\infty$ quand n tend vers $+\infty$. D'où (S_n) tend vers $+\infty$. ■

Si $\lim_{n\to\infty} \dfrac{u_{n+1}}{u_n} = l = 1$, alors tout est possible. La série (S_n) peut converger ou bien diverger.

5 Suites récurrentes linéaires d'ordre 1

Une suite (x_n) est dite **récurrente** si elle est définie par la donnée de la valeur initiale x_0 et d'une relation qui unit x_n et x_{n-1}, x_{n-2}... pour chaque n. Cette relation est dite **relation de récurrence**. Dans les bons cas, cette relation de récurrence permet de calculer explicitement x_n de façon relativement simple. C'est le cas de cette section, on y étudie les suites récurrentes linéaires d'ordre 1. Linéaire signifie que la relation de récurrence est linéaire. Ordre 1 parce que cette relation de récurrence lie x_n et x_{n-1} (ou ce qui revient au même lie x_{n+1} et x_n). On parlerait d'ordre 2 s'il s'agissait d'une relation liant x_n d'une part, et x_{n-1}, x_{n-2} d'autre part.

Plus précisément, on étudiera dans cette section la suite (x_n) définie par :

– la donnée de x_0 ;

– une relation de récurrence de la forme $x_{n+1} = ax_n + u_n$ pour tout n.

Le but est ici de trouver une formule permettant le calcul explicite de x_n en fonction de a, x_0, et de la suite (u_n).

5.1 Exemple détaillé

Pour bien comprendre le mécanisme général, le mieux est d'étudier un exemple concret. On suppose que l'on a un capital placé, rémunéré au taux d'intérêt de 10 %. L'année n le capital est x_n. Nous allons examiner plusieurs cas de figure, en commençant par le plus simple.

1er cas. Au départ, on a déposé un capital initial x_0, puis on n'a rien ajouté par la suite. En raison du taux d'intérêt de 10 %, la relation de récurrence liant x_{n+1} et x_n est $x_{n+1} = 1{,}10 \times x_n$, pour tout $n \in \mathbb{N}$.

La suite (x_n) est donc géométrique, de raison $q = 1{,}1$, d'où : $x_n = 1{,}1^n \times x_0$, $\forall n \in \mathbb{N}$.

Par exemple, si $x_0 = 5\,000$ euros est mon capital initial, dans 10 ans j'aurai $x_{10} = 1{,}1^{10} \times 5\,000 = 12\,969$ euros.

2e cas. On a placé x_0 au départ, puis on ajoute 1 000 euros par an à ce capital. Le taux d'intérêt est toujours de 10 %. La relation de récurrence est ici :

$$x_{n+1} = 1{,}10 \times x_n + 1\,000, \ \forall n \in \mathbb{N}$$

On peut écrire :

$$x_1 = 1{,}1x_0 + 1\,000$$

$$x_2 = 1{,}1x_1 + 1\,000 = 1{,}1(1{,}1x_0 + 1\,000) + 1\,000 = 1{,}1^2x_0 + 1\,100 + 1\,000$$

$$x_3 = 1{,}1x_2 + 1\,000 = 1{,}1(1{,}1^2x_0 + 2\,100) + 1\,000$$

Etc.

On voudrait une formule pour obtenir x_n en fonction de x_0 et de n.

3e cas. On a placé x_0 au départ, puis on ajoute 1 000 euros, puis 1 100 euros, puis 1 200 euros... à ce capital. On a donc :

$$x_{n+1} = 1{,}1x_n + 1\,000 + 100n, \ \forall n \in \mathbb{N}$$

On en déduit :

$$x_1 = 1{,}1x_0 + 1\,000$$

$$x_2 = 1{,}1x_1 + 1\,100 = 1{,}1(1{,}1x_0 + 1\,000) + 1\,100 = 1{,}1^2x_0 + 1\,100 + 1\,100$$

$$x_3 = 1{,}1x_2 + 1\,200 = 1{,}1(1{,}1^2x_0 + 2\,200) + 1\,200$$

Etc.

Idem : on voudrait une formule pour obtenir x_n en fonction de x_0 et de n.

Cas plus général. On a un capital placé à 10 %, puis on ajoute u_0, u_1, u_2 ... à ce capital à la fin des années 0, 1,... , n,...

(On avait précédemment : dans le 1er cas : $u_n = 0$; dans le 2e cas : $u_n = 1\,000$; dans le 3e cas : $u_n = 1\,000 + 100n$). Pour l'instant, on ne sait résoudre que le premier cas. On aimerait savoir ce que devient notre capital lorsque l'on y ajoute des sommes à intervalles réguliers. Une étude mathématique générale s'impose donc.

5.2 Étude générale

Commençons par quelques définitions.

Définition 3.13

- Une suite $(x_n)_{n\in\mathbb{N}}$ est dite **récurrente linéaire d'ordre 1**, si elle est de la forme

$$(EC) \qquad x_{n+1} = ax_n + u_n, \qquad \text{pour tout } n \in \mathbb{N}$$

où $a \in \mathbb{R}$, avec $a \neq 0$, et (u_n) est une suite donnée connue.

On va dire que (EC) est l'équation complète, c'est-à-dire avec un second membre (u_n).

- On appelle **équation homogène** associée, l'équation de récurrence sans second membre :

$$(EH) \qquad y_{n+1} = ay_n, \qquad \text{pour tout } n \in \mathbb{N}$$

On pourrait garder la même notation x_n pour l'équation (EH), mais pour ne pas confondre leurs solutions, on préfère adopter une notation différente.

On remarque que si (y_n) vérifie (EH), alors c'est une suite géométrique de raison a. En particulier, $y_n = a^n y_0$ est la solution générale de (EH) (c'est-à-dire représente toutes les solutions de (EH) ; elles dépendent donc d'un paramètre, la valeur initiale y_0) :

– si $|a| < 1$, alors $\lim y_n = 0$;

– si $|a| > 1$, alors (y_n) diverge.

S'il s'agit d'argent placé, on peut poser :

y_0 = capital initial

$a = 1 + r$, où r = taux d'intérêt

Exemple 3.8

On reprend l'exemple du capital placé, rémunéré au taux 10 %. L'année n le capital est y_n. L'année suivante il a augmenté de 10 %, d'où l'équation récurrente suivante :

$$y_{n+1} = 1{,}10 y_n, \qquad \text{pour tout } n \in \mathbb{N}$$

D'où $y_n = 1{,}1 y_{n-1} = 1{,}1^2 y_{n-2} = \ldots = 1{,}1^n y_0$.

Donc il y a une infinité de solutions correspondant aux valeurs possibles de y_0. Par exemple :

$y_0 = 1 \Rightarrow y_n = 1{,}1^n, \forall n$

$y_0 = 3 \Rightarrow y_n = 3 \times 1{,}1^n, \forall n.$

Voici maintenant un théorème qui nous indique comment trouver la solution générale de l'équation complète (EC).

Théorème

La solution générale de (EC) est égale à la somme de la solution générale de (EH) et d'une solution particulière de (EC), c'est-à-dire :

$$x_n = y_n + \overline{x}_n$$

où :

x_n = solution générale de (EC)

y_n = solution générale de (EH)

$\overline{x}_n$ = solution particulière de (EC)

Démonstration

On suppose que $\overline{x}_n$ est une solution particulière de (EC).

$\overline{x}_{n+1} - a\overline{x}_n = u_n$

Alors :

$x_{n+1} - ax_n = u_n$

$\Leftrightarrow (x_{n+1} - \overline{x}_{n+1}) = a(x_n - \overline{x}_n)$

$\Leftrightarrow y_{n+1} = ay_n$ en posant $y_n = x_n - \overline{x}_n$ ■

D'après ce théorème, comme on connaît la solution générale de (EH), il suffit de trouver une solution particulière de l'équation avec second membre (EC) pour obtenir la solution générale de (EC).

Par solution générale, on veut dire toutes les solutions de l'équation de récurrence, quand on fait varier la condition initiale. Par solution particulière, on veut dire une solution de l'équation de récurrence pour une condition initiale particulière.

EN PRATIQUE

Recherche d'une solution particulière de (*EC*)

Règle générale : chercher une solution particulière $(\overline{x}_n)_{n\in\mathbb{N}}$ de la même forme que (u_n), c'est-à-dire :

- si u_n est une constante, $u_n = c$, chercher une solution constante $\overline{x}_n = k$, où $k \in \mathbb{R}$;
- si $u_n = cn + d$, où c et d sont des constantes (c.-à-d. u_n polynôme de degré 1), on cherche une solution de la forme $\overline{x}_n = An + B$;
- si u_n est un polynôme de degré p, (c.-à-d. $u_n = c_p n^p + \ldots + c_1 n + c_0$), chercher une solution $\overline{x}_n = Q(n) = d_p n^p + \ldots + d_1 n + d_0$, où $Q(n)$ est un polynôme de degré p.

Il peut être utile ensuite d'exprimer la solution générale de (EC) en fonction de la condition initiale x_0 (puisque la solution générale dépend d'une constante).

APPLICATION Capital placé avec ajout annuel constant

On a un capital placé au taux 10 %, mais de plus on ajoute 1 000 euros par an à ce capital. On obtient l'équation récurrente suivante :

$$x_{n+1} = 1{,}1x_n + 1\,000, \qquad \text{pour tout } n \in \mathbb{N}$$

où x_n est le capital l'année n.
L'équation homogène associée est $y_{n+1} = 1{,}1y_n$.
Sa solution générale est $y_n = 1{,}1^n y_0$ (car $y_n = 1{,}1y_{n-1} = 1{,}1^2 y_{n-2} = \ldots = 1{,}1^n y_0$).
On cherche une solution particulière constante de (EC) :

$$\overline{x}_n = c \text{ donne } c - 1{,}1 \times c = 1\,000 \text{ donc } c = -10\,000 \text{ c'est-à-dire } \overline{x}_n = -10\,000 \text{ pour tout } n$$

La solution générale de (EC) est donc $x_n = 1{,}1^n \times y_0 - 10\,000$, où $y_0 \in \mathbb{R}$.
On peut l'exprimer en fonction de la condition initiale : pour $n = 0$ on obtient $x_0 = y_0 - 10\,000$, d'où finalement $x_n = 1{,}1^n \times (x_0 + 10\,000) - 10\,000$.
Par exemple, si le capital de départ est 5 000 euros, dans 10 ans on aura $x_{10} = 1{,}1^{10} \times 15\,000 - 10\,000 \simeq 28\,906$ euros.

APPLICATION Capital placé avec ajout annuel variable

Le capital est placé au taux annuel de 10 %, et de plus on ajoute le montant $1\,000 + 100n$ l'année n (c'est-à-dire on ajoute 1 000 euros, puis 1 100euros, 1 200 euros...).
On obtient pour le capital x_n l'équation : $x_{n+1} = 1{,}1x_n + u_n$avec $u_n = 1\,000 + 100n$.
L'équation complète (EC) est donc :

$$x_{n+1} = 1{,}1x_n + 1\,000 + 100n \text{ pour tout } n \in \mathbb{N}$$

L'équation homogène est la même que précédemment : $y_{n+1} = 1{,}1y_n$ pour tout n. Sa solution générale est ici aussi $y_n = y_0 \times 1{,}1$.
Comme u_n est un polynôme de degré 1, on cherche une solution particulière de (EC) de la forme $\overline{x}_n = An + B$.
Donc pour tout n, on a : $A(n + 1) + B - 1{,}1(An + B) = 100n + 1\,000$.
C.-à-d. $-0{,}1An + A - 0{,}1B = 100n + 1\,000$ pour tout n.
Comme c'est vrai pour tout n, il faut donc que le coefficient de n soit le même dans le membre de gauche et le membre de droite de l'équation ; même chose pour les termes constants, ils doivent être identiques à gauche et à droite.
Cela donne $-0{,}1A = 100$ et $A - 0{,}1B = 1\,000$.
D'où $A = -1\,000$ et $B = -20\,000$.
On en déduit que $\overline{x}_n = -1\,000n - 20\,000$ pour tout n est une solution particulière de (EC).
La solution générale est :

$$x_n = y_0 \times 1{,}1^n - 1\,000n - 20\,000$$

On peut l'exprimer en fonction de la condition initiale en remarquant que pour $n = 0$ on a : $x_0 = y_0 - 20\,000$, donc finalement :

$$x_n = (x_0 + 20\,000)1{,}1^n - 1\,000n - 20\,000$$

Par exemple, si le capital de départ est $x_0 = 5\,000$ euros, dans 10 ans on aura $x_{10} = 1{,}1^{10} \times 25\,000 - 30\,000 \simeq 34\,843$ euros.

Les points **clés**

- Les suites numériques (ou suites de nombres) permettent d'étudier l'évolution de variables économiques au cours du temps, comme le PIB, le taux de chômage, le taux d'inflation...
- Les suites numériques les plus simples sont les suites arithmétiques (qui consistent à ajouter le même nombre à chaque période) et les suites géométriques (qui consistent à multiplier par le même nombre à chaque période).
- Une suite convergente est une suite qui a tendance à se rapprocher de plus en plus d'un nombre donné (que l'on appelle sa limite).
- Une suite tend vers l'infini si elle a tendance à prendre de plus en plus grandes valeurs.
- On peut déterminer plus facilement la limite d'une suite si on parvient à l'encadrer par des suites convergentes, ou à l'écrire comme somme ou produit de deux suites convergentes.
- Une suite croissante et majorée converge ; une suite décroissante et minorée converge.
- Une série est une suite définie comme la somme des termes d'une autre suite.
- Les suites récurrentes linéaires d'ordre 1 sont définies par une valeur initiale et par une relation liant chaque valeur à la valeur de la période précédente. Elles permettent notamment de calculer le capital dont on dispose au bout d'un nombre quelconque de périodes, si on place chaque année des sommes variables à un taux d'intérêt fixe.

ÉVALUATION

Vous trouverez les corrigés détaillés de tous les exercices sur la page du livre sur le site www.dunod.com

Quiz

1 Vrai/Faux

Dites si les affirmations suivantes sont vraies ou fausses. Justifiez vos réponses.

1. Toute suite convergente est bornée.
2. Toute suite bornée est convergente.
3. Si une suite est croissante, elle est majorée si et seulement si elle converge.
4. Une série converge si et seulement si son terme général tend vers 0.

► Corrigés p. 365

Exercices

2 Trouver des suites

Donner un exemple d'une suite :

1. ni croissante, ni décroissante.
2. majorée et non minorée.
3. bornée non convergente.
4. convergente ni croissante ni décroissante.
5. ni minorée ni majorée.
6. majorée par l et convergente vers l.
7. majorée par l et non convergente vers l.
8. strictement croissante et bornée.
9. alternée ni minorée ni majorée.

3 Suites majorées, minorées, etc.

Parmi ces suites, déterminer lesquelles sont majorées, minorées, bornées, croissantes, décroissantes, convergentes, divergentes :

1. $u_n = n^2 + 5n$
2. $u_n = (-1)^n \left(n^2 + 5n\right)$
3. $u_n = 1 + \dfrac{1}{1 + 2n^2}$

4 Limites de suites

Étudier les limites de :

1. $u_n = \dfrac{3n - 7}{2n + 8}$
2. $u_n = \dfrac{5n^3 + 27n + 8}{4n^2 + 28}$
3. $u_n = \dfrac{17n + 12}{8n^2 + 15}$
4. $u_n = \dfrac{7n^3 - 12n + 15}{8n^3 + 5n - 5}$

► Corrigés p. 365

5 Suites adjacentes

On considère les deux suites de termes généraux, pour $n \in \mathbb{N}^*$:

$$u_n = 1 + \frac{1}{1!} + \frac{1}{2!} + \ldots + \frac{1}{(n-1)!} + \frac{1}{n!}$$

$$v_n = 1 + \frac{1}{1!} + \frac{1}{2!} + \ldots + \frac{1}{(n-1)!} + \frac{2}{n!}$$

où $n! = 1 \times 2 \times \ldots \times (n-1) \times n$

1. Montrer que $(u_n)_{n\in\mathbb{N}^*}$ est croissante, et que $(v_n)_{n\in\mathbb{N}^*}$ est décroissante.
2. Montrer que $(u_n)_{n\in\mathbb{N}^*}$ et $(v_n)_{n\in\mathbb{N}^*}$ sont adjacentes. Conclure.

6 Épargne placée au taux de 5 %

On dispose initialement d'une épargne de 2 000 euros, placée au taux de 5 % par an. De plus on ajoute 500 euros par an à cette épargne.

1. Écrire l'équation récurrente correspondant à cette situation. Donner la solution générale de l'équation homogène, puis celle de l'équation complète.
2. Quelle est la condition initiale ici ? En déduire la solution précise. De combien disposera-t-on dans 10 ans ? Que se passe-t-il au bout d'un grand nombre d'années ?

► Corrigés p. 365

7 Calculs de limites

Étudier les limites (finies ou infinies) des suites définies par :

1. $u_n = \dfrac{2^n}{n!}$

2. $u_n = \dfrac{3^n}{n^2}$

3. $u_n = \left(1 + \sqrt{1 + \dfrac{2}{n}}\right)^n$

4. $u_n = \sqrt{n^2 + 4n} - n$

8 Capital placé avec prélèvement chaque année

1. M. Dupond dispose initialement d'une épargne de 200 000 euros, placée au taux de 6 % par an. Il prélève 15 000 euros par an à ce patrimoine. Quel sera son capital dans 10 ans ? Dans 20 ans ?

2. Mêmes questions, mais il prélève d'abord 15 000 euros, puis 16 000 euros, puis 17 000 euros, etc.

9 Quelques équations récurrentes

1. Trouver la solution de $x_{n+1} - 2x_n = 3$, pour tout $n \in \mathbb{N}$, si $x_0 = 10$.

2. Même question si $x_{n+1} - \dfrac{1}{2}x_n = 3$ pour tout $n \in \mathbb{N}$, si $x_0 = 10$.

3. Résoudre l'équation $x_{t+1} - \dfrac{2}{3}x_t = t + 3$, pour tout $t \in \mathbb{N}$, avec $x_0 = 5$.

4. Déterminer la solution des équations de récurrence suivantes, et étudier leur limite quand $n \to +\infty$:

a. $u_n + 2u_{n-1} = 3n^2 + 1$, avec $u_0 = 1$.

b. $3u_n - u_{n-1} = 3^n$, avec $u_0 = 0$.

10 Séries

Calculer $\dfrac{1}{2} + \dfrac{1}{4} + \dfrac{1}{8} + \dfrac{1}{16} + \dots$

POUR ALLER PLUS LOIN

Voici un exemple montrant que la réciproque de la proposition 3.13 est fausse. On peut trouver (u_n) telle que $\lim_{n\to+\infty} u_n = 0$ mais la série (S_n) ne converge pas.

Par exemple, prenons $u_n = \dfrac{1}{n}$, pour $n \geq 1$,

et $S_n = \displaystyle\sum_{k=1}^{n} u_k = \sum_{k=1}^{n} \frac{1}{k}$.

La suite (u_n) tend vers 0. Montrons que (S_n) tend vers $+\infty$.

On remarque que :

$$u_2 = \frac{1}{2}$$

$$u_3 + u_4 = \frac{1}{3} + \frac{1}{4} \geq \frac{2}{4} = \frac{1}{2}$$

$$u_5 + \ldots + u_8 = \frac{1}{5} + \frac{1}{6} + \frac{1}{7} + \frac{1}{8} \geq \frac{4}{8} = \frac{1}{2}$$

$$u_9 + \ldots + u_{16} = \frac{1}{9} + \ldots + \frac{1}{16} \geq \frac{8}{16} = \frac{1}{2}$$

Ainsi de suite...

$$u_{1+2^{n-1}} + \ldots + u_{2^n} = \frac{1}{1+2^{n-1}} + \ldots + \frac{1}{2^n} \geq \frac{1}{2^n} \times \left(2^n - 2^{n-1}\right)$$

(car chaque terme est plus grand que $\dfrac{1}{2^n}$, et il y a $\left(2^n - 2^{n-1}\right)$ termes)

où $\dfrac{1}{2^n} \times \left(2^n - 2^{n-1}\right) = \dfrac{2^{n-1}}{2^n} = \dfrac{1}{2}$

donc

$$u_{1+2^{n-1}} + \ldots + u_{2^n} \geq \frac{1}{2}$$

En sommant tout ceci par « paquets » :

$$S_{2^n} = u_1 + u_2 + (u_3 + u_4) + (u_5 + \ldots + u_8) + (u_9 + \ldots + u_{16}) + \ldots + (u_{1+2^{n-1}} + \ldots + u_{2^n})$$

$$S_{2^n} \geq u_1 + \frac{1}{2} + \left(\frac{1}{2}\right) + \left(\frac{1}{2}\right) + \left(\frac{1}{2}\right) + \ldots + \left(\frac{1}{2}\right)$$

$$= u_1 + (n-1) \times \frac{1}{2} = 1 + \frac{n-1}{2} = \frac{n+1}{2}$$

$$S_{2^n} \geq \frac{n+1}{2}$$

qui tend vers $+\infty$ quand n tend vers $+\infty$.

Chapitre 4

Vous vendez le même produit qu'un concurrent situé dans la même rue, mais votre prix est inférieur. Que devient votre chiffre d'affaires si votre prix se rapproche de plus en plus de celui du concurrent ? La notion mathématique de limite permet de formaliser cette question du comportement d'une fonction quand la variable tend vers une valeur donnée. On l'a déjà abordée au chapitre 2 pour définir la dérivée d'une fonction comme limite du taux d'accroissement. Nous avons vu ensuite au chapitre 3 ce qu'est la limite d'une suite numérique. Nous allons maintenant revenir de façon plus approfondie à cette notion de limite pour une fonction de $\mathbb{R}$ dans $\mathbb{R}$, en considérant les différents cas possibles : limite en un point fixé, limite à gauche, limite à droite, limite en $+\infty$ ou en $-\infty$.

Si votre revenu augmente, votre impôt sera plus élevé, mais cette augmentation de l'impôt sera-t-elle régulière, ou bien y aura-t-il de brusques sauts ? Une fonction qui varie sans faire de saut est appelée fonction continue. On peut tracer son graphe sans lever le crayon. Les fonctions continues ont des propriétés mathématiques remarquables que nous allons étudier ici.

LES GRANDS AUTEURS

Augustin Louis Cauchy (1789-1857)

Augustin Louis Cauchy est un mathématicien français. Très prolifique, il a écrit plus de 800 articles de recherche. Novateur dans les sciences, il est très conservateur dans le domaine politique et religieux, réactionnaire et catholique dévot.
Son cours d'analyse à l'École Polytechnique fera date. Il y donne la première formulation mathématique rigoureuse des notions de limite et de continuité.
Il travaille aussi sur la convergence des séries. Il s'est intéressé à quasiment toutes les branches des mathématiques : analyse, algèbre, géométrie, probabilités, et également aux applications en mécanique et en optique.
Suite à la Révolution de 1830, il préfère s'exiler d'abord en Suisse, puis à Turin et enfin à Prague. Il finit par revenir à Paris en 1838. ■

Limites et continuité

Plan

Objectifs

→ **Comprendre** la notion de limite d'une fonction et celle de continuité.

→ **Calculer** des limites de fonctions.

→ **Utiliser** les propriétés des fonctions continues.

1 Limite en un point x_0

1.1 Limite finie en un point

Considérons un intervalle ouvert I de $\mathbb{R}$, et un point x_0, avec $x_0 \in I$. On suppose que f est définie sur I, sauf éventuellement en x_0.

Définition 4.1

Limite finie en un point

On dit que f a pour limite le nombre réel l quand x tend vers x_0 si et seulement si : « $f(x)$ devient aussi proche que l'on veut de l, pour tout x suffisamment proche de x_0 (avec $x \neq x_0$) ». On note alors $\lim_{x \to x_0} f(x) = l$.

Formulation mathématique :

On a $\lim_{x \to x_0} f(x) = l$ si et seulement si :

$$\forall \varepsilon > 0, \exists \alpha > 0, (x_0 - \alpha < x < x_0 + \alpha \text{ et } x \neq x_0) \Rightarrow l - \varepsilon < f(x) < l + \varepsilon$$

La formulation mathématique de la définition signifie que, pour tout $\varepsilon > 0$ même petit, quand x est suffisamment proche de x_0 (c.-à-d. pour $\alpha > 0$ petit), on a $l-\varepsilon < f(x) < l+\varepsilon$ (c.-à-d. $f(x)$ proche de l).

On peut aussi écrire la formulation mathématique avec des valeurs absolues. On a :

$$\lim_{x \to x_0} f(x) = l \text{ si et seulement si :}$$

$$\forall \varepsilon > 0, \exists \alpha > 0, x \neq x_0 \quad \text{et} \quad |x - x_0| < \alpha \Rightarrow |f(x) - l| < \varepsilon$$

Exemple 4.1

Considérons la fonction f définie par $f(x) = \dfrac{\sqrt{x} - \sqrt{2}}{(x-2)}$ pour tout x tel que $x \geq 0$ et $x \neq 2$.

- Si on cherche la limite de $f(x)$ quand x tend vers 9, on voit que le dénominateur tend vers 7, et le numérateur vers $3 - \sqrt{2}$. Il est donc clair que lorsque x tend vers 9, on peut dire que $f(x)$ se rapproche de plus en plus de $\dfrac{3-\sqrt{2}}{7}$, c'est-à-dire $\lim_{x \to 9} f(x) = \dfrac{3-\sqrt{2}}{7}$.
- Si on cherche maintenant à calculer $\lim_{x \to 2} f(x)$, on voit que c'est plus compliqué car le numérateur tend vers 0 quand x tend vers 2, et le dénominateur aussi.

Mais si on multiplie $f(x)$ en haut et en bas par la quantité conjuguée $\sqrt{x} + \sqrt{2}$, on obtient[1] :

$$f(x) = \frac{\sqrt{x} - \sqrt{2}}{(x-2)} \times \frac{\sqrt{x} + \sqrt{2}}{\sqrt{x} + \sqrt{2}} = \frac{x-2}{(x-2)(\sqrt{x} + \sqrt{2})} = \frac{1}{\sqrt{x} + \sqrt{2}}$$

qui a pour limite $\dfrac{1}{2\sqrt{2}}$ quand x tend vers 2.

On peut remarquer qu'en fait ici on a calculé $g'(2)$, où $g(x) = \sqrt{x}$ pour tout $x \geq 0$.

1 L'identité remarquable $(a-b)(a+b) = a^2 - b^2$ nous permet d'écrire $(\sqrt{x} - \sqrt{2})(\sqrt{x} + \sqrt{2}) = x - 2$.

Proposition 4.1

Unicité de la limite

Si une fonction f a une limite quand x tend vers x_0, alors cette limite est unique.

Démonstration

On fait un raisonnement par l'absurde. Supposons que f a deux limites distinctes l et l' au point x_0. Cela veut dire que quand x est très proche de x_0, alors $f(x)$ est aussi proche que l'on veut de l, et également aussi proche que l'on veut de l'. C'est impossible puisque $l \neq l'$.

Montrons le également en utilisant la définition mathématique. Supposons par exemple $l < l'$. Prenons ε tel que $\varepsilon = \frac{1}{2}(l' - l)$. Alors :

$$\exists \alpha > 0, \quad (x \neq x_0 \text{ et } |x - x_0| < \alpha) \Rightarrow |f(x) - l| < \varepsilon$$

et

$$\exists \alpha' > 0, \quad (x \neq x_0 \text{ et } |x - x_0| < \alpha') \Rightarrow |f(x) - l'| < \varepsilon$$

On peut alors dire que :

pour $x \in I$, $x \neq x_0$, si $|x - x_0| < \min(\alpha, \alpha')$, alors $|f(x) - l| + |f(x) - l'| < 2\varepsilon = l' - l$.

Mais il est impossible d'avoir $|f(x) - l| + |f(x) - l'| < l' - l$ d'après l'inégalité triangulaire (► proposition 1.6). On a donc démontré par l'absurde que l'on ne peut pas avoir deux limites distinctes au même point. ■

Quand on connaît les limites de quelques fonctions, on peut en déduire beaucoup d'autres, comme nous le montre la proposition suivante.

Proposition 4.2

Opérations sur les limites

Supposons que $\lim_{x \to x_0} f(x) = l \in \mathbb{R}$, que $\lim_{x \to x_0} g(x) = m \in \mathbb{R}$, et que $c \in \mathbb{R}$. Alors :

(i) $\lim_{x \to x_0} (f(x) + g(x)) = l + m$

(ii) $\lim_{x \to x_0} (f(x) \times g(x)) = l \times m$

(iii) $\lim_{x \to x_0} \left(\frac{f(x)}{g(x)}\right) = \frac{l}{m}$ si $m \neq 0$

(iv) $\lim_{x \to x_0} (f(x) + c) = l + c$

(v) $\lim_{x \to x_0} (f(x) \times c) = l \times c$

Démonstration

Si on se base sur la définition la plus intuitive de la limite, les 5 propriétés paraissent évidentes.

Montrons tout de même **(i)** en nous basant sur la formulation mathématique de la définition. On a $|(f(x) + g(x)) - (l + m)| = |(f(x) - l) + (g(x) - m)| \leq |(f(x) - l)| + |(g(x) - m)|$ (d'après l'inégalité triangulaire), et comme $\lim_{x \to x_0} f(x) = l$, et $\lim_{x \to x_0} g(x) = m$, on a :

$\forall \varepsilon > 0, \exists \alpha > 0, (x \neq x_0 \text{ et } |x - x_0| < \alpha) \Rightarrow |f(x) - l| < \varepsilon$

$\forall \varepsilon > 0, \exists \alpha' > 0, (x \neq x_0 \text{ et } |x - x_0| < \alpha') \Rightarrow |g(x) - m| < \varepsilon$

Posons $\alpha'' = \min(\alpha, \alpha')$, c'est-à-dire α'' est le plus petit des deux nombres α et α'.

$\forall \varepsilon > 0, \quad (x \neq x_0 \text{ et } |x - x_0| < \alpha'') \Rightarrow |f(x) + g(x) - (l + m)| \leq |f(x) - l| + |g(x) - m| < 2\varepsilon$

et on a donc prouvé (i).

Les démonstrations de (ii) et (iii) sont assez similaires.

Remarquons que (iv) et (v) se déduisent de (i) et (ii). En effet, pour montrer (iv) et (v), on pose $g(x) = c$ pour tout x, et on applique la propriété (i) sur la limite d'une somme de fonctions et la propriété (ii) sur la limite d'un produit de fonctions. ■

Proposition 4.3

Limite d'une fonction composée

Considérons deux fonctions f et g de $\mathbb{R}$ dans $\mathbb{R}$ et deux réels x_0 et l. On suppose que la fonction f est définie au moins sur un intervalle ouvert contenant x_0 (sauf peut-être en x_0), et g sur un intervalle ouvert contenant l (sauf peut-être en l).

Si f a pour limite l en x_0, et que g a pour limite L en l, alors la fonction composée $g \circ f$ a pour limite L en x_0.

Démonstration

En se basant sur la première définition de la limite, on peut dire :

on sait que $f(x)$ tend vers l quand x tend vers x_0, et que $g(y)$ tend vers L quand y tend vers l, on en déduit que $g(f(x))$ tend vers L quand x tend vers x_0 (puisque $y = f(x)$ tend alors vers l).

Si on préfère partir de la formulation mathématique, on écrit :

- pour tout $\varepsilon > 0$ fixé, il existe $\beta > 0$ tel que $|y - l| < \beta \Rightarrow |g(y) - L| < \varepsilon$;
- pour ce β fixé, il existe $\alpha > 0$ tel que $|x - x_0| < \alpha \Rightarrow |f(x) - l| < \beta$.

Donc avec $y = f(x)$, on obtient : pour tout $\varepsilon > 0$, il existe $\alpha > 0$ tel que :

$$|x - x_0| < \alpha \Rightarrow |g(f(x)) - L| < \varepsilon$$

■

1.2 Limite infinie en un point

Si une fonction f n'a pas de limite finie quand f tend vers x_0, cela peut être du au fait qu'elle a tendance à prendre des valeurs de plus en plus grandes au voisinage de x_0. On dit alors qu'elle a pour limite $+\infty$. Comme pour le cas de la limite finie, nous allons voir deux formulations (une intuitive, une plus mathématique) de cette notion de limite infinie en un point x_0.

Soit I un intervalle ouvert de $\mathbb{R}$, et $x_0 \in I$. On considère une fonction f dont le domaine de définition contient l'intervalle I, sauf éventuellement le point x_0.

Définition 4.2

Limite $+\infty$ en un point

On dit que f a pour limite $+\infty$ quand x tend vers x_0 si et seulement si « $f(x)$ devient aussi grande que l'on veut, pour tout x suffisamment proche de x_0 (avec $x \neq x_0$) ». On note $\lim\limits_{x \to x_0} f(x) = +\infty$.

Formulation mathématique :

$\lim_{x \to x_0} f(x) = +\infty$ si et seulement si :

$$\forall A > 0, \quad \exists \alpha > 0, \quad (x_0 - \alpha < x < x_0 + \alpha \text{ et } x \neq x_0) \Rightarrow f(x) > A$$

c'est-à-dire, pour tout A même très grand, si on se rapproche suffisamment de x_0 (c.-à-d. pour $\alpha > 0$ petit), on a $f(x) > A$.

Puisque $f(x)$ devient arbitrairement grand quand x tend vers x_0, on peut donc dire que le point $M(x; f(x))$ s'éloigne de plus en plus quand x se rapproche de x_0. Cela nous amène aux définitions suivantes.

Définition 4.3

Branche infinie

On dit que le graphe C_f de la fonction f a une **branche infinie** si, lorsque $M(x, f(x))$ parcourt la courbe C_f, ce point M finit par s'éloigner indéfiniment.

Définition 4.4

Asymptote

Si, lorsque M parcourt une branche infinie de C_f, ce point s'approche de plus en plus d'une droite fixée, on dit que cette droite est **asymptote** à la courbe.

Si f a pour limite $+\infty$ quand x tend vers x_0, alors $f(x)$ devient aussi grand que l'on veut quand x approche de x_0. On obtient donc des points $(x; y)$ tels que $y = f(x)$ est grand et x proche de x_0. Cela signifie que quand x tend vers x_0, le point $(x; y)$ est d'ordonnée de plus en plus grande et d'abscisse de plus en plus proche de x_0. Le point $(x; y)$ devient donc de plus en plus proche de la droite verticale d'équation $x = x_0$. Autrement dit cette droite est asymptote à la courbe C_f.

Proposition 4.4

Interprétation graphique

Si $\lim_{x \to x_0} f(x) = +\infty$, alors la droite verticale d'équation $x = x_0$ est asymptote à la courbe C_f.

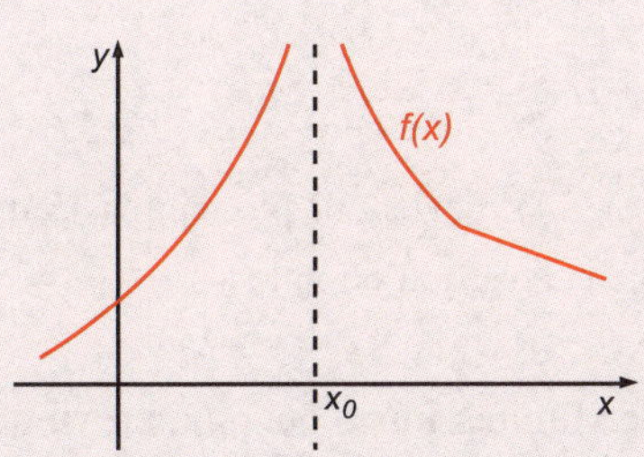

▲ **Figure 4.1** Asymptote verticale

Exemple 4.2

Considérons la fonction f définie par $f(x) = \dfrac{1}{x^2}$ pour $x \in \mathbb{R}^*$.

Il est clair que x^2 tend vers 0 quand x tend vers 0. Plus x^2 est petit et proche de 0, plus $\dfrac{1}{x^2}$ est grand, d'où $\dfrac{1}{x^2}$ tend vers $+\infty$ quand x tend vers 0. On a donc $\lim\limits_{x \to 0} f(x) = +\infty$, et la droite d'équation $x = 0$ est asymptote à la courbe.

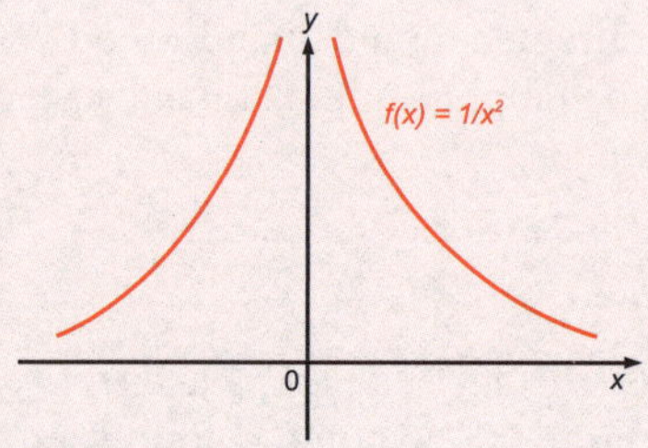

▲ **Figure 4.2 Graphe et asymptote de $f(x) = \dfrac{1}{x^2}$**

Ces définitions peuvent être transposées pour la notion de limite égale à $-\infty$ en un point.

Définition 4.5

Limite $-\infty$ en un point

On dit que f a pour limite $-\infty$ quand x tend vers x_0 si et seulement si quand x se rapproche suffisamment de x_0 (avec $x \neq x_0$), alors $f(x)$ va être aussi bas que l'on veut (c.-à-d. dans les nombres négatifs). On note $\lim\limits_{x \to x_0} f(x) = -\infty$.

Formulation mathématique :

$\lim\limits_{x \to x_0} f(x) = -\infty$ si et seulement si :

$$\forall B < 0, \quad \exists \alpha > 0, \quad (x_0 - \alpha < x < x_0 + \alpha \text{ et } x \neq x_0) \Rightarrow f(x) < B$$

c'est-à-dire, pour tout B même très négatif, si on se rapproche suffisamment de x_0 (c.-à-d. pour $\alpha > 0$ petit), on a $f(x) < B$.

Exemple 4.3

Soit f définie sur $\mathbb{R} \setminus \{1\}$ par $f(x) = \dfrac{-3}{(x-1)^2}$.

Quand x tend vers 1, alors $(x-1)^2$ devient de plus en plus petit mais positif, donc $\dfrac{3}{(x-1)^2}$ devient de plus en plus grand et positif, d'où $\lim\limits_{x \to 1} f(x) = -\infty$.

Quand des fonctions ont des limites finies en x_0, on a vu que la limite d'une somme de fonctions est la somme des limites, que la limite d'un produit de fonctions est le produit des limites, etc. Peut-on dire la même chose pour des limites infinies en x_0 ? Oui, mais dans une certaine mesure seulement.

Par exemple, si $f \to +\infty$ et $g \to +\infty$ quand $x \to x_0$, alors il est clair que $f+g \to +\infty$.

Mais si $f \to +\infty$ et $g \to -\infty$ quand $x \to x_0$, alors on ne peut rien conclure *a priori* concernant $\lim\limits_{x \to x_0} (f+g)$. On parle alors pour $\lim\limits_{x \to x_0} (f+g)$ de « forme indéterminée ». Tout peut arriver dans ce cas, cela dépend de la forme particulière que peuvent avoir les fonctions f et g.

Par exemple, si f tend rapidement vers $+\infty$ et g tend lentement vers $-\infty$ alors $f+g$ va tendre vers $+\infty$.

Mais si f tend lentement vers $+\infty$ et g tend rapidement vers $-\infty$ alors $f+g$ va tendre vers $-\infty$.

Exemple 4.4

1. Supposons que f et g sont définies pour tout $x \neq 0$ par $f(x) = \dfrac{3}{x^2}$ et $g(x) = \dfrac{-2}{x^2}$.
   Alors $f(x) + g(x) = \dfrac{1}{x^2}$ tend vers $+\infty$ si x tend vers 0.
2. Supposons que f et g sont définies pour tout $x \neq 0$ par $f(x) = \dfrac{1}{x^2}$ et $g(x) = \dfrac{-1}{x^4}$.

Alors $f(x) + g(x) = \dfrac{1}{x^2} - \dfrac{1}{x^4} = \dfrac{x^2-1}{x^4}$. Le numérateur tend vers -1 quand x tend vers 0, et le dénominateur tend vers 0 (en restant positif), donc $f+g$ tend vers $-\infty$.

On résume dans les tableaux suivants la nature des limites éventuelles de $f+g$, $f \times g$ et $\dfrac{f}{g}$, suivant la nature de $\lim f$ et de $\lim g$ (toutes les limites sont pour x tendant vers x_0).

▼ **Tableau 4.1** **Limite d'une somme, d'un produit, d'un quotient**

$\lim f$	$l \in \mathbb{R}$	$l \in \mathbb{R}$	$l \in \mathbb{R}$	$+\infty$	$-\infty$	$+\infty$
$\lim g$	$l' \in \mathbb{R}$	$+\infty$	$-\infty$	$+\infty$	$-\infty$	$-\infty$
$\lim (f+g)$	$l + l'$	$+\infty$	$-\infty$	$+\infty$	$-\infty$	?

$\lim f$	$l \in \mathbb{R}$	$l \neq 0$	0	$\pm\infty$
$\lim g$	$l' \in \mathbb{R}$	$\pm\infty$	$\pm\infty$	$\pm\infty$
$\lim (f \times g)$	$l \times l'$	$\pm\infty$	?	$\pm\infty$

$\lim f$	$l \in \mathbb{R}$	$l \neq 0$	0	∞	l	$+\infty$
$\lim g$	$l' \neq 0$	0	0	∞	$+\infty$	l
$\lim (f/g)$	l/l'	$\pm\infty$	?	?	0	$\pm\infty$

Quand le tableau mentionne $\pm\infty$, le signe est déterminé par la règle des signes habituelle pour un produit ou un quotient (deux + donnent +, deux – donnent +, un + et un – donne –).

Les « ? » désignent les « formes indéterminées ».

Exemple 4.5

Considérons f et g définies pour tout $x \neq 0$ par $f(x) = \frac{1}{x^2}$ et $g(x) = \frac{2}{x^4}$.
Alors quand x tend vers 0, les fonctions f et g tendent vers $+\infty$, d'où :

$$f(x) + g(x) \quad \text{tend vers } +\infty$$
$$f(x) \times g(x) \quad \text{tend vers } +\infty$$

Mais vers quoi tend $\frac{f(x)}{g(x)}$? Il s'agit d'une forme *a priori* indéterminée. Il faut donc faire le calcul.

$$\frac{f(x)}{g(x)} = \frac{1/x^2}{2/x^4} = \frac{x^2}{2} \text{ qui tend vers 0 quand } x \text{ tend vers 0.}$$

1.3 Limite à gauche, limite à droite

La définition de limite à gauche est la même que celle de limite, en ajoutant la condition $x < x_0$ (au lieu de $x \neq x_0$). Pour la notion de limite à droite, il faut ajouter la condition $x > x_0$.

Ces notions sont particulièrement utiles quand on étudie la limite d'une fonction au bord de son intervalle de définition, comme on le voit dans les définitions suivantes.

Définition 4.6

Limite finie à gauche

On suppose que f est définie au moins sur un intervalle $]a; x_0[$, où $a < x_0$.
On dit que f a pour limite à gauche le nombre réel l quand x tend vers x_0 si et seulement si : « $f(x)$ devient aussi proche que l'on veut de l, pour tout x suffisamment proche de x_0 (avec $x < x_0$) ». On note alors $\lim_{x \to x_0^-} f(x) = l$ ou $\lim_{\substack{x \to x_0 \\ x < x_0}} f(x) = l$.

Formulation mathématique :

On a $\lim_{x \to x_0^-} f(x) = l$ si et seulement si :

$$\forall \varepsilon > 0, \quad \exists \alpha > 0, \quad (x_0 - \alpha < x < x_0) \Rightarrow l - \varepsilon < f(x) < l + \varepsilon$$

Définition 4.7

Limite finie à droite

On suppose que f est définie au moins sur un intervalle $]x_0; b[$, où $x_0 < b$.
On dit que f a pour limite à droite le nombre réel l quand x tend vers x_0 si et seulement si : « $f(x)$ devient aussi proche que l'on veut de l, pour tout x suffisamment proche de x_0 (avec $x > x_0$) ». On note alors $\lim_{x \to x_0^+} f(x) = l$ ou $\lim_{\substack{x \to x_0 \\ x > x_0}} f(x) = l$.

Formulation mathématique :

On a $\lim_{x \to x_0^+} f(x) = l$ si et seulement si :

$$\forall \varepsilon > 0, \quad \exists \alpha > 0, \quad (x_0 < x < x_0 + \alpha) \Rightarrow l - \varepsilon < f(x) < l + \varepsilon$$

On obtient la proposition évidente suivante.

Proposition 4.5

Une fonction f a une limite quand x tend vers x_0 si et seulement si f a une limite à gauche et une limite à droite et qu'elles sont égales.

Exemple 4.6

Soit f définie sur $]0; 10[$ telle que :

$$f(x) = x \quad \text{pour} \quad x \in]0; 5]$$
$$f(x) = 12 - x \quad \text{pour} \quad x \in]5; 10[$$

On voit facilement que $\lim\limits_{x \to 5^-} f(x) = 5$ et $\lim\limits_{x \to 5^+} f(x) = 12 - 5 = 7$.

f a donc une limite à gauche et une limite à droite en 5, mais comme celles-ci sont distinctes, on ne peut pas dire que f a une limite en 5.

D'autre part on a :

$$\lim_{x \to 0^+} f(x) = 0 \quad \text{et} \quad \lim_{x \to 10^-} f(x) = 2$$

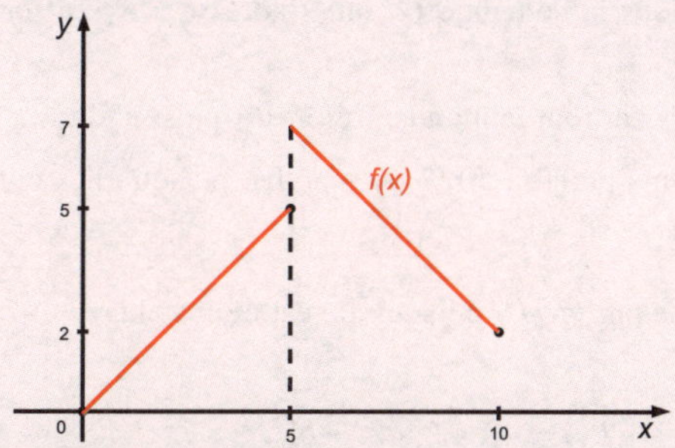

▲ **Figure 4.3 Graphe de f définie sur $[0; 10]$ par :**
$f(x) = x$ si $0 \leq x \leq 5$ et $f(x) = 12 - x$ si $5 < x \leq 10$

On a de façon similaire des définitions de limites à gauche et de limites à droite égales à $+\infty$ quand x tend vers x_0. Écrivons les simplement pour « à gauche ».

Définition 4.8

Limite $+\infty$ à gauche

On dit que f a pour limite à gauche $+\infty$ quand x tend vers x_0 si et seulement si « $f(x)$ devient aussi grande que l'on veut, pour tout x suffisamment proche de x_0, avec $x < x_0$. »

On note $\lim\limits_{x \to x_0^-} f(x) = +\infty$.

Formulation mathématique :

$\lim\limits_{x \to x_0^-} f(x) = +\infty$ si et seulement si :

$$\forall A > 0, \quad \exists \alpha > 0, \quad (x_0 - \alpha < x < x_0) \Rightarrow f(x) > A$$

c'est-à-dire pour tout A même très grand, si on se rapproche suffisamment de x_0 en restant inférieur à x_0, on a $f(x) > A$.

On a de même la notion de « f a pour limite à droite $+\infty$ quand x tend vers x_0 », en remplaçant partout $x < x_0$ par $x > x_0$ (ou $x_0 - \alpha < x < x_0$ par $x_0 < x < x_0 + \alpha$).

On a également les notions de limite à gauche égale à en $-\infty$, et de limite à droite égale à $-\infty$.

Exemple 4.7

Soit f définie sur $]0; +\infty[$ par $f(x) = \dfrac{1}{\sqrt{x}}$.

Alors $\lim\limits_{x \to 0^+} f(x) = +\infty$. La limite à droite de f en 0 est $+\infty$. Il n'y a pas de limite à gauche en 0 puisque f n'est pas définie sur $x < 0$.

APPLICATION Limite de la demande quand le prix varie

Supposons qu'une firme F_1 est initialement un monopole. Si elle fixe un prix P, la demande qui s'adresse à elle est $Q(P) = 40 - 2P$. C'est clairement une fonction continue du prix.
Supposons maintenant qu'une firme concurrente F_2 s'installe et vende le même produit au prix $P_2 = 8$. Si les clients ne tiennent compte que du prix, calculons la demande Q_1 qui s'adresse à F_1 en fonction du prix P_1 fixé par F_1 :

- si $P_1 < 8$, alors $Q_2 = 0$ et $Q_1(P_1) = 40 - 2P_1$ car tout le monde préfère F_1 puisqu'elle est moins chère ;
- si $P_1 = 8$, alors on peut dire que chaque firme prendra 50 % du marché, puisqu'elles ont même prix. On aura donc : $Q_1 = Q_2 = \dfrac{1}{2}(40 - 2 \times 8) = \dfrac{24}{2} = 12$;
- si $P_1 > 8$, alors $Q_1(P_1) = 0$ car tout le monde préfère F_2 puisqu'elle est moins chère.

On a $Q_1(8) = 12$ et :

$$\lim_{P_1 \to 8-} Q_1(P_1) = 40 - 2 \times 8 = 24$$

$$\lim_{P_1 \to 8+} Q_1(P_1) = 0$$

La limite à gauche est égale à 24 : quand la firme F_1 fixe un prix de plus en plus proche de celui de F_2, mais en restant inférieur à ce dernier, sa demande tend vers 24.
Si F_1 fixe le même prix que F_2, sa demande est brusquement divisée par 2.
La limite à droite est égale à 0 : quand la firme F_1 fixe un prix de plus en plus proche de celui de F_2, mais en restant supérieur à ce dernier, sa demande est nulle car son prix reste supérieur.

1.4 Dérivée à gauche, dérivée à droite

La dérivée d'une fonction f en un point est la limite du taux d'accroissement. Si le taux d'accroissement n'a pas de limite en x_0, la fonction f n'est pas dérivable en x_0. Il peut arriver toutefois que ce taux d'accroissement ait une limite à gauche et/ou à droite, même si f n'est pas dérivable. Cela conduit aux notions de dérivée à gauche et de dérivée à droite.

Définition 4.9

Dérivée à gauche, dérivée à droite

Si le taux d'accroissement de f en x_0 a une limite finie à gauche en x_0, on dit que f admet une dérivée à gauche en x_0. On la note :

$$f'_g(x_0) = \lim_{h\to 0^-} \frac{f(x_0+h)-f(x_0)}{h}$$

Si le taux d'accroissement de f en x_0 a une limite finie à droite en x_0, on dit que f admet une dérivée à droite en x_0. On la note :

$$f'_d(x_0) = \lim_{h\to 0^+} \frac{f(x_0+h)-f(x_0)}{h}$$

Interprétation graphique. Si f a une dérivée à gauche en x_0, alors la courbe C_f admet une demi-tangente à gauche au point $(x_0; f(x_0))$. Pour une dérivée à droite, il s'agit d'une demi-tangente à droite.

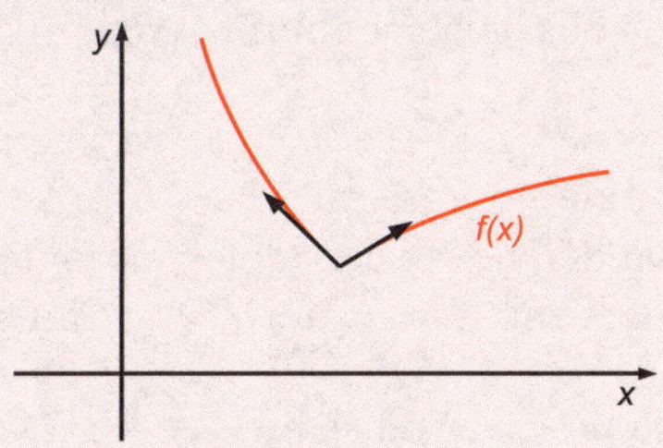

▲ **Figure 4.4** **Demi-tangente à gauche, demi-tangente à droite**

Exemple 4.8

Considérons la fonction f définie sur $\mathbb{R}$ par $f(x) = |x|$ (= valeur absolue de x), c'est-à-dire $f(x) = x$ si $x \geq 0$ et $f(x) = -x$ si $x \leq 0$. Etudions sa dérivabilité en $x_0 = 0$.

Pour $h > 0$, on a $\dfrac{f(x_0+h)-f(x_0)}{h} = \dfrac{f(h)-f(0)}{h} = \dfrac{h-0}{h} = 1$ donc $f'_d(0) = \lim 1 = 1$.

Pour $h < 0$, on a $\dfrac{f(x_0+h)-f(x_0)}{h} = \dfrac{f(h)-f(0)}{h} = \dfrac{-h-0}{h} = -1$ donc $f'_g(0) = \lim -1 = -1$.

La fonction f admet donc une dérivée à gauche et une dérivée à droite en 0, mais comme celles-ci ne sont pas égales, f n'est pas dérivable en 0 (▶ figure 1.9).

1.5 Règle de l'Hospital

Quand on est en présence d'une forme indéterminée $\frac{0}{0}$, on peut utiliser la règle de l'Hospital pour lever l'indétermination. Il s'agit, sous certaines hypothèses, de remplacer le quotient de deux fonctions par le quotient de leurs dérivées.

Proposition 4.6

Règle de l'Hospital, première version

Si f et g sont dérivables sur un intervalle ouvert I contenant x_0, avec $f(x_0) = g(x_0) = 0$, et si $g'(x_0) \neq 0$, alors $\lim_{x \to x_0} \frac{f(x)}{g(x)} = \frac{f'(x_0)}{g'(x_0)}$

Démonstration

Pour tout $x \in I$, $\frac{f(x)}{g(x)} = \frac{f(x) - f(x_0)}{g(x) - g(x_0)} = \frac{\frac{f(x)-f(x_0)}{x-x_0}}{\frac{g(x)-g(x_0)}{x-x_0}}$

On a $\lim_{x \to x_0} \frac{f(x) - f(x_0)}{x - x_0} = f'(x_0)$ et $\lim_{x \to x_0} \frac{g(x) - g(x_0)}{x - x_0} = g'(x_0)$, donc :

$$\lim_{x \to x_0} \frac{f(x)}{g(x)} = \lim_{x \to x_0} \frac{\frac{f(x)-f(x_0)}{x-x_0}}{\frac{g(x)-g(x_0)}{x-x_0}} = \frac{f'(x_0)}{g'(x_0)}$$

■

Il y a des versions plus générales de la règle de l'Hospital. Nous en donnons une dans la proposition suivante, que nous ne démontrerons pas.

Proposition 4.7

Règle de l'Hospital, deuxième version

Supposons que f et g sont définies et dérivables sur un intervalle ouvert I contenant x_0, sauf éventuellement en x_0, avec $\lim_{x \to x_0} f(x) = \lim_{x \to x_0} g(x) = 0$

Si $g'(x)$ ne s'annule pas pour $x \neq x_0$, et si $\lim_{x \to x_0} \frac{f'(x)}{g'(x)} = l$,

alors $\lim_{x \to x_0} \frac{f(x)}{g(x)} = \lim_{x \to x_0} \frac{f'(x)}{g'(x)} = l$, que l soit fini ou infini.

On peut étendre cette règle au cas où x_0 est remplacé par $+\infty$ ou $-\infty$. On peut aussi l'étendre au cas où la forme indéterminée est du type $\frac{\infty}{\infty}$ (au lieu de $\frac{0}{0}$).

Exemple 4.9

On cherche $\lim_{x \to 1} \frac{\sqrt{8+x} - 3}{x - 1}$. Il s'agit d'une forme indéterminée car le numérateur tend vers 0 et le dénominateur aussi. Posons $f(x) = \sqrt{8+x} - 3$ et $g(x) = x - 1$.

On a $\lim_{x \to 1} f(x) = 0$ et $\lim_{x \to 1} g(x) = 0$.

f et g sont dérivables, avec $f'(x) = \frac{1}{2\sqrt{8+x}}$ et $g'(x) = 1$, donc $\frac{f'(x)}{g'(x)} = \frac{1}{2\sqrt{8+x}}$.

En appliquant la règle de l'Hospital, on trouve :

$$\lim_{x \to 1} \frac{\sqrt{8+x} - 3}{x - 1} = \lim_{x \to 1} \frac{f(x)}{g(x)} = \frac{f'(1)}{g'(1)} = \frac{1}{2\sqrt{9}} = \frac{1}{6}$$

2 Limite en $\pm\infty$

Nous avons jusqu'ici traité de la notion de limite (finie ou infinie) d'une fonction en un point x_0 fixé. Il est tout aussi important de connaître l'évolution de $f(x)$ quand x devient arbitrairement grand, c'est-à-dire quand « x tend vers $+\infty$ ».

De même, il est utile de connaître l'évolution de $f(x)$ quand « x tend vers $-\infty$ ». D'où la nécessité des définitions suivantes.

2.1 Définitions

On commence ici aussi par donner des définitions intuitives, suivies de formulations plus strictement mathématiques.

Définition 4.10

Limite finie en $+\infty$

On suppose que f est définie pour tout x assez grand, c'est-à-dire qu'il existe un nombre $A_0 \in \mathbb{R}$ tel que $f(x)$ est définie pour tout $x > A_0$.

On dit que f a pour limite le nombre réel l quand x tend vers $+\infty$ si et seulement si « $f(x)$ se rapproche d'aussi près que l'on veut de l, pour tout x suffisamment grand ».

Formulation mathématique :

$$\lim_{x \to +\infty} f(x) = l \text{ si et seulement si : } \forall \varepsilon > 0, \exists A > 0, x > A \Rightarrow l - \varepsilon < f(x) < l + \varepsilon$$

c'est-à-dire, pour tout $\varepsilon > 0$ même très petit, si x est suffisamment grand, alors on a $l - \varepsilon < f(x) < l + \varepsilon$.

Définition 4.11

Limite $+\infty$ finie en $+\infty$

On suppose que f est définie pour tout x assez grand, c'est-à-dire qu'il existe un nombre $A_0 \in \mathbb{R}$ tel que $f(x)$ est définie pour tout $x > A_0$.

On dit que f a pour limite $+\infty$ quand x tend vers $+\infty$ si et seulement si : $f(x)$ est aussi grand que l'on veut, pour tout x suffisamment grand.

Formulation mathématique :

$\lim_{x \to +\infty} f(x) = +\infty$ si et seulement si :

$$\forall C > 0, \quad \exists A > 0, \quad x > A \Rightarrow f(x) > C$$

c'est-à-dire, pour tout C même très grand, si x est suffisamment grand, on a $f(x) > C$.

On peut définir de façons similaires les notions de :

- limite de $f(x)$ égale à $-\infty$ pour $x \to +\infty$;
- limite de $f(x)$ égale à l pour $x \to -\infty$;

– limite de $f(x)$ égale à $+\infty$ pour $x \to -\infty$;
– limite de $f(x)$ égale à $-\infty$ pour $x \to -\infty$.

Nous n'écrirons pas les définitions correspondantes, car on les obtient facilement à partir de celles que nous venons de voir, à de petits changements évidents près.

2.2 Théorèmes de comparaison

On peut montrer facilement que si f est positive pour tout x assez grand, alors sa limite en $+\infty$ est forcément positive.

Proposition 4.8

S'il existe un nombre réel A tel que $f(x) \geq 0$ pour tout $x \geq A$, et si f admet une limite l quand x tend vers $+\infty$, alors cette limite est telle que $l \geq 0$.

Démonstration

C'est un résultat intuitivement évident, mais donnons tout de même une démonstration basée sur la formulation mathématique de la définition.

On le montre par l'absurde. Supposons que $l < 0$. Soit $\varepsilon = \dfrac{-l}{2} > 0$.

Comme $l = \lim\limits_{x \to +\infty} f(x)$, alors, pour tout x assez grand on a $l - \varepsilon < f(x) < l + \varepsilon$,

c'est-à-dire $\dfrac{3l}{2} < f(x) < \dfrac{l}{2}$, donc $f(x) < \dfrac{l}{2} < 0$.

On trouve donc que pour tout x assez grand $f(x) < 0$, ce qui contredit l'hypothèse de départ. Il est donc faux de supposer que $l < 0$. ■

On peut déduire facilement de cette proposition que si $f(x)$ est encadré par deux nombres réels B et C pour tout x assez grand, alors il en est de même de sa limite en $+\infty$.

Corollaire

S'il existe un nombre réel A tel que $B \leq f(x) \leq C$ pour tout $x \geq A$, et si f admet une limite l quand x tend vers $+\infty$, alors cette limite est telle que $B \leq l \leq C$.

Démonstration

Posons $g(x) = f(x) - B$ et $h(x) = C - f(x)$. La fonction g tend vers $l - B$ en $+\infty$, la fonction h tend vers $C - l$ en $+\infty$.

Pour tout $x \geq A$, on a $g(x) \geq 0$ et $h(x) \geq 0$. On peut donc appliquer la proposition précédente à g et h, on en déduit que leurs limites sont positives ou nulles, c'est-à-dire $l - B \geq 0$ et $C - l \geq 0$, ce qui revient à $B \leq l \leq C$. ■

Nous venons de montrer que si f est encadrée par deux nombres réels fixés pour tout x assez grand, alors il en est de même de sa limite en $+\infty$. Que peut-on dire maintenant s'il s'agit d'un encadrement de f par deux autres fonctions dont la limite est connue ? Le cas le plus intéressant est celui où f est comprise, pour x assez grand, entre deux autres fonctions qui tendent en $+\infty$ vers une même limite l. Dans ce cas, la fonction f est coincée entre les deux autres fonctions, et ne peut que tendre elle aussi vers la limite l. C'est l'objet du théorème suivant, connu sous le nom très évocateur de « théorème des gendarmes »[2].

Théorème

Théorème des gendarmes

On suppose que u, v et f sont trois fonctions telles que, pour tout $x \geq A$, on a $u(x) \leq f(x) \leq v(x)$. Supposons de plus que $\lim_{x \to +\infty} u(x) = \lim_{x \to +\infty} v(x) = l$.

Alors $\lim_{x \to +\infty} f(x) = l$.

Démonstration

On veut montrer que $\lim_{x \to +\infty} f(x) = l$. On sait que $\lim_{x \to +\infty} u(x) = \lim_{x \to +\infty} v(x) = l$, donc :

Pour tout $\varepsilon > 0$ (même très petit), pour x assez grand on aura $l - \varepsilon < u(x) < l + \varepsilon$ et $l - \varepsilon < v(x) < l + \varepsilon$.

Comme $u(x) \leq f(x) \leq v(x)$, on aura donc aussi $l - \varepsilon < f(x) < l + \varepsilon$ pour tout x assez grand. ■

Le théorème des gendarmes est très utile car il permet de trouver la limite d'une fonction de forme complexe en l'encadrant par deux autres fonctions dont on connaît les limites.

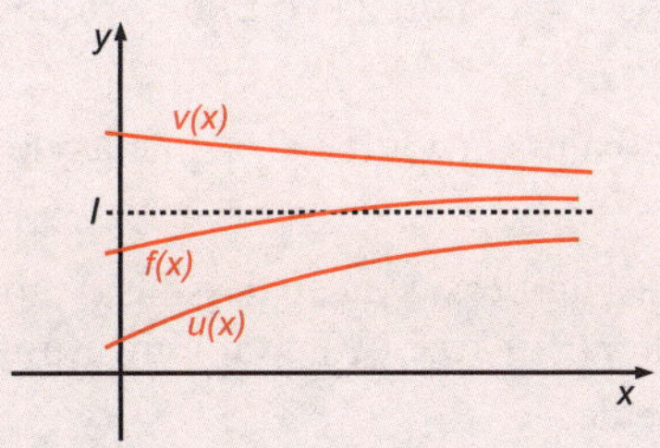

▲ **Figure 4.5 Théorème des gendarmes**

On a une propriété du même genre, quand la limite est infinie : si f est plus grande qu'une fonction qui tend vers $+\infty$, alors f tend elle aussi vers $+\infty$.

Proposition 4.9

S'il existe un nombre réel A tel que $f(x) \geq u(x)$ pour tout $x \geq A$, et si $\lim_{x \to +\infty} u(x) = +\infty$, alors $\lim_{x \to +\infty} f(x) = +\infty$.

Démonstration

On veut montrer que $\lim_{x \to +\infty} f(x) = +\infty$. On sait que $\lim_{x \to +\infty} u(x) = +\infty$, donc :

Pour tout réel B (même très grand), pour x assez grand on aura $u(x) > B$.

Comme $f(x) \geq u(x)$ pour x assez grand, on aura donc $f(x) > B$ pour tout x assez grand. ■

2 Nous avons vu une autre version de ce théorème au chapitre 3, concernant les limites de suites.

2.3 Opérations sur les limites

Quand on connaît les limites (finies ou infinies) de deux fonctions f et g pour $x \to +\infty$, on souhaite connaître les limites éventuelles de $f+g$, de $f \times g$ et de f/g pour $x \to +\infty$. La règle est ici la même que lorsque l'on étudie des limites quand x tend vers un point fixé x_0. Le tableau de la section 2 de ce chapitre reste valable. On peut ici aussi avoir des formes indéterminées. Même principe également pour $x \to -\infty$.

Exemple 4.10

Considérons f et g définies pour tout $x \in \mathbb{R}$ par $f(x) = 2x^3$ et $g(x) = -7x^2$. Quand x tend vers $+\infty$, alors $f(x)$ tend vers $+\infty$ et $g(x)$ tend vers $-\infty$. On obtient donc immédiatement que $f(x) \times g(x)$ tend vers $-\infty$. Par contre $f+g$ et f/g sont des formes indéterminées, il faut faire le calcul.

$f(x) + g(x) = 2x^3 - 7x^2 = 2x^3(1 - \frac{7}{2x})$ avec $\lim\limits_{x\to+\infty} \left(1 - \frac{7}{2x}\right) = 1$ et $\lim\limits_{x\to+\infty} 2x^3 = +\infty$,

donc $\lim\limits_{x\to+\infty} f(x) + g(x) = \lim\limits_{x\to+\infty} 2x^3 \left(1 - \frac{7}{2x}\right) = +\infty$.

$\frac{f(x)}{g(x)} = \frac{2x^3}{-7x^2} = -\frac{2x}{7}$ qui tend vers $-\infty$ quand x tend vers $+\infty$.

2.4 Interprétation graphique, asymptotes

Si $\lim\limits_{x\to+\infty} f(x) = l$ ou $\lim\limits_{x\to-\infty} f(x) = l$, alors la courbe C_f a une **asymptote horizontale** d'équation $y = l$.

Si $\lim\limits_{x\to+\infty} [f(x) - (ax+b)] = 0$ alors la courbe C_f a une **asymptote oblique** d'équation $y = ax + b$.

Pour savoir si la courbe C_f est au-dessus ou en dessous de son asymptote au voisinage de $+\infty$, on étudie le signe de $f(x) - (ax+b)$ pour tout x grand.

Même principe au voisinage de $-\infty$.

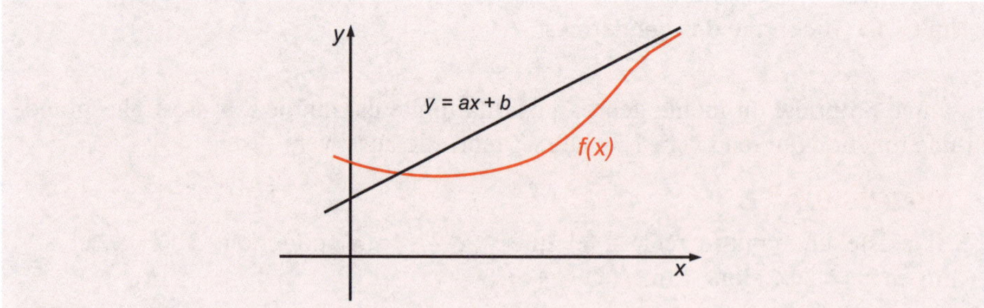

▲ **Figure 4.6** Asymptote oblique

Exemple 4.11

Considérons f définie sur $]1; +\infty[$ par $f(x) = \frac{x^2}{x-1}$.

On a $f(x) = \frac{x^2}{x-1} = \frac{x^2}{x(1-\frac{1}{x})} = \frac{x}{1-\frac{1}{x}}$.

Le numérateur tend vers $+\infty$ et le dénominateur tend vers 1 quand x tend vers $+\infty$, donc $\lim\limits_{x\to+\infty} f(x) = +\infty$.

Montrons que la courbe C_f a pour asymptote la droite d'équation $y = x + 1$.

On a $f(x)-(x+1) = \dfrac{x^2}{x-1} - (x+1) = \dfrac{x^2-(x+1)(x-1)}{x-1} = \dfrac{x^2-(x^2-1)}{x-1} = \dfrac{1}{x-1}$ qui tend vers 0 quand x tend vers $+\infty$. La droite d'équation $y = x + 1$ est bien asymptote à la courbe pour $x \to +\infty$.

De plus, $f(x) - (x + 1) = \dfrac{1}{x-1} > 0$ pour $x > 1$, donc la courbe est au-dessus de l'asymptote pour $x \to +\infty$.

2.5 Limites de polynômes et de fonctions rationnelles

Il est facile de déterminer la limite en $\pm\infty$ des polynômes et des fractions rationnelles, comme le montrent les deux propositions suivantes.

Proposition 4.10

La limite en $\pm\infty$ d'un polynôme est égale à la limite de son terme de plus haut degré.

Démonstration

Si le polynôme est constant c'est évident. Considérons donc un polynôme P de degré n supérieur ou égal à 1. On a $P(x) = a_nx^n + a_{n-1}x^{n-1} + \ldots + a_1x + a_0 = x^n(a_n + \frac{a_{n-1}}{x} + \ldots + \frac{a_0}{x^n})$, où $a_n \neq 0$. La parenthèse tend vers a_n. De plus :

x^n tend vers $+\infty$ quand x tend vers $+\infty$,

x^n tend vers $+\infty$ quand x tend vers $-\infty$ si n est pair,

x^n tend vers $-\infty$ quand x tend vers $-\infty$ si n est impair.

On en déduit la limite de P dans chacun de ces trois cas (suivant le signe de a_n).

C'est clairement la même chose si on étudie la limite du monôme a_nx^n, qui est le terme de plus haut degré de P. ■

Proposition 4.11

La limite en $\pm\infty$ d'une fonction rationnelle est égale à la limite du quotient des termes de plus hauts degrés.

Démonstration

La fonction rationnelle s'écrit $f(x) = \dfrac{P(x)}{Q(x)}$, où P et Q sont des polynômes.

$P(x) = a_nx^n + a_{n-1}x^{n-1} + \ldots + a_1x + a_0$, avec $a_n \neq 0$

$Q(x) = b_qx^q + b_{q-1}x^{q-1} + \ldots + b_1x + b_0$, avec $b_q \neq 0$

$f(x) = \dfrac{a_nx^n + a_{n-1}x^{n-1} + \ldots + a_1x + a_0}{b_qx^q + b_{q-1}x^{q-1} + \ldots + b_1x + b_0} = \dfrac{x^n}{x^q}\left(\dfrac{a_n + \frac{a_{n-1}}{x} + \ldots}{b_q + \frac{b_{q-1}}{x} + \ldots}\right)$. La parenthèse tend vers $\dfrac{a_n}{b_q}$.

De plus, x^{n-q} tend vers $+\infty$ ou $-\infty$ ou 1 ou 0 suivant que x tend vers $+\infty$ ou $-\infty$, et suivant le signe de $n - q$. C'est la même chose si on étudie la limite de $\frac{a_n x^n}{b_q x^q}$, qui est le quotient des termes de plus hauts degrés de P et Q. ■

Exemple 4.12

1. Considérons le polynôme P défini pour tout x par $P(x) = -3x^3 + x^2 - 7x + 7$. Au voisinage de $+\infty$ ou de $-\infty$, la fonction P et son terme de plus haut degré $-x^3$ ont même limite, donc :

$$\lim_{x \to +\infty} P(x) = \lim_{x \to +\infty} (-3x^3) = -\infty$$

$$\lim_{x \to -\infty} P(x) = \lim_{x \to -\infty} (-3x^3) = +\infty$$

2. Soit f la fonction définie sur $\mathbb{R} \setminus \{-1\}$ par $f(x) = \frac{2x^2 + 8x + 8}{x + 1}$. La fonction f a même limite en $+\infty$ et en $-\infty$ que le quotient des termes de plus hauts degrés, c'est-à-dire que $\frac{2x^2}{x} = 2x$, donc $\lim_{x \to +\infty} f(x) = \lim_{x \to +\infty} 2x = +\infty$ et $\lim_{x \to -\infty} f(x) = \lim_{x \to -\infty} 2x = -\infty$.

Le comportement de f en $\pm\infty$ étant similaire à celui de $2x$, étudions donc $f(x) - 2x$.

On a $f(x) - 2x = \frac{2x^2 + 8x + 8 - 2x(x + 1)}{x + 1} = \frac{6x + 8}{x + 1}$ qui tend vers 6 pour $x \to \pm\infty$.

Étudions donc maintenant $f(x) - (2x + 6)$.

$f(x) - (2x + 6) = \frac{6x + 8}{x + 1} - 6 = \frac{6x + 8 - 6(x + 1)}{x + 1} = \frac{2}{x + 1}$ qui tend vers 0 quand $x \to \pm\infty$.

La droite d'équation $y = 2x + 6$ est donc asymptote à la courbe C_f pour x tendant vers $+\infty$ et pour x tendant vers $-\infty$.

$f(x) - (2x + 6) = \frac{2}{x + 1}$ est positif pour $x > -1$ et est négatif pour $x < -1$.

La courbe est donc au-dessus de l'asymptote pour $x > -1$ et en dessous pour $x < -1$.

3 Fonction continue en un point

Définition 4.12

Continuité en un point

On dit que f est **continue** en x_0 si et seulement si $\lim_{x \to x_0} f(x) = f(x_0)$.

Définition 4.13

Prolongement par continuité

Il arrive souvent qu'une fonction soit définie *a priori* sur un intervalle I de $\mathbb{R}$, sauf en un point x_0, mais qu'elle admette une limite finie l en ce point. Dans ce cas on a tendance à poser $f(x_0) = l$ pour que f soit définie aussi en x_0. La fonction f a ainsi été « prolongée » en x_0, puisque son domaine de définition est maintenant l'intervalle I tout entier. Cette fonction vérifie $\lim_{x \to x_0} f(x) = l = f(x_0)$, donc elle est continue en x_0. On dit que l'**on a prolongé** f **par continuité en** x_0.

Exemple 4.13

On reprend la fonction f définie par $f(x) = \dfrac{\sqrt{x} - \sqrt{2}}{(x-2)}$ pour tout $x \geq 0$, avec $x \neq 2$ (▶ exemple 4.1).

La fonction f est continue sur $[0; 2[$ et sur $]2; +\infty[$. On a :

$$f(x) = \frac{\sqrt{x} - \sqrt{2}}{(x-2)} \times \frac{\sqrt{x} + \sqrt{2}}{\sqrt{x} + \sqrt{2}} = \frac{x-2}{(x-2)(\sqrt{x} + \sqrt{2})} = \frac{1}{\sqrt{x} + \sqrt{2}},$$

Donc :

$$\lim_{x \to 2} f(x) = \lim_{x \to 2} \frac{1}{\sqrt{x} + \sqrt{2}} = \frac{1}{2\sqrt{2}}$$

En posant $f(2) = \dfrac{1}{2\sqrt{2}}$ on prolonge f par continuité en 2, si bien qu'elle est maintenant définie et continue sur tout $\mathbb{R}_+$.

Opérations sur les fonctions continues. Nous avons vu (▶ proposition 4.2) que des opérations sur les limites finies sont possibles sans problème. La limite d'une somme est la somme des limites, etc. Ceci conduit directement à la proposition suivante.

Proposition 4.12

Si f et g sont des fonctions continues en x_0, alors $f + g$ et $f \times g$ sont continues en x_0. Si de plus $g(x_0) \neq 0$, alors f/g est continue en x_0.

La proposition sur la limite d'une fonction composée (▶ proposition 4.3) nous permet d'affirmer que la composée de fonctions continue est continue.

Proposition 4.13

Continuité d'une fonction composée

Si f est continue en x_0, et si g est continue en $f(x_0)$, alors $g \circ f$ est continue en x_0.

Nous avons étudié la dérivabilité au chapitre 2. Soulignons maintenant un lien important entre dérivabilité et continuité.

Proposition 4.14

Si f est dérivable en x_0, alors f est continue en x_0. La réciproque est fausse.

Démonstration

La propriété « dérivable implique continue » a déjà été démontrée (▶ proposition 2.8). L'exemple suivant montre que la réciproque est fausse. ■

Exemple 4.14

Soit f la fonction définie sur $\mathbb{R}$ par :

$$f(x) = 0 \quad \text{si } x < 0$$
$$f(x) = x \quad \text{si } x \geq 0$$

On a $\lim_{x\to 0^-} f(x) = \lim_{x\to 0^-} 0 = 0$ et $\lim_{x\to 0^+} f(x) = \lim_{x\to 0^+} x = 0$. Les limites à gauche et à droite sont égales à 0, donc f admet pour limite 0 quand x tend vers 0. Comme $f(0) = 0$, on a $\lim_{x\to 0} f(x) = f(0)$, d'où f continue en $x = 0$.

On a $\lim_{x\to 0^-}\left(\dfrac{f(x)-f(0)}{x-0}\right) = \lim_{x\to 0^-}\left(\dfrac{0-0}{x}\right) = 0$

et $\lim_{x\to 0^+}\left(\dfrac{f(x)-f(0)}{x-0}\right) = \lim_{x\to 0^+}\left(\dfrac{x-0}{x}\right) = 1.$

La fonction f est donc dérivable à gauche et à droite en 0. Sa dérivée à gauche est $f_g'(0) = 0$, sa dérivée à droite est $f_d'(0) = 1$. Les dérivées à gauche et à droite ne sont pas égales, donc f n'est pas dérivable en 0 (► figure 4.7).

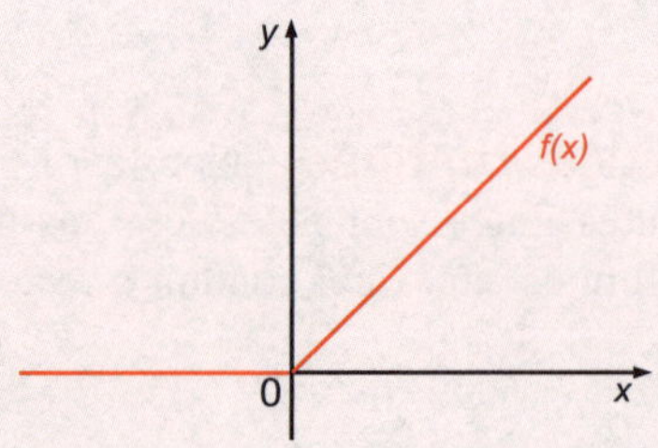

▲ **Figure 4.7 Une fonction continue mais non dérivable en 0**

Le plus souvent, quand une fonction est continue mais non dérivable en un point, on le voit sur le graphe. Il y a comme « un angle » en ce point sur la courbe.

Proposition 4.15

Si f est continue en x_0, et si (u_n) est une suite convergente de limite x_0, alors la suite $(f(u_n))$ est convergente de limite $f(x_0)$, c.-à-d. $\lim_{n\to+\infty} f(u_n) = f(x_0)$.

Démonstration

On sait que $f(x)$ tend vers $f(x_0)$ quand x tend vers x_0. Mais (u_n) tend vers x_0 quand n tend vers $+\infty$. D'où $f(u_n)$ tend vers $f(x_0)$ quand n tend vers $+\infty$. ■

APPLICATION L'impôt, fonction continue du revenu ?

a. Supposons que le montant T de l'impôt sur le revenu est calculé de la façon suivante, en fonction du revenu R annuel de la personne considérée (en euros).

– si $R < 10\,000$, alors la personne ne paie rien ;

– si $10\,000 \leq R < 20\,000$, alors cette personne paie en impôts 10 % de son revenu total R ;

– si $20\,000 \leq R < 30\,000$, alors elle paie en impôts 20 % de son revenu total R ;

– si $R \geq 30\,000$, alors elle paie en impôts 30 % de son revenu total R.

Alors la fonction $T = f(R)$ ainsi décrite est croissante, mais n'est pas continue aux points $R = 10\,000$, $R = 20\,000$ et $R = 30\,000$. En effet, elle s'écrit :

$$f(R) = 0 \text{ pour } R < 10\,000$$
$$f(R) = 0{,}1 \times R \text{ pour } 10\,000 \leq R < 20\,000$$
$$f(R) = 0{,}2 \times R \text{ pour } 20\,000 \leq R < 30\,000$$
$$f(R) = 0{,}3 \times R \text{ pour } R \geq 30\,000$$

Calculons les limites à gauche et à droite aux points $R = 10\,000$, $R = 20\,000$ et $R = 30\,000$. On a :

$$\lim_{R \to 10\,000^-} f(R) = 0 \quad \text{et} \quad \lim_{R \to 10\,000^+} f(R) = 0{,}1 \times 10\,000 = 1\,000$$
$$\lim_{R \to 20\,000^-} f(R) = 0{,}1 \times 20\,000 = 2\,000 \quad \text{et} \quad \lim_{R \to 20\,000^+} f(R) = 0{,}2 \times 20\,000 = 4\,000$$
$$\lim_{R \to 30\,000^-} f(R) = 0{,}2 \times 30\,000 = 6\,000 \quad \text{et} \quad \lim_{R \to 30\,000^+} f(R) = 0{,}3 \times 30\,000 = 9\,000$$

Les limites à gauche et à droite ne sont pas égales en $R = 10\,000$, donc f n'est pas continue en ce point. Même chose aux points $R = 20\,000$ et $R = 30\,000$.
Une personne gagnant 9 900 euros ne paiera pas d'impôt, son revenu net sera donc 9 900 euros, alors qu'une personne gagnant 10 100 euros paiera 1 010 euros en impôts, si bien que son revenu net ne sera que de $10\,100 - 1\,010 = 9\,090$ euros.
La fonction $T = f(R)$ est une fonction croissante : plus le revenu est élevé, plus l'impôt est élevé, ce qui parait normal. Cette fonction est discontinue, car il y a des « sauts » en $R = 10\,000$, $R = 20\,000$ et $R = 30\,000$. Cela conduit au paradoxe que le revenu net n'est pas une fonction croissante du revenu. Une personne gagnant un peu plus de 10 000 euros a intérêt à voir son revenu descendre en-dessous de 10 000 euros pour payer beaucoup moins d'impôts et voir son revenu net augmenter. Il y a donc ici des **effets de seuil** importants qui conjuguent inefficacité et inéquité.

b. Pour éviter ces effets de seuil, il vaut mieux que le montant T de l'impôt sur le revenu soit calculé de la façon suivante, en fonction du revenu R :

- si $R < 10\,000$, alors la personne ne paie rien ;
- si $10\,000 \leq R < 20\,000$, alors cette personne paie en impôts 10 % de ce qui dépasse 10 000 ;
- si $20\,000 \leq R < 30\,000$, alors elle paie en impôts 20 % de ce qui dépasse 20 000, et 10 % de $20\,000 - 10\,000$;
- si $R \geq 30\,000$, alors elle paie en impôts 30 % de son revenu total de ce qui dépasse 30 000, et 10 % de $20\,000 - 10\,000$, et 20 % de $30\,000 - 20\,000$.

Ici la fonction $T = f(R)$ est croissante, et continue en tous points, y compris $R = 10\,000$, $R = 20\,000$ et $R = 30\,000$. En effet :

- pour $R < 10\,000$, on a $f(R) = 0$;
- pour $10\,000 \leq R < 20\,000$, on a $f(R) = 0{,}1 \times (R - 10\,000)$;
- pour $20\,000 \leq R < 30\,000$, on a $f(R) = 0{,}1 \times (20\,000 - 10\,000) + 0{,}2 \times (R - 20\,000)$;
- pour $R \geq 30\,000$, on a $f(R) = 0{,}1 \times (20\,000 - 10\,000) + 0{,}2 \times (30\,000 - 20\,000) + 0{,}3 \times (R - 30\,000)$.

Calculons les limites à gauche et à droite aux points $R = 10\,000$, $R = 20\,000$ et $R = 30\,000$. On a :

$$\lim_{R \to 10\,000^-} f(R) = 0 \quad \text{et} \quad \lim_{R \to 10\,000^+} f(R) = 0{,}1 \times 0 = 0$$
$$\lim_{R \to 20\,000^-} f(R) = 0{,}1 \times (20\,000 - 10\,000) = 1\,000 \quad \text{et} \quad \lim_{R \to 20\,000^+} f(R) = 1\,000 + 0{,}2 \times 0 = 1\,000$$
$$\lim_{R \to 30\,000^-} f(R) = 0{,}1 \times 10\,000 + 0{,}2 \times 10\,000 = 3\,000$$
$$\text{et} \quad \lim_{R \to 30\,000^+} f(R) = 0{,}1 \times 10\,000 + 0{,}2 \times 10\,000 + 0{,}3 \times 0 = 3\,000$$

Les limites à gauche et à droite sont égales, donc la fonction $T = f(R)$ est continue. Il n'y a pas cette-fois ci d'effets de seuil comme en a).

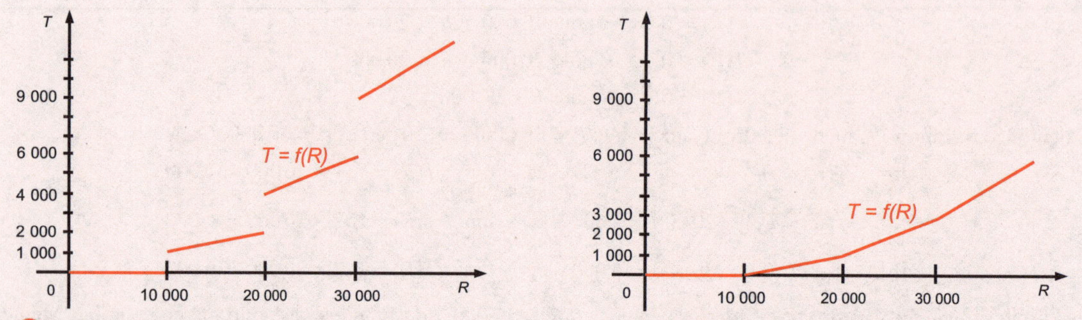

a La première façon de calculer l'impôt donne une fonction non continue et des effets de seuil importants.

b La seconde façon donne une fonction continue, sans effets de seuil.

▲ **Figure 4.8 Montant des impôts *T* en fonction du revenu *R***

4 Continuité à gauche, continuité à droite

On a aussi des notions de continuité à gauche et de continuité à droite en un point. Elles sont liées aux notions de limite à gauche et de limite à droite définies à la section 3 de ce chapitre.

Définition 4.14

On dit que f est **continue à gauche** en x_0 si et seulement si $\lim_{x \to x_0^-} f(x) = f(x_0)$.

On dit que f est **continue à droite** en x_0 si et seulement si $\lim_{x \to x_0^+} f(x) = f(x_0)$.

Exemple 4.15

1. Reprenons la fonction f définie sur $]0; 10[$ par :

$$f(x) = x \quad \text{pour } x \in]0; 5]$$
$$f(x) = 12 - x \quad \text{pour } x \in]5; 10[$$

(► exemple 4.6). On a :

$$f(5) = 5 \quad \text{et} \quad \lim_{x \to 5^-} f(x) = 5 \quad \text{et} \quad \lim_{x \to 5^+} f(x) = 7$$

Donc f est continue à gauche en 5, mais n'est pas continue à droite en 5.

2. Considérons maintenant la fonction f définie sur $\mathbb{R}$ par :

$$f(x) = 0 \quad \text{si } x < 0 \quad \text{et } f(x) = 1 \quad \text{si } x \geq 0$$

Alors $\lim_{x \to 0^-} f(x) = 0$ et $\lim_{x \to 0^+} f(x) = 1$ et $f(0) = 1$, donc f est continue à droite mais non continue à gauche en $x = 0$.

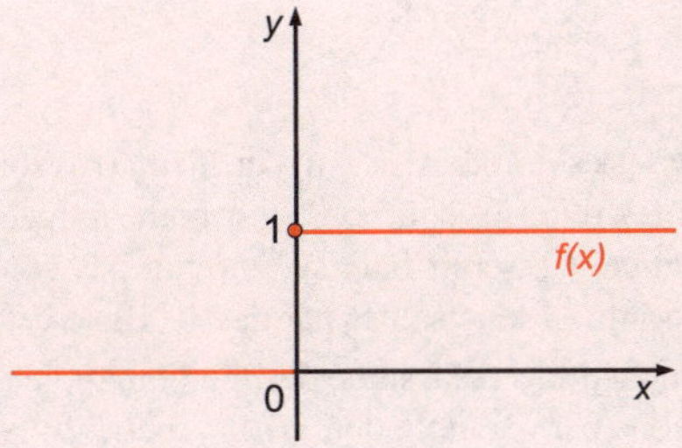

▲ **Figure 4.9 Graphe de f définie par $f(x) = 1$ si $x \geq 0$, et $f(x) = 0$ si $x < 0$**

5 Fonction continue sur un intervalle

Les fonctions continues sur tout un intervalle ont des propriétés particulièrement intéressantes que nous allons voir maintenant.

Définition 4.15

Continuité sur un intervalle
On dit que f est **continue sur un intervalle** I de $\mathbb{R}$ si elle est continue en tout point de cet intervalle.

Une précision : quand I est un intervalle ouvert, cette définition ne pose pas de problème. Quand I n'est pas un intervalle ouvert, par exemple si I est un intervalle fermé du type $I = [a; b]$, on dira que f est continue sur $[a; b]$ si elle est continue en tout point de $]a; b[$, et continue à droite en a, et continue à gauche en b (car on ne peut pas parler de continuité à gauche en a, ni de continuité à droite en b, puisque l'on dépasserait les limites de l'intervalle).

Concrètement, la continuité sur un intervalle se voit très bien sur le graphe de la fonction : une fonction f est **continue** sur un intervalle si on peut tracer sa courbe sans lever le crayon.
La fonction est **dérivable** sur cet intervalle si de plus, en traçant la courbe, il n'y a pas d'angle, le tracé est bien « lisse ».

5.1 Théorème des valeurs intermédiaires

On comprend vite qu'une courbe que l'on trace sans lever le crayon a des propriétés particulières. La tracé ne comporte pas de « saut », d'où le terme de continuité. Une application très utile est celle des « valeurs intermédiaires ». Imaginez une droite et deux points A et B qui sont de part et d'autre de la droite. Si on doit aller de A à B en traçant une courbe continue, il est clair qu'il faudra à un moment ou un autre traverser la droite. D'où le théorème des valeurs intermédiaires.

Théorème

Théorème des valeurs intermédiaires (1re version)
Soit f une fonction continue sur $[a; b]$, telle que $f(a)$ et $f(b)$ soient de signes opposés. Alors il existe au moins un réel c compris entre a et b tel que $f(c) = 0$.

Démonstration

Intuitivement c'est évident. Les points $A(a; f(a))$ et $B(b; f(b))$ sont de part et d'autre de l'axe des abscisses, donc pour les relier la courbe C_f est bien obligée de traverser l'axe des abscisses puisque f est continue. Ce serait faux si f n'était pas continue, car une fonction non continue peut faire des « sauts », donc sauter par dessus l'axe des abscisses.

Voici maintenant une démonstration classique des mathématiciens, qui repose sur la méthode de la dichotomie. Supposons par exemple que $f(a) < 0$ et $f(b) > 0$. Posons $a_1 = a$ et $b_1 = b$. On considère le milieu m_1 de a_1 et de b_1, c'est-à-dire $m_1 = \dfrac{a_1 + b_1}{2}$. Si $f(m_1)$ est du même signe que $f(a_1)$ (donc négatif), on pose $a_2 = m_1$ et $b_2 = b_1$, sinon on pose $a_2 = a_1$ et $b_2 = m_1$. On obtient donc un intervalle $[a_2; b_2]$ deux fois plus petit que l'intervalle initial, et qui vérifie la même propriété, à savoir que $f(a_2)$ et $f(b_2)$ sont de signes opposés.

On considère le milieu m_2 de a_2 et de b_2. Si $f(m_2)$ est du même signe que $f(a_2)$ (donc négatif), on pose $a_3 = m_2$ et $b_3 = b_2$, sinon on pose $a_3 = a_2$ et $b_3 = m_2$. On obtient donc un intervalle $[a_3; b_3]$ quatre fois plus petit que l'intervalle initial, et qui vérifie la même propriété, à savoir que $f(a_3)$ et $f(b_3)$ sont de signes opposés. Ainsi de suite... On obtient ainsi une suite d'intervalles emboités $[a_n; b_n]$, de longueur tendant vers 0, et tels que $f(a_n)$ est négatif et $f(b_n)$ est positif (au sens large). La suite (a_n) est croissante, la suite (b_n) est décroissante, et $\lim_{n\to\infty}(b_n - a_n) = 0$. Cela signifie que ces deux suites sont adjacentes. Elles convergent donc vers une même limite c. La fonction f est continue et $\lim_{n\to+\infty} a_n = \lim_{n\to+\infty} b_n = c$, donc d'après la proposition 4.15, on a $\lim_{n\to\infty} f(a_n) = f(c)$ et $\lim_{n\to\infty} f(b_n) = f(c)$. Pour tout n on a $f(a_n) \leq 0$ et $0 \leq f(b_n)$, donc $f(c) \leq 0$ et $0 \leq f(c)$. On en déduit que $f(c) = 0$. ■

Notons que la méthode dichotomique qui permet de montrer le théorème des valeurs intermédaires fournit également une méthode pour donner une valeur approchée de la solution c de l'équation $f(c) = 0$. En effet, a_n et b_n sont des valeurs approchées de c, d'autant plus précises que n est grand.

Ce théorème est très utile pour montrer l'existence d'une solution à une équation du type $f(x) = 0$ avec f continue. Il existe bien au moins une solution si on peut trouver x_1 et x_2 tels que $f(x_1) < 0$ et $f(x_2) > 0$.

APPLICATION Le profit, fonction continue du prix du pétrole

Soit $\Pi(P)$ le profit d'une entreprise de transports en fonction du prix P du baril de pétrole. On peut raisonnablement supposer que le profit est une fonction continue du prix du pétrole. Si pour un prix P_0 très faible l'entreprise fait du profit, et pour un prix P_1 très élevé elle fait des pertes, alors il existe au moins un prix P^* compris entre P_0 et P_1 tel que $\Pi(P^*) = 0$.

Corollaire

Soit P un polynôme de degré impair. Alors P admet au moins une racine réelle.

Démonstration

$P(x) = a_{2n+1}x^{2n+1} + a_{2n}x^{2n} + \ldots + a_1x + a_0$, avec $a_{2n+1} \neq 0$.

Supposons par exemple que $a_{2n+1} > 0$. Le polynôme P a même limite en $+\infty$ et en $-\infty$ que le terme de plus haut degré, c'est-à-dire que le monôme $a_{2n+1}x^{2n+1}$.

$\lim\limits_{x\to+\infty} a_{2n+1}x^{2n+1} = +\infty$ et $\lim\limits_{x\to-\infty} a_{2n+1}x^{2n+1} = -\infty$ donc $\lim\limits_{x\to+\infty} P(x) = +\infty$ et $\lim\limits_{x\to-\infty} P(x) = -\infty$.

On peut donc trouver a, b tels que $P(a) < 0$ et $P(b) > 0$. Comme f est continue sur $\mathbb{R}$, on en déduit qu'il existe $c \in]a; b[$ tel que $P(c) = 0$.

Même raisonnement si $a_{2n+1} < 0$. ■

Remarquons que si P est de degré pair, alors il n'a pas forcément de racine. En effet, si $P(x) = a_{2n}x^{2n} + \ldots + a_1x + a_0$ (avec $a_{2n} \neq 0$), alors P a même limite en $+\infty$ et en $-\infty$, si bien qu'il n'existe pas forcément a et b tels que $P(a) < 0$ et $P(b) > 0$.

Exemple 4.16

1. Considérons P défini par $P(x) = x^3 + 4$ (degré 3 donc impair).
   Quand x tend vers $+\infty$, $P(x)$ tend vers $+\infty$, donc $P(x) > 0$ pour x suffisamment grand (et positif).
   Quand x tend vers $-\infty$, $P(x)$ tend vers $-\infty$, donc $P(x) < 0$ pour x suffisamment négatif.
   Par exemple $P(1) = 5$ et $P(-2) = -8 + 4 = -4 < 0$, d'où il y a une racine entre -2 et 1.
2. Soit maintenant P défini par $P(x) = x^2 + 2x + 2$ (degré 2 donc pair).
   Quand x tend vers $+\infty$, $P(x)$ tend vers $+\infty$ et quand x tend vers $-\infty$, $P(x)$ tend aussi vers $+\infty$. Donc il n'est pas sûr qu'il y ait une racine. En fait en calculant le discriminant Δ, on trouve $\Delta < 0$ donc il n'y a pas de racine.

Théorème

Théorème des valeurs intermédiaires (2e version)

Soit f une fonction continue sur $[a; b]$. Si le nombre k est compris entre $f(a)$ et $f(b)$, alors il existe au moins un réel c compris entre a et b tel que $f(c) = k$.

Démonstration

Il suffit de poser $g(x) = f(x) - k$ pour se ramener à la première version du théorème. ■

Le théorème que nous venons de démontrer signifie que l'image d'un intervalle fermé borné $[a; b]$ par une fonction continue est forcément un intervalle. Le théorème suivant nous indique qu'il s'agit même d'un intervalle fermé borné. C'est un résultat puissant, mais à la démonstration assez longue, c'est pourquoi nous l'admettrons.

Théorème

Théorème de Weierstrass

Soit f une fonction continue sur l'intervalle fermé borné $[a; b]$. Alors l'image par f de $[a; b]$ est un intervalle fermé borné $[m; M]$.

On résume souvent le théorème de Weierstrass en disant que « sur un intervalle fermé borné, une fonction continue est bornée et atteint ses bornes ». En effet, il signifie que pour tout $x \in [a; b]$, on a $f(x) \in [m; M]$. Inversement, pour tout $y \in [m; M]$, il existe $x \in [a; b]$ tel que $f(x) = y$. En particulier, il existe $x_1 \in [a; b]$ tel que $f(x_1) = m$, et il existe $x_2 \in [a; b]$ tel que $f(x_2) = M$. La fonction f atteint donc son minimum m au point x_1, et elle atteint son maximum M au point x_2.

Le théorème de Weierstrass ne s'applique pas pour une fonction continue sur un intervalle ouvert $]a; b[$ ou semi-ouvert $]a; b]$ ou $[a; b[$, ni sur un intervalle non borné comme $[a; +\infty[$.

Par exemple, la fonction f définie sur $]0; 1]$ par $f(x) = \dfrac{1}{x}$ n'est pas majorée, donc n'est pas bornée. On ne peut pas trouver un nombre M comme dans l'énoncé du théorème.

5.2 Théorème du point fixe

Pour une variable économique donnée, supposons que x_n représente l'état de cette variable l'année n. Par exemple x_n est la richesse d'un individu, ou bien le PIB d'un pays l'année n. Il arrive souvent que la valeur de la variable une année dépende de sa valeur l'année précédente, c'est-à-dire que $x_{n+1} = f(x_n)$ où f est une fonction. On parle d'équilibre (ou de point fixe) quand la variable ne change pas, c.-à-d. quand on a $x_{n+1} = x_n$, ce qu'on peut donc écrire $x_n = f(x_n)$. C'est pourquoi on appelle point fixe d'une fonction f toute valeur x telle que $f(x) = x$. Trouver les équilibres économiques possibles revient à étudier les points fixes de certaines fonctions. Ceci est plus facile quand on a affaire à des fonctions continues, comme le montre le théorème suivant.

Théorème

Théorème du point fixe

Soit f une fonction continue sur $[a; b]$. On suppose que l'image de f est incluse dans $[a; b]$. Alors il existe au moins un réel c compris entre a et b tel que $f(c) = c$. On dit que c est un **point fixe** de f.

Démonstration

Graphiquement, on peut dire que la courbe C_f est incluse dans le carré $[a; b] \times [a; b]$. Le point $A(a; f(a))$ est au-dessus de la première bissectrice, et le point $B(b; f(b))$ est au-dessous. La courbe C_f relie ces deux points, elle est donc obligée de traverser la première bissectrice puisque f est continue.

De plus, on peut également déduire le théorème du point fixe du théorème des valeurs intermédiaires (première version) appliqué à la fonction g définie par $g(x) = f(x) - x$. Il est clair en effet que g est continue sur $[a; b]$, et que $g(a) = f(a) - a \geq 0$ et $g(b) = f(b) - b \leq 0$ (car f à valeurs dans $[a; b]$ par hypothèse). ■

5.3 Fonctions continues strictement monotones

Le théorème des valeurs intermédiaires (2e version) nous indique que l'équation $f(x) = k$ admet au moins une racine dans $[a; b]$ si f est continue et que k est compris entre $f(a)$ et $f(b)$. Si de plus f est strictement monotone (c'est-à-dire strictement croissante ou strictement décroissante), alors cette racine est unique, comme nous l'indique le théorème suivant.

Théorème

Théorème sur les fonctions continues strictement monotones (1re version)
Soit f une fonction continue et strictement monotone sur $[a; b]$. Si le nombre k est compris entre $f(a)$ et $f(b)$, alors il existe un et un seul réel c compris entre a et b tel que $f(c) = k$.

Démonstration

Montrons le pour f strictement croissante. La démonstration est similaire pour une fonction strictement décroissante.

D'après le théorème des valeurs intermédaires (2e version), il existe au moins un c compris entre a et b telque $f(c) = k$. Supposons que ce c n'est pas unique. Il existe alors c' différent de c tel que $f(c') = k$.

Comme f est strictement croissante, si $c' > c$, alors $f(c') > f(c)$ ce qui est impossible car $f(c) = k$ et $f(c') = k$.

Si $c' < c$, alors $f(c) < f(c')$ ce qui est impossible pour les mêmes raisons. ■

APPLICATION (suite)

On reprend comme au paragraphe 5.1 la fonction de profit $\Pi(P)$ d'une entreprise de transports. On suppose ici aussi que pour un prix P_0 très faible l'entreprise fait du profit, et pour un prix P_1 très élevé elle fait des pertes. Si le profit est une fonction continue strictement décroissante du prix du pétrole, alors il existe un **unique** prix P^* compris entre P_0 et P_1 tel que $\Pi(P^*) = 0$.

Théorème

Théorème sur les fonctions continues strictement monotones (2e version)
Soit f une fonction continue et strictement croissante de l'intervalle fermé borné $[a; b]$ dans $\mathbb{R}$. Alors l'image de f est l'intervalle fermé borné $[f(a); f(b)]$, et f est une bijection de $[a; b]$ dans $[f(a); f(b)]$. Son application réciproque f^{-1} est continue et strictement croissante de $[f(a); f(b)]$ dans $[a; b]$.
Si f est continue et strictement décroissante de $[a; b]$ dans $\mathbb{R}$, alors l'image de f est l'intervalle $[f(b); f(a)]$, et f est une bijection de $[a; b]$ dans $[f(b); f(a)]$. Son application réciproque f^{-1} est continue et strictement décroissante de $[f(b); f(a)]$ dans $[a; b]$.

Démonstration

Étudions seulement le cas où f est strictement croissante (démonstration similaire pour f décroissante). D'après le théorème de Weierstrass, l'image de $[a; b]$ est un intervalle ferné borné de la forme $[m; M]$; comme f est croissante c'est forcément $[f(a); f(b)]$. D'après le théorème précédent, tout k compris entre $f(a)$ et $f(b)$ a un et un seul antécédent c par f, ce qui signifie que f est bijective. Elle admet donc une application réciproque f^{-1}.

Montrons que f^{-1} est strictement croissante. Soit y_1 et y_2 deux éléments de $[f(a); f(b)]$, avec $y_1 < y_2$. Il existe donc x_1 et x_2 dans $[a; b]$ tels que $x_1 = f^{-1}(y_1)$ et $x_2 = f^{-1}(y_2)$. Cela signifie que $y_1 = f(x_1)$ et $y_2 = f(x_2)$. Comme f est strictement croissante, on a donc forcément $x_1 < x_2$. D'où f^{-1} est strictement croissante.

Reste à montrer que f^{-1} est continue. La démonstration mathématique standard est un peu longue, nous allons nous contenter de nous convaincre de la continuité en raisonnant sur les graphes. Les fonctions f et f^{-1} sont réciproques l'une de l'autre, donc leurs graphes sont symétriques par rapport à la première bissectrice. Le graphe de f se trace sans lever le crayon (puisque f est continue), donc il en est de même de son symétrique le graphe de f^{-1}. D'où la continuité de f^{-1}. ■

Les points **clés**

→ Quand la variable x se rapproche de plus en plus d'un nombre fixé x_0, la fonction $f(x)$ peut tendre vers une limite finie ou infinie, ou bien ne pas avoir de limite.

→ Quand la variable x prend des valeurs de plus en plus grandes, la fonction $f(x)$ peut tendre vers une limite finie ou infinie, ou bien ne pas avoir de limite.

→ Une fonction f est continue au point x_0 si quand x se rapproche de plus en plus de x_0, alors $f(x)$ se rapproche de plus en plus de $f(x_0)$.

→ Une fonction est continue sur un intervalle si on peut tracer son graphe sans lever le crayon.

→ Quand une fonction f est continue sur un intervalle $[a; b]$, elle prend toutes les valeurs comprises entre $f(a)$ et $f(b)$. C'est le théorème des valeurs intermédiaires.

→ Quand une fonction f est continue et strictement croissante sur tout un intervalle $[a; b]$, elle prend une et une seule fois toutes les valeurs comprises entre $f(a)$ et $f(b)$. Même chose si elle est continue et strictement décroissante sur tout l'intervalle $[a; b]$.

ÉVALUATION

Vous trouverez les corrigés détaillés de tous les exercices sur la page du livre sur le site www.dunod.com

Quiz

1 Vrai/Faux

Dites si les affirmations suivantes sont vraies ou fausses. Justifiez vos réponses.

1. Quand une fonction a une limite à gauche et une limite à droite en un point, alors elle a une limite en ce point.
2. Si f est dérivable alors elle est continue.
3. Si f est continue alors elle est dérivable.
4. Soit f continue sur $[1;3]$ telle que $f(1) = -1$ et $f(3) = 2$. Alors il existe un unique $x \in [1;3]$ tel que $f(x) = 0$.
5. Tout polynôme de degré pair admet au moins une racine.

► Corrigés p. 366

Exercices

2 Limite en un point x_0

Calculer les limites suivantes :

1. $\lim\limits_{x\to 3} x^2 + 7x$
2. $\lim\limits_{x\to 4} \dfrac{\sqrt{x}-2}{x-4}$
3. $\lim\limits_{x\to 2} \dfrac{x^2-2}{(x-2)^2}$
4. $\lim\limits_{x\to 2} \dfrac{x^2-4}{(x-2)^2}$
5. $\lim\limits_{x\to 1} \dfrac{x^n-1}{x-1}$ pour $n \in \mathbb{N}, n \geq 2$
6. $\lim\limits_{x\to 0} \dfrac{\sqrt{1+x}-\sqrt{1-x}}{x}$

► Corrigés p. 366

3 Limite en $+\infty$

Calculer la limite pour x tendant vers $+\infty$ de

1. $f(x) = \dfrac{2x+3}{3x^2-4}$
2. $f(x) = \dfrac{2x^2+3}{3x^2-4}$
3. $f(x) = \dfrac{2x^3+3}{3x^2-4}$

► Corrigés p. 366

4 Règle de l'Hospital

En utilisant la règle de l'Hospital, calculer les limites suivantes :

1. $\lim\limits_{x\to\infty} \dfrac{1+\sqrt{x}}{2+x}$
2. $\lim\limits_{x\to 2} \dfrac{x^2-4}{x\sqrt{2x}-2x}$

5 Continuité de la fonction d'offre

1. La fonction d'offre d'une firme donne la quantité $Q(P)$ produite par la firme en fonction du prix. Elle est telle que :

$$Q(P) = 0 \text{ si } P < 5$$
$$Q(P) = 100P - 300 \text{ si } P \geq 5$$

Cette fonction est-elle continue à gauche ? Continue à droite ? Continue ?

Toutes les valeurs de l'offre sont-elles possibles ? Représenter graphiquement cette fonction.

2. Même question si l'offre est donnée par :

$$Q(P) = 0 \text{ si } P < 5$$
$$Q(P) = 100P - 500 \text{ si } P \geq 5$$

6 Prolongement par continuité

On considère la fonction H définie pour tout $x \neq 0$ par $H(x) = \dfrac{\sqrt{1+x^2}-1}{x}$.

Étudier la limite de $H(x)$ pour $x \to 0$.

Peut-on prolonger H par continuité en $x = 0$?

Chapitre 5

Les fonctions puissance, logarithme et exponentielle sont très utiles en économie. En effet, quand on veut modéliser la croissance ou la décroissance régulière d'une variable économique, le plus simple est d'utiliser une fonction puissance. Si la croissance est lente, on va préférer la fonction logarithme. Si au contraire la croissance est très rapide, on privilégie la fonction exponentielle. Chacune d'elles satisfait des règles de calcul assez simples et assez similaires les unes aux autres, c'est pourquoi nous les présentons ensemble.

LES GRANDS AUTEURS

John Napier (1550-1617)

John Napier est un mathématicien et théologien écossais. Il était fervent protestant et très anticatholique, allant dans un ouvrage sur l'Apocalypse de Saint-Jean jusqu'à comparer le pape à l'Antéchrist.

En mathématiques, il s'intéresse aux méthodes permettant de simplifier les calculs, notamment les calculs trigonométriques compliqués intervenant en astronomie. Il a alors l'idée de transformations spéciales qui permettent de simplifier les multiplications en les transformant en additions, et de même de transformer les divisions en soustractions.

Il publie ses résultats en 1614 dans son livre *Mirifici logarithmorum canonis descriptio* (description de la règle magnifique des logarithmes). Le mot « logarithme », créé par Napier, vient de deux mots grecs : *logos* (rapport, calcul) et *arithmos* (nombre). Il explique aussi comment faire des tables des logarithmes des nombres entiers. Son nom est à l'origine du terme logarithme « népérien ». ■

Fonctions puissance, logarithme et exponentielle

Plan

Objectifs

→ **Connaître** les définitions des fonctions puissance, logarithme, exponentielle, et leurs principales propriétés.

→ **Savoir faire** des calculs impliquant ces fonctions.

→ **Identifier** les cas de figure dans lesquels il est pertinent de les utiliser.

1 Fonction puissance rationnelle

On va définir et étudier dans cette partie les fonctions puissance $x \mapsto x^q$, d'abord pour q entier positif, puis q entier négatif, ensuite pour $q = \frac{1}{n}$ où n est un entier positif, et enfin pour q rationnel quelconque. Dans la 4e partie de ce chapitre, nous verrons comment définir $x \mapsto x^q$ pour tout réel q (même non rationnel).

1.1 Puissance entière

Si x est un nombre réel et n un entier positif, on sait que x^n est une notation signifiant $x^n = x \times x \times \ldots \times x$, où ici x est multiplié n fois par lui-même. On dit que x est élevé à la « puissance n ». Par exemple, $2^4 = 2 \times 2 \times 2 \times 2 = 16$.

Proposition 5.1

Règles de calculs des puissances

Les puissances satisfont les règles de calcul suivantes, si x et y sont des nombres réels, et si a et b sont des entiers positifs :

$$x^a x^b = x^{a+b}$$

$$(x^a)^b = x^{ab}$$

$$x^a y^a = (xy)^a$$

Attention, ne pas confondre $(x^a)^b$ et $x^a x^b$.

Démonstration

Vérifions juste la première règle de calcul. Les autres se démontrent de façon similaire.
x^a signifie x multiplié a fois par lui-même.
x^b signifie x multiplié b fois par lui-même.
Donc :
$x^a \times x^b$ signifie x multiplié $a + b$ fois par lui-même.
C'est exactement ce que signifie x^{a+b}, donc $x^a \times x^b = x^{a+b}$. ■

Exemple 5.1

On vérifie bien que :

$$x^2 x^3 = (x \times x) \times (x \times x \times x) = x^5 = x^{2+3}$$

$$(x^2)^3 = (x \times x) \times (x \times x) \times (x \times x) = x^6 = x^{2\times 3}$$

$$x^3 y^3 = (x \times x \times x) \times (y \times y \times y) = (x \times y) \times (x \times y) \times (x \times y) = (x \times y)^3$$

On va maintenant étudier la fonction $x \mapsto x^n$ sur $\mathbb{R}$, en distinguant les cas n pair et n impair.

Proposition 5.2

Pour $n \in \mathbb{N}^*$, considérons la fonction f_n définie sur $\mathbb{R}$ par :

$$f_n : \mathbb{R} \to \mathbb{R}$$
$$x \mapsto x^n$$

Cette fonction est dérivable, de dérivée $f_n'(x) = nx^{n-1}$.
On a $f_n(0) = 0$ et $\lim_{x \to +\infty} f_n(x) = +\infty$.

- Si n est **impair**, alors la fonction f_n est impaire (▶ définition 1.17). Elle est strictement croissante sur tout $\mathbb{R}$.
- Si n est **pair**, alors la fonction f_n est paire. Elle est strictement décroissante sur $\mathbb{R}_-$ et strictement croissante sur $\mathbb{R}_+$.

Démonstration

Soit $n \in \mathbb{N}^*$. On a déjà vu (▶ proposition 2.13), que $f_n'(x) = nx^{n-1}$. Puisque x^n représente x multiplié n fois par lui-même, il est clair que si $x = 0$, alors $x^n = 0$. De même, si x tend vers $+\infty$, alors x^n tend vers $+\infty$.

- Si n est **impair**, alors on a $f_n(-x) = (-x)^n = -(x^n) = -f_n(x)$ donc la fonction f_n est impaire.

  $f_n'(x) = nx^{n-1} \geq 0$ pour tout $x \in \mathbb{R}$, car $n-1$ est pair. On a même $f_n'(x) = nx^{n-1} > 0$ pour tout $x \in \mathbb{R}^*$, donc la fonction f_n est strictement croissante sur tout $\mathbb{R}$.
- Si n est **pair**, la fonction f_n est paire, car $f_n(-x) = (-x)^n = x^n = f_n(x)$.

  $f_n'(x) = nx^{n-1} > 0$ pour tout $x \in \mathbb{R}_+^*$, et $f_n'(x) = nx^{n-1} < 0$ pour tout $x \in \mathbb{R}_-^*$, car $n-1$ est impair. La fonction f_n est donc strictement décroissante sur $\mathbb{R}_-$ et strictement croissante sur $\mathbb{R}_+$.

■

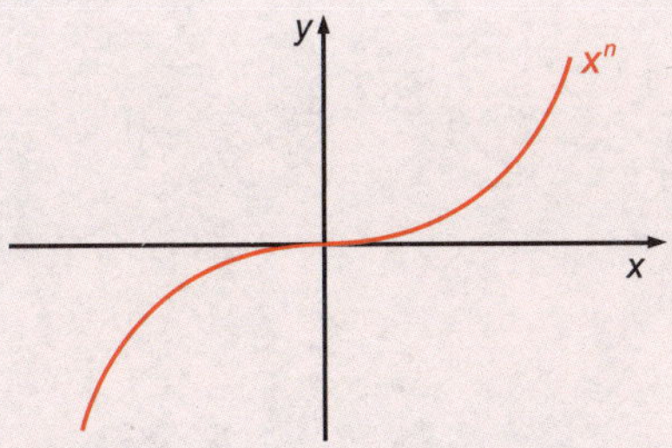

ⓐ Fonction x^n avec n impair ($n \geq 3$)

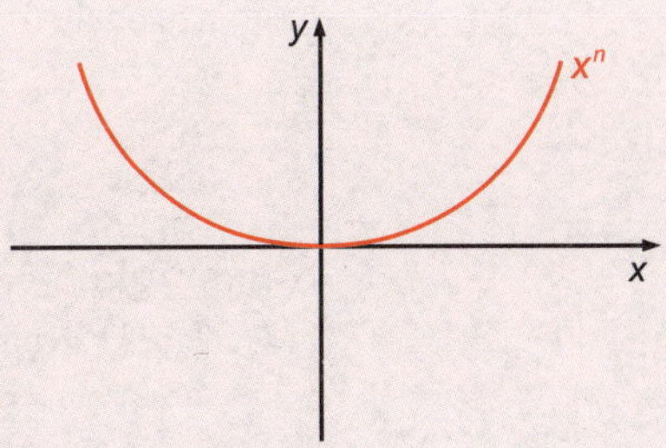

ⓑ Fonction x^n avec n pair ($n \geq 2$).)

▲ **Figure 5.1** **Fonction puissance (exposant entier positif)**

On cherche maintenant à définir des puissances négatives, c'est-à-dire définir x^n pour n entier négatif. La notation suivante permet de conserver les règles de calcul des puissances vues à la proposition 5.1.

Notation

Puissance négative

Soit $n \in \mathbb{N}^*$. Pour tout $x \in \mathbb{R}^*$, on note $x^{-n} = \dfrac{1}{x^n}$.

De plus, on convient de poser $x^0 = 1$.

Exemple 5.2

$$2^{-3} = \frac{1}{2^3} = \frac{1}{2 \times 2 \times 2} = \frac{1}{8}$$

Proposition 5.3

Les règles de calculs des puissances sont valables aussi pour les puissances entières négatives. Autrement dit, pour $x, y \in \mathbb{R}^*$, et $a, b \in \mathbb{Z}$, on a :

$$x^a x^b = x^{a+b} \text{ et } (x^a)^b = x^{ab} \text{ et } x^a y^a = (xy)^a$$

De plus, en posant $f_n(x) = x^n$ pour tout entier n même négatif, la fonction f_n est dérivable sur $\mathbb{R}^*$, de dérivée $f_n'(x) = nx^{n-1}$ pour tout $n \in \mathbb{Z}$.

Démonstration

Vérifions juste la deuxième règle de calcul.

Si a et b sont positifs, c'est la règle habituelle.

Si $a < 0$ et $b > 0$, alors $a = -a'$ où $a' > 0$.

$$(x^a)^b = \left(\frac{1}{x^{a'}}\right)^b = \frac{1}{(x^{a'})^b} = \frac{1}{x^{a'b}} = x^{-a'b} = x^{ab}$$

La méthode est la même si $a > 0$ et $b < 0$, ou si $a < 0$ et $b < 0$.

Méthode similaire pour les autres règles de calculs.

Nous avons déjà calculé la dérivée de f_n pour n positif. Si n est négatif, posons $n = -p$ où $p \in \mathbb{N}$. On a $f_n(x) = \dfrac{1}{x^p} = \dfrac{1}{f_p(x)}$ et $f_p(x) = x^p$. On peut appliquer la formule sur la dérivée d'un quotient (► proposition 2.9).

$$f_n'(x) = \frac{-f_p'(x)}{\left[f_p(x)\right]^2} = \frac{-px^{p-1}}{x^{2p}} = -p \times \frac{1}{x^{p+1}} = -p \times x^{-p-1} = nx^{n-1}$$ ■

Exemple 5.3

Quelques calculs avec des puissances négatives.

$$x^{-2}x^5 = x^{-2+5} = x^3$$

$$\left(x^{-2}\right)^3 = x^{-2\times 3} = x^{-6}$$

$$x^{-2}y^{-2} = (xy)^{-2}$$

1.2 Racine n-ième, pour $n \in \mathbb{N}^*$

On a déjà défini la fonction racine carrée au chapitre 1. Rappelons que si x est un réel positif, la racine carrée de x est l'unique nombre réel positif $\sqrt{x}$ tel que $\sqrt{x} \times \sqrt{x} = x$.

De même on va appeller racine n-ième de x le nombre réel positif $\sqrt[n]{x}$ tel que $(\sqrt[n]{x})^n = x$. La racine n-ième de x est aussi notée $x^{1/n}$, car on peut en fait lui appliquer les règles de calcul des puissances. En effet on a par définition $(x^{1/n})^n = x$, qui est similaire à la deuxième règle de calcul des puissances. La proposition suivante montre l'existence et l'unicité de la racine n-ième.

Proposition 5.4

Pour tout $x \in \mathbb{R}_+$, pour tout $n \in \mathbb{N}^*$, il existe un unique nombre réel positif, noté $\sqrt[n]{x}$ ou $x^{1/n}$, tel que $(\sqrt[n]{x})^n = x$.
La fonction $f_{1/n}$ définie pour tout $x \in \mathbb{R}_+$ par $f_{1/n}(x) = x^{1/n} = \sqrt[n]{x}$ est continue et strictement croissante sur $\mathbb{R}_+$.

Démonstration

Si n est un entier strictement positif, alors f_n est continue et strictement croissante de $\mathbb{R}_+$ dans $\mathbb{R}_+$, et bijective de $\mathbb{R}_+$ dans $\mathbb{R}_+$.
On peut définir sa fonction réciproque de $\mathbb{R}_+$ dans $\mathbb{R}_+$, que l'on note $f_{1/n}(x) = x^{1/n} = \sqrt[n]{x}$.
Pour tout $x \in \mathbb{R}_+$,

$$(f_n \circ f_{1/n})(x) = x \text{ c'est-à-dire } (x^{1/n})^n = x$$

$$(f_{1/n} \circ f_n)(x) = x \text{ c'est-à-dire } (x^n)^{1/n} = x$$

D'après le théorème sur les fonctions continues strictement monotones (► paragraph 5.3, chapitre 4), comme $f_{1/n}$ est la fonction réciproque d'une fonction strictement croissante et continue, alors elle aussi strictement croissante et continue. ■

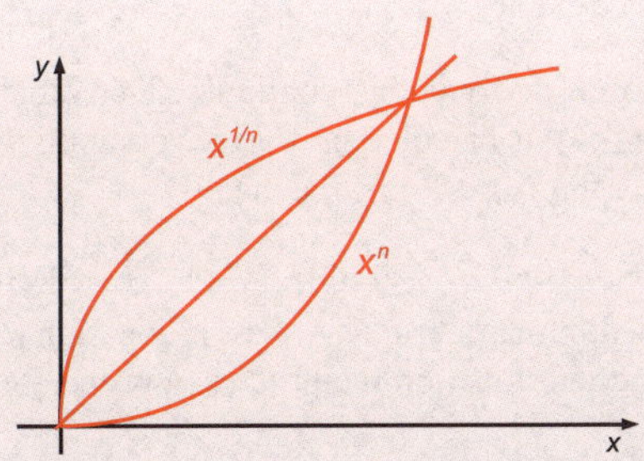

Le graphe de la fonction $x^{1/n}$ est symétrique de celui de x^n par rapport à la première bissectrice.

▲ **Figure 5.2 Fonction $x^{1/n}$.**

Définition 5.1

On dit que $\sqrt[n]{x}$ est la racine n-ième de x. Pour $n = 2$ on dit « racine carrée », et pour $n = 3$ on parle de « racine cubique ».

Exemple 5.4

- La racine cubique de 27 est $\sqrt[3]{27} = 3$ car $3 \times 3 \times 3 = 27$.
- On a $2 \times 2 \times 2 \times 2 = 16$ donc $\sqrt[4]{16} = 2$.

1.3 Puissance rationnelle

On a déjà vu ce que signifie x^n pour tout $n \in \mathbb{Z}$ et $x \neq 0$. De même on a défini $x^{1/m}$ la racine m-ième d'un nombre réel x positif. En composant les deux, on aboutit naturellement à la notion de puissance rationnelle.

Définition 5.2

- Si $x \in \mathbb{R}_+^*$, et si n, m sont des entiers avec $n \in \mathbb{Z}$ et $m \in \mathbb{N}^*$, on définit $x^{n/m}$ par :

$$x^{n/m} = (x^{1/m})^n = (\sqrt[m]{x})^n$$

- Soit $q \in \mathbb{Q}$ un nombre rationnel. Écrivons le sous la forme $q = \dfrac{n}{m}$, avec $n \in \mathbb{Z}$, $m \in \mathbb{N}^*$, où n et m sont sans diviseur commun[1] autre que $+1$ et -1. Pour tout $x \in \mathbb{R}_+^*$, on définit x^q par $x^q = x^{n/m} = (x^{1/m})^n$.

Proposition 5.5

Si $q \in \mathbb{Q}$, la fonction $x \mapsto x^q$ est continue sur $\mathbb{R}_+$, dérivable sur $\mathbb{R}_+^*$, de dérivée :

$$\frac{dx^q}{dx} = qx^{q-1}$$

On a $\lim\limits_{x \mapsto +\infty} x^q = +\infty$ si $q > 0$ et $\lim\limits_{x \mapsto +\infty} x^q = 0$ si $q < 0$.

Démonstration

Posons $f_q(x) = x^q$. On obtient f_q en composant f_n et $f_{1/m}$, soit $f_q(x) = f_n \circ f_{1/m}(x) = \left(x^{1/m}\right)^n$ noté $x^{n/m}$, qui est défini sur $\mathbb{R}_+$.

f_q est continue car composée de fonctions continues. Dérivable sur $\mathbb{R}_+^*$, car composée de fonctions dérivables sur $\mathbb{R}_+^*$. Pour calculer sa dérivée, on applique la formule de la dérivée d'une fonction composée. On a $f_q = f_n \circ f_{1/m}$, donc :

$$f_q'(x) = f_n'(f_{1/m}(x)) \times f_{1/m}'(x) = n\left(x^{1/m}\right)^{n-1} \times f_{1/m}'(x)$$

Pour calculer $f_{1/m}'(x)$, on peut remarquer que $f_{1/m}$ est la fonction réciproque de f_m. D'après la proposition sur la dérivée d'une fonction réciproque (▸ proposition 2.12), la dérivée de $f_{1/m}$ est donc :

$$f_{1/m}'(x) = \frac{1}{f_m' \circ f_{1/m}(x)} = \frac{1}{f_m'(x^{1/m})} = \frac{1}{m(x^{1/m})^{m-1}}$$

Finalement :

$$f_q'(x) = n\left(x^{1/m}\right)^{n-1} \times \frac{1}{m\,(x^{1/m})^{m-1}} = \frac{n}{m}\left(x^{1/m}\right)^{n-m} = \frac{n}{m}x^{q-1} = qx^{q-1}$$

– Si $q > 0$, alors $q = \dfrac{n}{m}$ où n et m sont des entiers positifs, donc $f_n(x)$ et $f_{1/m}(x)$ tendent vers $+\infty$ quand x tend vers $+\infty$, d'où $f_q(x) = f_n \circ f_{1/m}(x)$ tend vers $+\infty$ quand x tend vers $+\infty$.

– Si $q < 0$, alors $q = \dfrac{n}{m}$ où n est un entier négatif et m un entier positif, donc $f_n(x)$ tend vers 0 quand $x \to +\infty$, et $f_{1/m}(x)$ tend vers $+\infty$ quand $x \to +\infty$, d'où $f_q(x) = f_n \circ f_{1/m}(x)$ tend vers 0 quand x tend vers $+\infty$. ■

1 On dit que le rationnel q est écrit sous forme de fraction irréductible si $q = \dfrac{n}{m}$ où n et m sont des entiers sans diviseur commun (autre que ± 1).

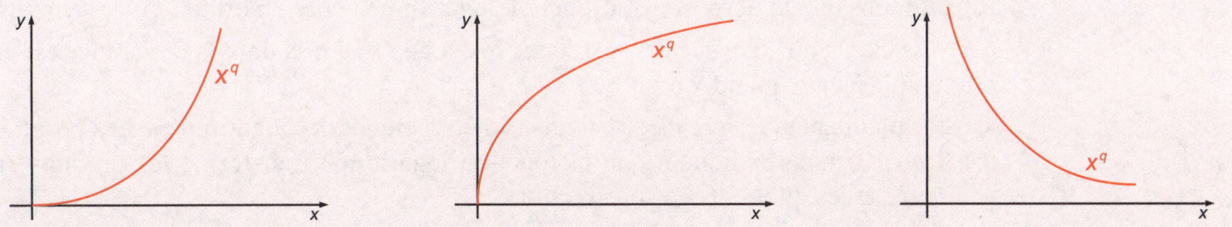

a Fonction x^q avec $q > 1$. b Fonction x^q avec $0 < q < 1$. c Fonction x^q avec $q < 0$.

▲ **Figure 5.3 Fonction puissance (exposant rationnel)**

Nous verrons à la section 4 comment étendre la fonction puissance aux exposants réels, même non rationnels. Pour cela, il nous faut d'abord définir les fonctions logarithme et exponentielle.

2 Fonction logarithme

Si q est un rationnel strictement positif, la fonction puissance $x \mapsto x^q$ est croissante sur $\mathbb{R}_+$ et tend vers $+\infty$ quand $x \to +\infty$. Nous allons maintenant étudier la fonction logarithme, qui elle aussi croit régulièrement et tend vers $+\infty$, mais moins vite que les fonctions puissance. Autrement dit, la fonction logarithme, notée ln, est à croissance lente. Elle est utile pour modéliser de nombreux phénomènes économiques, et intervient notamment dans l'évaluation des décisions en présence de risque.

2.1 Qu'est-ce qu'un logarithme ?

La proposition suivante permet de définir la fonction logarithme népérien, comme étant la seule fonction ayant pour dérivée $\frac{1}{x}$, et qui soit nulle en $x = 1$.

Proposition 5.6

Il existe une unique fonction f définie et dérivable sur $]0; +\infty[$, telle que $f'(x) = \frac{1}{x}$ et $f(1) = 0$.
On note ln cette fonction et on l'appelle fonction **logarithme népérien**.

On a donc par définition : $\frac{d}{dx}\ln(x) = \frac{1}{x}$ et $\ln(1) = 0$

Démonstration
Nous verrons au chapitre 7 qu'une primitive d'une fonction u est par définition une fonction v dérivable telle que $v' = u$. D'après la proposition 7.7, comme la fonction g définie pour $x > 0$ par $g(x) = \frac{1}{x}$ est continue sur $]0; +\infty[$, elle admet une unique primitive f telle $f(1) = 0$. ■

Remarquons que la dérivée de la fonction logarithme népérien est $\ln'(x) = \dfrac{1}{x}$, qui est décroissante et positive sur $]0; +\infty[$, donc ln est une fonction dont la croissance est de plus en plus lente quand x croît.

Voyons maintenant les règles de calculs caractéristiques des logarithmes. Les propriétés **(i)** et **(ii)** nous indiquent que la fonction logarithme transforme les produits en additions, et les quotients en soustractions.

Proposition 5.7

Règles de calculs

Si x et y sont deux nombres réels strictement positifs, alors on a les propriétés suivantes :

(i) $\ln(xy) = \ln(x) + \ln(y)$

(ii) $\ln(\dfrac{1}{x}) = -\ln(x)$

(iii) $\ln(\dfrac{x}{y}) = \ln(x) - \ln(y)$

(iv) $\ln(x^n) = n\ln(x)$ pour tout $n \in \mathbb{Z}$

(v) $\ln(x^q) = q\ln(x)$ pour tout $q \in \mathbb{Q}$

Démonstration

Montrons d'abord **(i)**.

Soit g la fonction définie sur $x > 0$ par $g(x) = \dfrac{1}{x}$.

ln est la primitive de g qui est nulle en $x = 1$.

Soit $h(x) = \ln(xy)$ pour $y > 0$ fixé.

$h'(x) = y \times \dfrac{1}{xy} = \dfrac{1}{x}$ donc h est une autre primitive de la fonction g.

D'après les propriétés des primitives (▸ proposition 7.6), si ln et h sont deux primitives d'une même fonction g, alors ln et h diffèrent seulement d'une constante C.

On peut donc écrire pour y fixé :

$$\forall x > 0, \quad \ln(xy) = C + \ln(x)$$

$$x = 1 \text{ donne } \ln(y) = C + \ln(1) = C$$

donc :

$$\ln(xy) = \ln(y) + \ln(x)$$

(ii) En appliquant **(i)** on a $\ln(x) + \ln(\dfrac{1}{x}) = \ln(x \times \dfrac{1}{x}) = \ln(1) = 0$, d'où $\ln(\dfrac{1}{x}) = -\ln(x)$.

(iii) $\ln(\dfrac{x}{y}) = \ln(x \times \dfrac{1}{y}) = \ln(x) + \ln(\dfrac{1}{y}) = \ln(x) - \ln(y)$ (par **(i)** puis **(ii)**).

(iv) Si $n \in \mathbb{N}$, on a $\ln(x^n) = \ln(x \times x^{n-1}) = \ln(x) + \ln(x^{n-1})$ (d'après **(i)**).

$$= \ln(x) + \ln(x \times x^{n-2}) = \ln(x) + \ln(x) + \ln(x^{n-2}) = \ldots = n\ln(x).$$

Si $n' \in \mathbb{Z}$, avec $n' < 0$, alors $n' = -n$ où $n \in \mathbb{N}$, et $\ln(x^{n'}) = -\ln(\dfrac{1}{x^{n'}})$ (d'après **(ii)**).

Donc $\ln(x^{n'}) = -\ln(x^{-n'}) = -\ln(x^n) = -n\ln(x) = n'\ln(x)$.

(v) Soit $m \in \mathbb{N}^*$. D'après **(iv)** on a $m\ln(x^{1/m}) = \ln\left((x^{1/m})^m\right) = \ln(x^{m/m}) = \ln(x)$, donc $\ln(x^{1/m}) = \dfrac{1}{m}\ln(x)$.

Posons $q = \dfrac{n}{m}$, pour $n \in \mathbb{Z}$ et $m \in \mathbb{N}^*$.

On a $\ln(x^q) = \ln(x^{n/m}) = \ln\left((x^{1/m})^n\right) = n\ln(x^{1/m}) = n \times \dfrac{1}{m}\ln(x) = q\ln(x)$. ■

Exemple 5.5

Quelques exemples de petits calculs avec ln :

$$\ln\left(\sqrt{x}\right) = \ln(x^{1/2}) = \frac{1}{2}\ln(x)$$

$$\ln\left(\frac{x^2+1}{x}\right) = \ln(x^2+1) - \ln(x)$$

$$\ln\left(\frac{1}{x^3}\right) = \ln(x^{-3}) = -3\ln(x)$$

2.2 Variations du logarithme

Proposition 5.8

ln est une fonction continue strictement croissante sur $]0; +\infty[$.
On a $\lim\limits_{x\to 0^+} \ln(x) = -\infty$ et $\lim\limits_{x\to+\infty} \ln(x) = +\infty$.
Le graphe de la fonction ln admet donc une asymptote verticale d'équation $x = 0$.

Démonstration

La fonction ln est dérivable donc continue sur $]0; +\infty[$.

$\ln'(x) = \dfrac{1}{x} > 0$ donc ln est strictement croissante.

Calculons $\lim\limits_{x\to+\infty} \ln(x)$:

$$\ln(1) = 0 \text{ donc } \ln(2) > 0$$

$$\ln(2^n) = n\ln(2) \text{ donc } \lim_{n\to+\infty} \ln(2^n) = +\infty$$

ln est croissante et $\lim\limits_{n\to+\infty} \ln(2^n) = +\infty$ donc $\lim\limits_{x\to+\infty} \ln(x) = +\infty$.

Calculons $\lim\limits_{x\to 0^+} \ln(x)$:

Posons $y = \dfrac{1}{x}$. On a $x \to 0^+$ si et seulement si $y \to +\infty$, donc :

$$\lim_{x\to 0^+} \ln(x) = \lim_{x\to 0^+} [-\ln(1/x)] = \lim_{y\to+\infty} [-\ln(y)] = -\lim_{y\to+\infty} \ln(y) = -\infty$$

Comme $\lim\limits_{x\to 0^+} \ln(x) = -\infty$, le graphe de ln admet pour asymptote la droite d'équation $x = 0$. ■

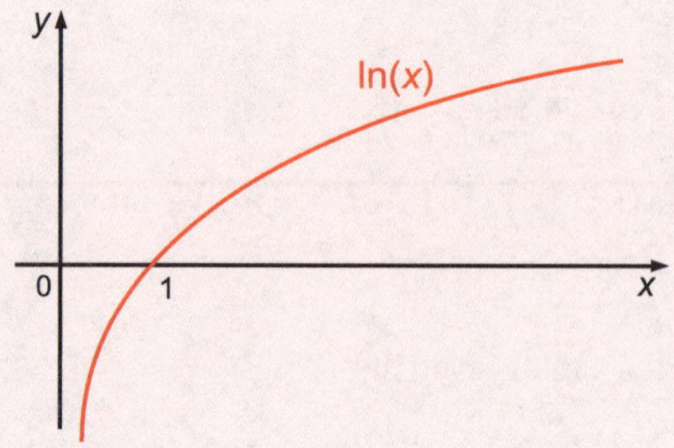

▲ **Figure 5.4** Graphe de la fonction ln

APPLICATION Fonction d'utilité logarithmique

En microéconomie, on considère généralement que si x est le revenu d'un individu, son utilité (ou son bien-être) est $U(x)$, où U est une fonction croissante. Le logarithme convient bien pour modéliser l'utilité, car il a les propriétés suivantes :

- il croît de moins en moins vite quand x croît, c'est l'effet de satiété : pour une personne riche, 1000 euros supplémentaires sont moins utiles que pour une personne pauvre ;
- on a $\lim_{x \to 0^+} \ln(x) = -\infty$. Le bien-être est très dégradé quand le revenu approche de 0.

Proposition 5.9

Nombre *e*

L'équation $\ln(x) = 1$ admet une unique solution réelle. On note e cette unique solution. Elle est telle que $e \in]1; +\infty[$. On dit que e **est la base du logarithme népérien**.

Démonstration

D'après la proposition précédente, $\ln(x)$ tend vers $+\infty$ quand $x \to +\infty$. D'autre part, $\ln(1) = 0$. Comme ln est continue et strictement monotone, on déduit du théorème sur les fonctions continues strictement monotones sur un intervalle qu'il existe un et un seul x dans $]1; +\infty[$ tel que $\ln(x) = 1$. ■

Ajoutons (sans le démontrer) que $e \notin \mathbb{Q}$, et qu'une valeur approchée est $e \simeq 2{,}71$.

Proposition 5.10

Soit $q \in \mathbb{Q}$. L'équation $\ln(x) = q$ a pour unique solution $x = e^q$.

Démonstration

C'est vrai pour $q = 0$, car dans ce cas $\ln(x) = q$ signifie $\ln(x) = 0$ d'unique solution $x = 1 = e^0 = e^q$.

Supposons $q \neq 0$, et posons $q = \frac{n}{m}$, pour $n \in \mathbb{Z}$ et $m \in \mathbb{N}^*$.

L'équation $\ln(x) = q$ devient $\ln(x) = \frac{n}{m}$ ou encore $\frac{m}{n}\ln(x) = 1$.

Comme $\frac{m}{n}\ln(x) = \ln(x^{m/n})$, l'équation $\ln(x) = q$ est donc équivalente à $\ln(x^{m/n}) = 1$.

D'après la proposition précédente, la seule solution est x tel que $x^{m/n} = e$, c'est-à-dire $x = e^{n/m} = e^q$. ■

Quand x tend vers $+\infty$, le quotient $\frac{\ln(x)}{x}$ est une forme indéterminée, puisque numérateur et dénominateur tendent vers $+\infty$. De même, quand x tend vers 0, le produit $x\ln(x)$ est une forme indéterminée, puisque le premier facteur tend vers 0, et le second vers $-\infty$. Le théorème suivant permet de dire vers quoi tendent ces types de quotients et de produits.

Théorème

Croissances comparées

(i) $\lim_{x\to+\infty} \frac{\ln(x)}{x} = 0$.

(ii) $\lim_{x\to 0^+} x\ln(x) = 0$.

(iii) $\lim_{x\to+\infty} \frac{\ln(x^\alpha)}{x^\beta} = 0$ pour tous rationnels α et β strictement positifs.

(iv) $\lim_{x\to 0^+} x^\beta \ln(x^\alpha) = 0$ pour tous rationnels α et β strictement positifs.

On peut résumer le théorème des croissances comparées par :

« en 0^+ et en $+\infty$ la fonction ln perd contre toute fonction puissance. »

En effet, ln tend lentement vers $+\infty$ quand x tend vers $+\infty$, plus lentement que toute fonction puissance. De même, ln tend lentement vers $-\infty$ quand x tend vers 0^+.

Démonstration

(i) et (ii) sont bien sûr des cas particuliers de (iii) et (iv).

(i) Montrons que $\lim_{x\to+\infty} \frac{\ln(x)}{x} = 0$.

Pour tout x supérieur à 1, il existe un unique entier n tel que $2^n \leq x < 2^{n+1}$.

On a bien sûr x tend vers $+\infty$ si et seulement si $n \to +\infty$, et :

$$0 \leq \frac{\ln(x)}{x} \leq \frac{\ln(2^{n+1})}{2^n} = \frac{(n+1)\ln(2)}{2^n}$$

Posons $u_n = \frac{(n+1)\ln(2)}{2^n}$ et montrons que $\lim_{n\to+\infty} u_n = 0$.

$$\frac{u_{n+1}}{u_n} = \frac{(n+2)\ln(2)}{2^{n+1}} \times \frac{2^n}{(n+1)\ln(2)} = \frac{1}{2}\times(\frac{n+2}{n+1}) = \frac{1}{2}\times\left(1+\frac{1}{n+1}\right) \leq \frac{1}{2}\times\left(1+\frac{1}{2}\right)$$

pour $n \geq 1$, donc :

$$\frac{u_{n+1}}{u_n} \leq \frac{1}{2}\times\left(1+\frac{1}{2}\right) = \frac{3}{4}$$

Pour tout $n \geq 1$, on a $\frac{u_{n+1}}{u_n} \leq \frac{3}{4}$, donc $u_n \leq \frac{3}{4}u_{n-1} \leq \left(\frac{3}{4}\right)^2 u_{n-2} \leq \ldots \leq \left(\frac{3}{4}\right)^{n-1} u_1$.

La suite $\left(\frac{3}{4}\right)^n$ tend vers 0 quand n tend vers $+\infty$ car c'est une suite géométrique de raison inférieure à 1, donc la suite (u_n) tend également vers 0.

x tend vers $+\infty$ si et seulement si $n \to +\infty$ et :

$0 \leq \frac{\ln(x)}{x} \leq u_n$ avec (u_n) tend vers 0 quand n tend vers $+\infty$, donc $\frac{\ln(x)}{x}$ tend vers 0 quand x tend vers $+\infty$.

(ii) Pour montrer **(ii)**, posons $y = \frac{1}{x}$. Alors x tend vers 0^+ si et seulement si y tend vers $+\infty$, et :

$x\ln(x) = \frac{1}{y}\ln(\frac{1}{y}) = \frac{-\ln(y)}{y}$ qui tend vers 0 quand y tend vers $+\infty$ (d'après **(i)**).

D'où $x\ln(x)$ tend vers 0 quand x tend vers 0^+.

(iii) On suppose que α et β sont des rationnels strictement positifs.

En posant $X = x^\beta$ on obtient $\frac{\ln(x^\alpha)}{x^\beta} = \frac{\ln(X^{\alpha/\beta})}{X} = \frac{\alpha}{\beta} \times \frac{\ln(X)}{X}$ et ce dernier facteur tend vers 0 quand X tend vers $+\infty$ d'après (i), d'où $\frac{\ln(x^\alpha)}{x^\beta}$ tend vers 0 quand x tend vers $+\infty$.

(iv) α et β rationnels strictement positifs.

On pose de nouveau $X = x^\beta$ et ici on obtient $x^\beta \ln(x^\alpha) = X\ln(X^{\alpha/\beta}) = \frac{\alpha}{\beta} \times X\ln(X)$ et ce dernier facteur tend vers 0 quand X tend vers 0^+ d'après **(ii)**, d'où $x^\beta \ln(x^\alpha)$ tend vers 0 quand x tend vers 0^+. ■

Proposition 5.11

Dérivée logarithmique

Supposons que la fonction u est définie sur un intervalle I de $\mathbb{R}$, dérivable, et à valeurs dans $]0; +\infty[$.

On pose $f(x) = \ln(u(x))$ pour tout $x \in I$. Alors la fonction f est dérivable, de dérivée $f'(x) = \frac{u'(x)}{u(x)}$.

On appelle cette expression la dérivée logarithmique de u.

Par définition, l'élasticité de u par rapport à x est $\varepsilon_x^u = \frac{du}{dx} \times \frac{x}{u(x)}$, donc on peut l'écrire aussi $\varepsilon_x^u = \frac{d\,(\ln(u(x)))}{dx} \times x$.

Démonstration

Cette proposition s'obtient directement en appliquant la règle de dérivation d'une fonction composée. ■

2.3 Fonction logarithme de base quelconque

La fonction ln est appelée fonction logarithme népérien ou logarithme naturel. En la multipliant par une constante, on obtient une fonction ayant des propriétés similaires.

Définition 5.3

Soit $a > 0$, avec $a \neq 1$. On appelle fonction logarithme de base a la fonction notée $\log_a$ définie pour tout $x > 0$ par $\log_a(x) = \frac{\ln(x)}{\ln(a)}$.

On remarque que si $a = e$, alors $\ln(a) = \ln(e) = 1$, donc $\log_a(x) = \ln(x)$. C'est pourquoi on peut dire que le logarithme neperien est la fonction logarithme de base e. Les règles de calculs de $\log_a$ se déduisent aisément de celles de ln.

Exemple 5.6

La fonction logarithme de base 10 est d'utilisation courante, on l'appelle logarithme décimal, noté $\log_{10}$.

Pour tout entier k, on a : $\log_{10}(10^k) = \dfrac{\ln(10^k)}{\ln(10)} = \dfrac{k\ln(10)}{\ln(10)} = k$.

Le logarithme décimal est pratique surtout quand on manipule beaucoup de puissances de 10. Il est utilisé notamment en acoustique (pour les décibels), en chimie (pour les pH), en sismologie (échelle de Richter).

3 Fonction exponentielle

Nous étudions dans cette section la fonction exponentielle, notée exp, qui est la réciproque de la fonction logarithme ln. Alors que ln est une fonction à croissance lente, la fonction exponentielle est au contraire à croissance rapide : quand $x \to +\infty$ elle tend vers l'infini plus vite que n'importe quelle fonction puissance.

3.1 Définition et premières propriétés

La fonction logarithme est continue et strictement croissante de $]0;+\infty[$ dans $\mathbb{R}$. Nous montrons qu'elle est bijective et on appellera exponentielle sa fonction réciproque.

Proposition 5.12

La fonction ln est continue et strictement croissante et est une bijection de $]0;+\infty[$ dans $\mathbb{R}$, donc elle admet une application réciproque qui est continue et strictement croissante de $\mathbb{R}$ dans $]0;+\infty[$. On note exp cette application réciproque.
On a donc pour $x > 0$ et $y \in \mathbb{R}$, l'équivalence :

$$y = \ln(x) \Leftrightarrow x = \exp(y)$$

Démonstration

Nous savons déjà que ln est continue et strictement croissante de $]0;+\infty[$ dans $\mathbb{R}$. Comme $\lim\limits_{x\to 0^+} \ln(x) = -\infty$ et $\lim\limits_{x\to+\infty} \ln(x) = +\infty$, d'après le théorème sur les fonctions continues strictement monotones (► section 5.3, chapitre 4) on peut dire que ln prend toutes les valeurs réelles, une et une seule fois. C'est donc une bijection de $]0;+\infty[$ dans $\mathbb{R}$. En conséquence, elle admet une application réciproque, définie sur $\mathbb{R}$ et à valeurs dans $]0;+\infty[$. D'après la deuxième version du théorème sur les fonctions continues strictement monotones, l'application réciproque d'une fonction continue strictement croissante est continue strictement croissante, donc cette application exp est continue strictement croissante. ■

Proposition 5.13

$$\forall y \in \mathbb{R}, \exp(y) > 0$$
$$\forall y \in \mathbb{R}, \ln(\exp(y)) = y$$
$$\forall x > 0, \exp(\ln(x)) = x$$
$$\exp(0) = 1 \text{ et } \exp(1) = e$$

Démonstration

$\exp(y) > 0$ est vrai car exp est à valeurs dans $]0; +\infty[$.

$\ln(\exp(y)) = y$ et $\exp(\ln(x)) = x$ expriment le fait que ln et exp sont des fonctions réciproques l'une de l'autre.

On a $\ln(1) = 0$ donc $\exp(0) = 1$.

De même, $\ln(e) = 1$ donc $\exp(1) = e$. ■

Alors que la fonction ln transforme les produits en sommes et les quotients en soustractions, la fonction exponentielle fait l'inverse, puisque c'est sa fonction réciproque.

Proposition 5.14

Règles de calcul

Si a et b sont deux nombres réels, on a les propriétés suivantes :

(i) $\exp(a + b) = \exp(a) \times \exp(b)$

(ii) $\exp(-a) = \dfrac{1}{\exp(a)}$

(iii) $\exp(a - b) = \dfrac{\exp(a)}{\exp(b)}$

(iv) $\exp(qa) = (\exp(a))^q$, pour $q \in \mathbb{Q}$

Démonstration

Ces propriétés sont à mettre en correspondance avec celles de la fonction ln (▶ proposition 5.7).

(i) Posons $x = \exp(a)$ et $y = \exp(b)$

$$\exp(a) \times \exp(b) = x \times y$$

donc :

$$\ln(\exp(a) \times \exp(b)) = \ln(xy) = \ln(x) + \ln(y) = a + b$$
$$\ln(\exp(a) \times \exp(b)) = a + b$$

d'où :

$$\exp(a) \times \exp(b) = \exp(a + b)$$

(ii) $1 = \exp(0) = \exp(a + (-a)) = \exp(a) \times \exp(-a)$ d'après **(i)**.

donc :

$$\exp(-a) = \frac{1}{\exp(a)}$$

(iii) $\exp(a - b) = \exp(a + (-b)) = \exp(a) \times \exp(-b) = \exp(a) \times \dfrac{1}{\exp(b)}$.

(iv) Pour $x = \exp(a)$, alors $\ln(x^q) = q\ln(x)$ donne $\ln((\exp a)^q) = qa$, donc $(\exp a)^q = \exp(qa)$. ■

D'après la proposition précédente, pour $q \in \mathbb{Q}$, on a $\exp(qa) = (\exp(a))^q$.

Avec $a = 1$ cela donne $\exp(q) = (\exp(1))^q = e^q$.

Pour $q \in \mathbb{Q}$, la fonction exponentielle est donc donnée par $\exp(q) = e^q$. On convient d'écrire aussi $\exp(q) = e^q$ pour q non rationnel.

On note dorénavant indifféremment **exp(*x*)** ou **e^x** pour tout $x \in \mathbb{R}$.

Proposition 5.15

Pour tout $x \in \mathbb{R}$, on a $\lim\limits_{n\to+\infty}\left(1+\dfrac{x}{n}\right)^n = \exp(x)$.

Démonstration

Soit $f(x) = \ln(1+x)$. La fonction f est dérivable sur son domaine de définition, de dérivée $f'(x) = \dfrac{1}{1+x}$. En particulier la dérivée en 0 est $f'(0) = 1$.

Par définition de la dérivée, on a $f'(0) = \lim\limits_{h\to 0}\dfrac{f(h)-f(0)}{h}$

$= \lim\limits_{h\to 0}\dfrac{\ln(1+h)-\ln(1)}{h} = \lim\limits_{h\to 0}\dfrac{\ln(1+h)}{h}$.

Comme $f'(0) = 1$, on a donc $\lim\limits_{h\to 0}\dfrac{\ln(1+h)}{h} = 1$. Soit $x \in \mathbb{R}^*$ fixé, et n un entier positif. Pour $h = \dfrac{x}{n}$, on a h tend vers 0 si n tend vers $+\infty$.

$$1 = \lim_{h\to 0}\frac{\ln(1+h)}{h} = \lim_{n\to+\infty}\frac{\ln(1+\frac{x}{n})}{x/n} = \frac{1}{x}\lim_{n\to+\infty} n\ln\left(1+\frac{x}{n}\right)$$

Donc $\lim\limits_{n\to+\infty} n\ln(1+\dfrac{x}{n}) = x$, c'est-à-dire $\lim\limits_{n\to+\infty}\ln(1+\dfrac{x}{n})^n = x$.

D'où $\lim\limits_{n\to+\infty}(1+\dfrac{x}{n})^n = \exp(x)$. ■

APPLICATION Intérêt composé en continu

Si r est le taux d'intérêt annuel, et si les intérêts sont « composés » chaque année, 1 euro placé au taux r rapporte :

$1 + r$ euros dans un an

$(1+r)^2$ euros dans deux ans

$(1+r)^3$ euros dans trois ans, etc.

Si les intérêts sont composés tous les 6 mois, alors au bout de 6 mois 1 euro placé deviendra $1 + \dfrac{r}{2}$ euros dans 6 mois. Il deviendra $(1+\dfrac{r}{2})^2$ dans un an, et enfin $(1+\dfrac{r}{2})^k$ dans k fois 6 mois.

Si le taux d'intérêt est composé n fois par an (par exemple $n = 12$), alors au bout d'un an 1 euro donnera $(1+\dfrac{r}{n})^n$.

Si on compose les intérêts un très grand nombre de fois par an, alors n est très grand, et à la limite tend vers l'infini, si bien que 1 euro placé au taux r rapporte au bout d'un an $\lim\limits_{n\to+\infty}(1+\dfrac{r}{n})^n = \exp(r) = e^r$ d'après la proposition précédente.

De même au bout de t années, un euro placé au taux r rapporte $\lim\limits_{n\to+\infty}(1+\dfrac{r}{n})^{nt} = \exp(rt) = e^{rt}$.

La fonction exponentielle permet donc de calculer la valeur d'une somme placée à un taux d'intérêt r quand les intérêts sont composés en continu.

Si on place une somme S_0 au taux d'intérêt r, cette somme vaudra dans t années :
$S_t = S_0 \times (1+r)^t$ si l'intérêt est composé seulement une fois par an.
$S_t = S_0 \times e^{rt}$ si l'intérêt est composé en continu.

3.2 Variations de l'exponentielle

Une propriété remarquable de la fonction exponentielle est qu'elle croît très vite pour $x \to +\infty$, et tend très vite vers 0 quand $x \to -\infty$.

Proposition 5.16

La fonction exp est continue, strictement croissante et dérivable sur $\mathbb{R}$. On a pour tout $x \in \mathbb{R}$, $\exp'(x) = \exp(x)$. De plus $\lim_{x\to+\infty} \exp(x) = +\infty$ et $\lim_{x\to-\infty} \exp(x) = 0$. Le graphe de exp admet donc une asymptote horizontale d'équation $y = 0$.

Démonstration

On sait déjà que exp est continue et strictement croissante. C'est la fonction réciproque d'une fonction dérivable, donc d'après la proposition sur la dérivée d'une fonction réciproque (► proposition 2.12), on a :

$$\exp'(x) = \frac{1}{\ln'(\exp(x))} = \frac{1}{(1/\exp(x))} = \exp(x)$$ ■

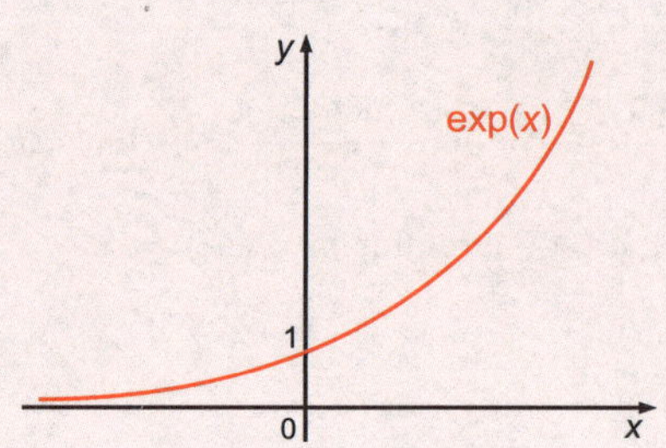

▲ **Figure 5.5 Graphe de la fonction exp**

Théorème

Croissances comparées

(i) $\lim_{x\to+\infty} \frac{e^x}{x} = +\infty$

(ii) $\lim_{x\to-\infty} xe^x = 0$

(iii) $\lim_{x\to+\infty} \frac{e^x}{x^a} = +\infty$, pour tout $\alpha \in \mathbb{Q}_+^*$

(iv) $\lim_{x\to-\infty} x^\alpha e^x = 0$, pour tout $\alpha \in \mathbb{Q}_+^*$

Démonstration

(i) et **(ii)** sont bien sûr des cas particuliers de **(iii)** et **(iv)**. On pose partout $y = e^x$, d'où $x = \ln(y)$.

(i) Il est clair que x tend vers $+\infty$ si et seulement si y tend vers $+\infty$.

On a $\frac{e^x}{x} = \frac{y}{\ln(y)}$ qui tend vers $+\infty$ quand y tend vers $+\infty$ (car $\frac{\ln(y)}{y}$ tend vers 0^+ d'après le **(i)** du théorème des croissances comparées pour la fonction ln). Donc $\lim_{x\to+\infty} \frac{e^x}{x} = +\infty$.

(ii) De même $\dfrac{e^x}{x^\alpha} = \dfrac{y}{(\ln(y))^\alpha} = \left(\dfrac{y^{1/\alpha}}{\ln(y)}\right)^\alpha$ qui tend vers $+\infty$ quand y tend vers $+\infty$ (car $\dfrac{\ln(y)}{y^{1/\alpha}}$ tend vers 0^+ d'après le **(iii)** du théorème des croissances comparées pour la fonction ln). Donc $\lim\limits_{x\to+\infty} \dfrac{e^x}{x^\alpha} = +\infty$.

(ii) Il est clair que x tend vers $-\infty$ si et seulement si y tend vers 0^+.

On a $xe^x = (\ln y) \times y$ qui tend vers 0 quand y tend vers 0^+ (car $y\ln(y)$ tend vers 0 d'après le **(ii)** du théorème des croissances comparées pour la fonction ln). Donc $\lim\limits_{x\to-\infty} xe^x = 0$.

(iv) De même $x^\alpha e^x = (\ln(y))^\alpha \times y = \left(y^{1/\alpha} \times \ln y\right)^\alpha$ qui tend vers 0 quand y tend vers 0^+ (car $y^{1/\alpha}\ln(y)$ tend vers 0 d'après le **(iv)** du théorème des croissances comparées pour la fonction ln). Donc $\lim\limits_{x\to-\infty} x^\alpha e^x = 0$. ■

On peut résumer le théorème des croissances comparées par :

« en $+\infty$ et en $-\infty$ la fonction exp gagne contre toute fonction puissance. »

En effet, $\exp(x)$ tend rapidement vers $+\infty$ quand x tend vers $+\infty$, plus rapidement que toute fonction puissance. De même, $\exp(x)$ tend rapidement vers 0 quand x tend vers $-\infty$.

Proposition 5.17

$$\lim_{x\to 0} \frac{e^x - 1}{x} = 1$$

Démonstration

Il s'agit de la limite du taux d'accroissement, donc de la dérivée de la fonction exp.

$$\lim_{x\to 0} \frac{e^x - 1}{x} = \exp'(0) = \exp(0) = 1$$ ■

Proposition 5.18

Supposons que la fonction u est définie sur $\mathbb{R}$, dérivable, à valeurs dans $\mathbb{R}$. On pose $f(x) = \exp(u(x))$ pour tout réel x. Alors la fonction f est dérivable, de dérivée $f'(x) = u'(x) \times \exp(u(x))$.

Cette proposition se démontre directement en appliquant la règle de dérivation d'une fonction composée.

3.3 Exponentielle de base quelconque

De même que l'on peut définir un logarithme de base quelconque, on peut définir une exponentielle de base quelconque.

Définition 5.4

Soit $a > 0$. On appelle **fonction exponentielle de base** a la fonction $\exp_a$ définie pour tout $x \in \mathbb{R}$ par $\exp_a(x) = \exp(x\ln(a)) = e^{x\ln(a)}$. On la note $\exp_a(x)$.

La fonction exp est la fonction exponentielle de base e.

Rappelons que a est fixé, et que la variable est x.
Ne pas confondre $x \mapsto a^x$ la fonction exponentielle de base a étudiée ici, avec $x \mapsto x^a$ qui est la fonction puissance (► section 4 de ce chapitre).

Proposition 5.19

Pour tout $x \in \mathbb{Q}$, on a $\exp_a(x) = a^x$.
C'est pourquoi on convient d'écrire pour tout x même irrationnel $\exp_a(x) = a^x$.

Démonstration

Pour $q \in \mathbb{Q}$, d'après le (v) de la proposition 5.7 (règles de calculs) on a :

$$\exp_a(q) = \exp(q\ln(a)) = [\exp(\ln(a^q)] = a^q$$

■

Proposition 5.20

La fonction $x \mapsto a^x$ est dérivable sur $\mathbb{R}$, de dérivée $\dfrac{d(a^x)}{dx} = \ln(a) \times a^x$.

– si $a > 1$, la fonction $x \mapsto a^x$ est strictement croissante sur $\mathbb{R}$, et $\lim\limits_{x\to+\infty} a^x = +\infty$.

– si $0 < a < 1$, la fonction $x \mapsto a^x$ est strictement décroissante sur $\mathbb{R}$, et $\lim\limits_{x\to+\infty} a^x = 0$.

Démonstration

En appliquant la règle de dérivation d'une fonction composée (► proposition 2.11), on obtient $\dfrac{d}{dx}(a^x) = \dfrac{d}{dx}(e^{x\ln(a)}) = (\ln a) \times e^{x\ln(a)} = (\ln a) \times a^x$.

– si $a > 1$, alors $\ln(a) > 0$ donc $\dfrac{d}{dx}(a^x) = \ln(a) \times a^x > 0$. Donc $x \mapsto a^x$ est strictement croissante sur $\mathbb{R}$:

$$\lim_{x\to+\infty} x\ln(a) = +\infty \text{ car } \ln(a) > 0, \text{ d'où } \lim_{x\to+\infty} e^{x\ln(a)} = +\infty$$

– si $0 < a < 1$, alors $\ln(a) < 0$ donc $\dfrac{d}{dx}(a^x) = \ln(a) \times a^x < 0$. Donc $x \mapsto a^x$ est strictement décroissante sur $\mathbb{R}$:

$$\lim_{x\to+\infty} x\ln(a) = -\infty \text{ car } \ln(a) < 0, \text{ d'où } \lim_{x\to+\infty} e^{x\ln(a)} = 0$$

■

Proposition 5.21

Soit $a > 0$. On a pour tout $y > 0$ et pour tout $x \in \mathbb{R}$, l'équivalence :

$$y = \exp_a(x) \Leftrightarrow x = \ln_a(y)$$

Démonstration

$y = \exp_a(x) \Leftrightarrow y = \exp(x\ln(a))$
exp et ln sont des fonctions réciproques l'une de l'autre,
donc $y = \exp(x\ln(a)) \Leftrightarrow \ln(y) = x\ln(a)$.
D'où $y = \exp_a(x) \Leftrightarrow \ln(y) = x\ln(a)$.
C'est-à-dire $y = \exp_a(x) \Leftrightarrow x = \dfrac{\ln(y)}{\ln(a)} = \ln_a(y)$. ■

4 Fonction puissance réelle

Dans la section précédente, nous avons défini la fonction exponentielle de base a en posant $\exp_a(x) = \exp(x \ln(a))$. Que se passe-t-il si on intervertit les rôles de x et de a, c'est-à-dire si on considère la fonction $x \mapsto \exp(a \ln(x))$? On va voir que cela permet de définir la fonction puissance, pour tout exposant réel.

Proposition 5.22

Pour tout $a \in \mathbb{Q}$, on a $\exp(a \ln(x)) = x^a$.

Démonstration

Pour $a \in \mathbb{Q}$, on a (▶ proposition 5.7) : $\exp(a \ln(x)) = [\exp(\ln(x^a))] = x^a$. ■

On convient alors de **définir** x^a, pour $x > 0$ et pour tout $a \in \mathbb{R}$ (même irrationnel), **en posant** $x^a = \exp(a \ln(x))$.

La fonction puissance ainsi étendue à tout exposant a réel vérifie les propriétés habituelles des fonctions puissances, comme nous le montrent les propositions suivantes.

Proposition 5.23

Pour tout réel a fixé, la fonction puissance $x \mapsto x^a$ est définie et dérivable sur $x > 0$, avec :

$$\frac{dx^a}{dx} = ax^{a-1}$$

Démonstration

Pour tout $x > 0$, notons $f_a(x) = \exp(a \ln(x))$. La fonction $x \mapsto \ln(x)$ est dérivable sur $x > 0$, donc f_a est dérivable sur $x > 0$. En appliquant la formule de dérivation d'une fonction composée, on a :

$$f_a'(x) = \frac{a}{x} \times \exp(a \ln(x)) = \frac{a}{x} \times a^x = ax^{a-1}$$ ■

Proposition 5.24

$\forall x, y > 0$, $\forall a, b \in \mathbb{R}$, on a les règles de calculs suivantes :

$$x^a x^b = x^{a+b}$$

$$(x^a)^b = x^{ab}$$

$$x^a y^a = (xy)^a$$

Démonstration

La première s'obtient par :

$$x^a x^b = \exp(a \ln(x)) \times \exp(b \ln(x)) = \exp((a + b) \ln(x)) = x^{a+b}$$

La deuxième par :

$$(x^a)^b = \exp(b \ln(x^a)) = \exp(b \ln(\exp(a \ln(x))) = \exp(ba \ln(x)) = x^{ba}$$

Et enfin, la troisième par :

$$\begin{aligned} x^a y^a &= \exp(a \ln(x)) \times \exp(a \ln(y)) = \exp(a \ln(x) + a \ln(y)) \\ &= \exp(a [\ln(x) + \ln(y)]) = \exp(a \ln(xy)) = (xy)^a \end{aligned}$$ ■

Les points clés

- Les fonctions puissance permettent de modéliser un grand nombre de phénomènes économiques mettant en jeu une croissance (ou une décroissance) régulière.
- La fonction logarithme est utile pour modéliser une croissance régulière lente.
- La fonction exponentielle est utile pour modéliser une croissance (ou décroissance) régulière rapide.
- Toutes ces fonctions satisfont des règles de calcul simples.
- La fonction exponentielle est la réciproque de la fonction logarithme. Ses propriétés se déduisent de celles de la fonction logarithme.

ÉVALUATION

Vous trouverez les corrigés détaillés de tous les exercices sur la page du livre sur le site www.dunod.com

Quiz

1 Vrai/Faux

Dites si les affirmations suivantes sont vraies ou fausses. Justifiez vos réponses.

1. Les graphes des fonctions ln et exp sont symétriques.
2. La fonction exp tend vers $+\infty$ plus vite que la fonction ln, quand $x \to +\infty$.
3. Si $\log_{10}$ désigne la fonction logarithme décimal (c.-à-d. log de base 10), alors $\log_{10}(10\,000) = 4$.
4. La fonction exp est la seule fonction définie sur $\mathbb{R}$ qui soit égale à sa propre dérivée.
5. $\forall x \in \mathbb{R}$, $\exp(\ln(x)) = x$.

► Corrigés p. 366

Exercices

2 Ensemble de définition

Déterminer l'ensemble de définition de chacune des fonctions suivantes.

1. $f(x) = (2x+3)\ln(x+7)$
2. $g(x) = 7 + \ln(x^2+3)$
3. $h(x) = -8x + \ln(x - x^2)$

► Corrigés p. 367

3 Résolutions d'équations

Résoudre les équations suivantes.

1. $\ln(x+4) = 2\ln(x)$
2. $\ln(x+8) = 4$
3. $2(\ln x)^2 + 3\ln x - 2 = 0$
4. $2e^{3x} = 17$
5. $3^x = 12$

4 Études des variations

Étudier les variations des fonctions suivantes.

1. $f(x) = 3x - 2\ln(1+x)$
2. $g(x) = e^{2x} - 5x$

5 Croissance du PIB

On suppose que le PIB d'un pays évolue avec le temps de la façon suivante :

$$Y(t) = 10 \times 1{,}05^t, \text{ pour tout } t \in \mathbb{R}_+.$$

où $Y(t)$ est exprimé en milliards de dollars, et t est exprimé en années.

1. Quel est le PIB en $t = 0$? Quelle est sa valeur six mois plus tard ? Deux ans plus tard ?
2. Quel est le taux de croissance du PIB ?
3. Combien de temps faut-il pour que le PIB soit multiplié par deux ?
4. Mêmes questions pour un second pays dont le PIB est donné par $Z(t) = 20 \times 1{,}02^t$ pour tout $t \in \mathbb{R}_+$.
5. À quel moment le premier pays va-t-il dépasser le second ?

6 Aversion au risque

En microéconomie, la fonction d'utilité d'un agent économique est une fonction croissante concave U. Si U est deux fois dérivable, on mesure l'aversion absolue pour le risque de l'agent par $A_U(x) = \dfrac{-U''(x)}{U'x)}$ et l'aversion relative pour le risque par $R_U(x) = -x\dfrac{U''(x)}{U'(x)}$, où x désigne le niveau de richesse de l'agent (► J. Etner, M. Jeleva, *Microéconomie*, pages 172-173).

Calculer l'aversion absolue pour le risque et l'aversion relative pour le risque avec les fonctions d'utilités suivantes, et représenter graphiquement ces fonctions d'utilités :

1. $U(x) = ax + b$ pour tout $x \geq 0$, où $a > 0$ et $b \in \mathbb{R}$.
2. $U(x) = \ln(x)$ pour tout $x > 0$.
3. $U(x) = \dfrac{1}{1-r}x^{1-r}$ pour tout $x > 0$, où $r > 0$, $r \neq 1$.
4. $U(x) = -e^{-ax}$ pour tout $x \geq 0$, où $a > 0$.

Chapitre 6

Une entreprise vend depuis longtemps un produit au prix unitaire $P_0 = 5$. Elle se demande ce que deviendrait son profit si elle augmentait un peu son prix. Cela signifie qu'elle souhaite connaître le comportement local de la fonction de profit quand le prix P reste proche de 5. Pour cela, on peut approximer la fonction de profit par un polynôme. Ce type d'approximation s'appelle un développement limité. La formule de Taylor-Young permet d'obtenir des développements limités.

Imaginons maintenant que vous lancez un nouveau produit et que vous n'avez aucune idée *a priori* du prix idéal, celui qui maximiserait votre profit. Vous allez faire une étude globale de la fonction de profit, c'est-à-dire l'étudier pour tous les prix possibles (et non pas seulement au voisinage d'un point). La dérivée première et la dérivée seconde de la fonction de profit vous permettront de trouver des conditions que doit satisfaire le prix idéal. Ce dernier est particulièrement facile à déterminer si la fonction de profit est concave.

LES GRANDS AUTEURS

Brahmagupta (598-668)

Brahmagupta est un mathématicien et astronome indien. Il a longtemps dirigé un observatoire astronomique. En mathématiques, il comprend comment manipuler les nombres positifs comme négatifs, et surtout il est le premier à considérer zéro comme un nombre, dans son livre le *Brahmasphutasiddhanta*.

Il trouve les règles des signes : deux nombres de même signe ont leur produit positif ; deux nombres de signes opposés ont leur produit négatif. Il donne la solution générale des équations du second degré. Il résoud des équations linéaires diophantiennes, c'est-à-dire des équations linéaires à coefficients et paramètres entiers. Enfin, il est connu en géométrie pour sa formule permettant de calculer la surface de quadrilatères, dite formule de Brahmagupta. ■

Étude locale et globale des fonctions d'une variable réelle

Plan

Objectifs

→ **Analyser** le comportement local d'une fonction, à l'aide des formules de Taylor et de développements limités.

→ **Étudier** une fonction d'une variable, en particulier en faisant le tableau de variations complet.

→ **Utiliser** les principaux critères qui permettent de déterminer les extrema (locaux ou globaux) d'une fonction d'une variable.

1 Accroissements finis

Si on se promène sur une route rectiligne, et qu'au bout d'un certain temps on est de nouveau au point de départ, c'est qu'à un moment donné on a fait demi-tour. C'est l'idée générale du théorème de Rolle : si une fonction varie puis reprend sa valeur initiale, alors il y a forcément un point c où elle a changé de sens de variation.

Théorème

Théorème de Rolle

Soit f dérivable sur un intervalle ouvert I de $\mathbb{R}$, et soit a, b dans I, avec $a < b$. Si $f(a) = f(b)$, alors il existe $c \in]a; b[$ tel que $f'(c) = 0$.

Démonstration

L'idée intuitive de la démonstration est la suivante. Quand x parcourt $[a; b]$, alors $y = f(x)$ démarre en $f(a)$, puis varie, et revient finalement au point de départ, car $f(b) = f(a)$. Il y a donc nécessairement un point où l'on a rebroussé chemin (c'est-à-dire un point où $y = f(x)$ atteint son maximum ou son minimum). En ce point c la tangente est horizontale, c'est-à-dire $f'(c) = 0$ (▸ figure 6.1).Voici la démonstration précise :

f est dérivable sur $[a; b]$ donc continue sur $[a; b]$. Elle atteint donc ses bornes sur $[a; b]$ (d'après le théorème de Weierstrass, ▸ paragraphe 5.1, chapitre 4), et son image est un intervalle $[m; M]$. Deux cas sont à examiner.

- Si f est constante sur $[a; b]$, alors $f' = 0$ sur $[a; b]$, d'où on a bien ce qu'on voulait montrer.
- Si f n'est pas constante sur $[a; b]$, alors $m < f(a) = f(b)$ ou bien $M > f(a) = f(b)$ (ou bien les deux à la fois).

Supposons par exemple que $M > f(a) = f(b)$. Alors il existe $c \in]a; b[$ tel que $M = f(c)$.

On a $f(x) \leq M$ pour tout $x \in [a; b]$. On veut en déduire que $f'(c) = 0$.

La dérivée à droite est :

$$f'_d(c) = \lim_{h \to 0^+} \frac{f(c+h) - f(c)}{h} \leq 0 \text{ car } f(c+h) \leq f(c) \text{ et } h \geq 0$$

La dérivée à gauche est :

$$f'_g(c) = \lim_{h \to 0^-} \frac{f(c+h) - f(c)}{h} \geq 0 \text{ car } f(c+h) \leq f(c) \text{ et } h \leq 0$$

Comme f est dérivable en c, la dérivée à droite doit être égale à la dérivée à gauche.

$f'_d(c) \leq 0$ et $f'_g(c) \geq 0$ et $f'_g(c) = f'_d(c)$ donc $f'_g(c) = 0$ et $f'_d(c) = 0$

La dérivée est donc nulle en c. ■

On déduit facilement du théorème de Rolle un résultat plus général, le théorème des accroissements finis.

Supposons que je me promène en ligne droite pendant un certain temps. Même si ma vitesse varie, il y a forcément un moment c où ma vitesse « instantanée » est égale à ma vitesse moyenne. C'est l'idée générale du théorème des accroissements finis. Il permet de faire le lien entre la dérivée (vitesse instantanée) et le taux d'accroissement sur tout un intervalle (vitesse moyenne), donc entre une notion locale et une notion globale.

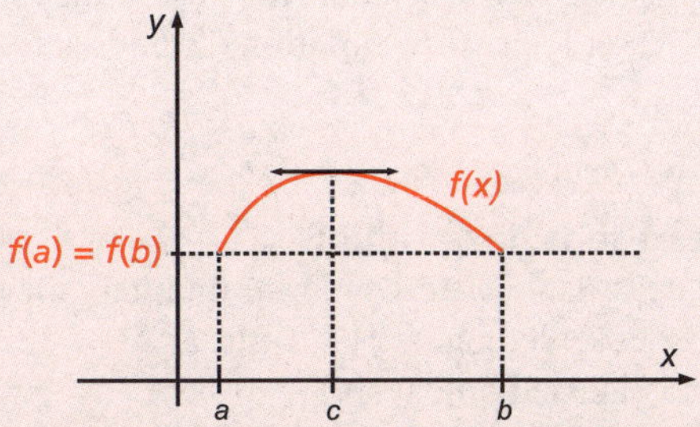

Si f est dérivable avec $f(a) = f(b)$, alors il existe un point c compris entre a et b tel que la tangente soit horizontale en c.

▲ **Figure 6.1** **Théorème de Rolle**

Théorème

Théorème des accroissements finis

On considère une fonction f dérivable sur un intervalle ouvert I de $\mathbb{R}$, et a, b dans I, avec $a < b$. Alors il existe $c \in]a; b[$ tel que $f'(c) = \dfrac{f(b) - f(a)}{b - a}$.

Démonstration

Posons $g(x) = f(x) - \left(\dfrac{x-a}{b-a}\right)(f(b) - f(a))$.

La fonction g est dérivable sur I. On a $g(a) = f(a)$ et $g(b) = f(b) - (f(b) - f(a)) = f(a)$.

Puisque $g(a) = g(b)$, on peut appliquer le théorème de Rolle à la fonction g.

Il existe donc $c \in]a; b[$ tel que $g'(c) = 0$.

On a :

$$g'(x) = f'(x) - \frac{f(b) - f(a)}{b - a}$$

Comme $g'(c) = 0$, on en déduit que $f'(c) = \dfrac{f(b) - f(a)}{b - a}$. ■

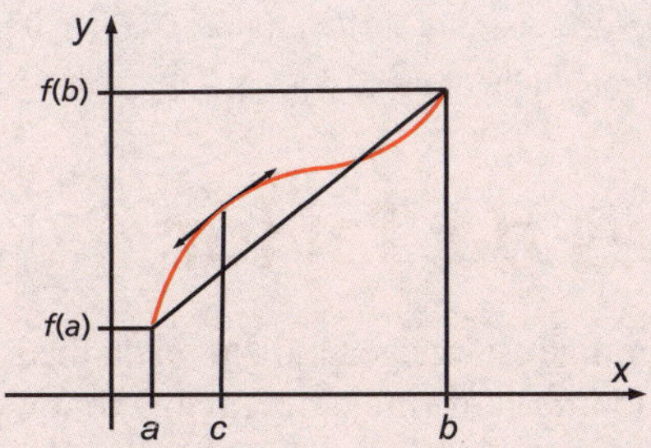

Si f est dérivable, il existe un point c compris entre a et b tel que la tangente en ce point soit parallèle au segment $[A; B]$, où $A = (a; f(a))$ et $B = (b; f(b))$.

▲ **Figure 6.2** **Théorème des accroissements finis**

Un corollaire du théorème des accroissements finis est le théorème portant sur le lien entre le signe de la dérivée et le sens de variation d'une fonction. Il complète la proposition 2.17.

Théorème

Signe de la dérivée et sens de variation

Si f est une fonction de $\mathbb{R}$ dans $\mathbb{R}$, dérivable sur un intervalle ouvert I, alors :
f est croissante sur I si et seulement si $f' \geq 0$ sur I.
f est décroissante sur I si et seulement si $f' \leq 0$ sur I.
f est constante sur I si et seulement si $f' = 0$ sur I.
De plus :
Si $f' > 0$ sur I, alors f est strictement croissante sur I.
Si $f' < 0$ sur I, alors f est strictement décroissante sur I.

Démonstration

On suppose que f est dérivable sur l'intervalle ouvert I.

- Supposons que $f'(x) \geq 0$ pour tout $x \in I$. Soit $x_1, x_2 \in I$, avec $x_1 < x_2$. D'après le théorème des accroissements finis, il existe $c \in]x_1; x_2[$, tel que $f(x_2) - f(x_1) = (x_2 - x_1)f'(c)$.

  Comme $f'(c) \geq 0$, on en déduit que $f(x_2) - f(x_1) \geq 0$ dès que $x_2 > x_1$, donc f est croissante.
- Si $f'(x) > 0$ pour tout $x \in I$, le même raisonnement permet de dire que f est strictement croissante.
- On montre de la même façon que si $f'(x) \leq 0$ pour tout $x \in I$, alors f est décroissante ; et que si $f'(x) < 0$ pour tout $x \in I$, alors f est strictement décroissante.
- Réciproque. Supposons f croissante sur I. Soit $x_0 \in I$. On a $f'(x_0) = \lim\limits_{x \to x_0} \dfrac{f(x) - f(x_0)}{x - x_0}$.

Pour $x > x_0$, on a $f(x) - f(x_0) \geq 0$ donc $\dfrac{f(x) - f(x_0)}{x - x_0} \geq 0$.

Pour $x < x_0$, on a $f(x) - f(x_0) \leq 0$ donc $\dfrac{f(x) - f(x_0)}{x - x_0} \geq 0$.

Pour tout $x \in I$, avec $x \neq x_0$, on a $\dfrac{f(x) - f(x_0)}{x - x_0} \geq 0$ d'où $f'(x_0) = \lim\limits_{x \to x_0} \dfrac{f(x) - f(x_0)}{x - x_0} \geq 0$.

On montre de même que f décroissante sur I entraine $f'(x_0) \leq 0$ pour tout $x_0 \in I$.

Ceci achève la démonstration du théorème. ■

2 Formules de Taylor

La formule de Taylor-Lagrange est une généralisation du théorème des accroissements finis. Elle permet de démontrer la formule de Taylor-Young qui donne une méthode pour calculer des valeurs approchées de fonctions.

Théorème

Formule de Taylor-Lagrange

On considère une fonction f qui est n fois dérivable sur un intervalle ouvert I de $\mathbb{R}$. Soit a, b dans I, avec $a < b$. Alors il existe $c \in]a; b[$ tel que :

$$f(b) = f(a) + f'(a)(b-a) + \ldots + \frac{1}{(n-1)!}f^{(n-1)}(a)(b-a)^{n-1} + \frac{1}{n!}f^{(n)}(c)(b-a)^n$$

Démonstration

Soit A le réel tel que :

$$f(b) = f(a) + f'(a)(b-a) + \frac{1}{2!}f''(a)(b-a)^2 + \ldots + \frac{1}{(n-1)!}f^{(n-1)}(a)(b-a)^{n-1} + A(b-a)^n$$

Posons :

$$\varphi(x) = f(b) - \left[f(x) + f'(x)(b-x) + \ldots + \frac{1}{(n-1)!}f^{(n-1)}(x)(b-x)^{n-1} + A(b-x)^n\right]$$

La fonction φ est dérivable sur I, et :

$$\varphi(b) = f(b) - f(b) = 0$$

$$\varphi(a) = f(b) - \left[f(a) + f'(a)(b-a) + \ldots + \frac{1}{(n-1)!}f^{(n-1)}(a)(b-a)^{n-1} + A(b-a)^n\right] = 0$$

On peut donc appliquer le théorème de Rolle à la fonction φ :

il existe $c \in]a; b[$ tel que $\varphi'(c) = 0$.

Calculons $\varphi'(x)$ à l'aide la définition de φ. On obtient, en utilisant la formule sur la dérivée d'un produit :

$$\varphi'(x) = -f'(x) + f'(x) - f''(x)(b-x) + f''(x)(b-x) - \ldots$$
$$- \frac{1}{(n-1)!}f^{(n)}(x)(b-x)^{n-1} + nA(b-x)^{n-1}$$

Tous les termes s'annulent deux à deux, sauf les deux derniers termes, donc :

$$\varphi'(x) = -\frac{1}{(n-1)!}f^{(n)}(x)(b-x)^{n-1} + nA(b-x)^{n-1}$$

On a $\varphi'(c) = 0$, donc $A = \frac{1}{n!}f^{(n)}(c)$.

En remplaçant A par cette valeur dans l'expression donnant $f(b)$ (première équation de cette démonstration), on obtient :

$$f(b) = f(a) + f'(a)(b-a) + \frac{1}{2!}f''(a)(b-a)^2 + \ldots$$
$$+ \frac{1}{(n-1)!}f^{(n-1)}(a)(b-a)^{n-1} + \frac{1}{n!}f^{(n)}(c)(b-a)^n$$

Cette dernière expression est la formule de Taylor-Lagrange. ■

La formule de Taylor-Lagrange sert essentiellement à démontrer celle de Taylor-Young qui permet de déterminer de façon précise le comportement local d'une fonction. Nous avons besoin d'abord d'une définition supplémentaire.

Définition 6.1

On dit qu'une fonction f d'un intervalle I de $\mathbb{R}$ dans $\mathbb{R}$ est de **classe C^n** si elle est n fois dérivable sur I, et que sa dérivée n – ième est continue.
On dit que f est de **classe C^∞** si elle est dérivable n fois pour tout $n \in \mathbb{N}^*$.

Abordons maintenant la formule de Taylor-Young, qui donne une valeur approchée précise d'une fonction au voisinage d'un point. Quand une fonction f est dérivable en un point, on sait déjà que son graphe C_f est proche de la tangente en ce point. Quand la fonction est de classe C^n, la formule de Taylor-Young nous apprend que le graphe peut être approximé par la courbe représentative d'un polynôme de degré n. Plus n est grand, plus la valeur approchée est précise.

Formule

Formule de Taylor-Young

On suppose qu'il existe $\alpha > 0$ tel que f est de classe C^n sur $]x_0 - \alpha; x_0 + \alpha[$. Alors il existe une fonction ε définie de $]-\alpha; +\alpha[$ dans $\mathbb{R}$, avec $\lim_{h\to 0} \varepsilon(h) = 0$, telle que, pour tout $h \in]-\alpha; +\alpha[$:

$$f(x_0 + h) = f(x_0) + f'(x_0)h + \frac{1}{2!}f''(x_0)h^2 + \ldots + \frac{1}{n!}f^{(n)}(x_0)h^n + h^n\varepsilon(h)$$

Démonstration

D'après la formule de Taylor-Lagrange, appliquée pour $a = x_0$ et $b = x_0 + h$ (pour $-\alpha < h < \alpha$), il existe $c_h \in]x_0; x_0 + h[$ tel que :

$$f(x_0 + h) = f(x_0) + f'(x_0)h + \frac{1}{2!}f''(x_0)h^2 + \ldots + \frac{1}{(n-1)!}f^{(n-1)}(x_0)h^{n-1} + \frac{1}{n!}f^{(n)}(c_h)h^n$$

Soit $\varepsilon(h)$ la fonction telle que $\frac{1}{n!}f^{(n)}(c_h)h^n = \frac{1}{n!}f^{(n)}(x_0)h^n + h^n\varepsilon(h)$.

Pour obtenir la formule de Taylor-Young, il suffit de montrer que $\varepsilon(h)$ tend vers 0 quand h tend vers 0.

On a :

$$\varepsilon(h) = \frac{1}{n!}\left[f^{(n)}(c_h) - f^{(n)}(x_0)\right]$$

La fonction f est de classe C^n, ce qui signifie que sa dérivée d'ordre n est continue.

On a c_h tend vers x_0 quand h tend 0, et $f^{(n)}$ est continue, donc $\lim_{h\to 0} f^{(n)}(c_h) = f^{(n)}(x_0)$. Cela implique donc bien que $\lim_{h\to 0} \varepsilon(h) = 0$. ■

Voici maintenant à titre d'exemples les développements de Taylor-Young de deux fonctions usuelles au voisinage de 0. Ces développements donnent donc des valeurs approchées précises de ces fonctions à l'aide de fonctions plus simples.

Exemple 6.1

$$e^h = 1 + h + \frac{1}{2!}h^2 + \frac{1}{3!}h^3 + \ldots + \frac{1}{n!}h^n + h^n\varepsilon(h), \quad \text{avec } \lim_{h\to 0} \varepsilon(h) = 0$$

En effet, en appliquant la formule de Taylor-Young à la fonction exponentielle en $x_0 = 0$, on obtient :

$$f(h) = f(0) + f'(0)h + \frac{1}{2!}f''(0)h^2 + \ldots + \frac{1}{n!}f^{(n)}(0)h^n + h^n\varepsilon(h)$$

où f est la fonction exponentielle. Les dérivées successives de f sont égales à f donc :

$$f(0) = \exp(0) = 1 \text{ et } f'(0) = \exp(0) = 1, \ldots, \text{etc}, f^{(n)}(0) = \exp(0) = 1$$

d'où la formule recherchée.

Exemple 6.2

$$\frac{1}{1-h} = 1 + h + h^2 + h^3 + \ldots + h^n + h^n\varepsilon(h), \quad \text{avec} \quad \lim_{h\to 0} \varepsilon(h) = 0$$

Il s'agit ici d'appliquer la formule de Taylor-Young en $x_0 = 0$ à la fonction f définie par $f(x) = \dfrac{1}{1-x}$.

On a : $f'(x) = \dfrac{1}{(1-x)^2}$; puis $f''(x) = \dfrac{2}{(1-x)^3}$; puis $f^{(3)}(x) = \dfrac{2\times 3}{(1-x)^4}$; ...; $f^{(n)}(x) = \dfrac{n!}{(1-x)^{n+1}}$

d'où :

$$f(0) = 1, \text{ et } f'(0) = 1 \text{ ; et } f''(0) = 2 \text{ ; et } f^{(3)}(0) = 3!, \text{ etc}, f^{(n)}(0) = n!$$

La formule de Taylor-Young en 0 est :

$$f(h) = f(0) + f'(0)h + \frac{1}{2!}f''(0)h^2 + \ldots + \frac{1}{n!}f^{(n)}(0)h^n + h^n\varepsilon(h)$$

Avec les valeurs des dérivées en 0 on obtient :

$$f(h) = 1 + h + \left[\frac{1}{2!} \times 2h^2\right] + \left[\frac{1}{3!} \times (3!) \times h^3\right] + \ldots + \frac{1}{n!} \times (n!) \times h^n + h^n\varepsilon(h)$$

d'où la formule recherchée.

3 Développements limités

3.1 Qu'est-ce qu'un développement limité ?

La formule de Taylor-Young permet de donner une approximation fine d'une fonction au voisinage d'un point x_0 en utilisant les dérivées successives de f. On appelle ce type d'approximations un développement limité.

Définition 6.2

Une fonction f admet un **développement limité** d'ordre n au voisinage d'un point x_0 si elle peut être approximée par un polynôme de degré n au voisinage de ce point.

Formulation mathématique :

On dit que f admet un **développement limité** (en abrégé DL) d'ordre n au voisinage de x_0 si et seulement si il existe $\alpha > 0$, il existe des constantes réelles $a_0, a_1, \ldots, a_n$ et il existe une fonction ε définie de $]-\alpha; +\alpha[$ dans $\mathbb{R}$, avec $\lim_{h\to 0} \varepsilon(h) = 0$, tels que, pour tout $h \in]-\alpha; +\alpha[$:

$$f(x_0 + h) = a_0 + a_1 h + a_2 h^2 + \ldots + a_n h^n + h^n\varepsilon(h)$$

On peut aussi écrire le développement limité de la façon suivante :

$$f(x) = a_0 + a_1(x - x_0) + a_2(x - x_0)^2 + \ldots + a_n(x - x_0)^n + (x - x_0)^n\varepsilon(x)$$

avec ici ε définie de $]x_0 - \alpha; x_0 + \alpha[$ dans $\mathbb{R}$, et $\lim\limits_{x \to x_0} \varepsilon(x) = 0$.

Le terme $h^n\varepsilon(h)$ est le reste du DL. Quand $h \to 0$, le reste $h^n\varepsilon(h)$ tend vers 0 plus vite que chaque terme de la somme $a_0 + a_1h + a_2h^2 + \ldots + a_nh^n$. On peut donc dire que pour h proche de 0, on a :

$$f(x_0 + h) \simeq a_0 + a_1h + a_2h^2 + \ldots + a_nh^n$$

Plus n est grand, plus le développement limité donne une approximation précise de f au voisinage de x_0.

APPLICATION Valeur approchée du profit

Supposons que $\Pi(p)$ désigne le profit d'une firme qui vend un bien au prix unitaire p. Le prix initial est $p_0 = 5$, et pour ce prix le profit est $\Pi(p_0) = 1\,000$. On voudrait savoir ce que devient le profit si la firme augmente un peu son prix. La fonction $p \mapsto \Pi(p)$ est peut-être très compliquée, mais si on a un DL de cette fonction, on peut calculer des valeurs approchées du profit. Les valeurs approchées sont d'autant plus précises que l'ordre n du DL est élevé.
Supposons par exemple que le DL d'ordre 3 au voisinage de $p_0 = 5$ est :

$$\Pi(5 + h) = 1\,000 + 300h - 100h^2 + 25h^3 + h^3\varepsilon(h)$$

Le profit initial $\Pi(5) = 1\,000$ correspond à $h = 0$. Si la firme veut vendre le bien au prix unitaire $p = 5 + h$, avec h proche de 0, le profit devient :

$\Pi(5 + h) \simeq 1\,000 + 300h$ si on fait une approximation d'ordre 1 (avec le DL d'ordre 1).

$\Pi(5 + h) \simeq 1\,000 + 300h - 100h^2$ si on fait une approximation d'ordre 2 (avec le DL d'ordre 2), plus précise que celle d'ordre 1.

$\Pi(5 + h) \simeq 1\,000 + 300h - 100h^2 + 25h^3$ si on fait une approximation d'ordre 3 (avec le DL d'ordre 3), encore plus précise.

Si la firme souhaite vendre par exemple au prix $p = 5{,}2$ (c.-à-d. $h = 0{,}2$), on obtient :

$\Pi(5{,}2) \simeq 1\,000 + 300 \times 0{,}2 = 1060$ (à l'ordre 1)

$\Pi(5{,}2) \simeq 1\,000 + 300 \times 0{,}2 - 100 \times 0{,}2^2 = 1060 - 4 = 1056$ (à l'ordre 2)

$\Pi(5{,}2) \simeq 1\,000 + 300 \times 0{,}2 - 100 \times 0{,}2^2 + 25 \times 0{,}2^3 = 1056 + 0{,}2 = 1056{,}2$ (à l'ordre 3)

On voit donc bien ici que plus l'ordre du DL est grand, plus on obtient une valeur précise de $\Pi(5{,}2)$.

3.2 Comment calculer un développement limité ?

Pour calculer le développement limité d'une fonction, on peut tout simplement utiliser le développement de Taylor-Young de cette fonction, comme énoncé dans la proposition suivante.

Proposition 6.1

Si f est de classe C^n dans un intervalle $]x_0 - \alpha; x_0 + \alpha[$, alors f admet un développement limité d'ordre n en x_0.

Démonstration

Il s'agit du développement de Taylor-Young. ■

Exemple 6.1 (suite)

On a vu précédemment (▸ exemple 6.1, section 2) que la formule de Taylor-Young donne le DL suivant pour la fonction exponentielle au voisinage de 0 :

$$e^h = 1 + h + \frac{1}{2!}h^2 + \frac{1}{3!}h^3 + \ldots + \frac{1}{n!}h^n + h^n\varepsilon(h), \quad \text{avec } \lim_{h\to 0}\varepsilon(h) = 0$$

Exemple 6.2 (suite)

De même, on a vu (▸ exemple 6.2, section 2) que la formule de Taylor-Young donne le DL suivant pour la fonction $x \mapsto \dfrac{1}{1-x}$ au voisinage de 0 :

$$\frac{1}{1-h} = 1 + h + \frac{1}{2!}h^2 + \frac{1}{3!}h^3 + \ldots + \frac{1}{n!}h^n + h^n\varepsilon(h), \quad \text{avec } \lim_{h\to 0}\varepsilon(h) = 0$$

Quand on connaît les DL de deux fonctions f et g, on peut en déduire le DL de leur somme et celui de leur produit, comme le montrent les deux propositions suivantes.

Proposition 6.2

Si f et g ont un développement limité d'ordre n au voisinage de x_0, alors la fonction $f + g$ admet aussi un développement limité d'ordre n au voisinage de x_0. On l'obtient en additionnant les DL de f et de g.

Démonstration

On suppose que :

$$f(x_0 + h) = a_0 + a_1h + a_2h^2 + \ldots + a_nh^n + h^n\varepsilon_1(h)$$

et :

$$g(x_0 + h) = b_0 + b_1h + b_2h^2 + \ldots + b_nh^n + h^n\varepsilon_2(h)$$

où :

$$\lim_{h\to 0}\varepsilon_1(h) = \lim_{h\to 0}\varepsilon_2(h) = 0$$

Alors :

$$f(x_0 + h) + g(x_0 + h) = (a_0 + b_0) + (a_1 + b_1)h + (a_2 + b_2)h^2 + \ldots + (a_n + b_n)h^n + h^n\varepsilon(h),$$

où $\varepsilon(h) = \varepsilon_1(h) + \varepsilon_2(h)$

donc $\lim_{h\to 0}\varepsilon(h) = \lim_{h\to 0}\varepsilon_1(h) + \varepsilon_2(h) = 0.$ ∎

Exemple 6.3

Supposons que :

$$f(x_0 + h) = 1 + 2h - h^2 + h^2\varepsilon_1(h)$$

$$g(x_0 + h) = 2 - 7h + 2h^2 + h^2\varepsilon_2(h)$$

Alors :

$$f(x_0 + h) + g(x_0 + h) = 3 - 5h + h^2 + h^2\varepsilon(h)$$

Développements limités usuels. Voici un tableau qui donne les développements limités les plus courants au voisinage de $x_0 = 0$. On les obtient par la formule de Taylor-Young.

▼ **Tableau 6.1 Développements limités usuels (pour $x \to 0$)**

e^x	$= 1 + x + \frac{x^2}{2!} + \ldots + \frac{x^n}{n!} + x^n\varepsilon(x)$
$\ln(1+x)$	$= x - \frac{x^2}{2} + \frac{x^3}{3} + \ldots + (-1)^{n-1}x^n + x^n\varepsilon(x)$
$\frac{1}{1-x}$	$= 1 + x + x^2 + \ldots + x^n + x^n\varepsilon(x)$
$\frac{1}{1+x}$	$= 1 - x + x^2 + \ldots + (-1)^n x^n + x^n\varepsilon(x)$
$(1+x)^\alpha$	$= 1 + \alpha x + \frac{\alpha(\alpha-1)}{2}x^2 + \ldots + \frac{\alpha(\alpha-1)\ldots(\alpha-n+1)}{n!}x^n + x^n\varepsilon(x)$

Exemple 6.4

Calculons le DL d'ordre 2 au voisinage de 0 de la fonction f définie par :

$$f(x) = \exp(x) + \frac{1}{1-x}$$

On sait que $\exp(x) = 1 + x + \frac{1}{2}x^2 + x^2\varepsilon_1(x)$, et que $\frac{1}{1-x} = 1 + x + x^2 + x^2\varepsilon_2(x)$

donc $\exp(x) + \frac{1}{1-x} = 2 + 2x + \frac{3}{2}x^2 + x^2\varepsilon(x)$.

Proposition 6.3

Si f et g ont un développement limité d'ordre n au voisinage de x_0, alors la fonction $f \times g$ admet aussi un développement limité d'ordre n au voisinage de x_0. On l'obtient en multipliant les DL de f et de g, et en gardant uniquement les termes de degré inférieur ou égal à n.

Démonstration

On suppose que :

$$f(x_0 + h) = a_0 + a_1 h + a_2 h^2 + \ldots + a_n h^n + h^n \varepsilon_1(h)$$

et :

$$g(x_0 + h) = b_0 + b_1 h + b_2 h^2 + \ldots + b_n h^n + h^n \varepsilon_2(h)$$

où :

$$\lim_{h\to 0} \varepsilon_1(h) = \lim_{h\to 0} \varepsilon_2(h) = 0$$

Alors :

$$f(x_0+h) \times g(x_0+h) = (a_0 + a_1 h + \ldots + a_n h^n + h^n\varepsilon_1(h)) \times (b_0 + b_1 h + \ldots + b_n h^n + h^n\varepsilon_2(h))$$

On obtient un polynôme en la variable h, de degré $2n$, plus des termes de reste contenant $h^n\varepsilon_1(h)$ et $h^n\varepsilon_2(h)$.

Tous les monômes en h de degré supérieur ou égal à $n+1$ peuvent être mis dans le reste $h^n\varepsilon(h)$. ■

Reprenons nos deux exemples précédents, mais au lieu de faire la somme des DL, on fait le produit[1].

1 On peut aussi faire un quotient de DL, mais c'est plus délicat.

Exemple 6.5

Supposons que :

$$f(x_0 + h) = 1 + 2h - h^2 + h^2\varepsilon_1(h)$$
$$g(x_0 + h) = 2 - 7h + 2h^2 + h^2\varepsilon_2(h)$$

Alors :

$$\begin{aligned} f(x_0 + h) \times g(x_0 + h) &= \left(1 + 2h - h^2 + h^2\varepsilon_1(h)\right) \times \left(2 - 7h + 2h^2 + h^2\varepsilon_2(h)\right) \\ &= (2 - 7h + 2h^2) + 2h \times (2 - 7h) - h^2 \times 2 + \varepsilon(h) \\ &= 2 - 7h + 2h^2 + 4h - 14h^2 - 2h^2 + \varepsilon(h) \\ &= 2 - 3h - 14h^2 + h^2\varepsilon(h) \end{aligned}$$

On peut directement mettre les termes de degré supérieur ou égal à 3 et les restes dans le $h^2\varepsilon(h)$.

Exemple 6.6

Calculons le DL d'ordre 2 au voisinage de 0 de la fonction f défnie par :

$$f(x) = \frac{1}{1-x} \times \exp(x)$$

On sait que $\exp(x) = 1 + x + \frac{1}{2}x^2 + x^2\varepsilon_1(x)$, et que $\frac{1}{1-x} = 1 + x + x^2 + x^2\varepsilon_2(x)$.

Donc $\frac{1}{1-x} \times \exp(x) = \left(1 + x + x^2 + x^2\varepsilon_2(x)\right) \times \left(1 + x + \frac{1}{2}x^2 + x^2\varepsilon_1(x)\right)$

$$= 1 + x + \frac{1}{2}x^2 + (x + x^2) + x^2 + x^2\varepsilon(x) = 1 + 2x + \frac{5}{2}x^2 + x^2\varepsilon(x).$$

3.3 Applications des développements limités

3.3.1 Calculs de limites

Les développements limités permettent de calculer des limites lorsque l'on est en présence de formes indéterminées.

1. Comment calculer $\lim_{x\to 0} \frac{-1 + \sqrt{1+x}}{e^x - 1}$? C'est une forme indéterminée car le numérateur tend vers 0, le dénominateur aussi. On fait un DL d'ordre 1 au numérateur et au dénominateur.

$$\frac{-1 + \sqrt{1+x}}{e^x - 1} = \frac{-1 + 1 + \frac{x}{2} + x\varepsilon_1(x)}{1 + x + x\varepsilon_2(x) - 1} = \frac{\frac{x}{2} + x\varepsilon_1(x)}{x + x\varepsilon_2(x)} = \frac{\frac{1}{2} + \varepsilon_1(x)}{1 + \varepsilon_2(x)}$$

   Où $\lim_{x\to 0} \varepsilon_1(x) = \lim_{x\to 0} \varepsilon_2(x) = 0$.

   Donc :

$$\lim_{x\to 0} \frac{-1 + \sqrt{1+x}}{e^x - 1} = \lim_{x\to 0} \frac{\frac{1}{2} + \varepsilon_1(x)}{1 + \varepsilon_2(x)} = \frac{1}{2}$$

2. Calcul de $\lim_{x\to 0} \frac{\ln(1+x)}{\sqrt{x}}$. C'est aussi une forme indéterminée car $\ln(1 + x)$ tend vers 0, et $\sqrt{x}$ aussi. On fait un DL d'ordre 1 de $\ln(1 + x)$.

$$\ln(1 + x) = x + x\varepsilon(x) \quad \text{où} \quad \lim_{x\to 0} \varepsilon(x) = 0$$

Donc :

$$\frac{\ln(1+x)}{\sqrt{x}} = \frac{x + x\varepsilon(x)}{\sqrt{x}} = \sqrt{x} + \sqrt{x}\varepsilon(x) \quad \text{qui tend vers } 0$$

D'où $\lim_{x \to 0} \frac{\ln(1+x)}{\sqrt{x}} = 0$.

3.3.2 Position d'une courbe par rapport à sa tangente

- Si la fonction f admet un DL d'ordre 1 au voisinage de x_0, alors elle est dérivable en x_0 et le DL d'ordre 1 donne l'équation de la tangente (T) à son graphe C_f en x_0.
  $f(x) = a_0 + a_1(x - x_0) + (x - x_0)\varepsilon(x)$ donne $a_0 = f(x_0)$ et $a_1 = f'(x_0)$
  et la tangente a pour équation $y = a_0 + a_1(x - x_0)$.
- Si la fonction f admet un DL d'ordre 2 au voisinage de x_0, le terme d'ordre 2 permet de connaître la position de la courbe C_f par rapport à la tangente (T).

$$f(x) = a_0 + a_1(x - x_0) + a_2(x - x_0)^2 + (x - x_0)^2\varepsilon(x)$$

Donc :

$$\frac{f(x) - a_0 - a_1(x - x_0)}{(x - x_0)^2} = a_2 + \varepsilon(x) \text{ qui tend vers } a_2 \text{ quand } x \text{ tend vers } x_0$$

Pour x proche de x_0, on a $f(x) - a_0 - a_1(x - x_0)$ du même signe que a_2. Comme $f(x) - a_0 - a_1(x - x_0)$ représente l'écart entre la courbe et la tangente, on peut donc dire que la courbe est au-dessus de la tangente si $a_2 > 0$ et en-dessous de la tangente si $a_2 < 0$.

4 Étude d'une fonction d'une variable et tracé de son graphe

Dans cette section nous allons voir une méthode qui ne s'applique qu'aux fonctions d'une seule variable réelle. En effet, quand il n'y a qu'une seule variable, on peut faire le tableau de variations et tracer le graphe de la fonction, ce qui facilite en particulier la détermination des extrema, et donc l'optimisation. Le plan d'étude d'une fonction f à une variable est le suivant.

1. Déterminer le domaine de définition de f, puis le domaine sur lequel il est nécessaire d'étudier f (plus petit que le domaine de définition s'il y a des symétries).
2. Rechercher les intervalles où f est dérivable (ou en tout cas continue). Étudier le signe de la dérivée là où elle existe.
3. Trouver les limites aux bornes des intervalles d'étude, et aux points de discontinuité éventuels.
4. Dresser le tableau de variations, en indiquant les valeurs de f aux points remarquables (points x où $f'(x) = 0$, ...).
5. Tracer le graphe.

4.1 Domaine d'étude d'une fonction

4.1.1 Déterminer le domaine de définition

On commence par déterminer rigoureusement le domaine de définition D_f de la fonction f. Pour les fonctions les plus courantes, il s'agit d'un intervalle ou d'une union d'intervalles.

Ne fait pas partie du domaine de définition tout point x_0 qui donne :

– un zéro au dénominateur d'une fraction. Si $f(x) = \dfrac{1}{x-2}$, alors $x_0 = 2$ n'appartient pas à D_f ;

– le logarithme d'un nombre strictement négatif ou nul. Si $f(x) = \ln(3-x)$, alors tout x_0 tel que $3 - x_0 \leq 0$ est interdit ;

– la racine carrée d'un nombre strictement négatif. Si $f(x) = \sqrt{9-x^2}$, alors f est définie seulement pour x tel que $9 - x^2 \geq 0$, c'est-à-dire pour $x^2 \leq 9$, ou encore $-3 \leq x \leq 3$.

Exemple 6.7

Soit f telle que $f(x) = \dfrac{1}{2x} + \sqrt{4-x} + \ln(x+1)$.

Le premier terme est défini seulement pour $x \neq 0$, le deuxième pour $x \leq 4$, le troisième pour $x > -1$, donc le domaine de définition de f est $D_f =]-1;0[\cup]0;4]$.

4.1.2 Déterminer les symétries éventuelles

S'il existe des symétries, il n'est pas nécessaire d'étudier f sur tout son domaine D_f. Par exemple, si f est paire ou impaire, il suffit d'étudier f sur $\mathbb{R}_+$, puis de faire une symétrie.

Il y a d'autres symétries possibles.

- Par exemple, si $f(1-h) = f(1+h)$ pour tout $h \in \mathbb{R}$, cela signifie que C_f est symétrique par rapport à la droite verticale d'équation $x = 1$. Il suffit d'étudier f sur $[1;+\infty[$, puis de faire une symétrie par rapport à cette droite verticale.
- Plus généralement, si $f(\alpha - h) = f(\alpha + h)$ pour tout $h \in \mathbb{R}$, alors C_f est symétrique par rapport à la droite verticale d'équation $x = \alpha$. Il suffit d'étudier f sur $[\alpha;+\infty[$, puis de faire une symétrie par rapport à cette droite verticale.
- Si $f(\alpha - h) = -f(\alpha + h)$ pour tout $h \in \mathbb{R}$, alors C_f est symétrique par rapport au point $(\alpha;0)$.

Exemple 6.8

1. f définie par $f(x) = 2x^5 - 3x^3$ est impaire. On l'étudie sur $\mathbb{R}_+$, puis on fait une symétrie par rapport au point $O = (0;0)$.
2. f définie par $f(x) = 7x^8 - 2x^2 + 3$ est paire. On l'étudie sur $\mathbb{R}_+$, puis on fait une symétrie par rapport à l'axe Oy.

4.2 Dérivabilité et signe de la dérivée

Rappelons le lien entre la croissance (ou décroissance) d'une fonction et le signe de sa dérivée. On a vu (▶ théorème sur le signe de la dérivée et le sens de variation, fin de la section 1 de ce chapitre) que si I est un intervalle ouvert :

$f' \geq 0$ sur $I \Leftrightarrow f$ croissante sur I
$f' \leq 0$ sur $I \Leftrightarrow f$ décroissante sur I
$f' = 0$ sur $I \Leftrightarrow f$ constante sur I
$f' > 0$ sur $I \Rightarrow f$ strictement croissante sur I
$f' < 0$ sur $I \Rightarrow f$ strictement décroissante sur I

Il faut dans un premier temps déterminer les intervalles de $\mathbb{R}$ où f est dérivable. Puis trouver le signe de la dérivée f' sur chacun de ces intervalles. Ceci peut quelquefois nécessiter de faire l'étude des variations de la fonction f' elle-même, et donc de calculer la dérivée seconde f''. On cherche les points où $f' = 0$; en ces points la tangente est horizontale. Puis on détermine les intervalles où $f' > 0$, et ceux où $f' < 0$. On fait un tableau de variations pour résumer les résultats.

Il est utile de savoir si f' est croissante ou décroissante. Si f' est croissante, la fonction f est convexe, si f' est décroissante, f est concave (▶ section 5).

On peut aussi étudier la position de la courbe par rapport à sa tangente (▶ fin de la section 3).

Exemple 6.9

Étude de f définie par $f(x) = x.e^{-x}$

f est définie et dérivable sur $\mathbb{R}$, car produit de fonctions définies et dérivables sur $\mathbb{R}$.

$f'(x) = e^{-x} - x.e^{-x} = e^{-x}(1 - x)$
$f'(x) = 0 \Leftrightarrow x = 1$
$f'(x) > 0 \Leftrightarrow x < 1$
$f'(x) < 0 \Leftrightarrow x > 1$

La fonction f est donc strictement croissante sur $]-\infty; 1[$, strictement décroissante sur $]1; +\infty[$. Elle atteint son maximum en $x = 1$. En ce point elle vaut $f(1) = e^{-1} = \dfrac{1}{e}$. La tangente est horizontale en $x = 1$.

x	$-\infty$		1		$+\infty$
$f'(x)$		$+$	0	$-$	
$f(x)$		$\nearrow$	$1/e$	$\searrow$	

Exemple 6.10

Étude de la fonction f définie par $f(x) = x + \dfrac{1}{x-2}$.

f est définie et dérivable sur $]-\infty; 2[\cup]2; +\infty[$

$$f'(x) = 1 - \frac{1}{(x-2)^2}$$

$$f'(x) = 0 \Leftrightarrow (x-2)^2 = 1, \quad \text{c.-à-d.} \quad x - 2 = \pm 1$$

Donc :

$$f'(x) = 0 \Leftrightarrow x = 1 \quad \text{ou} \quad x = 3$$

Avec :

$$f(1) = 1 - 1 = 0 \quad \text{et} \quad f(3) = 3 + 1 = 4$$

$$f'(x) < 0 \Leftrightarrow (x-2)^2 < 1, \text{c.-à-d.} \quad -1 < (x-2) < 1$$

Donc :

$$f'(x) < 0 \Leftrightarrow 1 < x < 3$$

Et finalement :

$$f'(x) > 0 \Leftrightarrow x < 1 \quad \text{ou} \quad x > 3$$

x	$-\infty$		1		2		3		$+\infty$
$f'(x)$		$+$	0	$-$	‖	$-$	0	$+$	
$f(x)$		↗	0	↘	‖	↘	4	↗	

4.3 Limites et asymptotes

Pour compléter le tableau de variations, il faut calculer les limites aux bornes du domaine de définition, et également les limites aux points de discontinuité éventuels. Si D_f est l'union de plusieurs intervalles de $\mathbb{R}$, il est nécessaire de calculer les limites aux extrémités de chacun de ces intervalles. Si un de ces intervalles est non borné, il s'agit de calculer la limite de la fonction pour x tendant vers $+\infty$ ou vers $-\infty$. Ces limites permettent de déterminer les asymptotes éventuelles à la courbe C_f.

- Rappelons que si $\lim\limits_{x \to x_0} f(x) = \pm\infty$, où $x_0 \in \mathbb{R}$, alors la droite verticale d'équation $x = x_0$ est asymptote à la courbe. Ceci est vrai même s'il ne s'agit que d'une limite à droite (ou à gauche).
- Si $\lim\limits_{x \to +\infty} f(x) = l$ ou $\lim\limits_{x \to -\infty} f(x) = l$, où $l \in \mathbb{R}$, alors la droite horizontale d'équation $y = l$ est asymptote à la courbe.
- Si $\lim\limits_{x \to +\infty} [f(x) - (ax + b)] = 0$ ou $\lim\limits_{x \to -\infty} [f(x) - (ax + b)] = 0$, alors la droite oblique d'équation $y = ax + b$ est asymptote à la courbe. Pour connaître la position de C_f par rapport à cette asymptote, on étudie le signe de $f(x) - (ax + b)$ pour $x \to +\infty$ (ou pour $x \to -\infty$). Si ce signe est positif, la courbe est au-dessus de l'asymptote, s'il est négatif elle est en-dessous.

Exemple 6.9 (suite)

On poursuit l'étude de la fonction f définie par $f(x) = x.e^{-x}$.

Il nous manquait le calcul des limites de f en $+\infty$ et en $-\infty$.

D'après le théorème des croissances comparées (▶ paragraphe 3.2, chapitre 5), on a :

$$\lim_{x \to -\infty} f(x) = \lim_{x \to +\infty} (-x)e^{x} = -\infty$$

Et :

$$\lim_{x \to +\infty} f(x) = \lim_{x \to -\infty} (-x)e^{x} = 0$$

ce qui implique que f admet pour asymptote la droite d'équation $y = 0$.

x	$-\infty$		1		$+\infty$
$f'(x)$		$+$	0	$-$	
$f(x)$	$-\infty$	$\nearrow$	$1/e$	$\searrow$	0

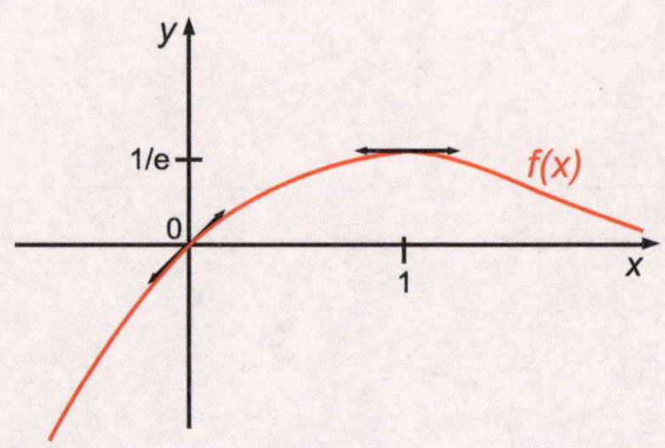

▲ **Figure 6.3** **Graphe de $f(x) = xe^{-x}$**

Exemple 6.10 (suite)

On poursuit l'étude de la fonction f définie par $f(x) = x + \dfrac{1}{x-2}$.

Il nous manquait le calcul des limites de f en $+\infty$, en $-\infty$, et en $x_0 = 2$.

Il est clair que $\dfrac{1}{x-2}$ tend vers 0 quand x tend vers $\pm\infty$. D'où :

$$\lim_{x\to+\infty} f(x) = \lim_{x\to+\infty} x = +\infty$$

$$\lim_{x\to-\infty} f(x) = \lim_{x\to-\infty} x = -\infty$$

On a $\lim\limits_{x\to\pm\infty} f(x) - x = \lim\limits_{x\to\pm\infty} \dfrac{1}{x-2} = 0$ donc la droite d'équation $y = x$ est asymptote (oblique) au graphe de f.

De plus, $\dfrac{1}{x-2}$ tend vers $+\infty$ quand $x \to 2^+$, et $\dfrac{1}{x-2}$ tend vers $-\infty$ quand $x \to 2^-$. D'où :

$$\lim_{x\to 2^+} f(x) = \lim_{x\to 2^+} \frac{1}{x-2} = +\infty$$

$$\lim_{x\to 2^-} f(x) = \lim_{x\to 2^-} \frac{1}{x-2} = -\infty$$

Cela signifie que la droite verticale d'équation $x = 2$ est asymptote au graphe de f.

On peut alors finir de compléter le tableau de variations.

x	$-\infty$		1		2		3		$+\infty$
$f'(x)$		$+$	0	$-$	‖	$-$	0	$+$	
$f(x)$	$-\infty$	$\nearrow$	0	$\searrow$	$-\infty$ ‖ $+\infty$	$\searrow$	4	$\nearrow$	$+\infty$

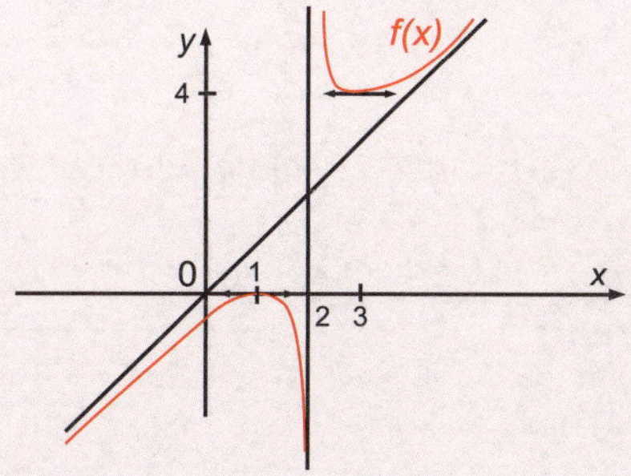

▲ **Figure 6.4** Graphe de $f(x) = x + \frac{1}{x-2}$

5 Fonctions concaves et convexes

En économie, on cherche souvent à maximiser une fonction sur tout un intervalle (par exemple maximiser le profit d'une firme ou l'utilité d'un consommateur), ou bien à minimiser une fonction sur un intervalle (minimiser le coût de production par exemple). On peut facilement trouver le maximum d'une fonction si celle-ci est concave, ou bien trouver son minimum si elle est convexe. Nous commençons donc par étudier ces notions.

5.1 Qu'est-ce qu'une fonction concave et une fonction convexe ?

On considère une fonction f de I dans $\mathbb{R}$, où I est un intervalle de $\mathbb{R}$.

Définition 6.3

Une fonction f est **concave** sur un intervalle I si, à chaque fois que l'on joint deux points de la courbe par un segment de droite, ce segment est situé sous la courbe.

Formulation mathématique :

On dit que f est **concave** sur I si :

$$\forall a,\ b \in I, \quad \forall \alpha \in [0; 1], \quad \text{on a} \quad f(\alpha a + (1-\alpha)b) \geq \alpha f(a) + (1-\alpha)f(b)$$

Définition 6.4

Une fonction f est **convexe** sur un intervalle I si, à chaque fois que l'on joint deux points de la courbe par un segment de droite, ce segment est situé au-dessus de la courbe.

Formulation mathématique :

On dit que f est **convexe** sur I si :

$$\forall a,\ b \in I, \quad \forall \alpha \in [0; 1], \quad \text{on a} \quad f(\alpha a + (1-\alpha)b) \leq \alpha f(a) + (1-\alpha)f(b)$$

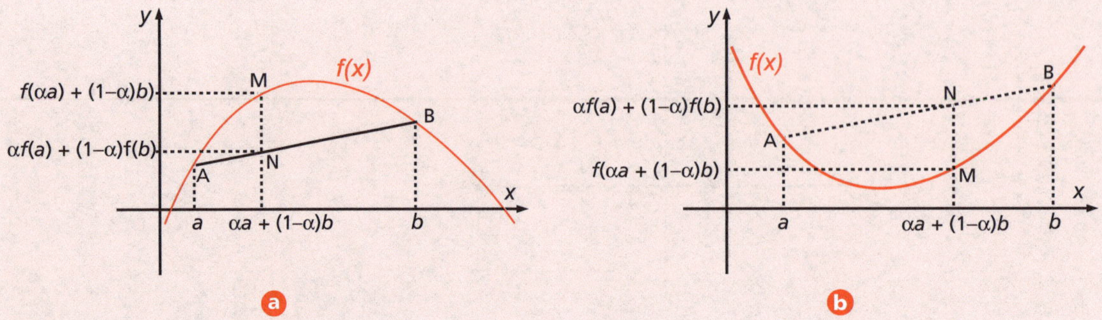

Soit $A = (a; f(a))$ et $B = (b; f(b))$. Considérons $M = (\alpha a + (1 - \alpha)b; f(\alpha a + (1 - \alpha)b))$ et $N = (\alpha a + (1 - \alpha)b; \alpha f(a) + (1 - \alpha)f(b))$.

(a) Si la fonction f est concave, le point M est au-dessus du point N.

(b) Si la fonction f est convexe, le point M est en-dessous du point N.

▲ **Figure 6.5 Fonction concave et fonction convexe**

Proposition 6.4

f est convexe si et seulement si $-f$ est concave.

Démonstration

La demonstration est évidente en posant $g = -f$. Le changement de signe change le sens de l'inégalité. ■

Remarquons qu'une fonction définie sur un intervalle I peut très bien n'être ni concave ni convexe.

On parle de concavité stricte (ou de convexité stricte) si l'inégalité est stricte à l'intérieur de l'intervalle.

Définition 6.5

On dit que f est **strictement concave** sur I si :

$$\forall a, \quad b \in I, \quad \forall \alpha \in]0; 1[, \quad \text{on a} \quad f(\alpha a + (1 - \alpha)b) > \alpha f(a) + (1 - \alpha)f(b)$$

On dit que f est **strictement convexe** sur I si :

$$\forall a, \quad b \in I, \quad \forall \alpha \in]0; 1[, \quad \text{on a} \quad f(\alpha a + (1 - \alpha)b) < \alpha f(a) + (1 - \alpha)f(b)$$

5.2 Lien entre dérivées et concavité (ou convexité)

La proposition suivante montre qu'une fonction concave est une fonction qui monte de moins en moins vite (ou qui descend de plus en plus vite). En effet, $f'' \leq 0$ signifie que f' est décroissante.

De même, une fonction convexe est une fonction qui monte de plus en plus vite (ou qui descend de moins en moins vite). Avoir $f'' \geq 0$ signifie que f' est croissante.

Proposition 6.5

Si f est deux fois dérivable sur un intervalle ouvert I, alors :

$$f \text{ est concave sur } I \Leftrightarrow f''(x) \leq 0, \forall x \in I$$
$$f \text{ est convexe sur } I \Leftrightarrow f''(x) \geq 0, \forall x \in I$$

Démonstration

On fait la démonstration pour concave seulement, car pour convexe il suffit de considérer $g = -f$.

- Supposons que $f''(x) \leq 0, \forall x \in I$.

  On voudrait montrer que $f(\alpha a + (1-\alpha)b) \geq \alpha f(a) + (1-\alpha)f(b), \forall \alpha \in [0; 1], \forall a, b \in I$.

  Pour a, b fixés dans I, on considère la fonction u définie par :

  $$u(\alpha) = f(\alpha a + (1-\alpha)b) - \alpha f(a) - (1-\alpha)f(b)$$

  La fonction f est deux fois dérivable, donc u aussi.

  $$u'(\alpha) = (a-b)f'(\alpha a + (1-\alpha)b) - f(a) + f(b)$$
  $$u''(\alpha) = (a-b)^2 f''(\alpha a + (1-\alpha)b) \leq 0 \quad \text{pour tout} \quad \alpha \in [0; 1]$$

  On a $u(0) = f(b) - f(b) = 0$ et $u(1) = f(a) - f(a) = 0$

  On peut appliquer le théorème de Rolle : $\exists c \in]0; 1[$ tel que $u'(c) = 0$.

  On a $u''(\alpha) \leq 0$ pour tout $\alpha \in [0; 1]$, donc u' est décroissante. On a donc :

  $$u'(\alpha) \geq 0 \quad \text{si} \quad \alpha \in [0; c] \quad \text{et} \quad u'(\alpha) \leq 0 \quad \text{si} \quad \alpha \in [c; 1].$$

  u est donc croissante sur $[0; c]$ et décroissante sur $[c; 1]$.

  Comme $u(0) = u(1) = 0$, donc $u(\alpha) \geq 0$ pour tout $\alpha \in [0; 1]$.

  On a donc bien $f(\alpha a + (1-\alpha)b) - \alpha f(a) - (1-\alpha)f(b) \geq 0, \forall \alpha \in [0; 1], \forall a, b \in I$.

- Réciproque. Supposons pour simplifier que f est de classe C^2 sur I, et que f est concave sur I. Montrons que $f''(x) \leq 0, \forall x \in I$.

  Pour x fixé, soit $g(h) = f(x+h) + f(x-h) - 2f(x)$. La fonction g est définie au moins dans un voisinage de 0, car f est définie au moins dans un voisinage du point x (puisque l'intervalle I est ouvert).

  On a $g(h) = 2[\frac{1}{2}f(x+h) + \frac{1}{2}f(x-h) - f(x)] \leq 0$ car f est concave.

  $$g'(h) = f'(x+h) - f'(x-h)$$
  $$g''(h) = f''(x+h) + f''(x-h)$$

  D'où $g(0) = 0$ et $g'(0) = f'(x) - f'(x) = 0$ et $g''(0) = 2f''(x)$

  Le développement de Taylor-Young de g au voisinage de 0 s'écrit donc :

  $$g(h) = g(0) + g'(0)h + \frac{1}{2}g''(0)h^2 + h^2\varepsilon(h) = f''(x)h^2 + h^2\varepsilon(h)$$

  On a donc $\frac{1}{h^2}g(h) = f''(x) + \varepsilon(h)$ où $g(h) \leq 0$.

  On en déduit que $f''(x) + \varepsilon(h) \leq 0$, où $\lim_{h \to 0} \varepsilon(h) = 0$, donc $f''(x) \leq 0$. ■

Exemple 6.11

1. La fonction f définie pour tout $x \in \mathbb{R}$ par $f(x) = x^2$ est convexe.
En effet, $f'(x) = 2x$ et $f''(x) = 2 \geq 0$ pour tout $x \in \mathbb{R}$.
2. La fonction f définie pour tout $x \in \mathbb{R}$ par $f(x) = \exp(x)$ est convexe.
En effet, $f'(x) = \exp(x)$ et $f''(x) = \exp(x) \geq 0$ pour tout $x \in \mathbb{R}$.
3. La fonction f définie pour tout $x \in \mathbb{R}_+^*$ par $f(x) = \ln(x)$ est concave.
En effet, $f'(x) = \dfrac{1}{x}$ et $f''(x) = \dfrac{-1}{x^2} \leq 0$ pour tout $x \in \mathbb{R}_+^*$.

APPLICATION Fonction d'utilité concave

En microéconomie, on note $U(x)$ le bien-être (on dit souvent « l'utilité ») d'un agent qui peut consommer la quantité x d'un certain bien. Plus x est grand, plus le bien-être est grand, mais quand x augmente, on considère généralement que le bien-être $U(x)$ augmente de moins en moins vite. Une unité supplémentaire du bien augmente davantage l'utilité si l'agent en a peu que s'il en a déjà beaucoup. Mathématiquement cela revient à dire que la fonction U est croissante concave.
Voici quelques exemples de fonctions croissantes concaves fréquemment employées comme fonctions d'utilité en microéconomie :

$$U(x) = \ln(x) \quad \text{pour} \quad x > 0$$

$$U(x) = x^\lambda \quad \text{pour} \quad x \geq 0, \quad \text{avec} \quad 0 < \lambda < 1 \quad \left(\text{par exemple } \lambda = \frac{1}{2} \quad \text{donne} \quad U(x) = \sqrt{x}\right)$$

$$U(x) = -\exp(-x)$$

6 Recherche des extrema d'une fonction d'une variable

Pour déterminer les extrema (c'est-à-dire max ou min) d'une fonction d'une variable réelle, on peut utiliser son tableau de variations (► section 4 de ce chapitre). Toutefois, cette méthode n'est pas généralisable aux fonctions de plusieurs variables et elle nécessite de pouvoir faire le tableau de variations complet. Nous allons étudier dans cette section un certain nombre de critères et conditions (nécessaires et/ou suffisantes) pour déterminer les extrema d'une fonction, qui sont assez largement généralisables aux fonctions de plusieurs variables, comme nous le verrons au chapitre 11.

6.1 Extremum global, extremum local

On considère ici une fonction f définie sur un intervalle I de $\mathbb{R}$, et un point $x_0 \in I$.

Définition 6.6

Extremum global

On dit que f admet un **maximum global** sur I en x_0 si $f(x) \leq f(x_0)$ pour tout $x \in I$.

On dit que f admet un **minimum global** sur I en x_0 si $f(x) \geq f(x_0)$ pour tout $x \in I$.

On parle d'**extremum global** en x_0 quand on a un maximum global ou un minimum global en x_0.

On parle d'extremum global **strict** si l'inégalité est stricte pour tout $x \neq x_0$.

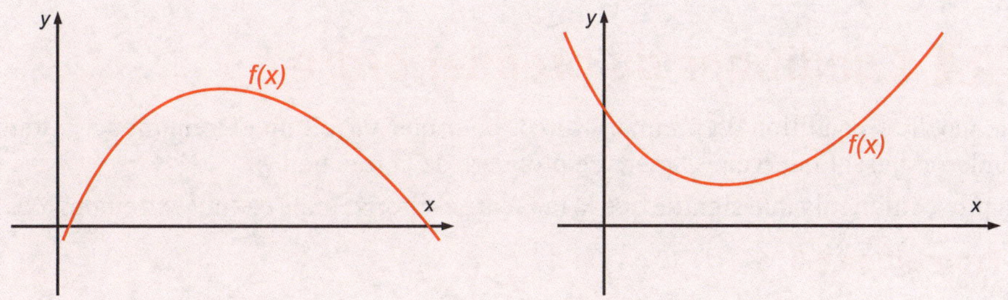

▲ **Figure 6.6** **Extremum global**

Rappelons que si I est un intervalle de $\mathbb{R}$, on dit que x_0 est un **point intérieur** à I si x_0 appartient à I mais n'est pas une extrémité de l'intervalle I (► définition 1.7). Par exemple, si $I =]1; 4[$, alors tous les points de I sont intérieurs. Si $I = [1; 4]$, alors tous les points de I sont intérieurs sauf $x_0 = 1$ et $x_0 = 4$.

Supposons que f est définie sur un intervalle I, et que x_0 est un point intérieur à I. On va dire que x_0 est un extremum local de f si c'est un extremum de f quand on restreint celle-ci à un petit intervalle centré en x_0.

Définition 6.7

Extremum local

On dit que f admet un **maximum local** en x_0 s'il existe $\varepsilon > 0$ tel que $f(x) \leq f(x_0)$ pour tout $x \in I \cap]x_0 - \varepsilon; x_0 + \varepsilon[$.

On dit que f admet un **minimum local** en x_0 s'il existe $\varepsilon > 0$ tel que $f(x) \geq f(x_0)$ pour tout $x \in I \cap]x_0 - \varepsilon; x_0 + \varepsilon[$.

On parle d'**extremum local** en x_0 quand on a un maximum local ou un minimum local en x_0.

On parle d'extremum local **strict** si l'inégalité est stricte pour tout $x \neq x_0$.

Il est clair que si x_0 est un maximum global, alors c'est aussi un maximum local. La réciproque n'est pas vraie : un maximum local n'est pas forcément un maximum global.

Les mêmes remarques sont valables pour un minimum.

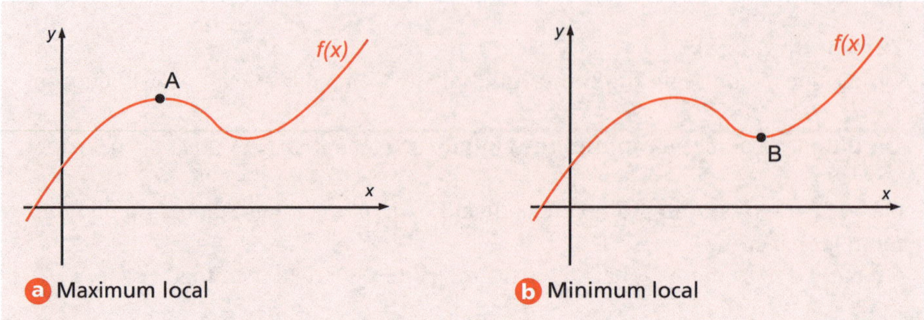

▲ **Figure 6.7** **Extrémum local**

6.2 Conditions du premier ordre

On appelle « condition du premier ordre » pour que x_0 soit un extremum de f, toute condition faisant intervenir la dérivée première de la fonction f.

La proposition suivante signifie que la tangente est horizontale en tout extremum local.

Proposition 6.6

Condition nécessaire du 1er ordre

Soit f dérivable sur l'intervalle I, et x_0 un point intérieur à I.
Si x_0 est un extremum local de f, alors $f'(x_0) = 0$.

Démonstration

Supposons que x_0 est un maximum local.

Il existe donc $\alpha > 0$, tel que pour tout $h \in]-\alpha; \alpha[$, $f(x_0 + h) \leq f(x_0)$.

Pour $h > 0$, on a $\dfrac{f(x_0 + h) - f(x_0)}{h} \leq 0$, donc la dérivée à droite est négative :

$$f'_d(x_0) = \lim_{h \to 0} \frac{f(x_0 + h) - f(x_0)}{h} \leq 0$$

Pour $h < 0$, on a $\dfrac{f(x_0 + h) - f(x_0)}{h} \geq 0$, donc la dérivée à gauche est positive :

$f'_g(x_0) = \lim\limits_{h \to 0} \dfrac{f(x_0 + h) - f(x_0)}{h} \geq 0$ car numérateur et dénominateur sont négatifs.

Comme f est dérivable, on a $f'_g(x_0) = f'_d(x_0) = f'(x_0)$.

La dérivée est à la fois positive et négative, elle est donc nulle : $f'(x_0) = 0$.

La démonstration est similaire pour un minimum local (en inversant le sens des inégalités). ■

Proposition 6.7

Soit f dérivable sur l'intervalle I, et x_0 un point intérieur à I.

– Si f est **concave** sur I, et si $f'(x_0) = 0$, alors f admet un **maximum global** en x_0 (et il est unique si f est strictement concave).

– Si f est **convexe** sur I, et si $f'(x_0) = 0$, alors f admet un **minimum global** en x_0 (et il est unique si f est strictement convexe).

Démonstration

Supposons pour simplifier que f est deux fois dérivable.

La fonction f est concave donc $f'' \leq 0$ sur I, d'où f' est décroissante sur I.

On a $f'(x_0) = 0$, donc : $f'(x_0) \geq 0 \quad \text{si} \quad x \leq x_0, \quad \text{et} \quad f'(x_0) \leq 0 \quad \text{si} \quad x \geq x_0$

La fonction f est donc croissante sur $x \leq x_0$ et décroissante sur $x \geq x_0$. Elle atteint donc son maximum sur I au point x_0.

La démonstration est similaire pour f convexe. ■

6.3 Conditions du deuxième ordre

Les conditions du deuxième ordre sont des conditions faisant intervenir la dérivée seconde de la fonction.

Proposition 6.8

Condition nécessaire du 2e ordre

Soit f deux fois dérivable sur l'intervalle I, et x_0 un point intérieur à I.
Si x_0 est un maximum local, alors $f'(x_0) = 0$ et $f''(x_0) \leq 0$.
Si x_0 est un minimum local, alors $f'(x_0) = 0$ et $f''(x_0) \geq 0$.

Démonstration

Si x_0 est un maximum local, on sait déjà que $f'(x_0) = 0$ (► proposition 6.6).

Supposons pour simplifier que f est de classe C^2. Appliquons la formule de Taylor-Young à l'ordre 2.

$$f(x_0 + h) = f(x_0) + f'(x_0)h + \frac{1}{2}f''(x_0)h^2 + h^2\varepsilon(h)$$

On a $\frac{2}{h^2}[f(x_0 + h) - f(x_0)] = f''(x_0) + 2\varepsilon(h)$ et $f(x_0 + h) - f(x_0) \leq 0$ pour h proche de 0.
Donc $f''(x_0) + 2\varepsilon(h) \leq 0$.

Comme $\lim_{h \to 0} \varepsilon(h) = 0$, on peut conclure que $f''(x_0) \leq 0$.

La démonstration est similaire pour un minimum local. ■

Proposition 6.9

Condition suffisante du 2e ordre

Soit f deux fois dérivable sur l'intervalle I, et x_0 un point intérieur à I.
Si $f'(x_0) = 0$ et $f''(x_0) < 0$, alors x_0 est un maximum local strict de f.
Si $f'(x_0) = 0$ et $f''(x_0) > 0$, alors x_0 est un minimum local strict de f.

Démonstration

Supposons que $f'(x_0) = 0$ et $f''(x_0) < 0$. Écrivons la formule de Taylor-Young d'ordre 2 :

$$f(x_0 + h) = f(x_0) + f'(x_0)h + \frac{1}{2}f''(x_0)h^2 + h^2\varepsilon(h)$$

Pour $h \neq 0$, on a $\frac{2}{h^2}[f(x_0 + h) - f(x_0)] = f''(x_0) + 2\varepsilon(h)$.

Comme $f''(x_0) < 0$ et $\lim_{h \to 0} \varepsilon(h) = 0$, alors pour h proche de 0, on a $f''(x_0) + 2\varepsilon(h) < 0$.

Donc pour h proche de 0, $h \neq 0$, on a $f(x_0 + h) - f(x_0) < 0$.

La fonction f admet donc un maximum local strict en x_0.

La démonstration est similaire pour un minimum. ■

6.4 Recherche pratique d'un extremum global

Nous allons maintenant voir comment on peut déterminer un extremum global d'une fonction définie sur un intervalle, en utilisant les conditions du premier ordre et du second ordre que nous venons de voir (▶ sections 6.2 et 6.3 de ce chapitre).

6.4.1 Existence d'un extremum global

Remarquons d'abord qu'il n'existe pas toujours d'extremum global. Cherchons à déterminer s'il existe un maximum global de f sur un intervalle I (pour un minimum global, il suffit de remplacer partout « majorée » par « minorée », et « borne sup » par « borne inf »). Trois cas sont possibles :

a) La fonction f n'est pas majorée sur l'intervalle I. Dans ce cas, f n'a pas de maximum global sur I. Exemple : $f(x) = x^2$ sur $I = \mathbb{R}_+$.

b) La fonction f est majorée sur l'intervalle I mais n'atteint pas sa borne supérieure. Dans ce cas, f n'admet pas non plus de maximum global sur I.

Notons $M = \sup\{f(x); x \in I\}$ la borne supérieure. Celle-ci n'est pas atteinte, ce qui signifie qu'il n'existe aucun réel $x_0 \in I$ tel que $f(x_0) = M$.

Exemple : $f(x) = 2 - \dfrac{1}{x}$ sur $I = [1; +\infty[$. Dans ce cas, $M = 2$ mais $f(x) = 2 - \dfrac{1}{x} < 2$ pour tout $x \geq 1$.

c) La fonction f est majorée sur l'intervalle I et atteint sa borne supérieure. Dans ce cas, f admet un maximum global sur I.

Exemple : $f(x) = 2 - x^2$ pour $I = [-3; 5]$. Le maximum global sur I est atteint en $x_0 = 0$. On a $M = f(0) = 2$.

Si on cherche un minimum global, on a les mêmes trois cas a), b), c).

Sous certaines conditions, on est assuré d'avoir un maximum global et un minimum global, comme le montre la proposition suivante.

Proposition 6.10

Supposons que f est une fonction continue de I dans $\mathbb{R}$, où I est un intervalle fermé borné de $\mathbb{R}$. Alors f admet un maximum global et un minimum global sur I.

Démonstration

Il s'agit d'appliquer le théorème de Weierstrass (▶ section 5.1, chapitre 4). ■

6.4.2 Comment trouver l'extremum global ?

Considérons le problème consistant à trouver le maximum global de f sur un intervalle I (pour un minimum global, la méthode est la même). On suppose que l'on est dans le cas c) examiné précédemment, c'est-à-dire que f admet un maximum global M sur I. On cherche les points x de I tels que $f(x) = M$. On a vu (▶ sections 6.2 et 6.3 de ce chapitre), que si x_0 est un point intérieur de I, avec f dérivable en x_0, et si x_0 est un maximum local, alors $f'(x_0) = 0$. Les points intérieurs à I tels que $f'(x_0) \neq 0$ ne peuvent donc pas être des maxima. On dit que ce ne sont pas des points candidats à l'extremum.

Les **points candidats à l'extremum** sont les suivants :

Type 1 : Les points x qui sont intérieurs à I et tels que $f'(x) = 0$.

Type 2 : Les points x qui sont des extrémités de l'intervalle I.

Type 3 : Les points x où f n'est pas dérivable.

Si f est deux fois dérivable et que l'on cherche le maximum global, on peut se restreindre parmi les points candidats de type 1, à ceux tels que $f''(x) \leq 0$ (▶ proposition 6.8)[2].

Une fois que l'on a déterminé les points candidats, on compare la valeur que prend f en chacun de ces points, et on retient uniquement ceux qui donnent à f une valeur maximale.

APPLICATION Maximisation du profit sur un intervalle fermé borné

Une entreprise cherche à déterminer la quantité produite Q qui maximisera son profit. On suppose qu'elle doit forcément produire entre 100 unités et 1 000 unités. Il s'agit donc de maximiser la fonction de profit $Q \mapsto \Pi(Q)$ sur l'intervalle fermé borné $I = [100; 1\,000]$. Supposons que la fonction Π est dérivable sur I, et que sa dérivée s'annule uniquement en $x_0 = 300$. Il y a alors trois points candidats : le point $x_0 = 300$, et les extrémités de l'intervalle $x_1 = 100$ et $x_2 = 1\,000$. Pour trouver le maximum global de Π sur I, on doit simplement comparer $\Pi(100)$, $\Pi(300)$ et $\Pi(1\,000)$.

- Supposons par exemple que $\Pi(100) = 2\,000$ et $\Pi(300) = 4\,000$ et $\Pi(1\,000) = 3\,000$. Dans ce cas, le maximum global est atteint en 300. Le profit maximum possible est de 4 000 et est atteint si on produit 300 unités.
- Supposons que $\Pi(100) = 2\,000$ et $\Pi(300) = 4\,000$ et $\Pi(1\,000) = 5\,000$. Dans ce cas, le maximum global est atteint en 1 000. Le profit maximum possible est de 5 000 et est atteint si on produit 1 000 unités.

2 Pour un minimum, on se restreindrait à ceux tels que $f''(x) \geq 0$.

Les points **clés**

- Le théorème des accroissements finis permet de lier une notion locale, la dérivée, avec une notion globale, le taux d'accroissement.

- Un développement limité d'ordre n est une approximation d'une fonction par un polynôme de degré n (au voisinage d'un point donné).

- La formule de Taylor-Young permet, pour toute fonction de classe C^n, d'obtenir un développement limité d'ordre n.

- Quand une fonction est concave, pour obtenir son maximum global il suffit de trouver un point où sa dérivée s'annule (son minimum global si la fonction est convexe).

- Les dérivées première et seconde d'une fonction en un point permettent d'obtenir des conditions nécessaires et des conditions suffisantes d'extremum local en ce point.

ÉVALUATION

Vous trouverez les corrigés détaillés de tous les exercices sur la page du livre sur le site www.dunod.com

Quiz

1 Vrai/Faux

Dites si les affirmations suivantes sont vraies ou fausses. Justifiez vos réponses.

1. Si une fonction f dérivable sur $\mathbb{R}$ admet trois racines distinctes, alors sa dérivée s'annule au moins deux fois.
2. La somme de deux DL d'ordre 2 est un DL d'ordre 2.
3. Le produit de deux DL d'ordre 2 est un DL d'ordre 4.
4. Si une fonction continue admet un DL d'ordre 1 au point x_0, alors elle est dérivable en x_0.
5. Si une fonction dérivable en x_0 admet un DL d'ordre 2 au point x_0, alors on peut en déduire la position de son graphe par rapport à sa tangente en x_0.
6. Une fonction est forcément soit concave, soit convexe.
7. Si f deux fois dérivable sur $\mathbb{R}$ est telle que $f'(0) = 0$ et $f''(0) > 0$, alors f admet un minimum local strict en 0.
8. Si f deux fois dérivable sur $\mathbb{R}$ admet un minimum strict en 0, alors on a $f'(0) = 0$ et $f''(0) > 0$.

► Corrigés p. 367

Exercices

2 Taylor à l'ordre 3

À l'aide de la formule de Taylor-Young, calculer un développement limité d'ordre 3 au voisinage de 0 de :

1. la fonction f définie par $f(x) = \sqrt{1+x}$.
2. la fonction g définie par $g(x) = \ln(1+x)$.

► Corrigés p. 367

3 Taylor à l'ordre 2

À l'aide de la formule de Taylor-Young, calculer un développement limité d'ordre 2 de :

1. La fonction f définie par $f(x) = \sqrt{1+x+x^2}$, au voisinage de $x_0 = 0$.
2. La fonction g définie par $g(x) = \ln(2+2x+x^2)$, au voisinage de $x_0 = 2$.

4 Concavité, convexité

Les fonctions suivantes sont-elles concaves sur leur domaine de définition ? Convexes ? Ni l'un ni l'autre ?

1. $f(x) = 7x^4 + 8x^2$
2. $g(x) = 7x^4 - 8x^2$
3. $h(x) = 2\ln(x) - 4x^3$ pour $x > 0$

► Corrigés p. 367

5 Études de fonctions et extréma

Étudier les fonctions suivantes. Tracer leurs graphes. Déterminer les extréma.

1. $f(x) = 3x^2e^{-x}$
2. $g(x) = 2x^3 - 4x^2 + 5x - 1$
3. $h(x) = 2\ln(1+x^2)$

6 Tableaux de variations et graphes

1. Étudier la fonction f définie par $f(x) = \dfrac{x^2+7}{(x-3)^2}$. Faire son tableau de variations complet et tracer son graphe.
2. Même question pour la fonction f définie par :
$$f(x) = \frac{3x^2}{x-2}$$

7 Maximisation de l'utilité

Un agent économique cherche à maximiser son utilité. Celle-ci est donnée par $U(x) = \ln(x) - e^{x-1}$, où x désigne son niveau de consommation d'un certain bien.

1. Montrer que U est strictement concave.
2. Calculer $U'(1)$.
3. En déduire le maximum global de U sur $]0; +\infty[$.

Chapitre 7

Quand on étudie la répartition des revenus au sein d'une population, on est amené à se poser des questions du type : si on choisit au hasard un individu issu de cette population, quelle est la probabilité qu'il gagne plus de 3 000 euros ? Quelle est la probabilité qu'il gagne entre 1 000 et 2 000 euros ? Un tel calcul de probabilité est équivalent au calcul de l'aire sous la courbe de la fonction représentant la distribution des revenus. De nombreux calculs de probabilités reviennent ainsi à calculer des aires sous des courbes. Il en est de même des calculs de surplus : pour évaluer le surplus du consommateur ou celui du producteur, on doit calculer l'aire d'une zone coincée entre la courbe d'offre et la courbe de demande.

En mathématique, l'aire d'une zone située entre le graphe d'une fonction et l'axe des abscisses s'appelle une intégrale. Pour calculer une intégrale, on utilise une primitive de la fonction, c'est-à-dire en quelque sorte le contraire de la dérivée, car la dérivée de la primitive d'une fonction est cette fonction elle-même. Avoir étudié les dérivées nous aide donc pour aborder les primitives, qui elles-mêmes permettent de calculer des intégrales bien utiles en calcul des probabilités.

LES GRANDS AUTEURS

Bernhard Riemann (1826-1866)

Bernhard Riemann est un mathématicien allemand, grand spécialiste de l'analyse mathématique et de la géométrie différentielle. Il fait sa thèse à Göttingen sous la direction du célèbre mathématicien Gauss.

Riemann est le fondateur de la géométrie différentielle qui rompt avec la géométrie euclidienne traditionnelle et introduit la géométrie des espaces courbes.

Ses travaux seront utiles à Einstein dans sa théorie de la relativité générale.

En 1854, il perfectionne les travaux de Cauchy sur les intégrales, avec une nouvelle définition de l'intégrale qu'on appelera alors l'intégrale de Riemann ou de Cauchy-Riemann. Une définition plus générale et plus abstraite de l'intégrale sera ensuite introduite par Lebesgue en 1904. ■

Intégrales

Plan

Objectifs

→ **Découvrir** la notion d'intégrale d'une fonction, ses principales propriétés ainsi que son lien avec la notion de primitive.

→ **Calculer** des intégrales pour des fonctions simples.

→ **Appliquer** le calcul intégral aux calculs de surplus et au calcul des probabilités.

1 Qu'est-ce qu'une intégrale ?

Considérons une fonction continue f de $[a; b]$ dans $\mathbb{R}$. Supposons pour le moment que f est positive sur $[a; b]$. Son graphe C_f est donc situé au-dessus de l'axe des abscisses. On voudrait définir et calculer l'aire $\mathcal{A}$ de la surface située entre C_f et l'axe des abscisses, pour $a \leq x \leq b$.

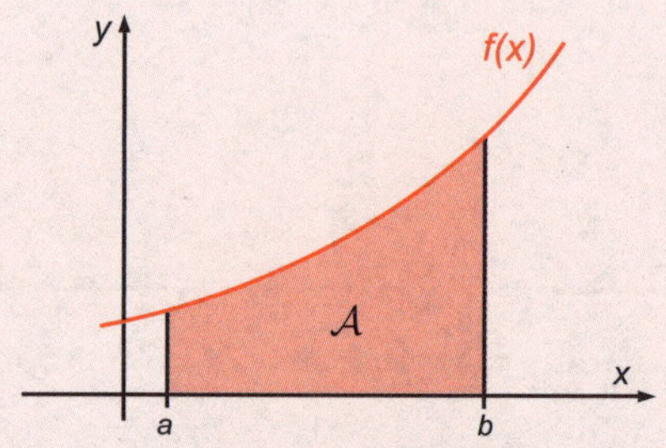

▲ **Figure 7.1** **$\mathcal{A}$ est l'aire de la surface située entre la courbe et l'axe des abscisses, pour $a \leq x \leq b$**

Comment donner un sens à l'aire $\mathcal{A}$ de cette surface ? C'est facile si f est constante. En effet, si f est constante sur $[a; b]$, la surface est un rectangle. La géométrie élémentaire nous apprend que l'aire dans ce cas est par définition $\mathcal{A} = (b - a) \times c$, où $f(x) = c$ pour tout $x \in [a; b]$.

Si f n'est pas constante, partageons l'intervalle $[a; b]$ en n petits intervalles de même taille de la façon suivante. On pose $x_i = a + i(\frac{b-a}{n})$, pour tout entier i tel que $0 \leq i \leq n$. Les intervalles $[x_i; x_{i+1}[$, pour $0 \leq i \leq n-1$, ont tous même longueur $\frac{b-a}{n}$, ils sont disjoints, et leur union est égale à $[a; b[$.[1]

Soit φ_n la fonction définie sur $[a; b[$ par $\varphi_n(x) = f(x_i)$ quand $x \in [x_i; x_{i+1}[$ (avec $0 \leq i \leq n-1$). La fonction φ_n est donc constante[2] sur chaque petit intervalle $[x_i; x_{i+1}[$. Soit C_{φ_n} le graphe de φ_n, et soit $\mathcal{A}_n$ l'aire de la surface située entre C_{φ_n} et l'axe des abscisses, pour $a \leq x \leq b$. Cette surface a une aire $\mathcal{A}_n$ simple à calculer, car il s'agit d'une union de rectangles.

Entre x_i et x_{i+1}, la fonction φ_n est constante égale à $f(x_i)$, donc l'aire de la zone correspondante est $(x_{i+1} - x_i) \times f(x_i) = (\frac{b-a}{n}) \times f(x_i)$.

L'aire $\mathcal{A}_n$ est la somme des aires de ces petites zones : $\mathcal{A}_n = \sum_{i=0}^{n-1} (\frac{b-a}{n}) \times f(x_i)$

En observant la figure 7.2, on comprend intuitivement que si n augmente, c'est-à-dire si on partage l'intervalle $[a; b]$ en intervalles de plus en plus petits, alors l'aire $\mathcal{A}_n$

1 Remarquons que x_i dépend de i mais également de n. Il faudrait en toute rigueur noter $x_i^{(n)}$ pour montrer que x_i dépend de n, d'autant plus que nous faisons tendre ensuite n vers l'infini. Nous avons préféré toutefois garder l'écriture x_i pour ne pas alourdir les notations.

2 Une fonction de ce type s'appelle une fonction en escalier.

va se rapprocher de plus en plus de l'aire de la surface située entre C_f et l'axe des abscisses, pour $a \leq x \leq b$.

C'est ce qu'exprime le théorème suivant, qui permet de définir l'intégrale d'une fonction continue sur un intervalle fermé borné. Nous ne donnerons pas sa démonstration pour ne pas alourdir le texte.

Théorème

Soit f continue de $[a; b]$ dans $\mathbb{R}$.

On pose $\mathcal{A}_n = \sum_{i=0}^{n-1} \left(\frac{b-a}{n}\right) \times f(x_i)$, où $x_i = a + i\left(\frac{b-a}{n}\right)$.

Alors la suite $(\mathcal{A}_n)$ est convergente.

On note $\int_a^b f(x)dx$ sa limite, c'est-à-dire :

$$\int_a^b f(x)dx = \lim_{n\to+\infty} \mathcal{A}_n = \lim_{n\to+\infty} \sum_{i=0}^{n-1} \left(\frac{b-a}{n}\right) \times f(x_i)$$

Définition 7.1

On dit que $\int_a^b f(x)dx$ est l'**intégrale** de f sur $[a; b]$.

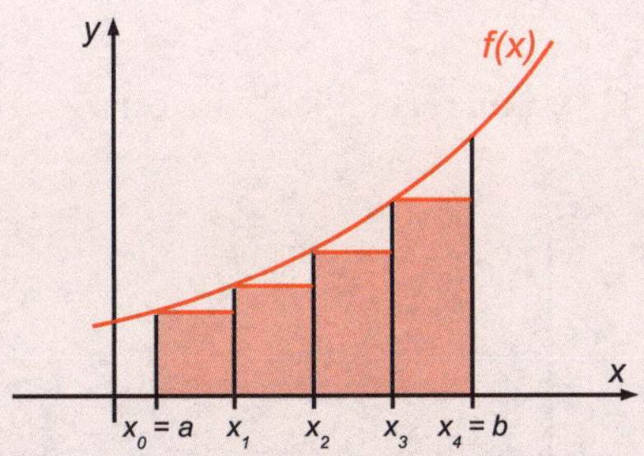

▲ **Figure 7.2 L'intégrale $\int_a^b f$ est la limite des surfaces des rectangles, quand les rectangles sont de plus en plus nombreux et de plus en plus fins**

Si f est positive, **l'intégrale** $\int_a^b f(x)dx$ **est l'aire** $\mathcal{A}$ de la surface $S = \{M(x; y)$; tel que $a \leq x \leq b$ et $0 \leq y \leq f(x)\}$ (► figure 7.1).

Le $\int$ est un signe somme stylisé, car pour calculer l'aire totale, on a été amené à faire une somme d'un grand nombre d'aires de surfaces de petits rectangles. Le nom de la variable sous le signe $\int$ est sans importance, on dit que c'est une variable « muette » (cela peut être x ou t ou n'importe quelle autre lettre). On peut donc noter l'intégrale : $\int_a^b f(x)dx$ ou $\int_a^b f(t)dt$ ou même $\int_a^b f$.

Si f est négative, l'intégrale est négative, ce qui veut dire que l'on compte l'aire avec un signe négatif lorsque la surface séparant le graphe de f et l'axe des abscisses est située sous celui-ci.

Si f est positive sur une partie de $[a; b]$, négative sur une autre partie de $[a; b]$, on compte positivement l'aire située au-dessus de l'axe des abscisses, et négativement celle située sous cet axe. Sur la figure 7.3, cela donne $\mathcal{A} = \mathcal{A}' - \mathcal{A}''$.

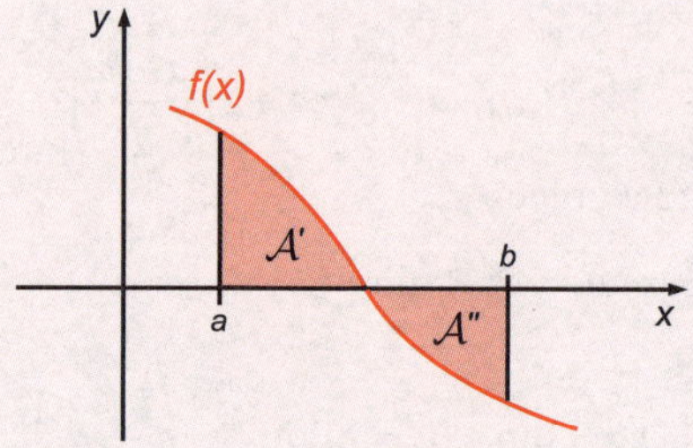

▲ **Figure 7.3 On a $\mathcal{A} = \mathcal{A}' - \mathcal{A}''$**

Exemple 7.1

Supposons f constante, $f(x) = C$ pour tout $x \in [a; b]$.
Dans ce cas, $\varphi_n(x) = C$ pour tout n, donc $\mathcal{A}_n = (b-a) \times C$ pour tout n.

D'où $\displaystyle\int_a^b f(x)dx = \lim_{n\to+\infty} \mathcal{A}_n = (b-a) \times C$.

La surface sous la courbe C_f est un rectangle, l'aire est $\mathcal{A} = (b-a) \times C$.

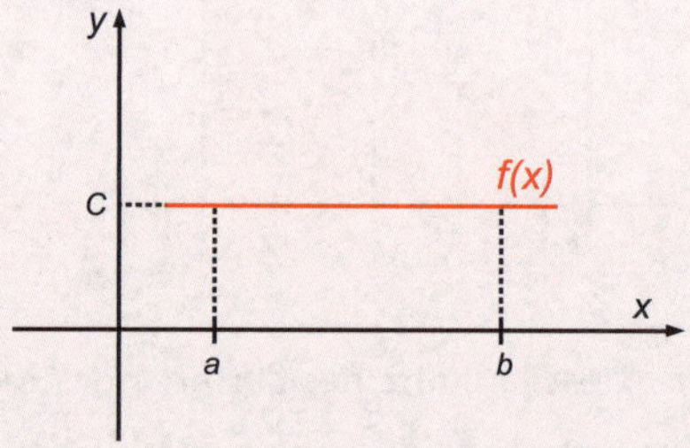

▲ **Figure 7.4 Si la fonction *f* est constante, la surface est un rectangle**

Exemple 7.2

On considère la fonction f définie par $f(x) = 3x$ sur $x \in [0; 6]$. On a donc ici $a = 0$ et $b = 6$.

$$\mathcal{A}_n = \sum_{i=0}^{n-1} \left(\frac{b-a}{n}\right) \times f(x_i) = \sum_{i=0}^{n-1} \left(\frac{6}{n}\right) \times f(x_i)$$

Où $x_i = a + i(\dfrac{b-a}{n}) = \dfrac{6i}{n}$, donc $f(x_i) = \dfrac{18i}{n}$.

$$\mathcal{A}_n = \sum_{i=0}^{n-1} \left(\frac{6}{n}\right) \times \frac{18i}{n} = \sum_{i=0}^{n-1} \frac{6 \times 18i}{n^2} = \frac{108}{n^2} \sum_{i=0}^{n-1} i = \frac{108}{n^2} \times \frac{(n-1)n}{2}$$

Car $\sum_{i=0}^{n} i = \frac{n(n+1)}{2}$ (► paragraphe 4.2.1, chapitre 1), d'où $\sum_{i=0}^{n-1} i = \frac{(n-1)n}{2}$.

$$\mathcal{A}_n = 54 \times \frac{n^2 - n}{n^2} = 54 \times \left(1 - \frac{1}{n}\right)$$

$\lim_{n \to +\infty} \mathcal{A}_n = \lim_{n \to +\infty} 54 \times (1 - \frac{1}{n}) = 54$ donc $\int_0^6 f(x)dx = 54$.

D'autre part, on peut remarquer que la surface $S = \{M(x;y); 0 \leq x \leq 6 \text{ et } 0 \leq y \leq 3x\}$ est un triangle. La géométrie élémentaire nous enseigne que l'aire d'un triangle est égale à :

$$\mathcal{A} = \frac{1}{2}(\text{Base} \times \text{Hauteur})$$

Ici on obtient $\mathcal{A} = \frac{6 \times 18}{2} = 6 \times 9 = 54$.

On retrouve bien la même valeur qu'avec le calcul de l'intégrale.

Le théorème précédent, qui permet de définir la notion d'intégrale, peut être étendu aux fonctions qui sont bornées sur $[a; b]$, continues sur $[a; b]$ sauf en un nombre fini de points.

Les propriétés des intégrales énoncées en section 2 sont valables aussi pour ce type de fonctions (sauf la formule de la moyenne).

APPLICATION Surplus du consommateur et surplus du producteur

On considère l'équilibre économique sur le marché d'un bien. La fonction d'offre inverse est $p = p_O(q)$ où p_O est une fonction continue croissante. La fonction de demande inverse est $p = p_D(q)$ où p_D est une fonction continue décroissante. L'équilibre économique est le point $(q^*; p^*)$ intersection de la courbe d'offre et de la courbe de demande. On peut calculer le surplus du consommateur SC et celui du producteur SP[3].

$SC = \int_0^{q^*} p_D(q)dq - p^* q^*$ = aire sous la courbe de demande, à laquelle on ôte la surface du rectangle (O, Q^*, E, P^*)

et

$SP = p^* q^* - \int_0^{q^*} p_O(q)dq$ = aire du rectangle (O, Q^*, E, P^*), à laquelle on ôte la surface sous la courbe d'offre.

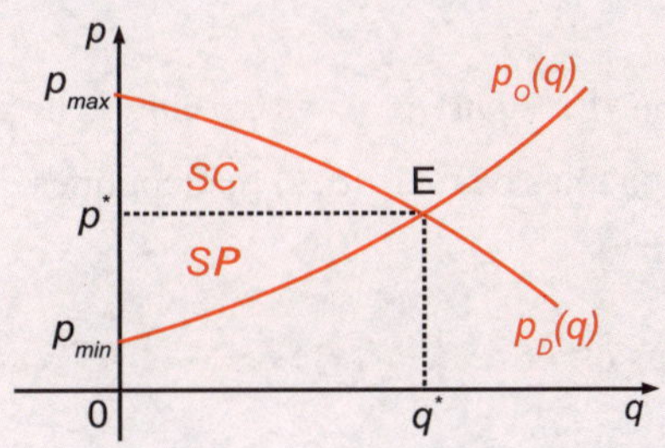

▲ **Figure 7.5 Surplus du consommateur *SC* et surplus du producteur *SP***

3 Voir J. Etner, M. Jeleva, *Microéconomie*, coll. « Openbook », Dunod, 2014, chapitre 8, paragraphe 1.3.

2 Propriétés des intégrales

La formule $\int_a^b f(x)dx = \lim_{n\to+\infty} \sum_{i=0}^{n-1} (\frac{b-a}{n}) \times f(x_i)$ va nous permettre de démontrer plusieurs propriétés des intégrales.

Proposition 7.1

Linéarité de l'intégrale

Si f et g sont continues sur $[a; b]$, et si $\lambda \in \mathbb{R}$, alors :

(i) $\int_a^b [f(x) + g(x)]\, dx = \int_a^b f(x)dx + \int_a^b g(x)dx$

(ii) $\int_a^b [\lambda \times f(x)]\, dx = \lambda \times \int_a^b f(x)dx$

Démonstration

Ces propriétés viennent des propriétés des opérations sur les limites des suites (► proposition 3.8).

(i) La limite d'une somme est la somme des limites, donc :

$$\begin{aligned}\int_a^b [f(x) + g(x)]\, dx &= \lim_{n\to+\infty} \sum_{i=0}^{n-1} \left(\frac{b-a}{n}\right) \times [f(x_i) + g(x_i)]\\ &= \lim_{n\to+\infty} \sum_{i=0}^{n-1} \left(\frac{b-a}{n}\right) \times f(x_i) + \lim_{n\to+\infty} \sum_{i=0}^{n-1} \left(\frac{b-a}{n}\right) \times g(x_i)\\ &= \int_a^b f(x)dx + \int_a^b g(x)dx\end{aligned}$$

(ii)
$$\begin{aligned}\int_a^b [\lambda \times f(x)]\, dx &= \lim_{n\to+\infty} \sum_{i=0}^{n-1} \left(\frac{b-a}{n}\right) \times [\lambda \times f(x_i)]\\ &= \lambda \times \lim_{n\to+\infty} \sum_{i=0}^{n-1} \left(\frac{b-a}{n}\right) \times f(x_i) = \lambda \times \int_a^b f(x)dx\end{aligned}$$
■

On a défini pour l'instant $\int_a^b f(x)dx$ seulement pour $a \leq b$. On peut étendre cette définition aux couples de réels (a,b) quelconques de la façon suivante.

Définition 7.2

Si $a > b$, alors on pose $\int_a^b f(x)dx = -\int_b^a f(x)dx$.

Proposition 7.2

Si $a \leq b$, et si f est continue et positive sur $[a; b]$, alors $\int_a^b f(x)dx \geq 0$.

Démonstration

Pour tout entier n, on a $\mathcal{A}_n = \sum_{i=0}^{n-1} (\frac{b-a}{n}) \times f(x_i) \geq 0$, donc la limite de $(\mathcal{A}_n)$ est positive, c'est-à-dire, $\int_a^b f(x)dx \geq 0$. ■

On peut remarquer que si $a > b$ et si $f \geq 0$ sur $[b; a]$, alors $\int_a^b f(x)dx \leq 0$.

De même, si $a < b$ mais si $f \leq 0$ sur $[b; a]$, alors $\int_a^b f(x)dx \leq 0$.

Et bien sûr, si $a > b$ et si $f \leq 0$ sur $[b; a]$, alors $\int_a^b f(x)dx \geq 0$.

Proposition 7.3

f et g deux fonctions continues sur $[a; b]$, avec $a \leq b$.

Si $f(x) \leq g(x)$ pour tout $x \in [a; b]$, alors $\int_a^b f(x)dx \leq \int_a^b g(x)dx$.

Démonstration

Considérons $h = g - f$.

On a $h \geq 0$, donc $\int_a^b h \geq 0$, c'est-à-dire $\int_a^b (g - f) \geq 0$.

D'où $\int_a^b g - \int_a^b f \geq 0$, donc $\int_a^b g \geq \int_a^b f$. ■

Proposition 7.4

Relation de Chasles

Soient f et g deux fonctions continues sur un intervalle I, et considérons a, b et c trois réels éléments de I. On a alors : $\int_a^b f(x)dx + \int_b^c f(x)dx = \int_a^c f(x)dx$

Démonstration

- Si $a \leq b \leq c$, cette relation est évidente quand on utilise la définition de l'intégrale basée sur les aires.
- Si $b < a < c$, alors $\int_a^b f(x)dx = -\int_b^a f(x)dx$. Il s'agit donc de montrer que : $-\int_b^a f(x)dx + \int_b^c f(x)dx = \int_a^c f(x)dx$, c'est-à-dire que $\int_b^a f(x)dx + \int_a^c f(x)dx = \int_b^c f(x)dx$. Cette dernière relation est vraie car elle correspond au premier cas examiné.

  Les autres cas se traitent de manière similaire. ■

Corollaire

On a toujours $\int_a^a f(x)dx = 0.$

Démonstration

On applique la relation de Chasles pour $a = b = c$.
On obtient :

$$\int_a^a f(x)dx + \int_a^a f(x)dx = \int_a^a f(x)dx$$

D'où $2\int_a^a f(x)dx = \int_a^a f(x)dx$, donc $\int_a^a f(x)dx = 0.$ ■

Définition 7.3

Si f est continue sur $[a; b]$, avec $a < b$, on appelle **valeur moyenne** de f sur $[a; b]$ le nombre μ tel que $\mu = \dfrac{1}{b-a}\displaystyle\int_a^b f(x)dx.$

Exemple 7.1 (suite)

Reprenons l'exemple 7.1. On suppose f constante, $f(x) = C$ pour tout $x \in [a; b]$.

On a vu que dans ce cas, $\int_a^a f(x)dx = C \times (b - a)$. La valeur moyenne est donc ici :

$$\mu = \frac{1}{b-a}\int_a^b f(x)dx = \frac{1}{b-a} \times C \times (b-a) = C$$

Si une fonction est constante égale à C sur un intervalle, alors sa valeur moyenne sur cet intervalle est cette constante C. Cela correspond clairement à ce que l'on attend d'une « valeur moyenne ».

Exemple 7.2 (suite)

Reprenons l'exemple 7.2. On considère f définie par $f(x) = 3x$ sur $x \in [0; 6]$. Ici $a = 0$ et $b = 6$. On a déjà calculé $\int_0^6 f(x)dx = 54$. La valeur moyenne de f est ici :

$$\mu = \frac{1}{b-a}\int_a^b f(x)dx = \frac{1}{6}\int_0^6 f(x)dx = \frac{54}{6} = 9$$

On peut observer que $f(0) = 0$ et $f(6) = 18$. La fonction f est linéaire, et croît donc de façon régulière de $f(0) = 0$ à $f(6) = 18$. Il est donc logique de trouver une valeur moyenne égale à 9.

La formule suivante montre qu'une fonction continue atteint sa valeur moyenne.

Proposition 7.5

Formule de la moyenne

Si f est continue sur $[a; b]$, il existe $c \in [a; b]$ tel que $f(c) = \dfrac{1}{b-a}\displaystyle\int_a^b f(x)dx.$

Démonstration

f est continue sur l'intervalle fermé borné $[a; b]$, donc d'après le théorème de Weierstrass (▸ paragraphe 5.1, chapitre 4), elle admet un maximum M et un minimum m, et l'image de $[a; b]$ par f est l'intervalle $[m; M]$.

On a donc $m \leq f(x) \leq M$ pour tout $x \in [a; b]$.

D'où $\int_a^b m dx \leq \int_a^b f(x)dx \leq \int_a^b M dx$ (▸ proposition 7.3), c'est-à-dire $m(b-a) \leq \int_a^b f(x)dx \leq M(b-a)$.

En notant μ la valeur moyenne de f, on a donc $m \leq \mu \leq M$.

μ appartient à l'intervalle $[m; M]$, qui est l'image de $[a; b]$ par f, donc il existe $c \in [a; b]$ tel que $f(c) = \mu$. ■

3 Primitives

Il existe un lien très important entre la notion d'intégrale que nous venons de voir, et celle de primitive que nous abordons maintenant. En effet, les primitives vont nous permettre de calculer les intégrales.

Définition 7.4

On appelle **primitive** de la fonction f définie sur l'intervalle I, toute fonction F définie et dérivable de I dans $\mathbb{R}$, telle que $F'(x) = f(x)$ pour tout $x \in I$.

Une fonction f n'admet pas forcément de primitive. La proposition 7.6 montre que si f admet une primitive, alors elle en admet une infinité, et la proposition 7.7 montre que les fonctions continues ont des primitives.

Proposition 7.6

Si f admet une primitive F sur l'intervalle I, alors les primitives de f sont les fonctions de la forme $x \mapsto F(x) + C$, où C est une constante réelle quelconque.

Démonstration

Si F est une primitive, alors soit G la fonction définie par $G(x) = F(x) + C$ pour tout $x \in I$.

Une fonction constante a une dérivée nulle, donc $G'(x) = F'(x) = f(x)$. La fonction G est donc aussi une primitive de f.

Réciproque. Supposons que G est une autre primitive de f. Alors $G' = F' = f$.

Donc $(G - F)' = 0$ sur l'intervalle I.

On sait qu'une fonction dont la dérivée est nulle sur tout un intervalle est forcément constante sur cet intervalle (▸ théorème sur le signe de la dérivée et le sens de variation, fin section 1, chapitre 6). Donc il existe une constante réelle C telle que $G(x) - F(x) = C$ pour tout $x \in I$.

■

Proposition 7.7

On suppose que f est continue sur un intervalle I, et soit a fixé dans I.

On pose $F(x) = \int_a^x f(t)dt$ pour tout $x \in I$.

Alors F est l'unique primitive de f qui vaut 0 en $x = a$.

Démonstration

Montrons que F est une primitive de f. Soit $x_0 \in I$, et h un réel proche de 0.

$$\frac{1}{h}[F(x_0+h) - F(x_0)] = \frac{1}{h}\left[\int_a^{x_0+h} f(t)dt - \int_a^{x_0} f(t)dt\right] = \frac{1}{h}\left[\int_a^{x_0+h} f(t)dt + \int_{x_0}^{a} f(t)dt\right]$$
$$= \frac{1}{h}\int_{x_0}^{x_0+h} f(t)dt \text{ (par la relation de Chasles)}$$

et $\frac{1}{h}\int_{x_0}^{x_0+h} f(t)dt = f(c_h)$ pour un $c_h \in [x_0; x_0 + h]$ d'après la formule de la moyenne (► proposition 7.5).

On a donc $\frac{1}{h}[F(x_0+h) - F(x_0)] = f(c_h)$, avec $\lim_{h\to 0} f(c_h) = f(x_0)$ car f est continue et c_h tend vers x_0 quand h tend vers 0.

On en déduit $\lim_{h\to 0} \frac{1}{h}[F(x_0+h) - F(x_0)] = f(x_0)$, c'est-à-dire $F'(x_0) = f(x_0)$.

F est donc bien une primitive de f.

Montrons que F est la seule primitive de f nulle en a.

F est nulle en $x = a$ car $F(a) = \int_a^a f(t)dt = 0$.

Est-ce la seule ? Soit G une autre primitive de f. Il existe donc une constante C tel que $G(x) = F(x) + C$.

Si G est elle aussi nulle en a, alors par $G(a) = F(a) + C$, on trouve que $C = 0$.

D'où $G(x) = F(x)$ pour tout x. F est donc bien la seule. ■

La proposition précédente montre le lien qui existe entre intégrales et primitives. D'où la notation usuelle suivante.

Notation

$\int f(x)dx$ désigne n'importe quelle primitive de la fonction f.

On dit que $\int f(x)dx$ est une intégrale indéfinie, par opposition à l'intégrale définie $\int_a^b f(x)dx$. Puisque les primitives de f sont toutes égales, à une constante près, on peut dire que l'intégrale indéfinie est donnée à une constante près.

Exemple 7.3

$\int x^2 dx = \frac{1}{3}x^3 + C$ où C est une constante arbitraire.

$\int \frac{1}{x} dx = \ln(x) + C$

Le tableau suivant donne les primitives des fonctions les plus courantes. À chaque fois, C désigne une constante arbitraire.

▼ **Tableau 7.1 Les primitives les plus courantes**

$\int x^\alpha dx = \frac{x^{\alpha+1}}{\alpha+1} + C$, pour $\alpha \neq -1$
$\int \frac{1}{x} dx = \ln(x) + C$
$\int e^{ax} dx = \frac{e^{ax}}{a} + C$, pour $a \neq 0$

Les règles de calcul portant sur les dérivées conduisent à des règles correspondantes sur les primitives, énoncées dans la proposition suivante.

Proposition 7.8

Si f et g sont des fonctions continues sur un intervalle I, et si $\lambda \in \mathbb{R}$, alors on a :

$$\int (f(x) + g(x))dx = \int f(x)dx + \int g(x)dx$$

$$\int \lambda f(x)dx = \lambda \int f(x)dx$$

Démonstration

Si F désigne une primitive de f, et G une primitive de g, alors $(F + G)' = F' + G' = f + g$ d'après la formule de dérivation d'une somme de fonctions, donc $F + G$ est une primitive de $f + g$.

De même, si $K(x) = \lambda F(x)$, alors $K'(x) = \lambda F'(x) = \lambda f(x)$, donc λF est une primitive de λf.

■

Exemple 7.4

Cherchons une primitive de la fonction $x \mapsto 3x^2 + 4x$

$$\int (3x^2 + 4x)dx = \int 3x^2 dx + \int 4xdx = 3\int x^2 dx + 4\int xdx$$

$$= 3\left(\frac{1}{3}x^3\right) + 4\left(\frac{1}{2}x^2\right) + C = x^3 + 2x^2 + C$$

où C est une constante arbitraire.

4 Calcul intégral

Comment calculer en pratique l'intégrale d'une fonction f sur un intervalle $[a; b]$? Le plus simple est d'utiliser une primitive de f, si on en connaît une. Sinon, nous allons voir que l'on peut faire un changement de variable (utilisant la formule de la dérivée d'une fonction composée) ou bien faire une intégration par parties (basée sur la formule de la dérivée d'un produit).

4.1 À l'aide d'une primitive

Quand on connaît une primitive de la fonction f, on peut calculer son intégrale.

Proposition 7.9

Si G est une primitive de la fonction continue f, alors $\int_a^b f(t)dt = G(b) - G(a)$.

Démonstration

La fonction F définie par $F(x) = \int_a^x f(t)dt$ est la primitive de f nulle en a. La fonction G est une autre primitive de f, donc il existe une constante C telle que $G(x) = F(x) + C$.
On a alors :

$$G(b) - G(a) = (F(b) + C) - (F(a) + C) = F(b) = \int_a^b f(t)dt$$

■

Notation

Si G est une fonction définie sur un intervalle $[a; b]$, la différence $G(b) - G(a)$ est notée $[G(x)]_a^b$. Ici x est une variable muette, on peut tout aussi bien noter par exemple $[G(t)]_a^b = G(b) - G(a)$.

Si G est une primitive de f, on a donc $\int_a^b f(t)dt = [G(t)]_a^b$.

Exemple 7.5

Calculons trois intégrales à l'aide à chaque fois de la primitive de la fonction figurant sous le signe $\int$:

$$I = \int_1^{10} \frac{1}{x}dx = [\ln(x)]_1^{10} = \ln(10) - \ln(1) = \ln(10)$$

$$J = \int_2^5 \frac{1}{x^2}dx = \left[-\frac{1}{x}\right]_2^5 = -\frac{1}{5} + \frac{1}{2} = \frac{-2+5}{10} = \frac{3}{10}$$

$$K = \int_1^4 (x^2 + 2x + 5)dx = \left[\frac{1}{3}x^3 + x^2 + 5x\right]_1^4 = \left(\frac{64}{3} + 16 + 20\right) - \left(\frac{1}{3} + 1 + 5\right)$$
$$= \frac{64}{3} + 36 - \frac{1}{3} - 6 = \frac{63}{3} + 30 = 21 + 30 = 51$$

APPLICATION Calcul de surplus (suite)

Nous avons vu, à la fin de la section 1, que les surplus du consommateur et du producteur sont donnés par :

$$SC = \int_0^{q^*} p_D(q)dq - p^*q^* \quad \text{et} \quad SP = p^*q^* - \int_0^{q^*} p_O(q)dq$$

Comme $p^*q^* = \int_0^{q^*} p^*dq$, on peut aussi écrire les surplus de la façon suivante :

$$SC = \int_0^{q^*} [p_D(q) - p^*]\,dq \quad \text{et} \quad SP = \int_0^{q^*} [p^* - p_O(q)]\,dq$$

Autrement dit, SC est l'aire de la surface $(E, P_{\max}, P^*)$, qui sépare la courbe de demande indirecte $q \mapsto p_D(q)$ et la droite horizontale d'équation $p = p^*$ (▶ figure 7.5). De même, SP est l'aire de la surface $(E, P_{\min}, P^*)$, qui sépare la droite horizontale d'équation $p = p^*$ et la courbe d'offre indirecte $q \mapsto p_O(q)$.

Supposons par exemple que $p_D(q) = -\frac{1}{2}q + 10$ et $p_O(q) = q + 1$.

Cherchons l'équilibre.

L'égalité $p_D(q) = p_O(q)$ donne $-\frac{1}{2}q + 10 = q + 1$, d'où $\frac{3}{2}q = 9$, c.-à-d. $q^* = 6$.

On en déduit que $p^* = q^* + 1 = 7$

$$SC = \int_0^{q^*} [p_D(q) - p^*]\, dq = \int_0^6 \left[-\frac{1}{2}q + 10 - 7\right] dq$$

$$= \int_0^6 \left[-\frac{1}{2}q + 3\right] dq = \left[-\frac{1}{4}q^2 + 3q\right]_0^6 = -9 + 18 = 9$$

$$SP = \int_0^{q^*} [p^* - p_O(q)]\, dq = \int_0^6 [7 - (q+1)]\, dq$$

$$= \int_0^6 [6 - q]\, dq = \left[6q - \frac{1}{2}q^2\right]_0^6 = 36 - 18 = 18$$

On voit ici que l'équilibre économique permet au producteur de bénéficier d'un surplus deux fois plus important que le consommateur.

APPLICATION Distribution des revenus

Supposons que les revenus dans une certaine population sont compris entre A et B, où A est le revenu minimum et B le revenu maximum. Pour $x \in [A; B]$, notons $F(x)$ la proportion d'individus de cette population qui ont un revenu inférieur à x. On a forcément $F(A) = 0$ et $F(B) = 1$.

Supposons que F est dérivable, de dérivée continue, et notons f sa dérivée. Puisque F est une primitive de f, nulle en A, on a $F(x) = \int_A^x f$. On peut donc dire graphiquement que la proportion des gens qui ont un revenu inférieur à x est l'aire de la surface située entre le graphe de f et l'axe des abscisses, pour une abscisse comprise entre A et x.

Si $a, b \in [A; B]$, avec $a < b$, alors $\int_a^b f$ est la proportion d'individus de cette population dont le revenu est compris entre a et b.

Notons X le revenu d'un individu choisi au hasard dans cette population. La probabilité que son revenu soit compris entre a et b est $P(a \leq X \leq b) = \int_a^b f$.

Par exemple, supposons que $A = 0$, que $B = 5\,000$, et que $f(x) = -\frac{x}{5\,000^2} + \frac{3}{10\,000}$.

La probabilité d'avoir un revenu compris entre 1 000 et 3 000 est :

$$P(1\,000 \leq X \leq 3\,000) = \int_{1\,000}^{3\,000} f(x)dx = \int_{1\,000}^{3\,000} \left(-\frac{x}{5\,000^2} + \frac{3}{10\,000}\right) dx$$

$$= \left[-\frac{x^2}{2 \times 5\,000^2} + \frac{3x}{10\,000}\right]_{1\,000}^{3\,000} = \left(-\frac{3\,000^2}{2 \times 5\,000^2} + \frac{3 \times 3\,000}{10\,000}\right) - \left(-\frac{1\,000^2}{2 \times 5\,000^2} + \frac{3 \times 1\,000}{10\,000}\right)$$

$$= \left(\frac{-9}{50} + \frac{9}{10}\right) - \left(\frac{-1}{50} + \frac{3}{10}\right) = \frac{-8}{50} + \frac{6}{10} = \frac{-8 + 30}{50} = \frac{22}{50} = 44\ \%$$

4.2 À l'aide d'un changement de variable

On voudrait utiliser la formule de la dérivée d'une fonction composée pour calculer une intégrale du type $\int_{\alpha}^{\beta} f(g(x)) \cdot g'(x)dx$. On sait que si F et g sont des fonctions dérivables, alors la dérivée de $F \circ g$ est donnée par :

$$(F \circ g)'(x) = F'(g(x)) \times g'(x)$$

Rappelons qu'une fonction est dite de classe C^1 si elle est dérivable et de dérivée continue. La formule de la dérivée d'une fonction composée permet de faire un changement de variable dans l'intégrale, comme indiqué dans la proposition suivante.

Proposition 7.10

On suppose que g est une fonction de classe C^1 de $[\alpha;\beta]$ dans $\mathbb{R}$, et que f est une fonction continue de I dans $\mathbb{R}$, où I est un intervalle contenant l'image $g([\alpha;\beta])$ de la fonction g. Notons $a = g(\alpha)$ et $b = g(\beta)$. Alors on a :

$$\int_a^b f(u)du = \int_{\alpha}^{\beta} f(g(x)) \cdot g'(x)dx$$

Démonstration

Supposons que F est une primitive de f, et soit $G(x) = F(g(x)) = F(u)$ (pour $u = g(x)$).

On a $\int_a^b f(u)du = F(b) - F(a)$.

D'autre part, $G'(x) = F'(g(x)) \times g'(x) = f(g(x)) \times g'(x)$. La fonction $G(x)$ est une primitive de $f(g(x)) \times g'(x)$, donc $\int_{\alpha}^{\beta} f(g(x)) \cdot g'(x)dx = G(\beta) - G(\alpha)$.

Mais $G(\beta) = F(g(\beta)) = F(b)$ et $G(\alpha) = F(g(\alpha)) = F(a)$.

On a donc $G(\beta) - G(\alpha) = F(b) - F(a)$ d'où $\int_{\alpha}^{\beta} f(g(x)) \cdot g'(x)dx = \int_a^b f(u)du$.

Dans la pratique, cela signifie que pour calculer $\int_{\alpha}^{\beta} f(g(x)) \cdot g'(x)dx$, on peut poser $u = g(x)$, et remplacer du par $g'(x)dx$, tout en changeant les bornes de l'intégrale. ■

Exemple 7.6

– On veut calculer $I = \int_0^1 2x\left(x^2+1\right)^3 dx$. Cette intégrale est bien du type $\int_{\alpha}^{\beta} f(g(x)).g'(x)dx$, avec $g(x) = x^2 + 1$ et $g'(x) = 2x$.

On pose donc $u = x^2 + 1$, ce qui donne $du = 2xdx$.

$I = \int_1^2 u^3 du$ car $x = 0$ donne $u = 1$, et $x = 1$ donne $u = 2$.

$I = \left[\frac{1}{4}u^4\right]_1^2 = \frac{16-1}{4} = \frac{15}{4}$

– Calculons maintenant $J = \int_0^2 6xe^{3x^2} dx$.

On fait le changement de variable $u = 3x^2$, qui donne $du = 6xdx$ (car $g(x) = 3x^2$ donne $g'(x) = 6x$).

Les bornes $x = 0$ et $x = 2$ deviennent $u = 0$ et $u = 3 \times 2^2 = 12$ respectivement.

D'où :
$$J = \int_0^{12} e^u du = [e^u]_0^{12} = e^{12} - e^0 = e^{12} - 1$$

4.3 À l'aide d'une intégration par parties

On voudrait, pour calculer des intégrales, utiliser la formule sur la dérivée d'un produit :
$$(u \times v)' = (u' \times v) + (u \times v')$$

Rappelons que $[u(x)v(x)]_a^b = u(b)v(b) - u(a)v(a)$ par définition.

La proposition suivante donne la formule dite d'intégration « par parties ».

Proposition 7.11

Intégration par parties

Soit u et v deux fonctions de classe C^1 sur un intervalle $[a; b]$ de $\mathbb{R}$. On a alors :
$$\int_a^b u(x)v'(x)dx = [u(x)v(x)]_a^b - \int_a^b u'(x)v(x)dx$$

Démonstration

On a $(uv)' = u'v + uv'$, donc :
$$\int_a^b (uv)'(x)dx = \int_a^b u'(x)v(x)dx + \int_a^b u(x)v'(x)dx$$
$$u(b)v(b) - u(a)v(a) = \int_a^b u'(x)v(x)dx + \int_a^b u(x)v'(x)dx$$
$$\int_a^b u(x)v'(x)dx = [u(x)v(x)]_a^b - \int_a^b u'(x)v(x)dx$$ ■

Exemple 7.7

Calcul de $I = \int_0^1 x\exp(x)dx$.

On pose $u(x) = x$ et $v'(x) = \exp(x)$.

On a alors $u'(x) = 1$ et on peut poser $v(x) = \exp(x)$.

La formule d'intégration par parties donne alors :
$$I = [x\exp(x)]_0^1 - \int_0^1 \exp(x)dx = \exp(1) - [\exp(x)]_0^1 = e^1 - (e^1 - e^0) = e^0 = 1$$

L'intégration par parties est utile aussi pour calculer des primitives.

Proposition 7.12

Si u et v sont deux fonctions de classe C^1 sur un intervalle I de $\mathbb{R}$, alors uv' et $u'v$ admettent des primitives, et $\int u(x)v'(x)dx = u(x)v(x) - \int u'(x)v(x)dx$.

Démonstration

La dérivée de $u(x)v(x)$ est $u(x)v'(x) + u'(x)v(x)$, donc la fonction $u(x)v(x)$ est une primitive de $u(x)v'(x) + u'(x)v(x)$. ■

Exemple 7.8

On cherche une primitive de $\ln(x)$ sur $x > 0$.

Posons $u(x) = \ln(x)$ et $v'(x) = 1$. On a $u'(x) = \frac{1}{x}$ et on peut prendre $v(x) = x$. Cela donne :

$$\int \ln(x)dx = x\ln(x) - \int \frac{1}{x} \times x dx = x\ln(x) - \int 1.dx = x\ln(x) - x + C$$

5 Intégrales généralisées (ou impropres)

5.1 Intervalle non borné

Jusqu'à présent nous avons défini l'intégrale d'une fonction continue f sur un intervalle fermé borné $[a; b]$. On aimerait définir l'intégrale de f sur un intervalle non borné, du type $[a; +\infty[$ ou $]-\infty; b]$.

Souvenons nous que $\int_a^b f$ est une mesure de l'aire comprise entre C_f et l'axe des abscisses, pour $a \leq x \leq b$. Quand f est continue sur l'intervalle fermé borné $[a; b]$, on a vu que $\int_a^b f$ existe toujours, ce qui signifie en particulier que cette aire est finie.

Supposons que f est continue sur l'intervalle fermé non borné $[a; +\infty[$. On voudrait mesurer l'aire comprise entre la courbe et l'axe des abscisses, pour $x \geq a$. Cette aire peut être finie ou infinie. Ceci conduit à la notion d'intégrale généralisée.

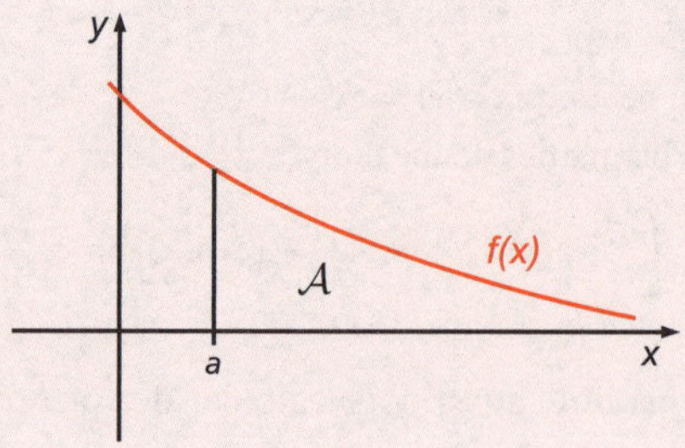

▲ **Figure 7.6** Ici $\mathcal{A} = \int_a^{+\infty} f(x)dx$

Définition 7.5

Soit f une fonction continue sur $[a; +\infty[$.

Pour tout $b \geq a$, on pose $F(b) = \int_a^b f(x)dx$.

Si $F(b)$ a une limite finie quand b tend vers $+\infty$, alors on dit que $\int_a^{+\infty} f(x)dx$ existe (ou converge), et on définit :

$$\int_a^{+\infty} f(x)dx = \lim_{b\to+\infty} \int_a^b f(x)dx$$

Si $F(b)$ n'a pas de limite finie, on dit que $\int_a^{+\infty} f(x)dx$ n'existe pas, ou diverge.

Notation

Si G est une primitive de f, on sait que $\int_a^b f = G(b) - G(a)$, et la différence $G(b) - G(a)$ est notée $[G(x)]_a^b$ (► paragraphe 4.1).

De même, si $\int_a^{+\infty} f$ existe, on note $[G(x)]_a^{+\infty}$ la différence $\lim\limits_{b\to+\infty} G(b) - G(a)$, et on a donc $\int_a^{+\infty} f = [G(x)]_a^{+\infty}$.

Exemple 7.9

1. Soit f définie par $f(x) = \frac{1}{x^2}$ sur $x \geq 1$.

$$\int_1^b \frac{1}{x^2}dx = \left[-\frac{1}{x}\right]_1^b = -\frac{1}{b} + 1 \text{ qui tend vers 1 si } b \to +\infty$$

Donc $\int_1^{+\infty} \frac{1}{x^2}dx$ existe et vaut $\int_1^{+\infty} \frac{1}{x^2}dx = \lim\limits_{b\to+\infty} \int_1^b \frac{1}{x^2}dx = 1.$

2. Soit f définie par $f(x) = \frac{1}{x}$ sur $x \geq 2$.

$$\int_2^b \frac{1}{x}dx = [\ln(x)]_2^b = \ln(b) - \ln(2) \text{ qui tend vers } +\infty \text{ si } b \to +\infty.$$

Donc $\int_2^{+\infty} \frac{1}{x}dx$ diverge.

Proposition 7.13

Soit f une fonction continue sur $[a; +\infty[$, et $c \in [a; +\infty[$.

$\int_a^{+\infty} f(x)dx$ converge si et seulement si $\int_c^{+\infty} f(x)dx$ converge.

Démonstration

Soit $F(b) = \int_a^b f$ et $G(b) = \int_c^b f$.

On a $F(b) = G(b) + \int_a^c f$, donc $F(b)$ a une limite finie pour $b \to +\infty$ si et seulement si $G(b)$ a une limite finie pour $b \to +\infty$. ■

Exemple 7.10

On vient de voir que $\int_1^{+\infty} \frac{1}{x^2}dx$ converge, donc $\int_c^{+\infty} \frac{1}{x^2}dx$ converge pour tout $c \geq 1$.

On a vu également que $\int_2^{+\infty} \frac{1}{x}dx$ diverge, donc $\int_c^{+\infty} \frac{1}{x}dx$ diverge pour tout $c \geq 2$.

Proposition 7.14

Soit $c > 0$ et $\alpha \in \mathbb{R}$. L'intégrale $\int_c^{+\infty} \frac{1}{x^\alpha}dx$ converge si et seulement si $\alpha > 1$.

Démonstration

Ici c est fixé, avec $c > 0$.

Pour $\alpha \neq 1$, une primitive de $f(x) = \frac{1}{x^\alpha} = x^{-\alpha}$ est $F(x) = \frac{1}{1-\alpha}x^{1-\alpha}$, donc pour $b > c$, $\int_c^b \frac{1}{x^\alpha}dx = F(b) - F(c) = \frac{1}{1-\alpha}\left(b^{1-\alpha} - c^{1-\alpha}\right)$ qui converge pour $b \to +\infty$ si et seulement si $1 - \alpha < 0$. D'où $\int_c^{+\infty} \frac{1}{x^\alpha}dx$ converge si et seulement si $1 < \alpha$.

Pour $\alpha = 1$, une primitive de $f(x) = \frac{1}{x}$ est $F(x) = \ln(x)$, donc $\int_c^b \frac{1}{x}dx = \ln(b) - \ln(c)$ qui diverge pour $b \to +\infty$. D'où $\int_c^{+\infty} \frac{1}{x^\alpha}dx$ diverge si $\alpha = 1$. ■

On a le même type de notion quand on considère un intervalle du type $]-\infty; b]$.

Définition 7.6

Soit f une fonction continue sur $]-\infty; b]$. On pose $F(a) = \int_a^b f(x)dx$.

Si $F(a)$ a une limite finie quand a tend vers $-\infty$, alors on dit que $\int_{-\infty}^b f(x)dx$ existe (ou converge), et on définit :

$$\int_{-\infty}^b f(x)dx = \lim_{a \to -\infty} \int_a^b f(x)dx$$

Exemple 7.11

Soit f définie par $f(x) = \frac{1}{x^4}$ pour $x \leq -1$.

$\int_a^{-1} f(x)dx = \left[-\frac{1}{3x^3}\right]_a^{-1} = \frac{1}{3} + \frac{1}{3a^3}$ qui tend vers $\frac{1}{3}$ pour $a \to -\infty$.

Donc $\int_{-\infty}^{-1} f(x)dx$ existe et $\int_{-\infty}^{-1} f(x)dx = \lim_{a \to -\infty} \int_a^{-1} f(x)dx = \frac{1}{3}$.

Proposition 7.15

Supposons que f et g sont deux fonctions continues sur $[a; +\infty[$, avec $0 \leq f(x) \leq g(x)$ pour tout $x \geq a$.

– Si $\int_a^{+\infty} g(x)dx$ converge, alors $\int_a^{+\infty} f(x)dx$ converge.

On a alors $0 \leq \int_a^{+\infty} f(x)dx \leq \int_a^{+\infty} g(x)dx$.

– Si $\int_a^{+\infty} f(x)dx$ diverge, alors $\int_a^{+\infty} g(x)dx$ diverge.

Démonstration

Posons $F(b) = \int_a^b f(x)dx$ et $G(b) = \int_a^b g(x)dx$. Comme $0 \leq f(x) \leq g(x)$ pour tout $x \geq a$, alors F et G sont des fonctions croissantes, et on a $0 \leq F(b) \leq G(b)$ pour tout $b \geq a$. On peut appliquer les théorèmes de comparaison des limites de fonctions (▶ paragraphe 2.2, chapitre 4), ce qui donne :

– Si $\lim_{b\to+\infty} F(b) = +\infty$, alors $\lim_{b\to+\infty} G(b) = +\infty$, c'est-à-dire si $\int_a^{+\infty} f(x)dx$ diverge, alors $\int_a^{+\infty} g(x)dx$ diverge.

– Si $G(b)$ a une limite finie pour $b \to +\infty$, alors $F(b)$ a une limite finie pour $b \to +\infty$, et $0 \leq \lim_{b\to+\infty} F(b) \leq \lim_{b\to+\infty} G(b)$, c'est-à-dire si $\int_a^{+\infty} g(x)dx$ converge, alors $\int_a^{+\infty} f(x)dx$ converge et $0 \leq \int_a^{+\infty} f(x)dx \leq \int_a^{+\infty} g(x)dx$. ■

APPLICATION Deuxième exemple de distribution des revenus

Supposons que les revenus individuels dans une population donnée sont supérieurs ou égaux à A (ici A désigne le revenu minimum). Comme en section 4.1, notons $F(x)$ la proportion d'individus ayant un revenu inférieur à x. Si F est dérivable, de dérivée f, on a $F(x) = \int_A^x f(t)dt$. Pour $A < a < b$, la proportion d'individus ayant un revenu compris entre a et b est $\int_a^b f(t)dt$. Si on choisit un individu au hasard dans cette population, la probabilité que son revenu X soit compris entre a et b est $P(a \leq X \leq b) = \int_a^b f(t)dt$.

Supposons par exemple que $f(x) = 500\,000 \times \frac{1}{x^3}$ pour $x \geq 500$,et $f(x) = 0$ pour $x < 500$.
Ici le revenu minimum est $A = 500$.
La probabilité qu'un individu pris au hasard gagne entre 1 000 et 2 000 est :

$$P(1\,000 < X < 2\,000) = \int_{1\,000}^{2\,000} \frac{500\,000}{x^3}dx = 500\,000 \times \left[\frac{-1}{2x^2}\right]_{1\,000}^{2\,000}$$

$$= \frac{500\,000}{2} \times \left(\frac{-1}{2\,000^2} + \frac{1}{1\,000^2}\right) = \frac{-250\,000}{4\,000\,000} + \frac{250\,000}{1\,000\,000} = \frac{-1}{16} + \frac{1}{4} = \frac{3}{16}$$

La probabilité qu'il gagne plus de 3 000 est :

$$P(X > 3\,000) = \int_{3\,000}^{+\infty} \frac{500\,000}{x^3} dx = 500\,000 \times \left[\frac{-1}{2x^2}\right]_{3\,000}^{+\infty} = \frac{500\,000}{2 \times 9\,000\,000} = \frac{5}{180} = \frac{1}{36}$$

Ajoutons que le revenu moyen dans cette population est EX donné par[4] :

$$EX = \int_{500}^{+\infty} xf(x)dx = \int_{500}^{+\infty} 500\,000 \times \frac{1}{x^2} dx = 500\,000 \times \left[\frac{-1}{x}\right]_{500}^{+\infty} = \frac{500\,000}{500} = 1\,000$$

5.2 Fonction non bornée

Quand une fonction f est continue sur un intervalle fermé borné $[a; b]$, alors on sait d'après le théorème de Weierstrass (▸ paragraphe 5.1, chapitre 4) que f est bornée sur cet intervalle. C'est ce qui assure l'existence de l'intégrale $\int_a^b f$ pour toute fonction continue sur l'intervalle fermé borné $[a; b]$. Que se passe-t-il maintenant si f est continue sur l'intervalle semi-ouvert $]a; b]$, mais tend vers l'infini quand x tend vers a ?

On va avoir la même démarche que dans le cas d'un intervalle non borné. On veut mesurer l'aire de la zone comprise entre C_f et l'axe des abscisses pour $a \leq x \leq b$. Comme f tend vers $+\infty$ ou $-\infty$ quand x tend vers a, cette aire peut être finie ou infinie. On dira que $\int_a^b f$ converge si cette aire est finie.

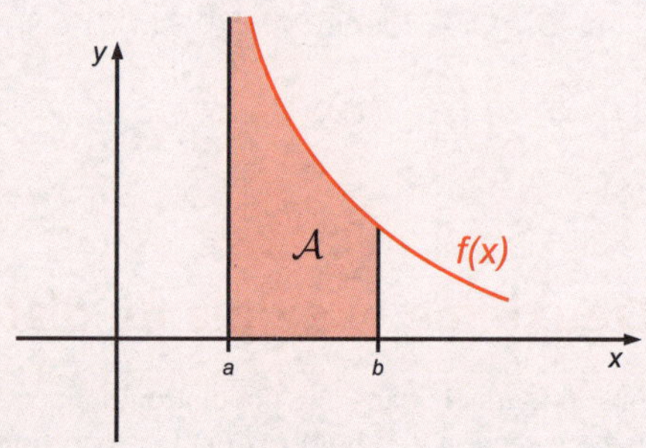

▲ **Figure 7.7** Ici $\mathcal{A} = \int_a^b f(x)dx$ avec $\lim_{x \to a} f(x) = +\infty$

Définition 7.7

Soit f une fonction continue sur $]a; b]$. On pose $I(c) = \int_c^b f(x)dx$ pour $c \in]a; b]$.

- Si $I(c)$ a une limite finie quand c tend vers a (avec $c > a$), alors on dit que $\int_a^b f(x)dx$ existe (ou converge), et on définit :

$$\int_a^b f(x)dx = \lim_{c \to a^+} \int_c^b f(x)dx$$

4 Voir C. Hurlin, V. Mignon, *Statistique et probabilités en économie-gestion*, coll. « Openbook », Dunod, 2015.

- Si $I(c)$ n'a pas de limite finie, on dit que $\int_a^b f(x)dx$ n'existe pas, ou diverge.

Remarquons que cette définition peut être étendue au cas où f est continue sur $[a; b[$, mais tend vers l'infini quand x tend vers b.

Dans ce cas, on dit que $\int_a^b f(x)dx$ existe (ou converge) si $\int_a^c f(x)dx$ a une limite finie pour $c \to b^-$ et on pose $\int_a^b f(x)dx = \lim_{c \to b^-} \int_a^c f(x)dx$.

Exemple 7.12

1. Soit f définie par $f(x) = \frac{1}{\sqrt{x}}$ pour $x \in]0; 1]$.

Une primitive de $f(x) = x^{-1/2}$ est $F(x) = \frac{x^{1/2}}{1/2} = 2\sqrt{x}$.

$$\int_c^1 \frac{1}{\sqrt{x}}dx = \left[2\sqrt{x}\right]_c^1 = 2 - 2\sqrt{c} \text{ qui tend vers 2 si } c \to 0^+.$$

Donc $\int_0^1 \frac{1}{\sqrt{x}}dx$ existe et vaut $\int_0^1 \frac{1}{\sqrt{x}}dx = \lim_{c \to 0^+} \int_c^1 \frac{1}{\sqrt{x}}dx = 2$.

2. Soit f définie par $f(x) = \ln(x)$ sur $x \in]0; 5]$.

Une primitive de $\ln(x)$ est $F(x) = x\ln(x) - x$, donc :

$$\int_c^5 \ln(x)dx = [x\ln(x) - x]_c^5 = (5\ln(5) - 5) - (c\ln(c) - c)$$

qui tend vers $5\ln(5) - 5$ si $c \to 0^+$ car $\lim_{c \to 0^+} c\ln(c) = 0$ (► théorème de croissances comparées, chapitre 5, paragraphe 2.2).

Donc $\int_0^5 \ln(x)dx$ converge, et $\int_0^5 \ln(x)dx = \lim_{c \to 0^+} \int_c^5 \ln(x)dx = 5\ln(5) - 5$.

Proposition 7.16

Soit $c > 0$ et $\alpha \in \mathbb{R}$. L'intégrale $\int_0^c \frac{1}{x^\alpha}dx$ converge si et seulement si $\alpha < 1$.

Démonstration

Ici c est fixé, avec $c > 0$.

Pour $\alpha \neq 1$, une primitive de $f(x) = \frac{1}{x^\alpha} = x^{-\alpha}$ est $F(x) = \frac{1}{1-\alpha}x^{1-\alpha}$, donc pour $c > a > 0$, $\int_a^c \frac{1}{x^\alpha}dx = F(c) - F(a) = \frac{1}{1-\alpha}\left(c^{1-\alpha} - a^{1-\alpha}\right)$ qui converge pour $a \to 0^+$ si et seulement si $1 - \alpha > 0$. D'où $\int_0^c \frac{1}{x^\alpha}dx$ converge si et seulement si $1 > \alpha$.

Pour $\alpha = 1$, une primitive de $f(x) = \frac{1}{x}$ est $F(x) = \ln(x)$, donc $\int_a^c \frac{1}{x}dx = \ln(c) - \ln(a)$ qui diverge pour $a \to 0^+$. D'où $\int_0^c \frac{1}{x^\alpha}dx$ diverge si $\alpha = 1$. ■

Les points **clés**

- L'aire de la surface comprise entre le graphe d'une fonction f et l'axe des abscisses, pour une abscisse comprise entre a et b, s'appelle l'intégrale de f entre a et b. On la note en abrégé $\int_a^b f$.

- La fonction $x \mapsto \int_a^x f$ est une primitive de la fonction f, ce qui signifie que si on la dérive, on obtient f.

- Les intégrales servent notamment à calculer des probabilités, des surplus, et plus généralement tout ce qui peut être représenté comme la mesure d'une aire.

- Pour calculer l'intégrale $\int_a^b f$ d'une fonction f entre a et b, on peut utiliser une primitive de f si on en connaît une. On peut aussi faire un changement de variable, ou bien faire une intégration par parties.

- On peut généraliser la notion d'intégrale à des intervalles non bornés ou à des fonctions non bornées.

ÉVALUATION

Vous trouverez les corrigés détaillés de tous les exercices sur la page du livre sur le site www.dunod.com

Quiz

1 Vrai/Faux

Dites si les affirmations suivantes sont vraies ou fausses. Justifiez vos réponses.

1. Toute fonction continue admet une primitive.
2. Quand une fonction admet une primitive, elle n'en pas d'autre.
3. La dérivée de la primitive est la fonction elle-même.
4. Si une fonction n'est pas bornée sur un intervalle, alors on ne peut pas l'intégrer sur cet intervalle.
5. Si on ne connait pas de primitive d'une fonction, on ne peut pas calculer l'intégrale de cette fonction.

▶ Corrigés p. 367

Exercices

2 Surplus

1. Sur le marché d'un bien, la fonction de demande inverse est donnée par $p_D(q) = \dfrac{9}{q+1}$, et la fonction d'offre inverse par $p_O(q) = q + 1$, quand q désigne la quantité et p le prix.
   Trouver l'équilibre sur le marché de ce bien, puis calculer le surplus du consommateur, ainsi que celui du producteur.
2. Mêmes questions si $p_D(q) = \dfrac{8}{q+1}$ et $p_O(q) = (1+q)^2$

3 Par parties

1. À l'aide d'une intégration par parties, calculer les primitives suivantes :
   a. $\displaystyle\int x^2 \ln(x)dx$
   b. $\displaystyle\int xe^{2x}dx$
2. Calculer par parties les intégrales suivantes :
   a. $\displaystyle\int_0^1 xe^{3x}dx$
   b. $\displaystyle\int_0^{+\infty} xe^{-2x}dx$

▶ Corrigés p. 367

4 Changement de variables

À l'aide d'un changement de variable, calculer :

1. $I = \displaystyle\int_0^1 \frac{x}{1+x^2}dx$
2. $J = \displaystyle\int_{-1}^{+1} \frac{x^2}{(2+x^3)^4}dx$
3. $K = \displaystyle\int_0^3 x^2\sqrt{1+x}dx$
4. $\displaystyle\int \frac{1}{x}(\ln x)^3 dx$

▶ Corrigés p. 368

5 Revenus

1. La distribution des revenus mensuels dans un pays est telle que, pour tout $x \geq 0$, la proportion des individus gagnant moins que x est égale à : $F(x) = \displaystyle\int_0^x f(t)dt$, où $f(t) = \dfrac{1\,500}{(t+100)^{2,5}}$ pour tout $t \geq 0$.
   a. Calculer $F(x)$.
   b. Calculer la probabilité de gagner entre 800 et 1 000.
   c. Calculer la probabilité de gagner plus de 1 500.
   d. Calculer le revenu moyen $EX = \displaystyle\int_0^{+\infty} xf(x)dx$.
2. Mêmes questions si $f(t) = \dfrac{1}{1\,000}\exp(-\dfrac{t}{1\,000})$ pour tout $t \geq 0$.

Chapitre 8

Si Irène achète trois mangas, elle dépensera trois fois plus que si elle en achète un seul. Sa dépense est proportionnelle au nombre de mangas achetés, autrement dit c'est une fonction linéaire du nombre de mangas. Si Irène achète des mangas et des bouteilles de sodas, sa dépense sera une fonction linéaire du nombre de mangas et du nombre de bouteilles. Si son budget est de 30 €, que peut-elle acheter ? La réponse est donnée par une équation linéaire.

Les fonctions les plus simples sont les fonctions linéaires, d'une ou de plusieurs variables, c'est pourquoi on les utilise souvent dans la modélisation économique.

L'algèbre linéaire nous apprend comment manipuler des variables qui dépendent linéairement de plusieurs autres variables, et comment résoudre des systèmes d'équations linéaires.

LES GRANDS AUTEURS

Évariste Galois (1811-1832)

Évariste Galois est un mathématicien français. Très précoce, il lit à 16 ans des traités de Legendre et de Lagrange. Il entre à 18 ans à l'École Normale. Il rédige un mémoire, *Conditions pour qu'une équation soit résoluble par radicaux*, qu'il envoie à l'Académie des Sciences. L'académicien Fourier l'emporte chez lui, mais meurt peu de temps après, si bien que le mémoire est perdu. De 1830 à 1832, Galois participe à l'agitation républicaine contre le roi Charles X, puis contre Louis-Philippe. Il publie une lettre critiquant le directeur de son école. Ce dernier décide alors de le renvoyer. Quelques mois plus tard, lors d'un banquet républicain, il porte un toast à Louis-Philippe, un couteau à la main, ce qui lui vaut d'être arrêté. Il fait quelques mois de prison. Il envoie une nouvelle version de son mémoire à l'Académie. Le mathématicien Poisson le juge incompréhensible.

En 1832, à la suite d'une brève aventure amoureuse, Galois est provoqué en duel. Il est atteint d'une balle et meurt peu après, à l'âge de 21 ans. Son ami Auguste Chevalier réunit alors ses derniers écrits mathématique et les transmet à Liouville. C'est seulement en 1846 que celui-ci, comprenant leur importance, décide de publier le mémoire sur la théorie des équations algébriques. Dans ce travail, Galois explique à quelle condition on peut résoudre une équation polynômiale. Il s'y montre précurseur de la théorie des groupes et ouvre la voie à une nouvelle branche de l'algèbre, que l'on appelle désormais « théorie de Galois ». ■

Introduction à l'algèbre linéaire

Plan

Objectifs

→ **Comprendre** les notions d'espace vectoriel, d'application linéaire et de base.

→ **Connaître** les principales propriétés des applications linéaires.

1 Les modèles linéaires : un exemple introductif

Pour bien faire comprendre l'utilité des concepts d'algèbre linéaire que nous allons maintenant aborder, commençons par étudier un exemple, un modèle d'équilibre général très simple. Il s'agit, dans une économie à n biens, de déterminer simultanément les prix de ces biens qui équilibrent l'offre et la demande sur tous les marchés. La modélisation de l'offre et de la demande à l'aide de fonctions linéaires à n variables facilite considérablement la détermination de l'équilibre, c'est pourquoi il faut savoir manipuler de telles fonctions. Cet exemple nous permettra d'introduire de façon intuitive des notions d'algèbre linéaire que nous étudierons de façon plus approfondie par la suite : vecteurs, matrices, rangs, déterminants, applications linéaires...

Nous commençons par l'équilibre partiel, c'est-à-dire l'équilibre sur le marché d'un seul bien, et abordons ensuite l'équilibre général (équilibre simultané sur tous les marchés).

1.1 Équilibre partiel

La demande d'un bien est en général une fonction $P \mapsto D(P)$ décroissante du prix de ce bien. L'offre est une fonction $P \mapsto O(P)$ croissante du prix du bien.

À l'équilibre partiel, c'est-à-dire l'équilibre du marché de ce seul bien, le prix du bien est P^* tel que $D(P^*) = O(P^*)$, c'est-à-dire à l'intersection de la courbe d'offre et de la courbe de demande.

Un modèle linéaire donnerait :

$$D(P) = \alpha - \beta P$$
$$O(P) = -\gamma + \delta P$$

où $\alpha, \beta, \gamma, \delta$ sont des réels strictement positifs.

Le prix d'équilibre est alors P^* tel que $\alpha - \beta P^* = -\gamma + \delta P^*$, d'où :

$$P^* = \frac{\alpha + \gamma}{\beta + \delta}$$

On voit que P^* est très simple à calculer si le modèle est linéaire. Il peut être très difficile à déterminer si le modèle est non linéaire.

Exemple 8.1

Supposons que la demande et l'offre sont données respectivement par :

$$D(P) = 10 - 3P \quad \text{et} \quad O(P) = -5 + 2P$$

L'équilibre $D(P) = O(P)$ donne $5P = 15$ donc $P^* = 3$.

1.2 Équilibre général (deux biens)

Supposons qu'il y a deux biens dans notre économie, appelés bien 1 et bien 2, une offre et une demande pour chaque bien : O_1, O_2 et D_1, D_2 respectivement. On note P_1 et P_2 les prix de ces biens.

Supposons ici aussi que l'offre est une fonction croissante du prix du bien : $P_1 \mapsto O_1(P_1)$ et $P_2 \mapsto O_2(P_2)$ sont des fonctions croissantes. Si les biens sont partiellement substituables, la demande d'un bien dépendra du prix de ce bien, mais aussi du prix de l'autre bien. La demande D_1 du bien 1 va diminuer si son prix P_1 augmente, mais cette demande va augmenter si le prix P_2 de l'autre bien monte. En effet une augmentation de P_2 rend le bien 2 moins attractif, faisant augmenter la demande de bien 1, car les biens sont partiellement substituables. La demande de bien 1 est donc $D_1(P_1; P_2)$, où D_1 est une fonction décroissante de P_1 et croissante de P_2. De même la demande de bien 2 est $D_2(P_1; P_2)$, où D_2 est une fonction décroissante de P_2 et croissante de P_1.

L'équilibre partiel sur le marché du bien 1 est donné par $O_1(P_1) = D_1(P_1; P_2)$, celui sur le marché du bien 2 est $O_2(P_2) = D_2(P_1; P_2)$.

On ne peut pas trouver chaque prix d'équilibre séparément, puisque les deux marchés interagissent. Il faut donc résoudre le système de l'équilibre général :

$$\begin{cases} O_1(P_1) = D_1(P_1; P_2) \\ O_2(P_2) = D_2(P_1; P_2) \end{cases}$$

pour trouver simultanément P_1 et P_2. On dit que l'on veut déterminer le vecteur des prix $P = (P_1; P_2)$.

Vecteur. On parle de vecteur quand on a affaire à une grandeur (ici P) qui a plusieurs composantes ou coordonnées (ici P_1 et P_2), telles que on peut additionner des vecteurs, et on peut multiplier un vecteur par un nombre réel, de façon à ce que cette addition et cette multiplication aient la plupart des propriétés habituelles de l'addition et de la multiplication. L'ensemble des vecteurs est appelé un **espace vectoriel**. La définition mathématique d'un espace vectoriel est donnée à la section suivante.

Il est très compliqué de résoudre le système précédent pour des fonctions D_1, D_2, O_1, O_2 générales. C'est pourquoi les économistes utilisent souvent des fonctions linéaires (ou affines). Le modèle de notre économie est alors linéaire.

Supposons que les offres sont données par :

$$O_1(P_1) = -200 + 4P_1 \quad \text{et} \quad O_2(P_2) = -80 + 2P_2$$

et les demandes par :

$$D_1(P_1) = 300 - 4P_1 + 2P_2 \quad \text{et} \quad D_2(P_2) = 400 + 2P_1 - 4P_2$$

L'équilibre général devient :

$$\begin{cases} -200 + 4P_1 = 300 - 4P_1 + 2P_2 \\ -80 + 2P_2 = 400 + 2P_1 - 4P_2 \end{cases}$$

que l'on peut simplifier en :

$$(EG) \begin{cases} 8P_1 - 2P_2 = 500 \\ -2P_1 + 6P_2 = 480 \end{cases}$$

Graphiquement, on est dans le plan avec P_1 en abscisses et P_2 en ordonnées. Chacune des deux équations du système (EG) est l'équation d'une droite dans le plan. L'équilibre général est le point d'intersection $P^* = (P_1^*; P_2^*)$ de ces deux droites.

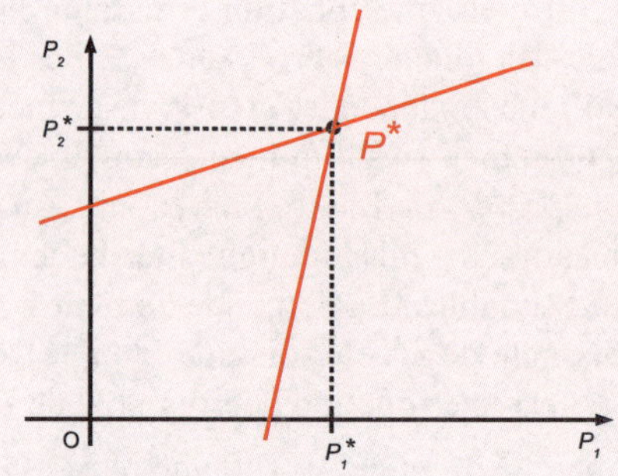

▲ **Figure 8.1** **Un unique équilibre général**

Système d'équations linéaires. Le système (EG) est un système de 2 équations linéaires à 2 inconnues. Il existe différentes méthodes pour résoudre un système de p équations linéaires à n inconnues (► chapitre 10). Ici nous vous présentons une de ces méthodes. On peut transformer le système d'équations linéaires (EG) en un système plus simple équivalent $(\widetilde{EG})$. L'idée est de faire en sorte que ce système $(\widetilde{EG})$ soit échelonné, c'est-à-dire ne comporte toutes les variables que dans la première équation, que la deuxième équation en comporte une de moins, la troisième équation une de moins encore, etc. On peut alors résoudre facilement $(\widetilde{EG})$ en partant de la dernière équation (qui sera la plus simple), et en remontant progressivement jusqu'à la première équation par substitution.

Ici, en ajoutant un quart de la première équation à la deuxième équation, on obtient :

$$(\widetilde{EG}) \begin{cases} 8P_1 - 2P_2 = 500 \\ 0 + \dfrac{11}{2}P_2 = 605 \end{cases}$$

qui est un système échelonné équivalent à (EG).

La deuxième équation nous donne $P_2 = \dfrac{2 \times 605}{11} = \dfrac{1210}{11} = 110$, qu'on reporte dans la première équation : $8P_1 - 2 \times 110 = 500$.

Donc $8P_1 = 720$, c'est-à-dire $P_1 = \dfrac{720}{8} = 90$.

L'équilibre général est donc atteint pour $P^* = (90; 110)$.

Application linéaire. Le système (EG) fait apparaître une transformation du vecteur $P = (P_1; P_2)$ en un autre vecteur $X = (X_1; X_2)$ tel que $X_1 = 8P_1 - 2P_2$ et $X_2 = -2P_1 + 6P_2$. On pourrait poser ici $X = f(P)$. Une telle application f, qui transforme de façon linéaire les coordonnées des vecteurs est appelée application linéaire (► définition 8.12).

Matrice. Il est pratique de disposer les coefficients qui apparaissent dans (EG) ou f dans un tableau. On appelle un tel tableau une matrice. La matrice de (EG) et de f est ici :

$$A = \begin{pmatrix} 8 & -2 \\ -2 & 6 \end{pmatrix}$$

Nous verrons dans le chapitre comment on peut utiliser les matrices.

Rang. Il y a un et un seul point P^* d'équilibre pour le système (EG) parce que les deux droites sont sécantes. On dit que la matrice A est de rang 2, car les deux droites ont deux directions différentes. Que se passerait-il si elles n'étaient pas sécantes ? Elles seraient parallèles, c'est-à-dire auraient la même direction. Dans ce cas on dit que la matrice A est de rang 1. Les droites peuvent être parallèles et distinctes, ou bien parallèles et confondues. Examinons ces deux cas.

- Modifions par exemple la deuxième équation du système (EG), pour aboutir au système (EG') suivant :

$$(EG') \begin{cases} 8P_1 - 2P_2 = 500 \\ -2P_1 + \frac{1}{2}P_2 = -40 \end{cases}$$

Les deux droites sont parallèles car les coefficients de P_1 et P_2 dans la première équation sont proportionnels à ceux de la deuxième. La deuxième équation multipliée par -4 donne $8P_1 - 2P_2 = 160$, donc la deuxième droite ici est parallèle à la première, mais distincte. Il n'y a donc aucune solution au système (EG'). Aucun vecteur $P = (P_1; P_2)$ ne permet d'équilibrer offre et demande simultanément sur les deux marchés.

- Modifions maintenant la valeur de la constante dans la deuxième équation de (EG'), pour obtenir un troisième système (EG'') :

$$(EG'') \begin{cases} 8P_1 - 2P_2 = 500 \\ -2P_1 + \frac{1}{2}P_2 = -125 \end{cases}$$

Ici la deuxième équation multipliée par -4 donne exactement la première équation. Cela signifie que ces deux équations correspondent à une seule et même droite. Il y a donc ici une infinité de vecteurs prix $P = (P_1; P_2)$ qui permettent un équilibre général sur les marchés.

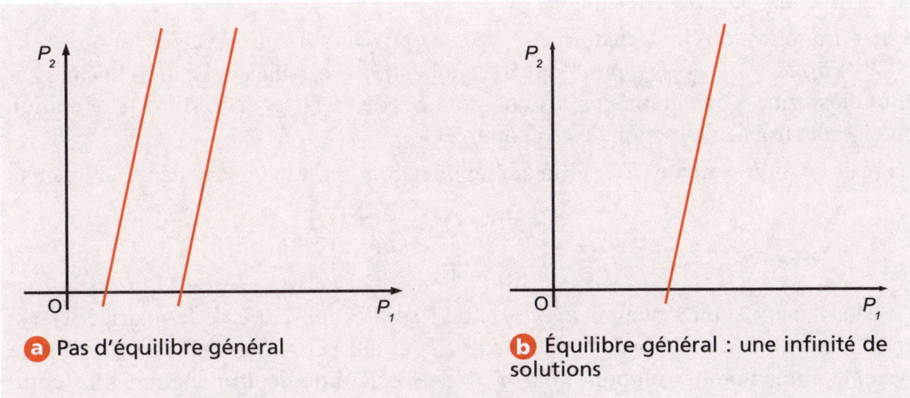

▲ **Figure 8.2 Équilibre général avec 2 droites parallèles**

Il est évidemment intéressant pour un économiste de savoir caractériser le cas où il existe un et un seul équilibre général. Cette situation correspond ici au cas des deux droites sécantes. Considérons un système plus général de deux équations linéaires à deux inconnues :

$$\begin{cases} aP_1 + bP_2 = c \\ a'P_1 + b'P_2 = c' \end{cases}$$

Les deux droites sont parallèles si et seulement si $ab' - a'b = 0$[1].

Déterminant. On appelle déterminant des vecteurs $(a; b)$ et $(a'; b')$ le nombre $ab' - a'b$. On voit donc ici qu'il y a un et un seul équilibre général si et seulement si le déterminant est non nul.

Le déterminant est un outil puissant, car il se généralise au cas de n équations à n inconnues, et :

- Il y a un et un seul vecteur prix P^* solution si et seulement si le déterminant est non nul.
- Le déterminant aide à calculer cette solution.

C'est pourquoi dans les chapitres d'algèbre linéaire, nous consacrerons du temps à l'étude des déterminants. Voyons maintenant brièvement le cas à n biens.

1.3 Équilibre général (*n* biens)

Si on généralise ce modèle d'équilibre général très simple à une économie comportant n biens, on doit déterminer un vecteur-prix à n composantes $P = (P_1; \ldots; P_n)$, solution d'un système de n équations à n inconnues. Si ces équations sont linéaires, le système a la forme suivante :

$$(EG_n) \begin{cases} a_{1;1}P_1 + a_{1;2}P_2 + \ldots + a_{1;n}P_n = b_1 \\ \ldots \\ a_{n;1}P_1 + a_{n;2}P_2 + \ldots + a_{n;n}P_n = b_n \end{cases}$$

Pour i donné, les nombres $a_{i;1}, a_{i;2}, \ldots, a_{i;n}$ et b_i proviennent de l'équation $D_i = O_i$ sur le marché du bien i. On retrouve en dimension n les notions d'application linéaire, de matrice, de rang, de déterminant.

Soit f l'application qui transforme le vecteur prix en un autre vecteur tel que $Y_i = a_{i;1}P_1 + a_{i;2}P_2 + \ldots + a_{i;n}P_n$ pour tout i. L'application f est une application linéaire car elle transforme « linéairement » les coordonnées de P. Nous en verrons la définition précise à la troisième section de ce chapitre.

La matrice A du système (EG_n) (ou de l'application f) est le tableau des coefficients :

$$A = \begin{pmatrix} a_{1;1} & \ldots & a_{1;n} \\ \ldots & & \ldots \\ a_{n;1} & \ldots & a_{n;n} \end{pmatrix}$$

Le déterminant D du système (EG_n) (ou de l'application f, ou de la matrice A), est un nombre obtenu à partir des coefficients $a_{i;j}$ et qui permet ici aussi de savoir si le système a une unique solution. Pour $n > 2$, le calcul du déterminant est plus compliqué que pour $n = 2$. Nous verrons au chapitre suivant la définition et le calcul du déterminant pour tout $n \geq 2$.

---

1 Montrons le pour $b \neq 0$ et $b' \neq 0$ par exemple. Dans ce cas, les deux droites sont parallèles si et seulement si $\frac{a}{b} = \frac{a'}{b'}$, c'est-à-dire si et seulement si $ab' = a'b$.

2 Espaces vectoriels

Les vecteurs permettent de traiter des grandeurs multidimensionnelles, comme le vecteur-prix $P = (P_1; \dots; P_n)$ de l'exemple précédent. Pour travailler avec les vecteurs, il est nécessaire que l'ensemble des vecteurs soit muni d'une structure adéquate. C'est l'objet de la notion d'espace vectoriel.

2.1 Qu'est-ce qu'un espace vectoriel ?

Considérons un ensemble E qui est tel que :

- On peut « additionner » des éléments U et V de E de façon à ce que le résultat $U + V$ soit dans E. On dit que l'addition est une **loi interne**.
- On peut « multiplier » tout élément V de E par un nombre réel λ de façon à ce que le résultat $\lambda.V$ soit dans E. On dit que la multiplication est une **loi externe**.

Si cette « addition » et cette « multiplication » ont de bonnes propriétés (voir définition de l'espace vectoriel), on dit que E est un espace vectoriel. Les éléments de E sont appelés des vecteurs.

Pensons à notre exemple des vecteurs-prix $P = (P_1; P_2)$ du modèle d'équilibre général à deux biens. Dans ce cas $E = \mathbb{R}^2$. On veut pouvoir additionner des vecteurs-prix, et que cette addition ait des propriétés similaires à l'addition usuelle de nombres réels. On veut pouvoir multiplier le vecteur-prix par une constante, et que cette multiplication ait la plupart des propriétés habituelles de la multiplication.

- L'addition est simple à définir.
  Si $P = (P_1; P_2)$ et $P' = (P'_1; P'_2)$, alors $P + P' = (P_1 + P'_1; P_2 + P'_2)$.
- La « multiplication » par un réel est définie ici par : pour $P = (P_1; P_2)$ et $\lambda \in \mathbb{R}$, alors $\lambda P = (\lambda P_1; \lambda P_2)$ (c'est-à-dire tous les prix de l'économie sont multipliés par le même facteur λ).

Donnons maintenant la définition générale d'un espace vectoriel.

Définition 8.1

On dit que l'ensemble E est un **espace vectoriel** s'il est muni d'une loi dite « interne » (notée +) et d'une loi dite « externe » (notée ·) vérifiant les huit propriétés suivantes (on dit aussi « axiomes »). Les éléments de E sont appelés des **vecteurs**.

(i) Pour tout U, V, W de E, on a :

$$U + (V + W) = (U + V) + W \text{ (associativité)}$$

(ii) Il existe un élément de E, noté 0_E ou 0, tel que :

$$\text{Pour tout } V \in E, \text{ on a } V + 0 = 0 + V = V$$

(On dit que 0 est **élément neutre** pour l'addition dans E.)

(iii) Pour tout $V \in E$, il existe $W \in E$, tel que :

$V + W = W + V = 0$ (on dit que W est le **symétrique** de V pour l'addition).

(iv) Pour tout U, V de E, on a :

$$U + V = V + U \text{ (c'est la commutativité de l'addition)}$$

(v) $\forall \lambda \in \mathbb{R}, \forall U \in E, \forall V \in E$:

$$\lambda \cdot (U + V) = (\lambda \cdot U) + (\lambda \cdot V)$$

(vi) $\forall \lambda \in \mathbb{R}, \forall \lambda' \in \mathbb{R}, \forall V \in E$:

$$(\lambda + \lambda') \cdot V = (\lambda \cdot V) + (\lambda' \cdot V)$$

(vii) $\forall \lambda \in \mathbb{R}, \forall \lambda' \in \mathbb{R}, \forall V \in E$:

$$\lambda \cdot (\lambda' \cdot V) = (\lambda\lambda') \cdot V$$

(viii) $\forall V \in E$, $1 \cdot V = V$

Un ensemble E satisfaisant les axiomes (i), (ii), (iii) et (iv) est appelé **groupe commutatif**. Tout espace vectoriel est donc un groupe commutatif.

On écrira souvent λV au lieu de $\lambda \cdot V$, on omettant le « · ».

Si E est un espace vectoriel, alors on a :

$\lambda \cdot 0 = 0$ pour tout $\lambda \in \mathbb{R}$

$0 \cdot V = 0$ pour tout $V \in E$

$\lambda \cdot (-V) = (-\lambda) \cdot V$, pour tout $\lambda \in \mathbb{R}$ et pour tout $V \in E$

(On pourra démontrer ces 3 propriétés en guise d'entraînement).

L'exemple le plus important d'espace vectoriel est $\mathbb{R}^n$, comme on le voit dans la proposition suivante.

Proposition 8.1

Soit $n \in \mathbb{N}^*$. On définit l'addition interne de $\mathbb{R}^n$ et la multiplication par un réel de $\mathbb{R}^n$ de la façon suivante :

- Si $x = (x_1; \ldots; x_n) \in \mathbb{R}^n$, et si $y = (y_1; \ldots; y_n) \in \mathbb{R}^n$, alors $x + y = (x_1 + y_1; \ldots; x_n + y_n)$.
- Si $\lambda \in \mathbb{R}$, et si $x = (x_1; \ldots; x_n) \in \mathbb{R}^n$, alors $\lambda.x = (\lambda x_1; \ldots; \lambda x_n)$.

L'ensemble $E = \mathbb{R}^n$ muni de ces deux lois est un espace vectoriel. L'élément neutre pour l'addition est le vecteur nul de $\mathbb{R}^n$, c'est-à-dire $0 = (0; 0; \ldots; 0)$.

Démonstration

La plupart des axiomes sont satisfaits de façon évidente. Notons que pour (iii), le symétrique de $x = (x_1; \ldots; x_n)$ est $-x = (-x_1; \ldots; -x_n)$. ∎

Si $E = \mathbb{R}^2$, on représente souvent les vecteurs par des flèches dans le plan.

2.2 Sous-espace vectoriel

On considère E un espace vectoriel, et E' une partie non vide de E, c.-à-d. $E' \subset E$.

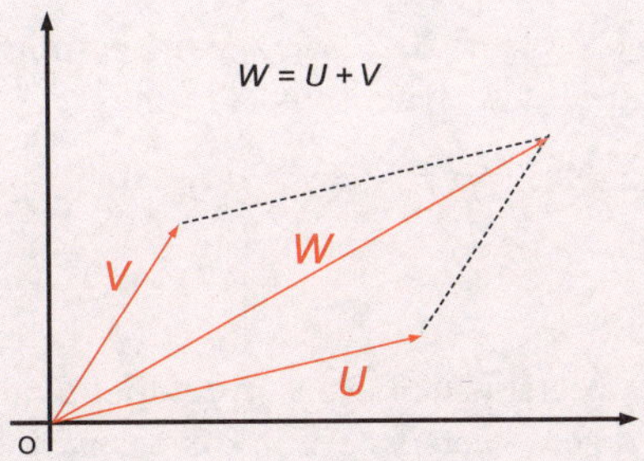

▲ Figure 8.3 Vecteurs du plan

Définition 8.2

On dit que E' est un **sous-espace vectoriel** de E si et seulement si :

(i) $\forall U \in E', \forall V \in E'$, on a $U + V \in E'$

et :

(ii) $\forall V \in E', \forall \lambda \in \mathbb{R}$, on a $\lambda \cdot V \in E'$

La première condition exprime le fait que E' est stable pour l'addition, la deuxième condition qu'il est stable pour la multiplication externe.

Exemple 8.2

On suppose que $E = \mathbb{R}^2$.

1. L'ensemble $E' = \{(0; 0)\}$ est un sous-espace vectoriel de E. Ici E' n'a qu'un seul élément, le vecteur nul.
2. L'ensemble $E' = \{(x_1; x_2);\ x_2 = 3x_1\}$ est un sous-espace vectoriel de E.
3. L'ensemble $E' = \{(x_1; x_2);\ x_2 = 3x_1 + 1\}$ n'est pas un sous-espace vectoriel de E. En effet, $(0; 1) \in E'$ mais $2 \cdot (0; 1) = (0; 2) \notin E'$.

Proposition 8.2

Si E' est un sous-espace vectoriel de E, alors E' est lui-même un espace vectoriel.

Démonstration

On vérifie facilement que E' satisfait les huit propriétés qui définissent un espace vectoriel, car il est inclus dans E qui les satisfait, et qu'il est stable pour l'addition interne et pour la multiplication externe. ■

2.3 Famille génératrice

Un grand intérêt de la notion d'espace vectoriel est que l'on peut exprimer chaque vecteur d'un espace vectoriel en fonction d'un nombre restreint de vecteurs fixés (▸ définition 8.4). Cela permet de simplifier les calculs. Nous voyons cela dans les définitions suivantes. On considère un espace vectoriel E.

Définition 8.3

Si $V_1, V_2, ..., V_k$ sont des vecteurs de E, on appelle **combinaison linéaire** de ces vecteurs tout vecteur V de E s'écrivant sous la forme :

$$V = \lambda_1 \cdot V_1 + \lambda_2 \cdot V_2 + \ldots + \lambda_k \cdot V_k, \text{ où } \lambda_1, \ldots, \lambda_k \in \mathbb{R}.$$

Proposition 8.3

Si $V_1, V_2, ..., V_k$ sont des vecteurs de l'espace vectoriel E, alors l'ensemble E' des combinaisons linéaires de ces vecteurs est un sous-espace vectoriel de E.
On dit que E' est **engendré** par la famille de vecteurs $V_1, V_2, ..., V_k$.
On note $E' = \text{Vect}(V_1, \ldots, V_k)$.

Démonstration

Il faut montrer que la somme de deux vecteurs de E' est dans E', et que le produit d'un vecteur de E' par un nombre réel est dans E'.

(i) Soit V et V' dans E'. Ils s'écrivent sous la forme $V = \lambda_1 \cdot V_1 + \lambda_2 \cdot V_2 + \ldots + \lambda_k \cdot V_k$ et $V' = \lambda'_1 \cdot V_1 + \lambda'_2 \cdot V_2 + \ldots + \lambda'_k \cdot V_k$, où les λ_i et les λ'_i sont dans $\mathbb{R}$. On en déduit que $V + V' = (\lambda_1 + \lambda'_1) \cdot V_1 + \ldots + (\lambda_k + \lambda'_k) \cdot V_k$, où les $\lambda_i + \lambda'_i$ sont dans $\mathbb{R}$. Donc $V + V'$ est dans E' car c'est une combinaison linéaire des V_i.

(ii) Soit V dans E' et $\mu \in \mathbb{R}$. On a $V = \lambda_1 \cdot V_1 + \ldots + \lambda_k \cdot V_k$ donc $\mu \cdot V = (\mu\lambda_1) \cdot V_1 + \ldots + (\mu\lambda_k) \cdot V_k$. On peut donc dire que $\mu \cdot V$ est dans E' car c'est une combinaison linéaire des V_i. ■

Définition 8.4

On dit que les vecteurs $V_1, V_2, ..., V_k$ de E forment une **famille génératrice** (ou un système générateur) de E, s'ils engendrent E, c'est-à-dire si tout élément de E s'écrit comme combinaison linéaire de $V_1, V_2, ..., V_k$.

Définition 8.5

On dit que E' est une **droite vectorielle** si E' est engendré par un vecteur non nul, c'est-à-dire s'il existe $V \in E'$, avec $V \neq 0$, tel que $E' = \{\lambda \cdot V \,;\, \lambda \in \mathbb{R}\}$.
On dit que E' est un **plan vectoriel** si E' est engendré par deux vecteurs U et V qui sont non colinéaires.

Si $E = \mathbb{R}^2$ ou $E = \mathbb{R}^3$, une droite vectorielle a pour représentation graphique une droite passant par 0.

Exemple 8.3

1. Si $E = \mathbb{R}^2$, soit $V = (3; 4)$. Alors $E' = \{\lambda \cdot V \,;\, \lambda \in \mathbb{R}\} = \{(3\lambda; 4\lambda) \,;\, \lambda \in \mathbb{R}\}$, est un sous-espace vectoriel de E. C'est une droite vectorielle.
2. Si $E = \mathbb{R}^3$, soit $V_1 = (1; 1; 2)$ et $V_2 = (1; 0; -1)$. Alors $E' = \{\lambda_1 \cdot V_1 + \lambda_2 \cdot V_2 \,;$ tel que $\lambda_1, \lambda_2 \in \mathbb{R}\}$ est un sous-espace vectoriel de $\mathbb{R}^3$. C'est un plan vectoriel.

Proposition 8.4

Si $\mathcal{S} = (V_1,\ldots,V_k)$ forme une famille génératrice de vecteurs de E, alors toute famille de vecteurs obtenue en ajoutant à $\mathcal{S}$ un ou plusieurs vecteurs sera aussi génératrice.

Démonstration

Ajoutons un vecteur V_{k+1}, pour obtenir $\mathcal{S}' = (V_1,\ldots,V_k,V_{k+1})$. Comme $\mathcal{S}$ est génératrice, tout vecteur W de E s'écrit comme combinaison linéaire des éléments de $\mathcal{S}$, c.-à-d. $W = \sum_{i=1}^{k} \lambda_i V_i$.

W est alors aussi combinaison linéaire des éléments de $\mathcal{S}'$, car $W = \sum_{i=1}^{k} \lambda_i V_i + 0 \cdot V_{k+1}$.

$\mathcal{S}'$ est donc aussi une famille génératrice de E. ■

2.4 Indépendance linéaire

Quand on fait des calculs linéaires portant sur toute une famille $V_1, \ldots, V_k$ de vecteurs de E, il est important de savoir s'il faut vraiment manipuler tous ces vecteurs, ou bien si on peut en éliminer certains, si ceux-ci s'expriment en fonction des autres (de façon linéaire). Dans le premier cas on a affaire à une famille libre, dans le second la famille est liée. Les définitions suivantes expriment cela de façon précise. Ici encore E désigne un espace vectoriel.

Définition 8.6

On dit que deux vecteurs U et V de E sont **colinéaires** s'il existe $\lambda \in \mathbb{R}$, tel que $V = \lambda U$ ou $U = \lambda V$.

Exemple 8.4

1. Dans $E = \mathbb{R}^2$, les vecteurs $U = (3; 2)$ et $V = (9; 6)$ sont colinéaires, car $V = 3U$.
2. Par contre, si $U = (2; 5)$ et $V = (6; 3)$, alors U et V ne sont pas colinéaires.
3. Si $U = (0; 0)$, alors U est colinéaire à tout autre vecteur V, car on a $U = \lambda V$ pour $\lambda = 0$.

Définition 8.7

- On dit que les vecteurs $V_1, V_2, \ldots, V_k$ de E sont **linéairement indépendants** si on ne peut pas obtenir un de ces vecteurs comme combinaison linéaire des autres. On dit aussi qu'ils forment une **famille libre** (ou un système libre).
- Si $V_1, V_2, \ldots, V_k$ ne sont pas linéairement indépendants, on dit qu'ils sont **linéairement dépendants** ou encore qu'ils forment une **famille liée** (ou un système lié).

Si les vecteurs sont linéairement indépendants, il est donc impossible d'écrire V_1 comme combinaison linéaire de $V_2, \ldots, V_k$, c'est-à-dire comme $V_1 = \sum_{i \neq 1} \lambda_i V_i$.

De même impossible d'écrire V_2 comme combinaison linéaire de $V_1, V_3, ..., V_k$, c'est-à-dire comme $V_2 = \sum_{i \neq 2} \lambda_i V_i$, etc.

Voici une formulation équivalente de l'indépendance linéaire, souvent plus facile à utiliser dans la pratique.

Proposition 8.5

Les vecteurs $V_1, V_2, ..., V_k$ sont **linéairement indépendants** si et seulement si l'égalité $\lambda_1.V_1 + \lambda_2.V_2 + ... + \lambda_k.V_k = 0$ entraîne $\lambda_1 = \lambda_2 = ... = \lambda_k = 0$.

Démonstration

1. Supposons que ces vecteurs sont linéairement indépendants.
   Si on a $\lambda_1 \cdot V_1 + \lambda_2.V_2 + ... + \lambda_k \cdot V_k = 0$, supposons par l'absurde que λ_j est non nul (où j fixé est entre 1 et k). Alors $V_j = \frac{-1}{\lambda_j} \sum_{i \neq j} \lambda_i V_i$, ce qui signifie que l'on a exprimé V_j comme combinaison linéaire des autres vecteurs. Ceci contredit l'hypothèse initiale que les vecteurs $V_1, V_2, ..., V_k$ sont linéairement indépendants. Il n'y a donc pas de λ_j non nul.
2. Réciproquement, supposons que $\lambda_1 \cdot V_1 + \lambda_2 \cdot V_2 + ... + \lambda_k \cdot V_k = 0$ entraîne $\lambda_1 = \lambda_2 = ... = \lambda_k = 0$. On veut montrer que ces vecteurs sont linéairement indépendants.
   Supposons par l'absurde qu'ils ne sont pas linéairement indépendants. Dans ce cas, l'un de ces vecteurs, disons V_j, s'écrit comme combinaison linéaire des autres. Donc il existe des μ_i, pour $i \neq j$, tels que $V_j = \sum_{i \neq j} \mu_i V_i$.
   On a donc $\mu_1 V_1 + ... + \mu_{j-1} V_{j-1} - V_j + \mu_{j+1} V_{j+1} + ... + \mu_k V_k = 0$, ce qui doit entrainer par hypothèse que tous les coefficients des V_i sont nuls. Ce n'est pas le cas puisque le coefficient de V_j est -1. Il y a donc contradiction. Les vecteurs sont donc linéairement indépendants. ■

Proposition 8.6

Si $\mathcal{S} = (V_1, ..., V_k)$ forme une famille libre de vecteurs de E, alors toute famille de vecteurs obtenue en retirant à $\mathcal{S}$ un ou plusieurs vecteurs sera aussi libre.

Démonstration

Retirons par exemple V_k. Supposons $\sum_{i=1}^{k-1} \lambda_i V_i = 0$. Alors $\sum_{i=1}^{k-1} \lambda_i V_i + 0 \cdot V_k = 0$. Comme $\mathcal{S}$ est libre, tous les coefficients sont nuls, c.-à-d. $\lambda_i = 0$ pour tout i.

On a donc $\sum_{i=1}^{k-1} \lambda_i V_i = 0 \Rightarrow \lambda_i = 0$ pour tout $i \leq k - 1$.

On en déduit que la famille $(V_1, ..., V_{k-1})$ est libre. ■

2.5 Bases, dimension

L'idéal pour faire des calculs dans un espace vectoriel E, c'est de pouvoir exprimer tout vecteur de E en fonction d'une famille finie de vecteurs (qui sera donc génératrice), mais en utilisant une famille juste suffisamment grande, c'est-à-dire sans vecteur de trop dans la famille. C'est le cas si la famille est libre puisque dans ce cas aucun vecteur de la famille ne s'exprime linéairement en fonction des autres vecteurs de la famille. La famille de vecteurs idéale pour faire les calculs est donc génératrice (tout s'exprime en fonction d'elle) et est libre (il n'y a aucun vecteur de trop dans la famille). On appelle une telle famille une base.

Définition 8.8

Soit $\mathcal{E}$ une famille de vecteurs de E. On dit que $\mathcal{E}$ est une **base** si elle est libre et engendre E.

Proposition 8.7

Une famille $\mathcal{E} = (e_1; \dots; e_n)$ est une base de E si et seulement si tout vecteur V de E s'écrit d'une façon **unique** sous la forme d'une combinaison linéaire des éléments de $\mathcal{E}$, c.-à-d. sous la forme $V = \sum_{i=1}^{n} \lambda_i e_i$. Les λ_i sont appelés **coordonnées** (ou **composantes**) de V dans la base $\mathcal{E}$.

Démonstration

– Supposons que $\mathcal{E}$ est une base. C'est donc une famille génératrice, d'où l'existence pour tout $V \in E$ d'une combinaison linéaire $V = \sum_{i=1}^{n} \lambda_i e_i$. Cette combinaison linéaire est-elle unique ?

  Supposons par l'absurde qu'il en existe une autre, c.-à-d. $V = \sum_{i=1}^{n} \mu_i e_i$. Par soustraction, on obtient $\sum_{i=1}^{n} (\mu_i - \lambda_i) e_i = 0$. Comme $\mathcal{E}$ est libre, on a nécessairement $\mu_i - \lambda_i = 0$ pour tout i (▸ proposition 8.5), c'est-à-dire $\mu_i = \lambda_i$ pour tout i. La combinaison linéaire est bien unique.

– Réciproquement, supposons que tout vecteur V de E s'écrit d'une façon unique sous la forme d'une combinaison linéaire des éléments de $\mathcal{E}$. Montrons que $\mathcal{E}$ est une base. C'est une famille génératrice puisque tout vecteur est combinaison linéaire des e_i. Reste à montrer que $\mathcal{E}$ est libre.

  Si $\sum_{i=1}^{n} \lambda_i e_i = 0$ alors $\lambda_i = 0$ pour tout i, puisque le vecteur nul s'écrit lui aussi d'une façon unique sous la forme d'une combinaison linéaire des éléments de $\mathcal{E}$. Donc $\mathcal{E}$ est libre. ■

Exemple 8.5

Pour $E = \mathbb{R}^n$, la base la plus simple, appelée **base canonique**, est formée des n vecteurs suivants : $e_1 = (1; 0; \dots; 0)$, $e_2 = (0; 1; 0; \dots; 0)$, ..., $e_n = (0; \dots; 0; 1)$. En effet, si $V = (x_1; x_2; \dots;) \in \mathbb{R}^n$, on peut écrire $V = x_1 e_1 + x_2 e_2 + \dots + x_n e_n$.

La proposition qui suit montre qu'une base comporte exactement le bon nombre de vecteurs pour être à la fois libre et génératrice, ni trop ni trop peu.

Proposition 8.8

Soit $\mathcal{E} = (e_1; \ldots; e_n)$ une base de E. Alors :

(i) Si on lui ajoute un ou plusieurs vecteurs, on obtient une famille génératrice liée.

(ii) Si on lui retire un ou plusieurs vecteurs, on obtient une famille libre non génératrice.

Démonstration

(i) $\mathcal{E}$ est une famille génératrice, donc on sait qu'elle reste génératrice si on lui ajoute un ou plusieurs vecteurs (▸ proposition 8.4). Montrons qu'elle devient liée si on lui ajoute un vecteur e_{n+1}.
Comme $\mathcal{E}$ est génératrice, e_{n+1} est combinaison linéaire des éléments de $\mathcal{E}$. Mais ceci signifie que $(e_1; \ldots; e_n; e_{n+1})$ n'est pas libre.

(ii) $\mathcal{E}$ est une famille libre, donc on sait qu'elle reste libre si on lui retire un ou plusieurs vecteurs (▸ proposition 8.6). Montrons qu'elle n'est plus génératrice si on lui enlève par exemple le vecteur e_n.
Supposons par l'absurde que $(e_1; \ldots; e_{n-1})$ est génératrice. Alors e_n s'écrit comme combinaison linéaire des e_i, pour $i \leq n-1$, c'est-à-dire $e_n = \sum_{i=1}^{n-1} \lambda_i e_i$.
Cela signifie que dans la base $\mathcal{E}$, le vecteur e_n s'écrit de deux façons différentes : $e_n = \sum_{i=1}^{n-1} \lambda_i e_i$ et $e_n = 1 \cdot e_n$. C'est impossible puisque l'on sait que tout vecteur s'écrit d'une façon unique comme combinaison linéaire des éléments de la base. C'est donc que $(e_1; \ldots; e_{n-1})$ n'est pas génératrice. ■

Définition 8.9

On dit que l'espace vectoriel E est de dimension finie s'il possède une base formée d'un nombre fini de vecteurs. Sinon on dit qu'il est de dimension infinie.

Exemple 8.6

1. L'espace vectoriel $\mathbb{R}^2$ est de dimension finie, car de base $\mathcal{E} = (e_1; e_2)$, où $e_1 = (1; 0)$ et $e_2 = (0; 1)$.
2. L'ensemble des fonctions de $\mathbb{R}$ dans $\mathbb{R}$ est un espace vectoriel de dimension infinie.

Une conséquence de la proposition 8.8 est que dans un espace vectoriel de dimension finie, toutes les bases ont même cardinal (c'est-à-dire sont composées d'un même nombre de vecteurs).

Théorème

POUR ALLER PLUS LOIN
▸ *Démonstration sur* www.dunod.com

Théorème de la dimension
Dans un espace vectoriel de dimension finie, toutes les bases sont finies et ont même cardinal.

Définition 8.10

Soit E un espace vectoriel de dimension finie. On dit que E est de **dimension n** si les bases de E ont pour cardinal n. On note $\dim(E) = n$.
Par convention on dit que l'espace $E = \{0\}$ a pour base $\emptyset$, et que sa dimension est 0.

Exemple 8.7

1. $\mathbb{R}^2$ est de dimension 2, car $(e_1; e_2)$ est une base de $\mathbb{R}^2$, où $e_1 = (1; 0)$ et $e_2 = (0; 1)$.
2. De même, $\mathbb{R}^n$ est de dimension n, car $\mathcal{E} = (e_1; e_2; \dots e_n)$ est une base de $\mathbb{R}^n$, où $e_1 = (1; 0; \dots; 0)$, $e_2 = (0; 1; 0; \dots; 0)$, $\dots$, $e_n = (0; \dots 0; 1)$. $\mathcal{E}$ est appelée base canonique de $\mathbb{R}^n$.
3. Toute droite vectorielle est de dimension 1. En effet, si $V \neq 0$ et $E' = \{\lambda V; \lambda \in \mathbb{R}\}$, alors V est une base de E'.
4. L'ensemble $\mathcal{F}$ des fonctions de $\mathbb{R}$ dans $\mathbb{R}$ est un espace vectoriel de dimension infinie. En effet, soit f_i la fonction de $\mathbb{R}$ dans $\mathbb{R}$ telle que $f_i(x) = 0$ si $x \neq i$ et $f_i(i) = 1$. Aors $(f_1, \dots, f_k)$ est une famille libre quel que soit k. On a donc dans $\mathcal{F}$ des familles libres de cardinal aussi grand que l'on veut. Si $\mathcal{F}$ était de dimension finie n, alors les familles libres seraient de cardinal inférieur ou égal à n. C'est donc que $\mathcal{F}$ est de dimension infinie.

Proposition 8.9

Dimension d'un sous-espace vectoriel

Soient E un espace vectoriel de dimension finie n, et E' un sous-espace vectoriel de E. Alors :

(i) $\dim(E') \leq \dim(E)$

(ii) $E' = E \Leftrightarrow \dim(E') = \dim(E)$

POUR ALLER PLUS LOIN

▸ *Démonstration sur* www.dunod.com

Exemple 8.8

Tout sous-espace vectoriel de $\mathbb{R}^3$ est de dimension inférieure ou égale à 3.

APPLICATION L'espace vectoriel des paniers de biens

a. On suppose que trois biens (supposés divisibles) sont disponibles. Notons x_1 la quantité de bien 1 achetée par un agent donné, x_2 la quantité de bien 2 achetée par ce même agent, et de même x_3 la quantité de bien 3. On peut alors dire que $x = (x_1, x_2, x_3)$ est le panier de biens acheté par cet agent[2]. Les x_i ne sont pas forcément entiers car les biens sont supposés divisibles, et on va supposer ici que les x_i peuvent être négatifs (dans ce cas il s'agit d'une vente de bien i). L'ensemble E des paniers de biens est un espace vectoriel[3] de dimension 3. Une base est donnée par $\mathcal{E} = (e_1; e_2; e_3)$, où pour tout i on note e_i le panier de bien uniquement composé d'une unité de bien i. Tout panier de bien peut en effet s'écrire d'une façon unique sous la forme $x = x_1e_1 + x_2e_2 + x_3e_3$.

2 J. Etner, M. Jeleva, *Microéconomie*, coll. « Openbook », Dunod, 2014, p. 97.
3 Si on suppose que les x_i sont forcément positifs, alors E n'est pas un espace vectoriel.

b. Supposons maintenant que le bien 3 est acheté (et vendu) de préférence accompagné de la même quantité de bien 2, car ces deux biens sont complémentaires. L'ensemble E' des tels paniers de biens est alors un sous-espace vectoriel de E, c'est l'ensemble des paniers de la forme $x = (x_1, x_2, x_2)$. C'est un espace vectoriel de dimension 2, de base $(e_1; e'_2)$, où $e'_2 = e_2 + e_3$ est le panier de biens constitué d'une unité de bien 2 et d'une unité de bien 3.

2.6 Rang d'une famille de vecteurs

Si une famille de vecteurs est liée, un ou plusieurs vecteurs de la famille s'expriment en fonction des autres. On peut donc écrire les calculs en se passant de ces vecteurs. Le **rang** de la famille est le nombre de vecteurs de la famille que l'on doit garder, car ne s'exprimant pas en fonction des autres.

Définition 8.11

On appelle **rang d'une famille $\mathcal{S}$ de vecteurs**, le nombre maximal de vecteurs linéairements indépendants que l'on peut extraire de $\mathcal{S}$.

Exemple 8.9

Supposons que $\mathcal{S}$ est une famille de deux vecteurs, $\mathcal{S} = (V_1; V_2)$. Alors le rang de $\mathcal{S}$ est égal à 2 si les 2 vecteurs ne sont pas colinéaires, le rang de $\mathcal{S}$ est égal à 1 s'ils sont colinéaires mais non tous deux nuls, et le rang de $\mathcal{S}$ est égal à 0 si $V_1 = V_2 = 0$.

Proposition 8.10

Le rang d'une famille $\mathcal{S}$ de vecteurs de E est la dimension du sous-espace vectoriel engendré par $\mathcal{S}$.

Démonstration

Par définition, le rang de $\mathcal{S}$ est le cardinal de la famille libre la plus grande que l'on peut extraire de $\mathcal{S}$.

Soit $\mathcal{S} = (V_1; \ldots; V_k)$ et r le rang de $\mathcal{S}$. On a nécessairement $r \leq k$. Soit E' le sous-espace vectoriel engendré par $\mathcal{S}$.

On peut supposer que $\mathcal{L} = (V_1; \ldots; V_r)$ est une famille libre (on peut toujours le supposer en numérotant convenablement les vecteurs de $\mathcal{S}$). Si $j > r$, alors $(V_1; \ldots; V_r, V_j)$ est liée. Donc il existe $\lambda_1, \lambda_2, \ldots, \lambda_r, \lambda_j$ non tous nuls tels que $\lambda_1 V_1 + \ldots + \lambda_r V_r + \lambda_j V_j = 0$.

Si on avait $\lambda_j = 0$, alors $\lambda_1 V_1 + \ldots + \lambda_r V_r = 0$ avec $\lambda_1, \lambda_2, \ldots, \lambda_r$ non tous nuls. C'est impossible puisque $\mathcal{L}$ est libre.

Donc $\lambda_j \neq 0$, et on peut écrire $V_j = \dfrac{-1}{\lambda_j}[\lambda_1 V_1 + \ldots + \lambda_r V_r]$. Tous les V_j, pour $j > r$, sont donc combinaisons linéaires de $V_1, \ldots, V_r$. Comme tout vecteur V de E' est combinaison linéaire de $V_1, \ldots, V_k$, on peut en déduire que V est combinaison linéaire de $V_1, \ldots, V_r$. Le sous-espace vectoriel E' est donc engendré par $\mathcal{L} = (V_1; \ldots; V_r)$. Comme il s'agit d'une famille libre, on en déduit que $\mathcal{L}$ est une base de E'. On a donc $\dim(E') = r$. ■

Nous verrons que la notion de rang est importante pour déterminer le nombre de solutions d'un système d'équations linéaires.

Proposition 8.11

On ne change pas le rang d'une famille de vecteurs si on ajoute à l'un d'entre eux une combinaison linéaire des autres.

Démonstration

Soit $\mathcal{S} = (V_1; \ldots; V_k)$ cette famille de vecteurs, et E' le sous-espace vectoriel engendré par $\mathcal{S}$. Le rang de $\mathcal{S}$ est la dimension de E'.

Posons $W_1 = V_1 + \sum_{j=2}^{k} \lambda_j V_j$ et considérons maintenant la famille $\mathcal{S}_0 = (W_1; V_2; \ldots; V_k)$.

Toute combinaison linéaire de vecteurs de $\mathcal{S}_0$ est aussi une combinaison linéaire de vecteurs de $\mathcal{S}$, et inversement. C'est pourquoi E' est aussi le sous-espace vectoriel engendré par $\mathcal{S}_0$. Le rang de $\mathcal{S}_0$ est donc égal à la dimension de E', ce qui implique que $\mathcal{S}$ et $\mathcal{S}_0$ ont même rang. ■

Pour déterminer le rang d'une famille de vecteurs, il suffit de le transformer en une famille échelonnée de même rang.

3 Applications linéaires

3.1 Qu'est-ce qu'une application linéaire ?

Nous avons étudié les fonctions d'une variable réelle dans la première partie de cet ouvrage. Les différentes variables économiques sont largement interdépendantes (pensons aux prix de l'équilibre général étudié en section 1 de ce chapitre). C'est pourquoi les économistes utilisent abondamment les fonctions de plusieurs variables. Nous les étudierons de façon générale aux chapitres 11 et 12. Pour l'instant, nous nous intéressons aux plus simples d'entre elles, les applications linéaires.

Rappelons qu'une fonction d'une variable (de $\mathbb{R}$ dans $\mathbb{R}$) est dite linéaire s'il existe $a \in \mathbb{R}$ tel que $f(x) = ax$. Elle consiste donc à multiplier la variable par un nombre constant. Une telle fonction f aura les propriétés remarquables suivantes : pour tout x, $y \in \mathbb{R}$, on a $f(x+y) = f(x) + f(y)$, et $f(\lambda x) = \lambda f(x)$ si $\lambda \in \mathbb{R}$ (propriétés que ne vérifie pas par exemple la fonction définie par $f(x) = x^2$).

Une fonction de plusieurs variables sera dite linéaire si elle possède des propriétés similaires, qui permettent de simplifier considérablement nombre de calculs. Pour donner la définition en toute généralité, nous utilisons la structure d'espace vectoriel, et au lieu de parler explicitement de fonction de plusieurs variables, on dit que la fonction est définie sur un ensemble E de vecteurs (comme les vecteurs prix $P = (P_1; \ldots; P_n)$ de notre exemple initial).

Définition 8.12

On suppose que E et F sont des espaces vectoriels.
On dit que f est une **application linéaire** de E dans F si c'est une application de E dans F telle que :

$$\forall x \in E,\ \forall y \in E,\ f(x+y) = f(x) + f(y)$$
$$\forall x \in E,\ \forall \lambda \in \mathbb{R},\ f(\lambda \cdot x) = \lambda \cdot f(x).$$

Remarquons que lorsque l'on écrit $x+y$ il s'agit de l'addition dans E, mais que lorsque l'on écrit $f(x) + f(y)$ il s'agit de l'addition dans F. De plus, $\lambda.x$ désigne la multiplication externe de E, et $\lambda \cdot f(x)$ désigne la multiplication externe de F.

Pour simplifier, on note de la même façon l'addition de vecteurs de E et celle de vecteurs de F. On omettra le plus souvent le point « · » signalant la multiplication externe.

Ajoutons que si f est une application linéaire, alors $f(0) = 0$ (on pourra le démontrer en guise d'entraînement).

Notation

On note $\mathcal{L}(E; F)$ l'ensemble des applications linéaires de E dans F.
On note $\mathcal{L}(E)$ l'ensemble des applications linéaires de E dans E.

Définition 8.14

Si $f \in \mathcal{L}(E)$, c'est-à-dire si f est une application linéaire de E dans E, on dit que f est un **endomorphisme** de E.

Exemple 8.10

1. L'application de $\mathbb{R}^2$ dans $\mathbb{R}^2$ définie par $f(x) = (3x_1 - 2x_2; x_1 + 4x_2)$ quand $x = (x_1; x_2) \in \mathbb{R}^2$ est une application linéaire. Par contre g définie par $g(x) = (2x_1^2 + 8x_2; x_1 - 8x_2^3)$ n'est pas linéaire.
2. Reprenons notre exemple initial de vecteur-prix avec 2 biens (section 1.2 de ce chapitre). Soit f l'application de $\mathbb{R}^2$ dans $\mathbb{R}^2$ définie par $f(P) = (8P_1 - 2P_2; -2P_1 + 6P_2)$. Alors f est une application linéaire. Remarquons que l'équilibre général (E) s'écrit alors :
$$f(P) = (500; 480)$$
3. L'application de $\mathbb{R}^3$ dans $\mathbb{R}^2$ définie par $f(x) = (2x_1 + x_2; x_3 - 4x_1)$ pour $x = (x_1; x_2; x_3) \in \mathbb{R}^3$ est une application linéaire.

Proposition 8.12

f est une application linéaire si et seulement si :
$$\forall x,\ y \in E,\ \forall \lambda,\ \mu \in \mathbb{R},\ f(\lambda x + \mu y) = \lambda f(x) + \mu f(y)$$

Démonstration

- Supposons que $\forall x, y \in E, \forall \lambda, \mu \in \mathbb{R}, f(\lambda x + \mu y) = \lambda f(x) + \mu f(y)$.
  Alors on a clairement $f(x + y) = f(x) + f(y)$ (prendre $\lambda = \mu = 1$), et $f(\lambda x) = \lambda f(x)$ (prendre $\mu = 0$). L'application f est donc bien linéaire.
- Réciproquement, si f est linéaire, alors $f(\lambda x + \mu y) = f(\lambda x) + f(\mu y) = \lambda f(x) + \mu f(y)$. ■

Exemple 8.11

1. Si $\alpha \in \mathbb{R}$, l'homothétie de rapport α est l'application f de E dans E définie par : $\forall x \in E$, $f(x) = \alpha x$. Cette application est linéaire de E dans E. En effet, $f(x+y) = \alpha(x+y) = \alpha x + \alpha y = f(x) + f(y)$, et $f(\lambda x) = \alpha(\lambda x) = (\alpha\lambda)x = \lambda(\alpha x) = \lambda f(x)$.
2. La projection de $E = \mathbb{R}^3$ dans $F = \mathbb{R}^2$ définie pour $x = (x_1; x_2; x_3) \in \mathbb{R}^3$ par $f(x) = (x_1; x_2)$ est une application linéaire.

Proposition 8.13

Si f et g sont linéaires, alors $f + g$ est linéaire. Si $\alpha \in \mathbb{R}$ et f est linéaire, alors αf est linéaire.

Démonstration

$$\begin{aligned}(f+g)(\lambda x+\mu y) &= f(\lambda x+\mu y)+g(\lambda x+\mu y) = \lambda f(x)+\mu f(y)+\lambda g(x)+\mu g(y)\\ &= \lambda(f(x)+g(x))+\mu(f(y)+g(y)) = \lambda(f+g)(x)+\mu(f+g)(y)\end{aligned}$$

Donc $f + g$ est linéaire.

$$(\alpha f)(\lambda x+\mu y) = \alpha f(\lambda x+\mu y) = \alpha(\lambda f(x)+\mu f(y)) = \alpha\lambda f(x)+\alpha\mu f(y) = \lambda(\alpha f)(x)+\mu(\alpha f)(y)$$

Donc αf est linéaire. ■

Proposition 8.14

Supposons que E, F et G sont des espaces vectoriels, que f est une application linéaire de E dans F, et g une application linéaire de F dans G. Alors $g \circ f$ est une application linéaire de E dans F.

Démonstration

$g \circ f$ est clairement une application de E dans G. Montrons qu'elle est linéaire.

$\forall x \in E, \forall y \in E, \forall \lambda \in \mathbb{R}, \forall \mu \in \mathbb{R}, (g \circ f)(\lambda x + \mu y) = g(f(\lambda x + \mu y)) = g(\lambda f(x) + \mu f(y))$

car f est linéaire

$= \lambda g(f(x)) + \mu g(f(y))$ car g est linéaire.

$= \lambda (g \circ f)(x) + \mu (g \circ f)(y)$ donc $g \circ f$ est linéaire. ■

3.2 Image, noyau et rang d'une application linéaire

- L'image d'une fonction est l'ensemble des valeurs qu'elle peut prendre. Quand on étudie une fonction, il est important de connaître son image, pour savoir si elle peut prendre n'importe quelle valeur, ou bien seulement certaines, et si oui lesquelles. Par exemple, la fonction définie de $\mathbb{R}$ dans $\mathbb{R}$ par $f(x) = x^2$ a pour image $\mathbb{R}_+$. Cela signifie en particulier que l'équation $f(x) = -3$ n'a pas de solution dans $\mathbb{R}$.

  Quand la fonction étudiée est une application linéaire, son image est un sous-espace vectoriel, ce qui entraîne certaines propriétés importantes que nous allons voir.

- Étudier une fonction f, c'est souvent aussi être capable de résoudre l'équation $f(x) = 0$. Par exemple, en économie, déterminer quand la fonction de profit s'annule est une question importante. On s'est déjà penché sur l'équation $f(x) = 0$ quand f est un polynôme (► paragraphe 6.3.3, chapitre 1). Si f n'est pas un polynôme mais est une fonction continue de $\mathbb{R}$ dans $\mathbb{R}$, le théorème des valeurs intermédiaires nous aide à trouver un encadrement des solutions de cette équation (► paragraphe 5.1, chapitre 4).

Quand f est une application linéaire d'un espace vectoriel E dans un espace vectoriel F, l'équation $f(x) = 0$ signifie que l'on cherche les vecteurs x de E tels que $f(x)$

soit égal au vecteur nul dans F. L'ensemble des solutions de $f(x) = 0$ s'appelle alors le noyau de l'application linéaire f, et c'est un sous-espace vectoriel dont les propriétés aident à comprendre le comportement de f.

Définition 8.15

Soit f une application linéaire de E dans F.
L'image de f est l'ensemble des $f(x)$, quand $x \in E$. On la note $\mathrm{Im}(f)$ ou $f(E)$. C'est une partie de F.
Le noyau de f est l'ensemble des $x \in E$ tels que $f(x) = 0$. On le note $\mathrm{Ker}(f)$. C'est une partie de E.

Exemple 8.12

L'application f de $\mathbb{R}^2$ dans $\mathbb{R}^2$ définie pour $x = (x_1; x_2) \in \mathbb{R}^2$ par $f(x) = (x_1 + x_2; 2x_1 + 2x_2)$ est une application linéaire. On remarque que si $y = f(x)$, alors $y = (y_1; y_2)$ est tel que $y_2 = 2y_1$.

L'image de f est $\{(\lambda; 2\lambda) ; \lambda \in \mathbb{R}\} = \mathrm{Vect}(U)$, où $U = (1; 2)$. C'est une droite vectorielle.

Le noyau de f est $\mathrm{Ker}(f) = \{(x_1; x_2)$ tel que $x_1 + x_2 = 0\} = \{(\lambda; -\lambda); \lambda \in \mathbb{R}\} = \mathrm{Vect}(V)$, où $V = (1; -1)$. C'est également une droite vectorielle.

Proposition 8.15

Soit f une application linéaire de E dans F. L'image de f est un sous-espace vectoriel de F. Le noyau de f est un sous-espace vectoriel de E.

Démonstration

Il suffit de montrer qu'ils sont stables pour l'addition et pour la multiplication par un scalaire.

- Si $f(x)$ et $f(y)$ sont deux éléments de l'image, alors $f(x) + f(y) = f(x + y)$ qui est aussi dans l'image.

  Si $\alpha \in \mathbb{R}$ et $f(x)$ dans l'image, alors $\alpha f(x) = f(\alpha x)$ qui est dans l'image. L'image de f est donc bien stable pour ces deux lois, c'est donc un sous-espace vectoriel de F.

- Si x et y sont dans le noyau, alors $f(x) = 0$ et $f(y) = 0$. On en déduit que $f(x + y) = f(x) + f(y) = 0$. Donc $x + y$ est dans le noyau. Celui-ci est donc stable pour l'addition.

  Si $\alpha \in \mathbb{R}$ et si x est dans le noyau, alors $f(x) = 0$. On peut alors écrire $f(\alpha x) = \alpha f(x) = \alpha \cdot 0 = 0$, donc αx est dans le noyau. Celui-ci est donc aussi stable pour la multiplication par un scalaire, d'où le noyau est un sous-espace vectoriel. ∎

Définition 8.16

Soit f une application d'un ensemble E dans un ensemble F.

- On dit que f est **surjective** si tout élément de F possède au moins un antécédent dans E par f, c'est-à-dire :

$$\forall y \in F, \exists x \in E, \text{ tel que } f(x) = y$$

- On dit que f est **injective** si tout élément de F possède au plus un antécédent dans E par f, c'est-à-dire :

$$\forall x, x' \in E, f(x) = f(x') \Rightarrow x = x'$$

- On dit que f est **bijective** si elle est surjective et injective, c'est-à-dire si tout élément de F possède un et un seul antécédent dans E par f, c'est-à-dire :

  Pour tout $y \in F$, il existe un et un seul $x \in E$ tel que $f(x) = y$.

Remarquons que ces définitions sont très générales. Elles ne supposent pas que E et F sont des espaces vectoriels.

Exemple 8.13

1. Soit $E = \{a; b; c; d\}$ et $F = \{x; y; z\}$. Considérons l'application f de E dans F, définie par $f(a) = x$, $f(b) = f(c) = y$ et $f(d) = z$. Alors f est surjective mais non injective.
2. Soit $E = \{1; 2; 3; 4\}$ et $F = \{5; 6; 7; 8; 9; 10\}$. Considérons l'application f de E dans F, définie par $f(x) = x + 5$, pour tout $x \in E$. Alors f est injective mais non surjective.

Proposition 8.16

Si $f \in \mathcal{L}(E; F)$, alors on a les équivalences :

(i) f est surjective $\Leftrightarrow \text{Im}(f) = F$

(ii) f est injective $\Leftrightarrow \text{Ker}(f) = \{0\}$

Démonstration

(i) vient immédiatement de la définition de la surjectivité.

Montrons (ii).

- Si f est injective, alors $0 \in F$ a un antécédent au plus. Comme $f(0) = 0$, donc cet unique antécédent est 0.

  $\text{Ker}(f) = \{x \in E;\ f(x) = 0\}$ donc $\text{Ker}(f) = \{0\}$.
- Réciproque. Supposons que $\text{Ker}(f) = \{0\}$ et montrons que f est injective.

Soit $y \in F$. Si y a deux antécédents $x, x' \in E$, avec $x \neq x'$, alors $y = f(x)$ et $y = f(x')$.
Donc $f(x) = f(x')$, d'où $f(x - x') = 0$, c'est-à-dire $x - x' \in \text{Ker}(f)$.
Mais $\text{Ker}(f) = \{0\}$, donc $x - x' \in \text{Ker}(f) \Rightarrow x - x' = 0$, c'est-à-dire $x = x'$.

y ne peut donc pas avoir deux antécédents différents. Tout élément de F admet au plus un antécédent par f, donc f est injective. ■

Définition 8.17

Le **rang d'une application linéaire** est la dimension de son image : $\text{rg}(f) = \dim(\text{Im}(f))$.

Proposition 8.17

Soit $(e_1, \ldots, e_n)$ est une base de E.
Pour connaître l'application f, il suffit de connaître les $f(e_i)$, pour $1 \leq i \leq n$.
On a $\text{Im}(f) = \text{Vect}(f(e_1), \ldots, f(e_n))$, et le rang de f est égal au rang de la famille de vecteurs $(f(e_1), \ldots, f(e_n))$.

Démonstration

Si $x \in E$, alors x s'écrit sous la forme $x = \sum_{i=1}^{n} x_i e_i$. On a $f(x) = f\left(\sum_{i=1}^{n} x_i e_i\right) = \sum_{i=1}^{n} x_i f(e_i)$, donc dès que l'on connaît les $f(e_i)$, on peut en déduire $f(x)$ pour n'importe quel $x \in E$.

Tous les $f(e_i)$ sont dans $\mathrm{Im}(f)$, et l'ensemble $\mathrm{Im}(f)$ est un sous-espace vectoriel, donc $\mathrm{Vect}(f(e_1), \ldots, f(e_n)) \subset \mathrm{Im}(f)$.

Inversement, soit $y \in \mathrm{Im}(f)$. Il existe $x \in E$ tel que $y = f(x)$. Mais x s'écrit $x = \sum_{i=1}^{n} x_i e_i$, donc $f(x) = \sum_{i=1}^{n} x_i f(e_i) \in \mathrm{Vect}(f(e_1), \ldots, f(e_n))$. On a donc bien $\mathrm{Im}(f) = \mathrm{Vect}(f(e_1), \ldots, f(e_n))$.

Enfin, $\mathrm{rg}(f(e_1), \ldots, f(e_n)) = \dim \mathrm{Vect}(f(e_1), \ldots, f(e_n)) = \dim \mathrm{Im}(f) = \mathrm{rg}(f)$. ■

Proposition 8.18

Si f est une application linéaire de E dans F, où E et F sont des espaces vectoriels de dimensions finies, alors on a :

(i) $\mathrm{rg}(f) \leq \dim(F)$

(ii) $\mathrm{rg}(f) \leq \dim(E)$

Démonstration

(i) est évident car $\mathrm{rg}(f) = \dim(\mathrm{Im}(f))$ où $\mathrm{Im}(f) \subset F$.

(ii) $\mathrm{rg}(f) = \dim(\mathrm{Im}(f))$ où $\mathrm{Im}(f)$ est le sous-espace vectoriel de F engendré par $(f(e_1), \ldots, f(e_n))$, où $(e_1, \ldots, e_n)$ base de E. Donc $\mathrm{rg}(f) \leq n = \dim(E)$. ■

Proposition 8.19

Si $f \in \mathcal{L}(E; F)$, où E et F sont des espaces vectoriels de dimensions finies, alors on a :

(i) f est surjective $\Leftrightarrow \mathrm{rg}(f) = \dim(F)$

(ii) f est injective $\Leftrightarrow \mathrm{rg}(f) = \dim(E)$

(iii) f est bijective $\Leftrightarrow \mathrm{rg}(f) = \dim(E) = \dim(F)$

POUR ALLER PLUS LOIN

▸ *Démonstration sur* www.dunod.com

Proposition 8.20

Il existe une application linéaire bijective entre les espaces vectoriels E et F si et seulement si $\dim(E) = \dim(F)$.

Démonstration

- Si f est une application linéaire bijective entre E et F, alors $\mathrm{rg}(f) = \dim(E)$ et $\mathrm{rg}(f) = \dim(F)$, d'où $\dim(E) = \dim(F)$.
- Réciproque. Soit $n = \dim(E) = \dim(F)$.

Considérons $\mathcal{E} = (e_1, \ldots, e_n)$ une base de E, et $\mathcal{F} = (u_1, \ldots, u_n)$ une base de F.

Soit f l'application linéaire de E dans F définie par : $f(e_i) = u_i$ pour tout i.

Alors $\mathrm{Im}(f) = F$, donc $\mathrm{rg}(f) = n$ et f est bijective. ■

Proposition 8.21

Si E et F sont des espaces vectoriels de même dimension finie n, et si f est une application linéaire de E dans F, alors on a équivalence entre :

(i) f est injective

(ii) f est surjective

(iii) f est bijective

Démonstration

Toute application bijective est injective et surjective, donc on a : (iii) $\Rightarrow$ (i) et (iii) $\Rightarrow$ (ii).

- Si f est injective, alors $\text{rg}(f) = \dim(E) = n$. Comme $\dim(E) = \dim(F)$, on a donc $\text{rg}(f) = \dim(E) = \dim(F)$, ce qui implique que f est bijective. On a bien montré que (i) $\Rightarrow$ (iii).
- Si f est surjective, alors $\text{rg}(f) = \dim(F) = n$. Comme $\dim(E) = \dim(F)$, on a donc $\text{rg}(f) = \dim(F) = \dim(E)$, ce qui implique que f est bijective. On a bien montré que (ii) $\Rightarrow$ (iii). ■

Définition 8.18

Une application linéaire bijective d'un espace vectoriel E dans un espace vectoriel F s'appelle un **isomorphisme**.

Proposition 8.22

Si f est un isomorphisme de E dans F, alors son application réciproque f^{-1} est aussi un isomorphisme.

Démonstration

f est bijective, donc admet une application réciproque f^{-1} de F dans E, bijective elle aussi. Montrons que f^{-1} est linéaire.

Soit $y, y' \in F$ et $\lambda \in \mathbb{R}$. Notons $x = f^{-1}(y)$ et $x' = f^{-1}(y')$.

f est linéaire, donc on a $f(x + x') = f(x) + f(x') = y + y'$.

D'où $x + x' = f^{-1}(y + y')$, c'est-à-dire $f^{-1}(y) + f^{-1}(y') = f^{-1}(y + y')$.

De même, f est linéaire donc $f(\lambda x) = \lambda f(x) = \lambda y$.

D'où $\lambda x = f^{-1}(\lambda y)$, c'est-à-dire $\lambda f^{-1}(y) = f^{-1}(\lambda y)$.

Finalement, on a montré que pour tout $y, y' \in F$ et $\lambda \in \mathbb{R}$, on a $f^{-1}(y + y') = f^{-1}(y) + f^{-1}(y')$ et $f^{-1}(\lambda y) = \lambda f^{-1}(y)$, donc l'application f^{-1} est linéaire. ■

Théorème

Théorème noyau-image

Soient E et F deux espaces vectoriels de dimensions finies, et f une application linéaire de E dans F. Alors :

$$\dim(\text{Im}(f)) + \dim(\text{Ker}(f)) = \dim(E)$$

POUR ALLER PLUS LOIN

► *Démonstration sur* www.dunod.com

APPLICATION Qui paie quoi ?

a. Supposons qu'Alfred décide d'acheter un certain nombre de biens : il achète une quantité x_1 de bien 1, une quantité x_2 de bien 2, une quantité x_3 de bien 3. On note p_i le prix du bien i, pour $1 \leq i \leq 3$. On suppose $p_i > 0$ pour tout i. Le coût total est $f(x_1; x_2; x_3) = p_1x_1 + p_2x_2 + p_3x_3$. Ici f est une application linéaire de E dans $\mathbb{R}$, où E est l'espace vectoriel des paniers de biens (► l'espace vectoriel des paniers de biens, fin de la section 2.5).

L'image de f est $\mathbb{R}$, car le coût total $p_1x_1 + p_2x_2 + p_3x_3$ peut prendre n'importe quelle valeur si $x_1, x_2, x_3 \in \mathbb{R}$ (rappelons que si x_i est négatif, cela signifie qu'Alfred vend le bien i). On a donc $\text{rg}(f) = \dim(\text{Im}f) = 1$.

Le noyau de f est l'ensemble des paniers de biens tels que $f(x_1; x_2; x_3) = 0$, c'est-à-dire dont le coût est nul. Il est clair que pour avoir un coût nul, il faut acheter certains biens mais en vendre d'autres, donc avoir $x_i \geq 0$ pour certains biens, et $x_i \leq 0$ pour d'autres biens. Le noyau est $\text{Ker}(f) = \{(x_1; x_2; x_3); p_1x_1 + p_2x_2 + p_3x_3 = 0\}$. C'est un sous-espace vectoriel de E. Ici le noyau est de dimension 2 (d'après le théorème noyau-image), de base par exemple (V, V'), où $V = (1; 0; \frac{-p_1}{p_3})$, et $V' = (0; 1; \frac{-p_2}{p_3})$. Le vecteur V désigne le panier de bien consistant à acheter une unité de bien 1, et à vendre ce qu'il faut de bien 3 pour pouvoir payer exactement cette unité de bien 1. De même V' est le panier de bien consistant à acheter une unité de bien 2, et à vendre ce qu'il faut de bien 3 pour pouvoir payer exactement l'unité de bien 2.

On retrouve bien $\dim \text{Ker}(f) + \text{rg}(f) = \dim E = 3$.

b. Supposons maintenant qu'Alfred et Bertrand sont deux amis, et qu'ils achètent ensemble ces biens. Le coût total sera toujours $p_1x_1 + p_2x_2 + p_3x_3$, mais le coût pour chaque personne dépendra de la façon dont ils se répartissent les dépenses. Notons y_1 ce que dépense Alfred, et y_2 ce que dépense Bertrand.

Remarquons que $x = (x_1; x_2; x_3)$ est le vecteur représentant le panier de biens achetés, et $y = (y_1; y_2)$ est le vecteur des dépenses.

1) Si chacun paie 50 % du coût total, on a :

$$y = (y_1; y_2) = g(x_1; x_2; x_3) = \left(\frac{1}{2}\sum_{i=1}^{3} p_i x_i; \frac{1}{2}\sum_{i=1}^{3} p_i x_i\right)$$

où g est une application linéaire de E dans $\mathbb{R}^2$. Comme le partage du coût total se fait à égalité, l'image de g est l'ensemble des $(y_1; y_2)$ tels que $y_1 = y_2$. C'est un sous-espace vectoriel de dimension 1 de $\mathbb{R}^2$. Tous les paiements $(y_1; y_2)$ ne sont pas possibles puisque l'on a la contrainte $y_1 = y_2$, c'est-à-dire qu'Alfred et Bertrand paient la même chose.

D'après le théorème noyau-image, on a $\dim(\text{Im}(f)) + \dim(\text{Ker}(f)) = \dim(E)$, avec ici $\dim(\text{Im}(f)) = 1$ et $\dim(E) = 3$, donc $\dim(\text{Ker}(f)) = 3 - 1 = 2$. Le noyau de f est de dimension 2, et a pour équation $p_1x_1 + p_2x_2 + p_3x_3 = 0$.

2) Si Alfred et Bertrand paient chacun 50 % des deux premiers biens, et Bertrand paie seul le troisième bien (celui-ci n'intéressant pas Alfred), alors :

$$y = (y_1; y_2) = h(x_1; x_2; x_3) = \left(\frac{1}{2}(p_1x_1 + p_2x_2); \frac{1}{2}(p_1x_1 + p_2x_2) + p_3x_3\right)$$

où h est une application linéaire de E dans $\mathbb{R}^2$.

Ici :

$$\begin{aligned}\text{Im}(h) &= \left\{\left(\frac{1}{2}(p_1x_1 + p_2x_2); \frac{1}{2}(p_1x_1 + p_2x_2) + p_3x_3\right); (x_1; x_2; x_3) \in \mathbb{R}^3\right\} \\ &= \left\{\frac{x_1p_1}{2}.(1; 1) + \frac{x_2p_2}{2}.(1; 1) + x_3(0; 1); (x_1; x_2; x_3) \in \mathbb{R}^3\right\}\end{aligned}$$

d'où $\text{Im}(h)$ est le sous-espace vectoriel engendré par $(1; 1)$ et $(0; 1)$. On a donc $\text{Im}(h) = \mathbb{R}^2$.

On en déduit que tous les paiements $(y_1; y_2) \in \mathbb{R}^2$ sont possibles.

Les points **clés**

- Un espace vectoriel est un ensemble muni d'une loi interne (l'addition de vecteurs) et d'une loi externe (la multiplication par un réel) qui vérifient certaines propriétés simples, qui font que celles-ci fonctionnent de façon similaire à l'addition et multiplication dans $\mathbb{R}$.

- Une famille de vecteurs $(V_1; \ldots; V_k)$ est génératrice si tous les autres vecteurs V s'expriment comme combinaisons linéaires de ces vecteurs (c'est-à-dire que V peut s'écrire $V = \lambda_1 V_1 + \ldots + \lambda_k V_k$).

- Une famille de vecteurs est libre si aucun vecteur de cette famille ne peut s'exprimer comme combinaison linéaire des autres vecteurs de cette famille.

- Une base est une famille de vecteurs qui est à la fois libre et génératrice. Tout vecteur s'exprime de façon unique comme combinaison linéaire des vecteurs de la base. Cette propriété simplifie les calculs, d'autant plus que dans un espace vectoriel donné toutes les bases comportent un même nombre de vecteurs. Ce nombre est appelé dimension de l'espace vectoriel.

- Les calculs impliquant des fonctions de plusieurs variables sont plus simples si celles-ci sont des applications linéaires.

- Pour qu'une fonction f de plusieurs variables soit une application linéaire, il faut que l'ensemble de départ et celui d'arrivée soient des espaces vectoriels, et que cette fonction transforme une combinaison linéaire de vecteurs de l'espace de départ, en la combinaison linéaire correspondante dans l'espace d'arrivée, c'est-à-dire $f(\lambda_1 V_1 + \ldots + \lambda_k V_k) = \lambda_1 f(V_1) + \ldots + \lambda_k f(V_k)$.

ÉVALUATION

Vous trouverez les corrigés détaillés de tous les exercices sur la page du livre sur le site www.dunod.com

Quiz

1 Vrai/Faux

Dites si les affirmations suivantes sont vraies ou fausses. Justifiez vos réponses.

1. La réunion de deux sous-espaces vectoriels de E est un sous-espace vectoriel de E.
2. L'intersection de deux sous-espaces vectoriels de E est un sous-espace vectoriel de E.
3. Si $V_1, V_2, \ldots, V_k$ sont des vecteurs deux à deux linéairement indépendants, alors $(V_1; \ldots; V_k)$ est une famille libre.
4. L'ensemble des suites de nombres réels est un espace vectoriel de dimension infinie.

► Corrigés p. 368

Exercices

2 Sous-espaces vectoriels

Les parties suivantes de $\mathbb{R}^3$ sont-elles des sous-espaces vectoriels de $\mathbb{R}^3$?

1. $A = \{(x; y; 2x - y);\ x, y \in \mathbb{R}\}$
2. $B = \{(x^2; y; 2x - y);\ x, y \in \mathbb{R}\}$
3. $C = \{(x + 2; y; 2x - y);\ x, y \in \mathbb{R}\}$
4. $D = \{(x; y; 3);\ x, y \in \mathbb{R}\}$

3 Applications linéaires de $\mathbb{R}$ dans $\mathbb{R}$

1. L'application f, définie de $\mathbb{R}$ dans $\mathbb{R}$ par $f(x) = 4x$ est-elle linéaire ?
2. Même question pour g définie par $g(x) = 4x^2$.
3. Même question pour h définie par $h(x) = 4x + 1$.

► Corrigés p. 368

4 Applications linéaires de E dans E

Soient f et g deux endomorphismes de l'espace vectoriel E, c'est-à-dire deux applications linéaires de E dans E.

1. Montrer que $\mathrm{Ker}(f) \subset \mathrm{Ker}(g \circ f)$ et que $\mathrm{Im}(g \circ f) \subset \mathrm{Im}(g)$.
2. En déduire que $\mathrm{rg}(g \circ f) \leq \mathrm{rg}(f)$ et que $\mathrm{rg}(g \circ f) \leq \mathrm{rg}(g)$.

► Corrigés p. 368

5 Plans vectoriels

1. Soit $E = \{(x; y; z);\ 3x + 2y - 4z = 0\}$
   Montrer que E est un sous-espace vectoriel de $\mathbb{R}^3$. Déterminer une base de E.
2. Mêmes questions pour $F = \{(x; y; z);\ 2x-3y+5z = 0\}$
3. Mêmes questions pour $G = \{(x; y; z);\ x - y + z = 0$ et $2x + 3y + 4z = 0\}$

6 Bases

1. Posons $U = (1; 2)$, $V = (0; 1)$ et $W = (1; 4)$ trois vecteurs de $\mathbb{R}^2$. Les familles suivantes de vecteurs sont-elles des bases de $\mathbb{R}^2$?
   a. $(U; V; W)$
   b. $(U; V)$
   c. $(U; W)$
   d. $(U; 2U)$
   e. $(\frac{1}{2}U + V; W)$
2. Posons $U = (1; 2; 1)$, $V = (0; 1; 0)$ et $W = (4; 2; 0)$ trois vecteurs de $\mathbb{R}^3$. Les familles suivantes sont-elles des bases de $\mathbb{R}^3$?
   a. $(U; V; W)$
   b. $(U; V)$
   c. $(V; W; V + 2W)$

7 Paniers de biens

On suppose que quatre biens (divisibles) sont disponibles. Notons x_i la quantité de bien i achetée par Cécile (il s'agit en fait d'une vente si x_i est négatif). L'ensemble E des paniers de biens $x = (x_1; \dots; x_4)$ est un espace vectoriel.

1. Supposons que les biens 1 et 4 sont complémentaires, de telle sorte que le bien 1 est acheté (ou vendu) accompagné de la même quantité de bien 4. Donner l'équation du sous-espace vectoriel E_1 des paniers de biens satisfaisant cette contrainte. Quelle est la dimension de E_1 ?

2. Même question si tous les biens sont complémentaires.

3. On considère l'ensemble E_2 des paniers de biens contenant exactement 5 unités de bien 4. Est-ce un sous-espace vectoriel de E ?

8 Noyau, image

1. On considère l'application linéaire f de $\mathbb{R}^2$ dans $\mathbb{R}^2$ définie par :

$$f(x_1; x_2) = (2x_1 + 3x_2; 3x_1 + 4x_2)$$

pour tout $(x_1, x_2) \in \mathbb{R}^2$.

a. Résoudre l'équation $f(x_1; x_2) = (0; 0)$.

b. En déduire le noyau de f, l'image de f, et leurs dimensions.

c. L'application f est-elle injective ? Surjective ? Bijective ?

d. Combien y-a-t-il de solutions à l'équation $f(x_1; x_2) = (7; 11)$? (sans calculs)

2. Mêmes questions pour f de $\mathbb{R}^2$ dans $\mathbb{R}^2$ définie par :

$$f(x_1; x_2) = (2x_1 + 3x_2; 4x_1 + 6x_2)$$

pour tout $(x_1, x_2) \in \mathbb{R}^2$.

9 Qui paie ?

On considère l'ensemble E des paniers de biens vu à l'exercice 7. Didier, Estelle et Farid achètent ensemble un panier de biens. Les prix unitaires des différents biens sont les suivants (p_i désigne le prix unitaire du bien i) :

$$p_1 = 12\,;\ p_2 = 9\,;\ p_3 = 14 \text{ et } p_4 = 11$$

Comme ils n'ont pas tous les mêmes goûts et les mêmes revenus, il est décidé le partage suivant :

– Les trois amis contribuent à égalité au paiement des biens 1 et 2.

– Seuls Estelle et Farid paient le bien 3, ce dernier n'intéressant pas Didier. Il paient 50 % chacun du coût du bien 3.

– Didier paie seul le bien 4.

Si les x_i sont négatifs (c.-à-d. s'il s'agit de ventes) le partage se fait de la même manière.

Notons y_1, y_2, y_3 ce que dépensent respectivement Didier, Estelle, Farid. Le vecteur $y = (y_1, y_2, y_3)$ est une fonction de $x = (x_1, x_2, x_3, x_4)$, qu'on écrit $y = g(x)$.

1. Écrire explicitement la fonction g. Montrer que g est une application linéaire. Déterminer son image et son noyau, et donner les dimensions de ceux-ci.

Est-il possible ques les dépenses soient réparties de la façon suivante :

Didier dépense 20 euros, Estelle 10 euros et Farid 15 euros ?

2. Mêmes questions, mais on suppose qu'Estelle ne contribue pas au paiement du bien 2.

Chapitre 9

Imaginons une économie avec un seul type d'ordinateur fixe. L'équilibre sur le marché de cet ordinateur est atteint pour le prix qui égalise offre et demande. Trouver le prix d'équilibre, c'est résoudre une équation à une inconnue.

Supposons maintenant qu'il y a aussi un modèle d'ordinateur portable disponible. Le marché du portable interagit avec celui du fixe, car par exemple, si les portables sont trop chers, la demande de fixes va augmenter. Pour déterminer l'équilibre économique, il faut donc trouver l'équilibre simultanément sur les deux marchés, c'est-à-dire résoudre un système de deux équations à deux inconnues, où les inconnues sont les prix des deux biens. S'il y a n biens dont les demandes interagissent, déterminer l'équilibre économique revient à résoudre n équations à n inconnues. Cela peut être très compliqué, sauf si ces équations sont linéaires.

Dans ce cas, il s'agit de résoudre un système d'équations linéaires. On peut ranger les coefficients des différentes variables de chaque équation dans un tableau, que l'on appelle une matrice. Le déterminant de la matrice nous permet de savoir si les colonnes de la matrice sont linéairement indépendantes ou pas. Elles sont linéairement indépendantes si le déterminant est non nul.

Il y a alors une unique solution au système, c'est-à-dire un unique équilibre général, que l'on peut calculer à l'aide des coefficients de la matrice.

LES GRANDS AUTEURS

Al-Khwarizmi (780-850)

Al-Khwarizmi est un mathématicien persan travaillant à Bagdad sous le règne du calife Al-Mahmoun, qui favorise le développement des sciences, notamment en encourageant la traduction en arabe des oeuvres de la Grèce ancienne. Al-Khwarizmi travaille à la « Maison de la sagesse », sorte de centre de recherche fondé par le calife à Bagdad. Il écrit un traité sur la numération indienne, qui fait connaître celle-ci au monde arabe puis à l'Occident. Il s'inspire notamment de Brahmagupta. Al-Khwarizmi expose dans ce livre des procédures opératoires, si bien que son nom a donné naissance au mot « algorithme ».

Il est l'auteur du livre fondateur de l'algèbre *Kitab al jabr w'al monqaba*, c'est-à-dire le livre de la transposition et de la réduction. Ici *al jabr* traduit par « la transposition » signifie dans une équation le fait d'enlever un terme comportant un signe négatif pour le mettre de l'autre côté de l'équation avec un signe positif. Ce terme *al jabr* est à l'origine du mot algèbre. Dans cet ouvrage, Al-Khwarizmi expose de façon systématique la méthode pour résoudre une équation du second degré. ■

Matrices, déterminants et systèmes d'équations linéaires

Plan

Objectifs

→ **Comprendre** comment manipuler des matrices.

→ **Calculer** des déterminants et **utiliser** les déterminants pour inverser une matrice et trouver le rang d'une matrice ou d'un système d'équations linéaires.

→ **Résoudre** un système d'équations linéaires, notamment pour un système carré inversible.

→ **Connaître** la méthode du pivot de Gauss et être en mesure de l'appliquer à l'inversion d'une matrice, la résolution d'un système d'équations linéaires, le calcul du rang d'une matrice ou d'un système de vecteurs.

1 Matrices

1.1 Qu'est-ce qu'une matrice ?

Quand on veut résoudre un système linéaire, par exemple l'équilibre général (EG_n) (► chapitre 8, section 1.3), on est amené à utiliser des tableaux de nombres que l'on appelle matrices. Pour comprendre comment on trouve les solutions d'un système linéaire, il faut d'abord savoir manipuler les matrices.

Définition 9.1

On appelle **matrice** de type $(p; n)$ un tableau à p lignes et n colonnes, comportant pn nombres réels. Une matrice A sera notée :

$$A = \left(a_{i;j}\right)_{\substack{1 \leq i \leq p \\ 1 \leq j \leq n}} = \begin{pmatrix} a_{1;1} & a_{1;2} & \dots & \dots & a_{1;n} \\ & & & & \\ & & a_{i;j} & & \\ & & & & \\ a_{p;1} & & \dots & & a_{p;n} \end{pmatrix}$$

L'élément à l'intersection de la ligne i et de la colonne j est $a_{i;j}$.
On note $\mathcal{M}_{p;n}$ l'ensemble des matrices de type $(p; n)$.
Si la matrice comporte une seule colonne ($n = 1$), on dit que c'est une **matrice-colonne** ou un **vecteur-colonne**.
Si la matrice comporte une seule ligne ($p = 1$), on dit que c'est une **matrice-ligne** ou un **vecteur-ligne**.

Exemple 9.1

La matrice $A = \begin{pmatrix} 2 & 7 & -5{,}8 & 3 \\ 4 & -3{,}7 & -5 & 0 \\ 2{,}3 & -1{,}2 & 1 & 0{,}5 \end{pmatrix}$ est de type $(3; 4)$ car elle comporte 3 lignes et 4 colonnes.

1.2 Matrices et applications linéaires

Matrices, applications linéaires et systèmes d'équations linéaires sont des notions intimement liées. Nous allons tout d'abord étudier le lien entre matrices et applications linéaires.

On considère deux espaces vectoriels E et F, avec $\dim(E) = n$ et $\dim(F) = p$. Soit f une application linéaire de E dans F. On a une base $\mathcal{E} = (e_1, \dots, e_n)$ de E, et une base $\mathcal{F} = (u_1, \dots, u_p)$ de F.

Pour connaître complètement f, il suffit de connaître les $f(e_j)$. En effet, si $x = \sum_{j=1}^{n} x_j e_j$, alors $f(x) = \sum_{j=1}^{n} x_j f(e_j)$. Quand on connaît les $f(e_j)$, on peut donc en déduire $f(x)$ pour tout $x \in E$. Remarquons que $f(e_j)$ est un vecteur de F, donc s'exprime comme combinaison linéaire des u_i. Pour chaque j, il existe donc des nombres réels $a_{1;j}$, $a_{2;j}, \ldots, a_{p;j}$ tels que $f(e_j) = \sum_{i=1}^{p} a_{i;j} u_i$.

On range tous ces coefficients $a_{i;j}$ dans une matrice, en faisant figurer les coordonnées de $f(e_j)$ dans la base $\mathcal{F}$ dans la colonne j de cette matrice. Comme il y a p coordonnées, cette matrice aura p lignes. Comme les $f(e_j)$ sont au nombre de n, la matrice aura n colonnes.

Définition 9.2

La matrice de f relative aux bases $\mathcal{E}$ et $\mathcal{F}$ est la matrice dont les colonnes sont les coordonnées des vecteurs $f(e_j)$ dans la base $\mathcal{F}$:

$$\text{Mat}(f,\mathcal{E},\mathcal{F}) = \begin{pmatrix} a_{1;1} & a_{1;n} \\ \ldots & \ldots \\ a_{p;1} & a_{p;n} \end{pmatrix}$$

où les $a_{i;j}$ sont tels que $f(e_j) = \sum_{i=1}^{p} a_{i;j} u_i$ pour tout j, avec $1 \leq j \leq n$.

Quand on connaît la matrice de f relative aux bases $\mathcal{E}$ et $\mathcal{F}$, on connaît tous les $f(e_j)$. On connaît alors complètement f, car comme mentionné plus haut, si $x = \sum_{j=1}^{n} x_j e_j$, alors on a $f(x) = \sum_{j=1}^{n} x_j f(e_j) = \sum_{j=1}^{n} \sum_{i=1}^{p} x_j a_{i;j} u_i$.

Exemple 9.2

Si $\dim(E) = n = 2$ et $\dim(F) = p = 3$, on a une base $\mathcal{E} = (e_1, e_2)$ de E, et une base $\mathcal{F} = (u_1, u_2, u_3)$ de F. Supposons que la matrice de f dans les bases $\mathcal{E}$ et $\mathcal{F}$ soit la suivante :

$$A = \begin{pmatrix} 2 & 5 \\ 1 & -4 \\ -2 & 2 \end{pmatrix}$$

Cela signifie que $f(e_1) = 2u_1 + u_2 - 2u_3$ et que $f(e_2) = 5u_1 - 4u_2 + 2u_3$.

Si $x \in E$, avec $x = \lambda_1 e_1 + \lambda_2 e_2$, alors :

$$f(x) = \lambda_1 f(e_1) + \lambda_2 f(e_2) = \lambda_1 [2u_1 + u_2 - 2u_3] + \lambda_2 [5u_1 - 4u_2 + 2u_3]$$

Donc :

$$f(x) = (2\lambda_1 + 5\lambda_2)u_1 + (\lambda_1 - 4\lambda_2)u_2 + (-2\lambda_1 + 2\lambda_2)u_3$$

APPLICATION Qui paie quoi ? (suite)

Poursuivons l'application économique de la fin du chapitre 8. On suppose qu'Alfred et Bertrand paient chacun 50 % des biens 1 et 2, et Bertrand paie seul le bien 3. Le vecteur des paiements $y = (y_1; y_2)$ s'obtient en fonction du vecteur panier de biens $x = (x_1; x_2; x_3)$ à l'aide de l'application linéaire h :

$$y = (y_1; y_2) = h(x_1; x_2; x_3) = \left(\frac{1}{2}p_1x_1 + \frac{1}{2}p_2x_2; \frac{1}{2}p_1x_1 + \frac{1}{2}p_2x_2 + p_3x_3\right)$$

Dans l'espace vectoriel des paniers de biens E, prenons pour base $\mathcal{E} = (e_1,e_2,e_3)$, où e_i est le panier de biens contitué uniquement d'une unité de bien i.
Dans $F = \mathbb{R}^2$, l'espace vectoriel des paiements, prenons pour base $\mathcal{F} = (u_1,u_2)$, où $u_1 = (1;0)$ et $u_2 = (0;1)$. La matrice de h relativement aux bases $\mathcal{E}$ et $\mathcal{F}$ est alors :

$$\text{Mat}(h,\mathcal{E},\mathcal{F}) = \begin{pmatrix} \frac{1}{2}p_1 & \frac{1}{2}p_2 & 0 \\ \frac{1}{2}p_1 & \frac{1}{2}p_2 & p_3 \end{pmatrix}$$

Les coordonnées de $h(e_j)$ dans la base $\mathcal{F}$ figurent dans le j^e colonne de la matrice. La colonne j indique donc la répartition des paiements pour l'achat d'une unité de bien j.
On voit qu'une unité de bien 1 entraîne un paiement de $\frac{1}{2}p_1$ d'Alfred, et de $\frac{1}{2}p_1$ de Bertrand (colonne 1). Pour une unité de bien 2, il y aura un paiement de $\frac{1}{2}p_2$ d'Alfred et de $\frac{1}{2}p_2$ de Bertrand (colonne 2). Enfin, une unité de bien 3 entraîne un paiement de 0 d'Alfred et de p_3 de Bertrand (colonne 3).

1.3 Opérations sur les matrices

Rappelons que l'addition d'applications linéaires est définie comme l'addition de fonctions de variable réelle, de la façon suivante : si f et g sont des applications linéaires de E dans F, alors $f + g$ est l'application qui à tout x de E associe $f(x) + g(x)$, ce que l'on peut résumer en écrivant :

$$(f + g)(x) = f(x) + g(x)$$

On voudrait définir l'addition de matrices de façon à ce que la matrice de $f + g$ soit la somme des matrices de f et de g, relativement aux bases $\mathcal{E}$ et $\mathcal{F}$ fixées. Ceci nous conduit à la définition suivante.

Définition 9.3

Soit $A = \left(a_{i;j}\right)_{\substack{1\leq i\leq p\\1\leq j\leq n}}$ et $B = \left(b_{i;j}\right)_{\substack{1\leq i\leq p\\1\leq j\leq n}}$ deux matrices de type $(p;n)$.
On appelle **somme** de A et de B, notée $A + B$, la matrice $C = \left(c_{i;j}\right)_{\substack{1\leq i\leq p\\1\leq j\leq n}}$ telle que $c_{i;j} = a_{i;j} + b_{i;j}$ pour tout i, j.

Proposition 9.1

On suppose que $\mathcal{E}$ est une base de E et que $\mathcal{F}$ est une base de F. Soit f et g des applications linéaires de E dans F. Notons A la matrice de f et B la matrice de g relativement à ces bases. Alors $C = A + B$ est la matrice de $f + g$ relativement à ces bases.

Démonstration

Si $\text{Mat}(f) = A = \left(a_{i;j}\right)_{\substack{1\leq i\leq p\\1\leq j\leq n}}$ et si $\text{Mat}(g) = B = \left(b_{i;j}\right)_{\substack{1\leq i\leq p\\1\leq j\leq n}}$, on a :

$$f(e_j) = \sum_{i=1}^{p} a_{i;j}u_i \text{ et } g(e_j) = \sum_{i=1}^{p} b_{i;j}u_i \text{ pour tout } j.$$

Alors on a $(f+g)(e_j) = f(e_j) + g(e_j) = \sum_{i=1}^{p} a_{i;j}u_i + \sum_{i=1}^{p} b_{i;j}u_i = \sum_{i=1}^{p}(a_{i;j} + b_{i;j})u_i = \sum_{i=1}^{p} c_{i;j}u_i$,
si bien que C est la matrice de $f+g$. ■

De même on va définir la multiplication d'une matrice par un réel, de façon à ce que la matrice de $\lambda.f$ soit égale à λ fois la matrice de f.

Définition 9.4

Soit $A = \left(a_{i;j}\right)_{\substack{1\le i\le p\\ 1\le j\le n}}$ et $\lambda \in \mathbb{R}$.

On note $\lambda.A$ la matrice $B = \left(b_{i;j}\right)_{\substack{1\le i\le p\\ 1\le j\le n}}$ telle que $b_{i;j} = \lambda a_{i;j}$ pour tout i, j.

Proposition 9.2

On suppose que $\mathcal{E}$ est une base de E et que $\mathcal{F}$ est une base de F. Soit f une application linaire de E dans F, et $\lambda \in \mathbb{R}$. Notons A la matrice de f relativement à ces bases. Alors $B = \lambda.A$ est la matrice de $\lambda.f$ relativement à ces bases.

Démonstration

Si $\mathrm{Mat}(f) = A = \left(a_{i;j}\right)_{\substack{1\le i\le p\\ 1\le j\le n}}$, on a $f(e_j) = \sum_{i=1}^{p} a_{i;j}u_i$ pour tout j.

Donc $(\lambda f)(e_j) = \lambda \cdot f(e_j) = \lambda \cdot \sum_{i=1}^{p} a_{i;j}u_i = \sum_{i=1}^{p} \lambda \cdot a_{i;j}u_i = \sum_{i=1}^{p} b_{i;j}u_i$,
si bien que B est la matrice de λf. ■

On va maintenant définir le produit des matrices, de façon à ce que la matrice de $g\circ f$ soit égale à la matrice de g multipliée par la matrice de f.

Définition 9.5

Soit $B = \left(b_{i;j}\right)_{\substack{1\le i\le q\\ 1\le j\le p}}$ une matrice de type $(q;p)$ et $A = \left(a_{i;j}\right)_{\substack{1\le i\le p\\ 1\le j\le n}}$ une matrice de type $(p;n)$.

On appelle **produit** de B par A, noté $B \times A$ ou BA, la matrice C de type $(q;n)$ telle que $C = \left(c_{i;j}\right)_{\substack{1\le i\le q\\ 1\le j\le n}}$ où $c_{i;j} = \sum_{k=1}^{p} b_{i;k}a_{k;j}$ pour tout i, j.

Quand on multiplie une matrice de type $(q;p)$ par une matrice de type $(p;n)$, on obtient une matrice de type $(q;n)$. Autrement dit, une matrice à q lignes et p colonnes multipliée par une matrice à p lignes et n colonnes donne une matrice à q lignes et n colonnes.

Proposition 9.3

Soit E, F, G des espaces vectoriels tels que $\dim(E) = n$, $\dim(F) = p$ et $\dim(G) = q$, munis des bases $\mathcal{E} = (e_1, \ldots, e_n)$, $\mathcal{F} = (u_1, \ldots, u_p)$ et $\mathcal{G} = (v_1, \ldots, v_q)$ respectivement. On considère une application linéaire f de E dans F, et une application linéaire g de F dans G. Alors la matrice de $g \circ f$ (pour ces bases) est égale au produit de la matrice de g par la matrice de f.

$$\mathrm{Mat}(g \circ f) = \mathrm{Mat}(g) \times \mathrm{Mat}(f)$$

Démonstration

Si $\mathrm{Mat}(f) = A = \left(a_{k;j}\right)_{\substack{1 \le k \le p \\ 1 \le j \le n}}$ et si $\mathrm{Mat}(g) = B = (b_{i;k})_{\substack{1 \le i \le q \\ 1 \le k \le p}}$, on a $f(e_j) = \sum_{k=1}^{p} a_{k;j} u_k$ et $g(u_k) = \sum_{i=1}^{q} b_{i;k} v_i$ pour tout j, k.

La matrice de $g \circ f$ est celle dont les colonnes sont les coordonnées des vecteurs $g \circ f(e_j)$ dans la base $\mathcal{G}$.

$$\begin{aligned} g \circ f(e_j) &= g\left(\sum_{k=1}^{p} a_{k;j} u_k\right) = \sum_{k=1}^{p} a_{k;j} g(u_k) = \sum_{k=1}^{p} a_{k;j} \left(\sum_{i=1}^{q} b_{i;k} v_i\right) \\ &= \sum_{i=1}^{q} \left(\sum_{k=1}^{p} b_{i;k} a_{k;j}\right) v_i \end{aligned}$$

Pour tout j, les coordonnées de $(g \circ f)(e_j)$ dans la base $\mathcal{G}$ sont donc les $\sum_{k=1}^{p} b_{i;k} a_{k;j}$, où $1 \le i \le q$. ■

Attention, on ne peut pas multiplier n'importe quel type de matrice par n'importe quel autre type de matrice. On ne peut multiplier une matrice B par une matrice A que si le nombre de colonnes de B est égal au nombre de lignes de A.

Exemple 9.3

On peut calculer BA si :

- la matrice B est de type $(4; 3)$ et la matrice A de type $(3; 5)$;
- la matrice B est de type $(2; 4)$ et la matrice A de type $(4; 3)$.

Par contre, il n'y a pas de produit BA si B est de type $(6; 4)$ et A de type $(5; 6)$.

Attention, le produit de matrices n'est pas commutatif, c'est-à-dire $BA \neq AB$ en général. Il peut même arriver que BA soit définie mais que AB ne le soit pas.

Exemple 9.4

B une matrice de type $(4; 3)$ et A une matrice $(3; 5)$. Alors le produit BA est une matrice $(4; 5)$, mais le produit AB n'existe pas.

EN PRATIQUE

Multiplier des matrices

Si on veut calculer à la main le produit $C = BA$, il est pratique de disposer les matrices A et B d'une façon particulière, pour pouvoir facilement calculer les $c_{i;j}$ à l'aide de la formule $c_{i;j} = \sum_{k=1}^{p} b_{i;k}a_{k;j}$.

La figure 9.1 montre comment procéder. Le nombre $c_{i;j}$ est à l'intersection de la ligne i et de la colonne j, et on a :

$$c_{i;j} = b_{i;1}a_{1;j} + b_{i;2}a_{2;j} + \ldots + b_{i;p}a_{p;j}$$

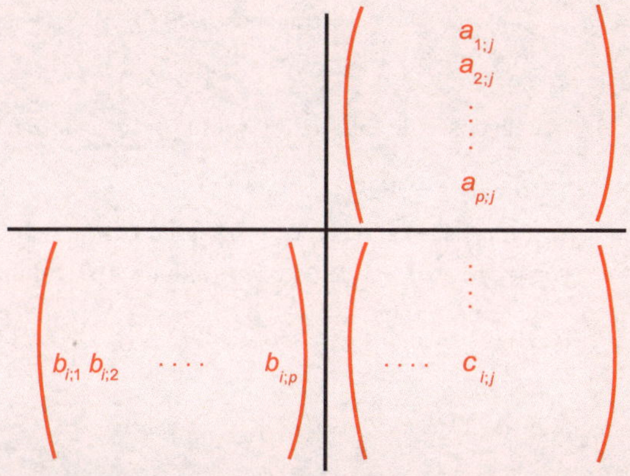

▲ **Figure 9.1** Multiplication de matrices : $B \times A = C$

Définition 9.6

Si $A = \left(a_{i;j}\right)_{\substack{1\leq i\leq p\\1\leq j\leq n}}$ est une matrice de type $(p;n)$ alors on appelle **transposée** de A, la matrice notée A^T ou A' dont les lignes sont formées des colonnes de A (et dont les colonnes sont formées des lignes de A).

On a donc $A' = \left(a'_{i;j}\right)_{\substack{1\leq i\leq n\\1\leq j\leq p}}$ de type $(n;p)$ avec $a'_{i;j} = a_{j;i}$ pour tout i, j.

Exemple 9.5

Si $A = \begin{pmatrix} 2 & 3 \\ -0{,}5 & 8 \\ 4 & 1 \end{pmatrix}$, alors $A' = \begin{pmatrix} 2 & -0{,}5 & 4 \\ 3 & 8 & 1 \end{pmatrix}$.

Proposition 9.4

Propriétés de la transposition

Si A est une matrice de type $(p; n)$, on a :

(i) $A'' = A$

(ii) $(A + B)' = A' + B'$ pour toute matrice B de type $(p; n)$

(iii) $(\lambda A)' = \lambda A'$ pour tout $\lambda \in \mathbb{R}$

(iv) $(BA)' = A'B'$ pour toute matrice B de type $(q; p)$

Démonstration

(i) Quand on transpose une matrice, on change les colonnes en lignes et les lignes en colonnes, donc si on transpose deux fois, on revient au point de départ.

(ii) $(A + B)' = \text{transposée de } (a_{i;j} + b_{i;j})_{\substack{1\le i\le p\\ 1\le j\le n}} = (a_{j;i} + b_{j;i})_{\substack{1\le i\le n\\ 1\le j\le p}}$

$= (a_{j;i})_{\substack{1\le i\le n\\ 1\le j\le p}} + (b_{j;i})_{\substack{1\le i\le n\\ 1\le j\le p}} = \text{transposée de } (a_{i;j})_{\substack{1\le i\le p\\ 1\le j\le n}} + \text{transposée de } (b_{i;j})_{\substack{1\le i\le p\\ 1\le j\le n}}$

$= A' + B'$

(iii) $(\lambda A)' = \text{transposée de } (\lambda a_{i;j})_{\substack{1\le i\le p\\ 1\le j\le n}} = (\lambda a_{j;i})_{\substack{1\le j\le p\\ 1\le i\le n}} = \lambda (a_{j;i})_{\substack{1\le j\le p\\ 1\le i\le n}} = \lambda A'$

(iv) Soit $C = BA$ et $D = A'B'$.

B est de type $(q; p)$ et A est de type $(p; n)$, donc BA est de type $(q; n)$.

A' est de type $(n; p)$ et B' est de type $(p; q)$, donc $A'B'$ est de type $(n; q)$.

On a $C = \left(c_{i;j}\right)_{\substack{1\le i\le q\\ 1\le j\le n}}$ où $c_{i;j} = \sum_{k=1}^{p} b_{i;k}a_{k;j}$, et $D = \left(d_{i;j}\right)_{\substack{1\le i\le n\\ 1\le j\le q}}$ où $d_{i;j} = \sum_{k=1}^{p} a'_{i;k}b'_{k;j} = \sum_{k=1}^{p} a_{k;i}b_{j;k}$.

La transposée de C est $C' = \left(c'_{i;j}\right)_{\substack{1\le i\le n\\ 1\le j\le q}}$ avec $c'_{i;j} = \sum_{k=1}^{p} b_{j;k}a_{k;i} = d_{i;j}$, donc on a bien $C' = D$. ■

EN PRATIQUE

Écriture matricielle de $f(x) = y$

Comment écrire matriciellement le fait que $f(x) = y$, où $x \in E$ et $y \in F$? Supposons données les bases $\mathcal{E}$ et $\mathcal{F}$ de E et F. L'application linéaire f de E dans F a pour matrice A relativement à ces bases.

Soit X la matrice à une colonne des coordonnées de x dans la base $\mathcal{E}$, et Y la matrice à une colonne des coordonnées de y dans la base $\mathcal{F}$. On dit que X et Y sont des **vecteurs-colonnes**. Alors :

$$y = f(x) \Leftrightarrow Y = AX$$

Ici AX est le produit matriciel de la matrice A, qui est de type $(p; n)$ par la matrice X, qui est de type $(n; 1)$. Le résultat est la matrice Y, de type $(p; 1)$.

Exemple 9.6

Supposons que E et F sont de dimension 2, avec $\mathcal{E} = (e_1,e_2)$ base de E, et $\mathcal{F} = (u_1,u_2)$ base de F.

Si $A = \text{Mat}(f,\mathcal{E},\mathcal{F}) = \begin{pmatrix} 3 & 5 \\ -2 & 4 \end{pmatrix}$, alors $y = f(x)$ où $x = x_1e_1 + x_2e_2$ donne :

$$\begin{aligned} y &= x_1f(e_1) + x_2f(e_2) = x_1\,[3u_1 - 2u_2] + x_2\,[5u_1 + 4u_2] \\ &= (3x_1 + 5x_2)\,u_1 + (-2x_1 + 4x_2)u_2 \end{aligned}$$

Sous forme matricielle, $Y = AX$ donne :

$$\begin{pmatrix} y_1 \\ y_2 \end{pmatrix} = \begin{pmatrix} 3 & 5 \\ -2 & 4 \end{pmatrix}\begin{pmatrix} x_1 \\ x_2 \end{pmatrix} = \begin{pmatrix} 3x_1 + 5x_2 \\ -2x_1 + 4x_2 \end{pmatrix}$$

ce qui permet de lire directement les coordonnées de $y = f(x)$ dans la base $\mathcal{F}$.

APPLICATION Qui paie quoi ? (suite)

L'application linéaire h qui indique la répartition des paiements pour chaque panier est telle que (▶ fin du paragraphe 1.2) :

$$A = \text{Mat}(h,\mathcal{E},\mathcal{F}) = \begin{pmatrix} \frac{1}{2}p_1 & \frac{1}{2}p_2 & 0 \\ \frac{1}{2}p_1 & \frac{1}{2}p_2 & p_3 \end{pmatrix}$$

Soit $Y = \begin{pmatrix} y_1 \\ y_2 \end{pmatrix}$ le vecteur-colonne des paiements (Alfred paie y_1, Bertrand paie y_2), et soit $X = \begin{pmatrix} x_1 \\ x_2 \\ x_3 \end{pmatrix}$ le vecteur-colonne du panier de biens.

Sous forme matricielle on a $Y = AX$,

c'est-à-dire $\begin{pmatrix} y_1 \\ y_2 \end{pmatrix} = \begin{pmatrix} \frac{1}{2}p_1 & \frac{1}{2}p_2 & 0 \\ \frac{1}{2}p_1 & \frac{1}{2}p_2 & p_3 \end{pmatrix}\begin{pmatrix} x_1 \\ x_2 \\ x_3 \end{pmatrix}$.

Cela revient à $\begin{pmatrix} y_1 \\ y_2 \end{pmatrix} = \begin{pmatrix} \frac{p_1}{2}x_1 + \frac{p_2}{2}x_2 \\ \frac{p_1}{2}x_1 + \frac{p_2}{2}x_2 + p_3x_3 \end{pmatrix}$.

Supposons par exemple qu'ils achètent 10 unités de bien 1, et 6 unités de bien 2, et 4 unités de bien 3. La répartition des paiements est alors :

$$\begin{pmatrix} \frac{1}{2}p_1 & \frac{1}{2}p_2 & 0 \\ \frac{1}{2}p_1 & \frac{1}{2}p_2 & p_3 \end{pmatrix}\begin{pmatrix} 10 \\ 6 \\ 4 \end{pmatrix} = \begin{pmatrix} 5p_1 + 3p_2 \\ 5p_1 + 3p_2 + 4p_3 \end{pmatrix}$$

Alfred paie $5p_1 + 3p_2$ et Bertrand paie $5p_1 + 3p_2 + 4p_3$.

1.4 Matrices carrées

Les matrices carrées méritent une attention particulière, car ce sont les matrices des endomorphismes, c'est-à-dire des applications linéaires d'un espace vectoriel dans lui-même.

Définition 9.7

On appelle **matrice carrée** toute matrice qui a le même nombre de lignes que de colonnes, c'est-à-dire toute matrice de type $(n; n)$, pour un certain n. On dit alors que n est l'**ordre** de la matrice carrée.

Si E est un espace vectoriel de dimension n, et si f est une application linéaire de E dans E, alors sa matrice dans une base donnée est une matrice carrée d'ordre n.

Définition 9.8

- Soit $A = (a_{i;j})_{\substack{1\leq i\leq n \\ 1\leq j\leq n}}$ une matrice carrée. Les nombres $a_{i;i}$ pour $1 \leq i \leq n$, constituent la **diagonale** de la matrice carrée.
- On dit qu'une **matrice** est **diagonale** si c'est une matrice carrée dont tous les éléments sont nuls en dehors de la diagonale (c.-à-d. $a_{i;j} = 0$ si $i \neq j$).
- On note I ou I_n la matrice diagonale, carrée d'ordre n, comportant uniquement des 1 sur la diagonale et des 0 partout ailleurs.
- On dit qu'une matrice carrée est **triangulaire supérieure** si tous ses éléments sont nuls en-dessous de la diagonale (c.-à-d. $a_{i;j} = 0$ si $i > j$).
- On dit qu'une matrice carrée est **triangulaire inférieure** si tous ses éléments sont nuls au-dessus de la diagonale (c.-à-d. $a_{i;j} = 0$ si $i < j$).

Exemple 9.7

La matrice $A = \begin{pmatrix} 3 & 0 & 0 \\ 0 & 2 & 0 \\ 0 & 0 & -4 \end{pmatrix}$ est une matrice diagonale,

et la matrice $B = \begin{pmatrix} 2 & 4 & 7 \\ 0 & 1 & -2 \\ 0 & 0 & 3 \end{pmatrix}$ est triangulaire supérieure.

Définition 9.9

On appelle *application Identité* de E, notée Id_E ou Id, l'application f de E dans E telle que $f(x) = x$ pour tout $x \in E$.

Proposition 9.5

On suppose que E est un espace vectoriel de dimension n.

(i) L'application Id_E est une application linéaire de E dans E, dont la matrice dans n'importe quelle base est I_n.

(ii) Pour toute matrice carrée A d'ordre n, on a :

$$AI_n = I_nA = A$$

Démonstration

(i) On peut dire que Id_E est une application linéaire car $\mathrm{Id}_E(x+y) = x+y = \mathrm{Id}_E(x) + \mathrm{Id}_E(y)$ et $\mathrm{Id}_E(\lambda x) = \lambda x = \lambda \mathrm{Id}_E(x)$.

Si $\mathcal{E} = (e_1, \dots, e_n)$ est une base de E, alors soit $I = (c_{i;j})_{\substack{1\leq i\leq n \\ 1\leq j\leq n}}$ la matrice de Id_E dans cette base.

Pour tout j, on a $\mathrm{Id}_E(e_j) = e_j = \sum_{i=1}^{n} c_{i;j}e_i$ pour $c_{j;j} = 1$ et $c_{i;j} = 0$ si $i \neq j$. Cela signifie bien que la matrice comporte des 1 sur la diagonale, et des 0 partout ailleurs.

(ii) Soit f un endomorphisme de E, de matrice A dans une base $\mathcal{E}$.

On a :

$$\forall x \in E,\ (f \circ \mathrm{Id}_E)(x) = f(\mathrm{Id}_E(x)) = f(x), \text{ et } (\mathrm{Id}_E \circ f)(x) = \mathrm{Id}_E(f(x)) = f(x)$$

On peut en déduire, d'après la proposition 9.3, que :

$$\mathrm{Mat}(f) \times \mathrm{Mat}(\mathrm{Id}_E) = \mathrm{Mat}(f) \text{ et que } \mathrm{Mat}(\mathrm{Id}_E) \times \mathrm{Mat}(f) = \mathrm{Mat}(f)$$

c'est-à-dire que : $A \times I_n = A$ et $I_n \times A = A$. ■

Définition 9.10

La matrice carrée A est dite **inversible** s'il existe une matrice carrée B telle que $AB = BA = I$.

Proposition 9.6

Si A est inversible, la matrice B telle que $AB = BA = I$ est unique. On dit que c'est la **matrice inverse** de A et on la note A^{-1}.

Démonstration

Supposons qu'il y a une autre matrice $\widetilde{B}$ telle que $A\widetilde{B} = \widetilde{B}A = I$. Alors on peut calculer $BA\widetilde{B}$ de deux façons. D'une part, $BA\widetilde{B} = B(A\widetilde{B}) = BI = B$. D'autre part, $BA\widetilde{B} = (BA)\widetilde{B} = I\widetilde{B} = \widetilde{B}$. On en déduit $B = \widetilde{B}$, d'où l'unicité. ■

Proposition 9.7

Soit f une application linéaire de E dans E, et $\mathcal{E}$ une base de E. Elle est bijective si et seulement si sa matrice A dans la base $\mathcal{E}$ est inversible.
La matrice de f^{-1} est alors la matrice inverse A^{-1}.

Notons que si A et B sont inversibles d'ordre n, alors $(AB)^{-1} = B^{-1}A^{-1}$

Démonstration

- Si f est bijective, elle admet une application réciproque f^{-1} qui est linéaire (▸ proposition 8.22). Soit A la matrice de f, et B la matrice de f^{-1}. On a $f \circ f^{-1} = f^{-1} \circ f = \mathrm{Id}$ d'où $AB = BA = I$. On peut donc dire que A est une matrice inversible, de matrice inverse B.
- Réciproquement, si A est inversible, soit B son inverse, et g l'application linéaire de matrice B dans la base $\mathcal{E}$. On a $AB = BA = I$, donc $f \circ g = g \circ f = \mathrm{Id}$, ce qui implique que f est bijective, d'application réciproque g. ■

1.5 Changement de base

On considère deux bases $\mathcal{E} = (e_1,e_2,\ldots, e_n)$ et $\mathcal{E}' = (e'_1,e'_2,\ldots, e'_n)$ de l'espace vectoriel E de dimension n. Soit $P = \left(p_{i;j}\right)_{\substack{1\leq i\leq n\\ 1\leq j\leq n}}$ la matrice carrée telle que, pour tout j, la colonne j est constituée des coordonnées du vecteur e'_j exprimé en fonction des e_i.

Pour tout j, on a $e'_j = \sum_{i=1}^{n} p_{i;j} e_i$.

Définition 9.11

On dit que P est la **matrice de passage** de $\mathcal{E}$ à $\mathcal{E}'$.

La matrice P est la matrice de l'application linéaire Id_E relativement aux bases $\mathcal{E}'$ et $\mathcal{E}$, que l'on peut écrire ainsi :

$$\mathrm{Id}_E : (E,\mathcal{E}') \to (E,\mathcal{E})$$

La matrice P est inversible, car c'est la matrice de Id_E qui est bijective. Son inverse P^{-1} est la matrice de passage de $\mathcal{E}'$ à $\mathcal{E}$.

Exemple 9.8

Dans un espace vectoriel de dimension 2, considérons une base $\mathcal{E} = (e_1,e_2)$ et une autre base $\mathcal{E}' = (e'_1,e'_2)$ qui s'exprime à partir de la première base de la façon suivante :

$$e'_1 = e_1 + e_2 \quad \text{et} \quad e'_2 = e_2 - e_1$$

La matrice de passage de $\mathcal{E}$ à $\mathcal{E}'$ est ici $P = \begin{pmatrix} 1 & -1 \\ 1 & 1 \end{pmatrix}$.

On remarque que $e'_1 - e'_2 = 2e_1$ et que $e'_1 + e'_2 = 2e_2$, donc $e_1 = \frac{1}{2}(e'_1 - e'_2)$ et $e_2 = \frac{1}{2}(e'_1 + e'_2)$.

La matrice de passage de $\mathcal{E}'$ à $\mathcal{E}$ est donc $P^{-1} = \begin{pmatrix} 1/2 & 1/2 \\ -1/2 & 1/2 \end{pmatrix}$.

Quand on multiplie les deux matrices, on trouve bien :

$$P^{-1} \times P = \begin{pmatrix} \frac{1}{2} + \frac{1}{2} & -\frac{1}{2} + \frac{1}{2} \\ -\frac{1}{2} + \frac{1}{2} & \frac{1}{2} + \frac{1}{2} \end{pmatrix} = \begin{pmatrix} 1 & 0 \\ 0 & 1 \end{pmatrix} = I_2$$

Proposition 9.8

On considère un élément x de l'espace vectoriel E, muni des bases $\mathcal{E}$ et $\mathcal{E}'$. Soit P la matrice de passage de $\mathcal{E}$ à $\mathcal{E}'$. On note X le vecteur-colonne des coordonnées de x dans la base $\mathcal{E}$, et on note $\widetilde{X}$ le vecteur-colonne des coordonnées de x dans la base $\mathcal{E}'$. Alors :

$$X = P\widetilde{X} \quad \text{et} \quad \widetilde{X} = P^{-1}X$$

Démonstration

L'application Id_E est définie de $(E,\mathcal{E}')$ dans $(E,\mathcal{E})$, telle que $\mathrm{Id}_E(x) = x$. L'équation $X = P\widetilde{X}$ est seulement l'écriture matricielle $\mathrm{Id}_E(x) = x$ dans les bases correspondantes. ■

Si l'on fait des calculs relatifs à une application linéaire f, et si l'on veut faire un changement de variable, que se passe-t-il au niveau matriciel ? Autrement dit, quand f est une application linéaire de E dans F, si l'on change les bases de E et de F, que devient la matrice de f ? C'est l'objet du théorème suivant.

Théorème

E et F des espaces vectoriels de dimensions finies. On considère les bases $\mathcal{E}$ et $\mathcal{E}'$ de E, et les bases $\mathcal{F}$ et $\mathcal{F}'$ de F. Soit f une application linéaire de E dans F. On note A la matrice de f relative aux bases $\mathcal{E}$ et $\mathcal{F}$, et B la matrice de f relative aux bases $\mathcal{E}'$ et $\mathcal{F}'$. Si P est la matrice de passage de $\mathcal{E}$ à $\mathcal{E}'$, et Q la matrice de passage de $\mathcal{F}$ à $\mathcal{F}'$, alors on a l'égalité :

$$B = Q^{-1}AP$$

Démonstration

On a d'une part l'application linéaire $f : (E,\mathcal{E}') \to (F,\mathcal{F}')$ de matrice B.

D'autre part, en changeant de bases dans E et dans F, on a la composée $\mathrm{Id}_F \circ f \circ \mathrm{Id}_E$ de matrice $Q^{-1}AP$:

$$\mathrm{Id}_E : (E,\mathcal{E}') \to (E,\mathcal{E}) \text{ et } f : (E,\mathcal{E}) \to (F,\mathcal{F}) \text{ et } \mathrm{Id}_F : (F,\mathcal{F}) \to (F,\mathcal{F}')$$

D'où, avec $f = \mathrm{Id}_F \circ f \circ \mathrm{Id}_E$, on obtient l'égalité matricielle correspondante $B = Q^{-1}AP$. ■

Corollaire

E un espace vectoriel de dimension finie, et f une application linéaire de E dans E. On suppose que $\mathcal{E}$ et $\mathcal{E}'$ sont deux bases de E, et que P est la matrice de passage de $\mathcal{E}$ à $\mathcal{E}'$. Si A est la matrice de f dans la base $\mathcal{E}$, et B la matrice de f dans la base $\mathcal{E}'$, alors on a l'égalité :

$$B = P^{-1}AP$$

Démonstration

Il suffit d'appliquer le théorème précédent avec $F = E$, et avec $\mathcal{F} = \mathcal{E}$ et $\mathcal{F}' = \mathcal{E}'$. On obtient alors $Q = P$, d'où l'égalité $B = P^{-1}AP$. ■

Exemple 9.8 (suite)

On continue l'exemple 9.8, en considérant les bases $\mathcal{E} = (e_1,e_2)$ et $\mathcal{E}' = (e'_1,e'_2)$ telles que :

$$e'_1 = e_1 + e_2 \quad \text{et} \quad e'_2 = e_2 - e_1$$

On a vu que la matrice de passage de $\mathcal{E}$ à $\mathcal{E}'$ est $P = \begin{pmatrix} 1 & -1 \\ 1 & 1 \end{pmatrix}$, et la matrice de passage de $\mathcal{E}'$ à $\mathcal{E}$ est $P^{-1} = \begin{pmatrix} 1/2 & 1/2 \\ -1/2 & 1/2 \end{pmatrix}$.

Soit f l'application linéaire de E dans E définie par $f(e_1) = e_1 + 2e_2$ et $f(e_2) = 3e_1 + 4e_2$.

La matrice de f dans la base $\mathcal{E}$ est alors $A = \begin{pmatrix} 1 & 3 \\ 2 & 4 \end{pmatrix}$.

D'après le corollaire précédent, la matrice de f dans la base $\mathcal{E}'$ est :

$$B = P^{-1}AP = \begin{pmatrix} 1/2 & 1/2 \\ -1/2 & 1/2 \end{pmatrix} \times \begin{pmatrix} 1 & 3 \\ 2 & 4 \end{pmatrix} \times \begin{pmatrix} 1 & -1 \\ 1 & 1 \end{pmatrix}$$

$$= \begin{pmatrix} 1/2 & 1/2 \\ -1/2 & 1/2 \end{pmatrix} \times \begin{pmatrix} 4 & 2 \\ 6 & 2 \end{pmatrix} = \begin{pmatrix} 5 & 2 \\ 1 & 0 \end{pmatrix}$$

Cela signifie donc que $f(e'_1) = 5e'_1 + e'_2$ et que $f(e'_2) = 2e'_1$.

APPLICATION Qui paie quoi ? (suite)

Dans l'espace vectoriel E des paniers de biens, on a utilisé jusqu'à présent la base $\mathcal{E} = (e_1, \ldots, e_n)$, où e_i est le panier de bien constitué uniquement d'une unité de bien i. Considérons maintenant une nouvelle base $\mathcal{E}' = (e'_1, \ldots, e'_n)$, où e'_i est le panier de bien constitué uniquement de bien i pour une valeur de 100 €. On ne change pas la base $\mathcal{F}$ de $F = \mathbb{R}^2$ l'espace vectoriel des paiements de Alfred et Bertrand.

Avec 100 € on peut acheter $\dfrac{100}{p_i}$ unités de bien i car le prix unitaire est p_i, donc $e'_i = \dfrac{100}{p_i} e_i$.

Dans E, la matrice de passage de $\mathcal{E}$ à $\mathcal{E}'$ est donc ici :

$$P = \begin{pmatrix} \frac{100}{p_1} & 0 & 0 \\ 0 & \frac{100}{p_2} & 0 \\ 0 & 0 & \frac{100}{p_3} \end{pmatrix}$$

Dans F, la matrice de passage de $\mathcal{F}$ à $\mathcal{F}$ est bien sûr $Q = I$ puisqu'on ne change pas de base dans F.

La matrice de l'application linéaire h qui indique la répartition des paiements est maintenant, relativement aux bases $\mathcal{E}$ et $\mathcal{F}$:

$$B = Q^{-1}AP = IAP = AP = \begin{pmatrix} \frac{1}{2}p_1 & \frac{1}{2}p_2 & 0 \\ \frac{1}{2}p_1 & \frac{1}{2}p_2 & p_3 \end{pmatrix} \begin{pmatrix} \frac{100}{p_1} & 0 & 0 \\ 0 & \frac{100}{p_2} & 0 \\ 0 & 0 & \frac{100}{p_3} \end{pmatrix}$$

$$= \begin{pmatrix} 50 & 50 & 0 \\ 50 & 50 & 100 \end{pmatrix}$$

La j-ième colonne indique les paiements pour acheter un panier de 100 € de bien j.

Un panier de 100 € de bien 1 entraîne un paiement de 50 € d'Alfred, et de 50 € de Bertrand (colonne 1). Pour 100 € de bien 2, il y aura un paiement de 50 € d'Alfred, et de 50 € de Bertrand (colonne 2). Enfin, 100 € de bien 3 entraîne un paiement de 0 € d'Alfred, et de 100 € de Bertrand (colonne 3).

Calculons la répartition des paiements s'ils achètent par exemple pour 300 € de bien 1, pour 400 € de bien 2, et pour 150 € de bien 3. Leur panier de bien est alors $3e'_1 + 4e'_2 + 1{,}5e'_3$.

$$\begin{pmatrix} 50 & 50 & 0 \\ 50 & 50 & 100 \end{pmatrix} \begin{pmatrix} 3 \\ 4 \\ 1{,}5 \end{pmatrix} = \begin{pmatrix} 150 + 200 \\ 150 + 200 + 150 \end{pmatrix} = \begin{pmatrix} 350 \\ 500 \end{pmatrix}$$

Alfred doit payer 350 € et Bertand paye 500 €.

On voit qu'il est pratique de disposer de deux bases. Suivant la question considérée, on utilisera l'une ou l'autre. Si l'on connaît le budget en euros par bien, on utilise la base $\mathcal{E}'$; si l'on connaît le nombre d'unités de chaque bien que l'on veut acheter, on utilise plutôt $\mathcal{E}$.

1.6 Matrices équivalentes, matrices semblables

Pour des bases $\mathcal{E}$ et $\mathcal{F}$ fixées, on a vu qu'à chaque application linéaire de E dans F correspond une unique matrice, et à chaque matrice correspond une unique application linéaire. Ainsi, tant que les bases ne changent pas, il revient au même de faire des calculs portant sur l'application linéaire ou de faire ces calculs avec sa matrice.

Par contre, si l'on change les bases, alors :

– pour une application linéaire donnée, va correspondre une nouvelle matrice à chaque changement de base ;

– pour une matrice donnée A, va correspondre une nouvelle application linéaire à chaque changement de base.

Définition 9.12

On dit que deux matrices A et B sont **équivalentes** si elles représentent la même application linéaire d'un espace vectoriel E dans un espace vectoriel F avec des bases différentes.

D'après le théorème précédent, cela implique qu'il existe des matrices inversibles P et Q, telles que $B = Q^{-1}AP$.

Définition 9.13

On dit que deux matrices carrées A et B sont **semblables** si elles représentent la même application linéaire d'un espace vectoriel E dans lui-même, avec des bases différentes.

D'après le corollaire précédent, cela implique qu'il existe une matrice inversible P, telle que $B = P^{-1}AP$.

Proposition 9.9

Si f et g sont deux applications linéaires de même matrice (sur des espaces vectoriels différents, ou relativement à des bases différentes) alors f et g ont même rang.

POUR ALLER PLUS LOIN

▸ *Démonstration sur* www.dunod.com

Définition 9.14

On appelle **rang de la matrice** A le rang de toute application linéaire ayant A pour matrice.

Proposition 9.10

Le rang d'une matrice A est égal au rang de la famille de ses vecteurs colonnes.

Démonstration

Si f est une application linéaire de matrice A, les vecteurs colonnes sont les vecteurs $f(e_1)$, ..., $f(e_n)$. On a $\mathrm{rg}(A) = \mathrm{rg}(f) = \dim \mathrm{Im} f = \dim \mathrm{Vect}\,(f(e_1), \dots, f(e_n))$. ■

Définition 9.15

On appelle **trace de la matrice carrée** A, notée $\mathrm{tr}(A)$, la somme de ses éléments diagonaux.

$$\mathrm{tr}(A) = a_{1;1} + a_{2;2} + \dots + a_{n;n} = \sum_{i=1}^{n} a_{i;i}$$

Proposition 9.11

Si A et B sont des matrices carrées d'ordre n, et $\lambda \in \mathbb{R}$, on a :

(i) $\mathrm{tr}(\lambda A) = \lambda \mathrm{tr}(A)$

(ii) $\mathrm{tr}(A + B) = \mathrm{tr}(A) + \mathrm{tr}(B)$

(iii) $\mathrm{tr}(AB) = \mathrm{tr}(BA)$

Démonstration

Soit $A = \left(a_{i;j}\right)_{\substack{1\le i\le n\\1\le j\le n}}$ et $B = \left(b_{i;j}\right)_{\substack{1\le i\le n\\1\le j\le n}}$

(i) Pour $\lambda \in \mathbb{R}$, on a $\lambda A = \left(\lambda a_{i;j}\right)_{\substack{1\le i\le n\\1\le j\le n}}$ donc $\mathrm{tr}(\lambda A) = \sum_{i=1}^{n} \lambda a_{i;i} = \lambda \sum_{i=1}^{n} a_{i;i} = \lambda \mathrm{tr}(A)$.

(ii) $A + B = \left(a_{i;j} + b_{i;j}\right)_{\substack{1\le i\le n\\1\le j\le n}}$ donc $\mathrm{tr}(A + B) = \sum_{i=1}^{n}(a_{i;i} + b_{i;i}) = \sum_{i=1}^{n} a_{i;i} + \sum_{i=1}^{n} b_{i;i} = \mathrm{tr}(A) + \mathrm{tr}(B)$.

(iii) Soit $C = AB$. On a $C = \left(c_{i;j}\right)_{\substack{1\le i\le n\\1\le j\le n}}$ tel que $c_{i;j} = \sum_{k=1}^{n} a_{i;k} b_{k;j}$ pour tout i, j.

De même, soit $D = BA$. On a $D = \left(d_{i;j}\right)_{\substack{1\le i\le n\\1\le j\le n}}$ tel que $d_{i;j} = \sum_{l=1}^{n} b_{i;l} a_{l;j}$ pour tout i, j.

Les traces de C et de D sont données par :

$$\mathrm{tr}(C) = \sum_{i=1}^{n} c_{i;i} = \sum_{i=1}^{n}\left[\sum_{k=1}^{n} a_{i;k} b_{k;i}\right] = \sum_{i,k} a_{i;k} b_{k;i}$$

$$\mathrm{tr}(D) = \sum_{j=1}^{n} d_{j;j} = \sum_{j=1}^{n}\left[\sum_{l=1}^{n} b_{j;l} a_{l;j}\right] = \sum_{j,l} b_{j;l} a_{l;j}$$

Changeons les noms des indices dans la dernière somme : k au lieu de j, et i au lieu de l. On obtient :

$$\text{tr}(D) = \sum_{k,i} b_{k;i} a_{i;k} = \text{tr}(C)$$

On obtient bien $\text{tr}(C) = \text{tr}(D)$, c'est-à-dire $\text{tr}(AB) = \text{tr}(BA)$. ■

Attention, en général on a $\text{tr}(AB) \neq \text{tr}(A) \times \text{tr}(B)$.
Par exemple, si $A = B = I_n$, on a :

$$\text{tr}(AB) = \text{tr}(I_n \times I_n) = \text{tr}(I_n) = n, \quad \text{mais} \quad \text{tr}(A) \times \text{tr}(B) = n \times n = n^2$$

Proposition 9.12

Si A et B sont deux matrices semblables, alors elles ont même trace.

Démonstration

Si A et B sont semblables, alors il existe une matrice de passage P telle que $B = P^{-1}AP$. En appliquant la proposition précédente aux matrices P^{-1} et AP, on obtient :

$$\text{tr}(B) = \text{tr}(P^{-1} \times AP) = \text{tr}(AP \times P^{-1}) = \text{tr}(A \times PP^{-1}) = \text{tr}(A \times I) = \text{tr}(A)$$ ■

Si f est un endomorphisme, ses matrices dans les différentes bases sont toutes semblables, ce qui justifie la définition suivante.

Définition 9.16

On appelle **trace de l'endomorphisme** f, notée $\text{tr}(f)$, la trace de sa matrice dans n'importe quelle base.

2 Déterminant d'une famille de vecteurs

Quand on est dans un espace vectoriel de dimension n, il est important de savoir si une famille de n vecteurs est libre ou non. En effet, si une telle famille est libre, c'est alors une base de E, avec toutes les propriétés utiles des bases. De plus, quand une famille libre constitue les colonnes d'une matrice carrée, cette dernière est inversible. Enfin, si les coordonnées des n vecteurs dans une base constituent les coefficients d'un système de n équations linéaires à n inconnues, et si cette famille de n vecteurs est libre, on verra que le système a alors une et une seule solution (► système de Cramer, paragraphe 5.3).

On aimerait donc disposer d'un critère permettant de dire si une famille de n vecteurs d'un espace vectoriel de dimension n est libre ou non. Ce sera le rôle du déterminant que nous allons définir et étudier dans cette section. En effet, dans un espace vectoriel de dimension n, une famille de n vecteurs est libre si et seulement si son déterminant est non nul.

Nous allons commencer par faire l'étude pour $n = 2$, puis pour $n = 3$; enfin nous généraliserons à n quelconque.

Les formules de définition des déterminants sont assez complexes pour $n \geq 3$, mais nous verrons à la section suivante – qui traite des déterminants de matrices – que certains procédés permettent de simplifier considérablement les calculs.

2.1 Formes n-linéaires alternées

Avant de définir le déterminant de n vecteurs, il nous faut voir ce qu'est une forme n-linéaire alternée.

Définition 9.17

Pour $n \in \mathbb{N}^*$, soit f telle que :

$$f: \quad E^n \to \mathbb{R}$$
$$(u_1; \ldots; u_n) \mapsto f(u_1; \ldots; u_n)$$

- On dit que f est une **forme n-linéaire** si, pour chaque j fixé, f est linéaire par rapport à la variable u_j.

  Cela signifie donc que pour tout indice j, et pour tous réels λ, μ, on a :

$$f(u_1; \ldots; \lambda u_j + \mu u'_j; \ldots; u_n) = \lambda f(u_1; \ldots; u_j; \ldots; u_n) + \mu f(u_1; \ldots; u'_j; \ldots; u_n)$$

- On dit que f est **alternée** si $f(u_1; \ldots; u_n) = 0$ dès que deux des variables $u_1, \ldots, u_n$ sont égales.
- On dit que f est **antisymétrique** si elle est changée en son opposé dès que l'on intervertit deux des vecteurs $u_1, \ldots, u_n$.

Remarquons que dans ces définitions, chaque u_i est un vecteur de E.

Exemple 9.9

Supposons que $n = 2$ et $E = \mathbb{R}^2$.

Si $(u_1,u_2) \in E^2$, alors u_1 et u_2 sont des éléments de $\mathbb{R}^2$, donc peuvent s'écrire $u_1 = (u_{1;1},u_{1;2})$ et $u_2 = (u_{2;1},u_{2;2})$.

L'application $f : E^2 \to \mathbb{R}$ définie par $f(u_1,u_2) = u_{1;1}u_{2;1} + u_{1;2}u_{2;2}$ est une forme 2-linéaire. Elle n'est pas alternée ni antisymétrique.

On énonce maintenant une proposition qui sera utile lors de l'étude des propriétés des déterminants.

Proposition 9.13

Une forme n-linéaire est alternée si et seulement si elle est antisymétrique.

Démonstration

Considérons donc une forme n-linéaire f.

– **Supposons f alternée.** Alors pour tous vecteurs $u_1,u_2, \ldots, u_n$ de E, on a :

$$f(u_1 + u_2, u_1 + u_2, u_3, \ldots, u_n) = 0$$

On a aussi par linéarité :

$$\begin{aligned}f(u_1 + u_2, u_1 + u_2, u_3, \dots, u_n) &= f(u_1, u_1 + u_2, u_3, \dots, u_n) + f(u_2, u_1 + u_2, u_3, \dots, u_n)\\ &= f(u_1, u_1, u_3, \dots, u_n) + f(u_1, u_2, u_3, \dots, u_n)\\ &\quad + f(u_2, u_1, u_3, \dots, u_n) + f(u_2, u_2, u_3, \dots, u_n)\end{aligned}$$

Comme f est alternée, on a $f(u_1, u_1, u_3, \dots, u_n) = 0$ et $f(u_2, u_2, u_3, \dots, u_n) = 0$, d'où :

$$f(u_1 + u_2, u_1 + u_2, u_3, \dots, u_n) = f(u_1, u_2, u_3, \dots, u_n) + f(u_2, u_1, u_3, \dots, u_n)$$

Comme $f(u_1 + u_2, u_1 + u_2, u_3, \dots, u_n) = 0$, cela implique :

$$f(u_1, u_2, u_3, \dots, u_n) + f(u_2, u_1, u_3, \dots, u_n) = 0$$

D'où :

$$f(u_2, u_1, u_3, \dots, u_n) = -f(u_1, u_2, u_3, \dots, u_n)$$

La fonction f est donc changée en son opposé dès que l'on intervertit u_1 et u_2.

On montre de la même façon que f est changée en son opposé quand on intervertit u_i et u_j, avec $i \neq j$. On a donc démontré que f est antisymétrique.

– **Réciproque.** Supposons que f est antisymétrique.

Pour tous vecteurs $u_1, u_2, \dots, u_n$ de E, on a :

$$f(u_2, u_1, u_3, \dots, u_n) = -f(u_1, u_2, u_3, \dots, u_n)$$

Supposons $u_1 = u_2$.

On a alors $f(u_1, u_1, u_3, \dots, u_n) = -f(u_1, u_1, u_3, \dots, u_n)$, d'où :

$$f(u_1, u_1, u_3, \dots, u_n) = 0$$

La fonction f est donc nulle dès que $u_1 = u_2$. On montre de même que f est nulle dès que deux des u_i sont égaux. On a donc démontré que f est alternée. ■

2.2 Déterminant d'un couple de vecteurs (cas $n = 2$)

On suppose ici que E est un espace vectoriel de dimension 2, de base $\mathcal{E} = (e_1; e_2)$. On voudrait pouvoir dire à l'aide d'une fonction simple du couple de vecteurs $(x; y)$, si celui-ci est libre ou pas[1].

Si l'on trace deux vecteurs x et y dans le plan, on voit que $(x; y)$ est une famille liée quand x et y sont colinéaires, c'est-à-dire quand le parallélogramme de cotés x et y est aplati.

Le parallélogramme est aplati si et seulement si son aire est nulle. Il nous suffirait donc de dire que le couple $(x; y)$ est libre si et seulement si l'aire du parallélogramme est non nulle. Ceci nous amène à définir le déterminant de deux vecteurs, qui permet de mesurer cette aire.

1 On aurait pu noter ce couple de vecteurs $(u_1; u_2)$ pour harmoniser avec les sections 2.1 et 2.4, mais on préfère le noter $(x; y)$ pour plus de lisibilité.

a Si $(x; y)$ est libre, le parallélogramme n'est pas aplati, son aire est strictement positive

b Si $(x; y)$ est liée, le parallélogramme est aplati, son aire est nulle

▲ **Figure 9.2 Le parallélogramme de côtés *x* et *y***

Définition 9.18

Soit x et y deux vecteurs de E, qui s'écrivent dans la base $\mathcal{E} = (e_1; e_2)$ de la façon suivante :

$$x = x_1e_1 + x_2e_2 \quad \text{et} \quad y = y_1e_1 + y_2e_2$$

On appelle **déterminant** du couple de vecteurs $(x; y)$ de E dans la base $\mathcal{E}$, le nombre :

$$\underset{\mathcal{E}}{\det}(x; y) = x_1y_2 - x_2y_1$$

On note $\underset{\mathcal{E}}{\det}(x; y) = \begin{vmatrix} x_1 & y_1 \\ x_2 & y_2 \end{vmatrix}$.

Proposition 9.14

La fonction $\underset{\mathcal{E}}{\det}$ a les propriétés suivantes :

(i) On a $\underset{\mathcal{E}}{\det}(e_1; e_2) = 1$.

(ii) La valeur absolue de $\underset{\mathcal{E}}{\det}(x; y)$ est égale à l'aire du parallélogramme de cotés x et y, quand on prend pour unité de mesure l'aire du parallélogramme de cotés e_1 et e_2.

(iii) La fonction $\underset{\mathcal{E}}{\det}$ est une forme 2-linéaire alternée.

(iv) La fonction $\underset{\mathcal{E}}{\det}$ est la seule forme 2-linéaire alternée f de E^2 dans $\mathbb{R}$, telle que $f(e_1; e_2) = 1$.

Démonstration

(i) Si $x = e_1$ et $y = e_2$, alors on a $x_1 = 1$, $x_2 = 0$, $y_1 = 0$ et $y_2 = 1$, donc :

$$\underset{\mathcal{E}}{\det}(e_1; e_2) = 1 \times 1 - 0 \times 0 = 1$$

(ii) Il s'agit d'un exercice de géométrie plane que l'on laisse au lecteur (il faut faire un dessin et connaître un peu de trigonométrie).

(iii) Montrons que $\underset{\mathcal{E}}{\det}$ est linéaire par rapport à la première variable.

$$\begin{aligned}\underset{\mathcal{E}}{\det}(x + x'; y) &= (x_1 + x'_1)\,y_2 - (x_2 + x'_2)y_1 = x_1y_2 - x_2y_1 + x'_1y_2 - x'_2y_1 \\ &= \underset{\mathcal{E}}{\det}(x; y) + \underset{\mathcal{E}}{\det}(x'; y)\end{aligned}$$

et

$$\det_{\mathcal{E}}(\lambda x; y) = (\lambda x_1) y_2 - (\lambda x_2) y_1 = \lambda(x_1 y_2 - x_2 y_1) = \lambda \det_{\mathcal{E}}(x; y)$$

On peut montrer de la même façon que :

$$\det_{\mathcal{E}}(x; y + y') = \det_{\mathcal{E}}(x; y) + \det_{\mathcal{E}}(x; y')$$

et

$$\det_{\mathcal{E}}(x; \lambda y) = \lambda \det_{\mathcal{E}}(x; y)$$

L'application $\det_{\mathcal{E}}$ est donc bien une forme 2-linéaire.

Elle est alternée car $\det_{\mathcal{E}}(x; x) = x_1 x_2 - x_2 x_1 = 0$.

(iv) Montrons que $\det_{\mathcal{E}}$ ainsi définie est la seule fonction satisfaisant les hypothèses exigées.

Si f est une forme 2-linéaire alternée, avec $f(e_1; e_2) = 1$, alors :

$$\begin{aligned} f(x; y) &= f(x_1 e_1 + x_2 e_2; y_1 e_1 + y_2 e_2) = x_1 f(e_1; y_1 e_1 + y_2 e_2) + x_2 f(e_2; y_1 e_1 + y_2 e_2) \\ &= x_1 y_1 f(e_1; e_1) + x_1 y_2 f(e_1; e_2) + x_2 y_1 f(e_2; e_1) + x_2 y_2 f(e_2; e_2) \end{aligned}$$

Et comme f est alternée, on a $f(e_1; e_1) = 0$ et $f(e_2; e_2) = 0$. D'où :

$$f(x; y) = x_1 y_2 f(e_1; e_2) + x_2 y_1 f(e_2; e_1)$$

f est 2-linéaire alternée, donc elle est antisymétrique (▸ proposition 9.13). On a donc $f(e_2; e_1) = -f(e_1; e_2)$. Comme $f(e_1; e_2) = 1$ par hypothèse, on a finalement :

$$f(x; y) = x_1 y_2 - x_2 y_1$$

On a donc montré que si f est une forme 2-linéaire alternée, avec $f(e_1; e_2) = 1$, alors nécessairement $f(x; y) = x_1 y_2 - x_2 y_1$. On a donc bien l'unicité. ■

On énonce maintenant la propriété importante du déterminant, qui en fait un outil pour déterminer si un couple de vecteurs est libre ou pas.

Proposition 9.15

$(x; y)$ est une famille liée $\Leftrightarrow \det_{\mathcal{E}}(x; y) = 0$.

Démonstration

Le déterminant mesure l'aire du parallélogramme de cotés x et y. Il est donc normal de trouver $(x; y)$ liée $\Leftrightarrow \det(x; y) = 0$. Démontrons le toutefois directement avec la formule explicite du déterminant.

- Supposons que $(x; y)$ est liée. Une famille est liée si l'un des vecteurs est combinaison linéaire des autres vecteurs. Ici cela revient à dire que l'un des vecteurs est égal au produit de l'autre vecteur par un scalaire.

  Supposons par exemple que $y = \lambda x$, où $\lambda \in \mathbb{R}$ (la démonstration est la même si $x = \lambda y$). Alors :

  $$\det_{\mathcal{E}}(x; y) = x_1 y_2 - x_2 y_1 = x_1(\lambda x_2) - x_2(\lambda x_1) = 0$$

  D'où $(x; y)$ liée $\Rightarrow \det(x; y) = 0$.

- Pour montrer qu'il s'agit d'une équivalence, supposons maintenant que $(x; y)$ est libre.

  Le couple $(x; y)$ forme alors une base de E car celui-ci est de dimension 2. Les vecteurs e_1 et e_2 s'écrivent donc comme combinaisons linéaires de x et de y : pour tout j, il existe des réels λ_j et μ_j tels que $e_j = \lambda_j x + \mu_j y$. On a :

$$\begin{aligned}
\det_{\mathcal{E}}(e_1; e_2) &= \det_{\mathcal{E}}(\lambda_1 x + \mu_1 y; \lambda_2 x + \mu_2 y) \\
&= \lambda_1 \det_{\mathcal{E}}(x; \lambda_2 x + \mu_2 y) + \mu_1 \det_{\mathcal{E}}(y; \lambda_2 x + \mu_2 y) \\
&= \lambda_1\lambda_2 \det_{\mathcal{E}}(x; x) + \lambda_1\mu_2 \det_{\mathcal{E}}(x; y) + \mu_1\lambda_2 \det_{\mathcal{E}}(y; x) + \mu_1\mu_2 \det_{\mathcal{E}}(y; y) \\
&= \lambda_1\mu_2 \det_{\mathcal{E}}(x; y) + \mu_1\lambda_2 \det_{\mathcal{E}}(y; x) \quad \text{(car } \det_{\mathcal{E}} \text{ est alternée)} \\
&= (\lambda_1\mu_2 - \mu_1\lambda_2) \det_{\mathcal{E}}(x; y) \quad \text{(car } \det_{\mathcal{E}} \text{ est antisymtrique)}
\end{aligned}$$

On a $\det_{\mathcal{E}}(e_1; e_2) = 1$ et $\det_{\mathcal{E}}(e_1; e_2) = (\lambda_1\mu_2 - \mu_1\lambda_2) \det_{\mathcal{E}}(x; y)$ donc $\det_{\mathcal{E}}(x; y) \neq 0$

On a montré que $(x; y)$ liée $\Rightarrow \det(x; y) = 0$, et que $(x; y)$ libre $\Rightarrow \det(x; y) \neq 0$, donc on a bien l'équivalence : $(x; y)$ liée $\Leftrightarrow \det_{\mathcal{E}}(x; y) = 0$. ■

La proposition précédente est bien sûr équivalente à :

$$(x; y) \text{ libre} \quad \Leftrightarrow \det_{\mathcal{E}}(x; y) \neq 0$$

Exemple 9.10

Soit x et y deux vecteurs, X et Y les vecteurs-colonnes de leurs coordonnées dans une base $\mathcal{E}$.

- Si $X = \begin{pmatrix} 2 \\ 3 \end{pmatrix}$ et $Y = \begin{pmatrix} 4 \\ 5 \end{pmatrix}$, alors $\det_{\mathcal{E}}(x; y) = \begin{vmatrix} 2 & 4 \\ 3 & 5 \end{vmatrix} = 2\times5-3\times4 = 10-12 = -2 \neq 0$, donc la famille $(x; y)$ est libre.
- Si $X = \begin{pmatrix} 4 \\ 6 \end{pmatrix}$ et $Y = \begin{pmatrix} 6 \\ 9 \end{pmatrix}$, alors $\det_{\mathcal{E}}(x; y) = \begin{vmatrix} 4 & 6 \\ 6 & 9 \end{vmatrix} = 4 \times 9 - 6 \times 6 = 36 - 36 = 0$, donc la famille $(x; y)$ est liée, les deux vecteurs sont colinéaires. On remarque que $Y = \dfrac{3}{2}X$.

2.3 Déterminant d'une famille de 3 vecteurs (cas $n = 3$)

On suppose ici que E est un espace vectoriel de dimension $n = 3$ (par exemple $E = \mathbb{R}^3$), de base $\mathcal{E} = (e_1; e_2, e_3)$. On veut ici aussi pouvoir dire facilement si une famille de 3 vecteurs est libre ou non. On va procéder comme pour un couple de vecteurs, mais au lieu de considérer la surface du parallélogramme de cotés x et y, on considère le volume du parallélépipède de cotés x, y et z. La famille $(x; y; z)$ est libre si et seulement si le volume de ce parallélépipède est non nul. On veut utiliser une fonction $\det_{\mathcal{E}}(x; y; z)$ qui permette de mesurer le volume du parallélépipède. On aura ainsi $(x; y; z)$ libre $\Leftrightarrow \det_{\mathcal{E}}(x; y; z) \neq 0$.

Définition 9.19

Soit x, y et z trois vecteurs de E, qui s'écrivent dans la base $\mathcal{E} = (e_1; e_2; e_3)$ de la façon suivante :

$$\begin{cases} x = x_1 e_1 + x_2 e_2 + x_3 e_3 \\ y = y_1 e_1 + y_2 e_2 + y_3 e_3 \\ z = z_1 e_1 + z_2 e_2 + z_3 e_3 \end{cases}$$

On appelle **déterminant** de la famille de vecteurs $(x; y; z)$ de E dans la base $\mathcal{E}$, le nombre :

$$\det_{\mathcal{E}}(x; y; z) = x_1y_2z_3 + x_2y_3z_1 + x_3y_1z_2 - x_1y_3z_2 - x_2y_1z_3 - x_3y_2z_1$$

On note $\det_{\mathcal{E}}(x; y; z) = \begin{vmatrix} x_1 & y_1 & z_1 \\ x_2 & y_2 & z_2 \\ x_3 & y_3 & z_3 \end{vmatrix}$.

Proposition 9.16

La fonction $\det_{\mathcal{E}}$ a les propriétés suivantes :

(i) On a $\det_{\mathcal{E}}(e_1; e_2; e_3) = 1$.

(ii) La valeur absolue de $\det_{\mathcal{E}}(x; y; z)$ est égale au volume du parallélépipède de cotés x, y et z, quand l'on prend pour unité de mesure le volume du parallélépipède de cotés e_1, e_2 et e_3.

(iii) La fonction $\det_{\mathcal{E}}$ est une forme 3-linéaire alternée.

(iv) La fonction $\det_{\mathcal{E}}$ est la seule forme 3-linéaire alternée f de E^3 dans $\mathbb{R}$, telle que $f(e_1; e_2; e_3) = 1$.

Démonstration

Cette proposition correspond au cas $n = 3$ de la proposition 9.18. ■

Proposition 9.17

$(x; y; z)$ est une famille liée $\Leftrightarrow \det_{\mathcal{E}}(x; y; z) = 0$.

Démonstration

Cette proposition correspond au cas $n = 3$ de la proposition 9.19. ■

Exemple 9.11

Soit x, y et z trois vecteurs, X, Y et Z les vecteurs-colonnes de leurs coordonnées dans une base $\mathcal{E}$.

– Si $X = \begin{pmatrix} 1 \\ 2 \\ 3 \end{pmatrix}$, $Y = \begin{pmatrix} 2 \\ 0 \\ 4 \end{pmatrix}$, et $Z = \begin{pmatrix} 0 \\ 1 \\ 3 \end{pmatrix}$, alors :

$$\det_{\mathcal{E}}(x; y; z) = \begin{vmatrix} 1 & 2 & 0 \\ 2 & 0 & 1 \\ 3 & 4 & 3 \end{vmatrix} = (1 \times 0 \times 3) + (2 \times 4 \times 0) + (3 \times 2 \times 1) - (1 \times 4 \times 1)$$
$$- (2 \times 2 \times 3) - (3 \times 0 \times 0)$$
$$= 0 + 0 + 6 - 4 - 12 - 0 = -10 \neq 0.$$

La famille $(x; y; z)$ est donc libre.

– Si $X = \begin{pmatrix} 1 \\ 1 \\ -1 \end{pmatrix}$, $Y = \begin{pmatrix} 2 \\ 3 \\ 1 \end{pmatrix}$, et $Z = \begin{pmatrix} 4 \\ 5 \\ -1 \end{pmatrix}$, alors :

$$\det_{\mathcal{E}}(x; y; z) = \begin{vmatrix} 1 & 2 & 4 \\ 1 & 3 & 5 \\ -1 & 1 & -1 \end{vmatrix} = [1 \times 3 \times (-1)] + (1 \times 1 \times 4) + [(-1) \times 2 \times 5]$$

$$- (1 \times 1 \times 5) - [1 \times 2 \times (-1)] - [(-1) \times 3 \times 4]$$

$$= -3 + 4 - 10 - 5 + 2 + 12 = 0.$$

La famille $(x; y; z)$ est donc liée. On remarque que $Z = 2X + Y$.

2.4 Déterminant d'une famille de *n* vecteurs (*n* quelconque)

On suppose maintenant que E est un espace vectoriel de dimension n, de base $\mathcal{E} = (e_1; \ldots; e_n)$. Pour pouvoir dire facilement si une famille de n vecteurs de E est libre ou pas, on utilise le déterminant d'ordre n. La fonction $\det_{\mathcal{E}}(u_1; \ldots; u_n)$ va mesurer le « volume du parallélépipède » en dimension n, de cotés $u_1, \ldots, u_n$, où les u_i sont dans E. Le volume sera nul si et seulement si la famille $(u_1; \ldots; u_n)$ est liée, c'est-à-dire $\det_{\mathcal{E}}(u_1; \ldots; u_n) = 0$ si et seulement si la famille est liée.

Ici aussi on prend comme unité de mesure le volume du parallélépipède de cotés e_1, $e_2, \ldots, e_n$.

Avant d'introduire le déterminant d'ordre n, il nous faut d'abord expliquer ce qu'est la parité (ou signature) d'une permutation.

Définition 9.20

On dit que $(i_1, \ldots, i_n)$ est une **permutation** de $(1; 2; \ldots; n)$ s'il s'agit d'une façon de ranger les n nombres entiers 1 ; 2 ; ... ; n, en faisant apparaître chacun d'eux une et une seule fois. On note σ_n l'ensemble de ces permutations.

- On dit que $(i_1, \ldots, i_n)$ est une **permutation paire**, si on l'obtient à partir de $(1; 2; \ldots; n)$ en procédant un nombre pair de fois à une interversion de deux nombres.
- On dit que $(i_1, \ldots, i_n)$ est une **permutation impaire**, si on l'obtient à partir de $(1; 2; \ldots; n)$ en procédant un nombre impair de fois à une interversion de deux nombres.

Par exemple, (1 ;2 ;4 ;3) est une permutation impaire, qui s'obtient à partir de (1 ;2 ;3 ;4) en permutant 3 et 4 (une seule interversion de deux nombres).

Par contre, (2 ;1 ;4 ;3) est une permutation paire, qui s'obtient à partir de (1 ;2 ;3 ;4) en permutant 3 et 4, puis 1 et 2 (deux interversions de deux nombres).

Nous pouvons maintenant déterminer la fonction $\det_{\mathcal{E}}(u_1; \ldots; u_n)$ qui satisfait les propriétés recherchées.

Définition 9.21

Soit u_1, ..., u_n des vecteurs de E. Chaque vecteur u_j s'écrit comme combinaison linéaire des vecteurs de la base $\mathcal{E}$: pour tout j, il existe des réels $a_{1;j}, \dots, a_{n;j}$ tels que on a :

$$u_j = \sum_{i=1}^{n} a_{i;j} e_i$$

On appelle **déterminant** de la famille de vecteurs $(u_1; \dots; u_n)$ de E dans la base $\mathcal{E}$, le nombre :

$$\det_{\mathcal{E}}(u_1; \dots; u_n) = \sum_{(i_1,\dots,i_n)\in\sigma_n} \pm a_{i_1;1} a_{i_2;2} \dots a_{i_n;n}$$

Le signe devant $a_{i_1;1} a_{i_2;2} \dots a_{i_n;n}$ est plus si la permutation $(i_1, \dots, i_n)$ est paire, et le signe est moins s'il s'agit d'une permutation impaire.

On note : $\det_{\mathcal{E}}(u_1; \dots; u_n) = \begin{vmatrix} a_{1;1} & \dots & a_{1;n} \\ \dots & & \dots \\ a_{n;1} & & a_{n;n} \end{vmatrix}$

Pour bien comprendre cette définition, on peut vérifier qu'elle redonne les définitions déjà vues pour $n = 2$ et $n = 3$.

On peut maintenant énoncer en dimension n une proposition déjà vue pour $n = 2$ (► proposition 9.14) et pour $n = 3$ (► proposition 9.16).

Proposition 9.18

La fonction $\det_{\mathcal{E}}$ a les propriétés suivantes :

(i) On a $\det_{\mathcal{E}}(e_1; \dots; e_n) = 1$.

(ii) La valeur absolue de $\det_{\mathcal{E}}(u_1; \dots; u_n)$ est égale au volume du parallélépipède (en dimension n) de côtés u_1, ... u_n, quand l'on prend pour unité de mesure le volume du parallélépipède de cotés e_1, ... e_n.

(iii) La fonction $\det_{\mathcal{E}}$ est une forme n-linéaire alternée, antisymétrique.

(iv) La fonction $\det_{\mathcal{E}}$ est la seule forme n-linéaire alternée de E^n dans $\mathbb{R}$, telle que $\det_{\mathcal{E}}(e_1; \dots; e_n) = 1$.

POUR ALLER PLUS LOIN

► *Démonstration* *sur* www.dunod.com

Proposition 9.19

$(u_1; \dots; u_n)$ est une famille liée $\Leftrightarrow \det_{\mathcal{E}}(u_1; \dots; u_n) = 0$

Démonstration

– Supposons $(u_1; \dots; u_n)$ liée. Alors l'un des vecteurs est combinaison linéaire des autres, par exemple $u_n = \sum_{i=1}^{n-1} \lambda_i u_i$, où les λ_i sont dans $\mathbb{R}$. Donc :

$$\det_{\mathcal{E}}(u_1; \dots; u_n) = \det_{\mathcal{E}}(u_1; \dots; u_{n-1}; \sum_{i=1}^{n-1} \lambda_i u_i) = \sum_{i=1}^{n-1} \lambda_i \det_{\mathcal{E}}(u_1; \dots; u_{n-1}; u_i) = 0$$

puisque $\det_{\mathcal{E}}$ est alternée.

– Supposons $(u_1;\ldots;u_n)$ libre. Alors $(u_1;\ldots;u_n)$ forme une base de E. Les vecteurs e_1, $e_2,\ldots, e_n$ s'écrivent donc comme combinaisons linéaires de $u_1, \ldots, u_n$. Pour tout j, il existe des scalaires $\lambda_{1;j}, \ldots, \lambda_{n;j}$ tels que $e_j = \sum_{i=1}^{n} \lambda_{i;j} u_i$. On a :

$$\det_{\mathcal{E}}(e_1;\ldots;e_n) = \det_{\mathcal{E}}\left(\sum_{i=1}^{n} \lambda_{i;1} u_i;\ldots;\sum_{i=1}^{n} \lambda_{i;n} u_i\right)$$
$$= \sum_{i_1=1}^{n} \ldots \sum_{i_n=1}^{n} \lambda_{i_1;1}\ldots\lambda_{i_n;n} \det_{\mathcal{E}}(u_{i_1};\ldots;u_{i_n})$$

Comme $\det_{\mathcal{E}}$ est alternée, on peut éliminer tous les termes où apparaissent deux fois le même vecteur, d'où :

$$\det_{\mathcal{E}}(e_1;\ldots;e_n) = \sum_{(i_1,\ldots,i_n)\in\sigma_n} \lambda_{i_1;1}\ldots\lambda_{i_n;n} \det_{\mathcal{E}}(u_{i_1};\ldots;u_{i_n})$$

et comme $\det_{\mathcal{E}}$ est antisymétrique :

$$\det_{\mathcal{E}}(e_1;\ldots;e_n) = \left[\sum_{(i_1,\ldots,i_n)\in\sigma_n} \pm\lambda_{i_1;1}\ldots\lambda_{i_n;n}\right] \times \det_{\mathcal{E}}(u_1;\ldots;u_n)$$

Le signe devant $\lambda_{i_1;1}\ldots\lambda_{i_n;n}$ est plus si la permutation $(i_1,\ldots,i_n)$ est paire, et le signe est moins s'il s'agit d'une permutation impaire.

Puisque $\det_{\mathcal{E}}(e_1;\ldots;e_n) = 1$, on a donc nécessairement $\det_{\mathcal{E}}(u_1;\ldots;u_n) \neq 0$.

On a donc bien montré que $(u_1;\ldots;u_n)$ libre entraîne que $\det_{\mathcal{E}}(u_1;\ldots;u_n) \neq 0$. ■

3 Déterminant d'une matrice carrée

Quand on a une matrice carrée d'ordre n, ses n colonnes définissent naturellement n vecteurs-colonnes de dimension n. Cela nous permet de définir le déterminant d'une matrice carrée à partir du déterminant de la famille de ses vecteurs-colonnes.

3.1 Définition et propriétés

Définition 9.22

Si A est une matrice carrée d'ordre n, on appelle **déterminant de** A, noté $\det(A)$, le déterminant de la famille de ses vecteurs-colonnes dans la base canonique de $\mathbb{R}^n$.

Autrement dit, si $A = \left(a_{i;j}\right)_{\substack{1\le i\le n\\ 1\le j\le n}}$, notons $U_j = \begin{pmatrix} a_{1;j} \\ \ldots \\ a_{n;j} \end{pmatrix}$ le vecteur-colonne correspondant à la j-ième colonne de A. Alors $\det(A) = \det_{\mathcal{E}}(U_1;\ldots;U_n)$, où $\mathcal{E} = (e_1;\ldots;e_n)$ est la base canonique de $\mathbb{R}^n$ (► exemple 8.5 pour la définition de la base canonique).

Proposition 9.20

- Si $A = I_n$, alors $\det(A) = 1$.
- Si A est une matrice diagonale, alors $\det(A)$ est égal au produit des éléments diagonaux de A.

Démonstration

- Si $A = I_n = \begin{pmatrix} 1 & 0 & 0 \\ 0 & \dots & 0 \\ 0 & 0 & 1 \end{pmatrix}$, alors $\det(A) = \det_{\mathcal{E}}(e_1; \dots; e_n) = 1$.
- Si A est une matrice diagonale, alors il existe $\lambda_1, \dots, \lambda_n$, tels que $A = \begin{pmatrix} \lambda_1 & 0 & 0 \\ 0 & \dots & 0 \\ 0 & 0 & \lambda_n \end{pmatrix}$.

  On a donc par la n-linéarité :

$$\det(A) = \det_{\mathcal{E}}(\lambda_1 e_1; \dots; \lambda_n e_n) = \lambda_1 \dots \lambda_n \det_{\mathcal{E}}(e_1; \dots; e_n) = \lambda_1 \dots \lambda_n$$

■

Proposition 9.21

Règles de calcul sur les colonnes

(i) Si une colonne de la matrice A est combinaison linéaire des autres colonnes, alors $\det(A) = 0$.

(ii) On ne modifie pas un déterminant si on ajoute à une colonne une combinaison linéaire des autres colonnes.

(iii) Si on multiplie tous les éléments d'une colonne de la matrice A par un scalaire λ, alors le déterminant est multiplié par λ.

(iv) Si on intervertit deux colonnes de la matrice A, alors le déterminant est multiplié par -1.

Démonstration

(i) Si U_j est combinaison linéaire des autres U_i, pour $i \neq j$, alors la famille $(U_1; \dots; U_n)$ est liée, donc son déterminant est nul.

(ii) Supposons par exemple que l'on ajoute à la première colonne une combinaison linéaire des autres colonnes.

$$\det_{\mathcal{E}}\left(U_1 + \sum_{i=2}^{n} U_i; U_2; \dots; U_n\right) = \det_{\mathcal{E}}(U_1; U_2; \dots; U_n) + \det_{\mathcal{E}}\left(\sum_{i=2}^{n} U_i; U_2; \dots; U_n\right)$$

On a $\det_{\mathcal{E}}\left(\sum_{i=2}^{n} U_i; U_2; \dots; U_n\right) = 0$ d'après **(i)**, donc :

$$\det_{\mathcal{E}}\left(U_1 + \sum_{i=2}^{n} U_i; U_2; \dots; U_n\right) = \det_{\mathcal{E}}(U_1; U_2; \dots; U_n)$$

(iii) $\det_{\mathcal{E}}(U_1; \dots; \lambda U_j; \dots; U_n) = \lambda \det_{\mathcal{E}}(U_1; \dots; U_j; \dots; U_n)$ par la n-linéarité.

(iv) Intervertir deux colonnes de A signifie calculer $\det_{\mathcal{E}}(U_1; U_2; \dots; U_n)$ en intervertissant deux vecteurs. Mais $\det_{\mathcal{E}}$ est une fonction antisymétrique, donc elle est multipliée par -1 quand on intervertit deux vecteurs. ■

Proposition 9.22

A une matrice carrée d'ordre n, et A^T sa transposée. Alors $\det(A^T) = \det(A)$.

Démonstration

Nous donnons ici seulement l'idée générale de la démonstration.

$$\det(A) = \sum_{(i_1,\dots,i_n)\in\sigma_n} \pm a_{i_1;1}a_{i_2;2}\dots a_{i_n;n}$$

On somme ici les produits de n facteurs, en prenant à chaque fois un seul facteur par ligne et un seul facteur par colonne. La somme se fait sur toutes les permutations, c'est-à-dire toutes les façons d'ordonner les nombres de 1 à n, avec un signe plus s'il s'agit de permutations paires, et un signe moins pour une permutation impaire.

$$\det(A^T) = \sum_{(i_1,\dots,i_n)\in\sigma_n} \pm a_{1;i_1}a_{2;i_2}\dots a_{n;i_n}$$

Ici aussi on somme les produits de n facteurs, en prenant à chaque fois un seul facteur par ligne et un seul facteur par colonne. Au lieu de considérer la permutation qui fait passer de $(1;\dots;n)$ à $(i_1;\dots;i_n)$ (comme dans $\det(A)$), on considère ici pour $\det(A^T)$ la permutation qui fait passer de $(i_1;\dots;i_n)$ à $(1;\dots;n)$. Mais ces permutations ont même parité. On aura donc dans $\det(A)$ et dans $\det(A^T)$ des sommes avec les mêmes termes, et avec les mêmes signes. D'où $\det(A) = \det(A^T)$. ∎

Puisque $\det(A) = \det(A^T)$, tout ce que l'on a dit sur les colonnes d'une matrice est vrai sur les lignes. D'où la proposition suivante.

Proposition 9.23

Règles de calcul sur les lignes

(i) Si une ligne de la matrice A est combinaison linéaire des autres lignes, alors $\det(A) = 0$.

(ii) On ne modifie pas un déterminant si on ajoute à une ligne une combinaison linéaire des autres lignes.

(iii) Si on multiplie tous les éléments d'une ligne de la matrice A par un scalaire λ, alors le déterminant est multiplié par λ.

(iv) Si on intervertit deux lignes de la matrice A, alors le déterminant est multiplié par -1.

Démonstration

On applique les propositions précédentes à A^T. Les colonnes de A^T sont les lignes de A, d'où cette proposition. ∎

Proposition 9.24

Soit A et B deux matrices carrées d'ordre n. Alors : $\det(AB) = \det(A) \times \det(B)$.

Démonstration

Notons $A = (a_{i;j})_{\substack{1\leq i\leq n\\ 1\leq j\leq n}}$ et $B = (b_{i;j})_{\substack{1\leq i\leq n\\ 1\leq j\leq n}}$. On a $AB = C$, où $C = (c_{i;j})_{\substack{1\leq i\leq n\\ 1\leq j\leq n}}$.

Notons V_k le vecteur correspondant à la ligne k de la matrice B.

Notons W_i le vecteur correspondant à la ligne i de la matrice C.

$$V_k = (b_{k;1}, \ldots, b_{k;n}) \quad \text{et} \quad W_i = (c_{i;1}, \ldots, c_{i;n})$$

Par définition du produit de deux matrices, on a $c_{i;j} = \sum_{k=1}^{n} a_{i;k} b_{k;j}$ pour tout i, j, donc :

$$W_i = \left(\sum_{k=1}^{n} a_{i;k} b_{k;1} ; \ldots ; \sum_{k=1}^{n} a_{i;k} b_{k;n} \right) = \sum_{k=1}^{n} a_{i;k} V_k$$

Le déterminant de C s'écrit :

$$\det(C) = \det(W_1; \ldots; W_n) = \det\left(\sum_{k=1}^{n} a_{1;k} V_k ; \ldots ; \sum_{k=1}^{n} a_{n;k} V_k \right)$$

donc :

$$\det(C) = \sum_{k_1=1}^{n} \ldots \sum_{k_n=1}^{n} a_{1;k_1} \ldots a_{n;k_n} \det_{\mathcal{E}}(V_{k_1}; \ldots; V_{k_n})$$

Comme $\det_{\mathcal{E}}$ est alternée, $\det_{\mathcal{E}}(V_{k_1}; \ldots; V_{k_n})$ est non nul seulement si $k_1, \ldots, k_n$ sont tous distincts, d'où :

$$\begin{aligned} \det(C) &= \sum_{(k_1;\ldots;k_n)\in\sigma_n} a_{1;k_1} \ldots a_{n;k_n} \det_{\mathcal{E}}(V_{k_1}; \ldots; V_{k_n}) \\ &= \sum_{(k_1;\ldots;k_n)\in\sigma_n} \pm a_{1;k_1} \ldots a_{n;k_n} \det_{\mathcal{E}}(V_1; \ldots; V_n), \end{aligned}$$

où le signe correspond à la parité de la permutation de $(k_1; \ldots; k_n)$.

D'où :

$$\begin{aligned} \det(C) &= \left[\sum_{(k_1;\ldots;k_n)\in\sigma_n} \pm a_{1;k_1} \ldots a_{n;k_n} \right] \times \det_{\mathcal{E}}(V_1; \ldots; V_n) \\ &= \det(A^T) \times \det_{\mathcal{E}}(V_1; \ldots; V_n) = \det(A^T) \times \det(B) = \det(A) \times \det(B) \end{aligned}$$

On a donc bien trouvé $\det(C) = \det(A) \times \det(B)$. ■

Proposition 9.25

Si A est une matrice carrée, on a : A inversible $\Leftrightarrow \det(A) \neq 0$.

De plus, si A est inversible, on a alors $\det(A^{-1}) = \dfrac{1}{\det(A)}$.

Démonstration

A est la matrice d'un endomorphisme f relativement à la base canonique $\mathcal{E} = (e_1; \ldots; e_n)$ de $\mathbb{R}^n$. La matrice A est inversible si et seulement si f est bijective (▸ proposition 9.7).

Mais f est bijective si et seulement si $\mathrm{rg}(f) = n$, c'est-à-dire si et seulement si $(f(e_1); \ldots; f(e_n))$ forme une base de $\mathbb{R}^n$. Ceci est vrai si et seulement si $\det_{\mathcal{E}}(f(e_1); \ldots; f(e_n)) \neq 0$.

Comme $\det(A) = \det_{\mathcal{E}}(f(e_1); \ldots; f(e_n))$, on a donc A inversible $\Leftrightarrow \det(A) \neq 0$.

De plus, si A est inversible, sa matrice inverse A^{-1} est telle que $A \times A^{-1} = A^{-1} \times A = I_n$, donc $\det(A) \times \det(A^{-1}) = \det(I_n) = 1$, d'où $\det(A^{-1}) = \dfrac{1}{\det(A)}$. ■

3.2 Calcul pratique du déterminant d'une matrice

Plus une matrice carrée est grande, plus son déterminant est *a priori* compliqué à calculer. Toutefois, comme il s'agit d'une forme n-linéaire, on va pouvoir, en « développant » le déterminant, se ramener à une somme de déterminants plus petits donc plus simples. C'est ce que montre la proposition suivante. Introduisons d'abord quelques définitions.

Définition 9.23

Soit A est une matrice carrée d'ordre n, et $a_{i;j}$ un élément de cette matrice.

- On appelle **mineur** de $a_{i;j}$, noté $M_{i;j}$, le déterminant de la matrice d'ordre $n-1$ obtenue en supprimant la i-ième ligne et la j-ième colonne de A.
- On appelle **cofacteur** de $a_{i;j}$, le nombre $A_{i;j} = (-1)^{i+j} M_{i;j}$.

On va montrer maintenant une formule très utile pour les calculs, car elle permet de ramener un calcul de déterminant d'ordre n à des calculs de déterminants d'ordre $n-1$, plus simples.

Proposition 9.26

Soit $A = (a_{i;j})_{\substack{1\le i\le n\\ 1\le j\le n}}$ une matrice carrée d'ordre n.

Pour tout j, on peut développer $\det(A)$ suivant la j-ième colonne :

$$\det(A) = \sum_{i=1}^{n} a_{i;j} A_{i;j}$$

Pour tout i, on peut développer $\det(A)$ suivant la i-ième ligne : $\det(A) = \displaystyle\sum_{j=1}^{n} a_{i;j} A_{i;j}$.

Démonstration

Montrons cette formule pour le développement suivant la première colonne. On a :

$$\det(A) = \sum_{(i_1,\dots,i_n)\in\sigma_n} \pm a_{i_1;1} a_{i_2;2} \dots a_{i_n;n} = \sum_{i_1=1}^{n} a_{i_1;1} \sum_{\substack{(i_2,\dots,i_n)\text{ avec}\\ (i_1,\dots,i_n)\in\sigma_n}} \pm a_{i_2;2} \dots a_{i_n;n}$$

$$= \sum_{i_1=1}^{n} a_{i_1;1} (-1)^{i_1+1} \sum_{\substack{(i_2,\dots,i_n)\text{ permutation}\\ \text{de } (2;\dots;n)}} \pm a_{i_2;2} \dots a_{i_n;n},$$

où le signe est positif si et seulement si $(i_2, \dots, i_n)$ est une permutation paire de $(2; \dots; n)$.

D'où :

$$\det(A) = \sum_{i_1=1}^{n} a_{i_1;1} (-1)^{i_1+1} M_{i_1;1} = \sum_{i=1}^{n} a_{i;1} (-1)^{i+1} M_{i;1} = \sum_{i=1}^{n} a_{i;1} A_{i;1}$$

On a donc prouvé la formule pour le développement suivant la première colonne. Le principe est le même pour les autres colonnes. Comme le déterminant d'une matrice est égal au déterminant de sa transposée, on a les mêmes formules en développant suivant une ligne. ■

Exemple 9.12

Soit $A = \begin{pmatrix} 2 & 1 & 0 \\ 3 & 4 & 3 \\ 1 & 2 & 5 \end{pmatrix}$. On veut calculer $D = \det(A)$.

Développons D suivant la première colonne :

$$D = \begin{vmatrix} 2 & 1 & 0 \\ 3 & 4 & 3 \\ 1 & 2 & 5 \end{vmatrix} = 2 \times \begin{vmatrix} 4 & 3 \\ 2 & 5 \end{vmatrix} - 3 \times \begin{vmatrix} 1 & 0 \\ 2 & 5 \end{vmatrix} + 1 \times \begin{vmatrix} 1 & 0 \\ 4 & 3 \end{vmatrix}$$

$$= 2 \times (20 - 6) - 3 \times (5 - 0) + 1 \times (3 - 0) = 28 - 15 + 3 = 16$$

On aurait pu aussi développer D suivant par exemple la première ligne :

$$D = \begin{vmatrix} 2 & 1 & 0 \\ 3 & 4 & 3 \\ 1 & 2 & 5 \end{vmatrix} = 2 \times \begin{vmatrix} 4 & 3 \\ 2 & 5 \end{vmatrix} - 1 \times \begin{vmatrix} 3 & 3 \\ 1 & 5 \end{vmatrix} + 0 \times \begin{vmatrix} 3 & 4 \\ 1 & 2 \end{vmatrix}$$

$$= 2 \times (20 - 6) - 1 \times (15 - 3) + 0 = 28 - 12 = 16$$

Quand une colonne (ou une ligne) comporte beaucoup de 0, le déterminant est plus facile à calculer en développant selon cette colonne (ou cette ligne). On peut se servir des règles de calculs selon les colonnes (► proposition 9.21) ou sur les lignes (► proposition 9.23) pour faire apparaître des 0 sur une colonne (ou une ligne), puis développer le déterminant selon cette colonne (ou cette ligne).

Exemple 9.13

Calcul de $D = \begin{vmatrix} 1 & 1 & 1 \\ 5 & 8 & 6 \\ 10 & 12 & 15 \end{vmatrix}$.

En enlevant la première colonne à la deuxième : $D = \begin{vmatrix} 1 & 0 & 1 \\ 5 & 3 & 6 \\ 10 & 2 & 15 \end{vmatrix}$.

De même on enlève la première colonne à la troisième : $D = \begin{vmatrix} 1 & 0 & 0 \\ 5 & 3 & 1 \\ 10 & 2 & 5 \end{vmatrix}$.

Maintenant on développe suivant la première ligne : $D = 1 \times \begin{vmatrix} 3 & 1 \\ 2 & 5 \end{vmatrix} = 15 - 2 = 13.$

Exemple 9.14

Calcul de $D = \begin{vmatrix} 2 & 4 & 6 \\ 3 & 9 & 12 \\ 1 & 5 & 7 \end{vmatrix}$.

Tous les éléments de la première ligne sont multiples de 2, tous ceux de la deuxième sont multiples de 3, on peut donc factoriser par 2×3 (► proposition 9.23 **(iii)**), d'où :

$$D = 2 \times 3 \times \begin{vmatrix} 1 & 2 & 3 \\ 1 & 3 & 4 \\ 1 & 5 & 7 \end{vmatrix}$$

Maintenant on retranche la première ligne à la deuxième, et on retranche la première ligne à la troisième (► proposition 9.23 **(ii)**) :

$$D = 6 \times \begin{vmatrix} 1 & 2 & 3 \\ 0 & 1 & 1 \\ 0 & 3 & 4 \end{vmatrix}$$

Pour finir, on développe selon la première colonne :

$$D = 6 \times 1 \times \begin{vmatrix} 1 & 1 \\ 3 & 4 \end{vmatrix} = 6 \times (4 - 3) = 6$$

Proposition 9.27

Si A est une matrice triangulaire, supérieure ou inférieure, alors $\det(A)$ est égal au produit des éléments diagonaux de A.

Démonstration

Montrons ce résultat pour les matrices triangulaires supérieures, par récurrence sur l'ordre n de la matrice.

Le résultat est vrai pour $n = 2$ car $\det\begin{pmatrix} a_{1;1} & a_{1;2} \\ 0 & a_{2;2} \end{pmatrix} = a_{1;1}a_{2;2} - 0 \times a_{1;2} = a_{1;1}a_{2;2}$.

Supposons que le résultat est vrai jusqu'à l'ordre $n - 1$, et montrons qu'il est vrai à l'ordre n.

Si A est triangulaire supérieure d'ordre n, alors $\det(A) = \begin{vmatrix} a_{1;1} & a_{1.2} & \dots & a_{1;n} \\ 0 & a_{2;2} & \dots & a_{2;n} \\ 0 & 0 & \dots & \dots \\ 0 & 0 & 0 & a_{n;n} \end{vmatrix}$.

En développant A suivant la première colonne (▶ proposition 9.26), on obtient :

$$\det(A) = \sum_{i=1}^{n} a_{i;1}A_{i;1} \quad \text{avec} \quad a_{i;1} = 0 \quad \text{pour tout} \quad i > 1$$

Cela donne $\det(A) = a_{1;1}A_{1;1}$, où $A_{1;1}$ est le cofacteur de $a_{1;1}$. Le nombre $A_{1;1}$ est le déterminant d'une matrice d'ordre $n - 1$, obtenue en enlevant à A sa première colonne et sa première ligne. On voit donc que $A_{1;1}$ est le déterminant d'une matrice triangulaire supérieure. D'après l'hypothèse de récurrence au rang $n - 1$, on a $A_{1;1} = a_{2;2}a_{3;3}\dots a_{n;n}$.

D'où finalement $\det(A) = a_{1;1}A_{1;1} = a_{1;1}a_{2;2}a_{3;3}\dots a_{n;n}$ qui est le résultat recherché. La propriété est donc vraie pour les matrices triangulaires supérieures.

Si A est une matrice triangulaire inférieure, alors sa transposée A' est triangulaire supérieure, et a les mêmes éléments diagonaux que A, d'où :

$$\det(A) = \det(A') = a_{1;1}a_{2;2}a_{3;3}\dots a_{n;n}$$

La propriété est donc vraie aussi pour les matrices triangulaires inférieures. ■

3.3 Calcul de l'inverse d'une matrice carrée

On peut calculer l'inverse d'une matrice carrée inversible à l'aide de son déterminant et des cofacteurs, comme le montre la proposition ci-dessous. Nous verrons à la section 6 une autre méthode pour calculer l'inverse d'une matrice, dite méthode du pivot de Gauss.

Proposition 9.28

Si A est une matrice carrée inversible, alors :

$$A^{-1} = \frac{1}{\det(A)}\widetilde{A},$$

où $\widetilde{A}$ est la transposée de la matrice des cofacteurs.

Démonstration

Il s'agit de montrer que $\widetilde{A} \times A = A \times \widetilde{A} = (\det A) \times I_n$.

$\widetilde{A} = \left(b_{i;j}\right)_{1 \leq i;j \leq n}$, où pour tout i, j, on a $b_{i;j} = A_{j;i}$ = cofacteur de $a_{j;i}$ (▶ définition 9.23).

$A \times \widetilde{A} = \left(c_{i;j}\right)_{1 \leq i;j \leq n}$ une matrice carrée d'ordre n.

Pour tout i, j, on a $c_{i;j} = \sum_k a_{i;k} b_{k;j} = \sum_k a_{i;k} A_{j;k}$.

Pour tout i, on a $c_{i;i} = \sum_k a_{i;k} A_{i;k}$ qui est égal au développement de $\det(A)$ suivant sa i-ième ligne, donc $c_{i;i} = \det A$ (▶ proposition 9.26).

Si $i \neq j$, on a $c_{i;j} = \sum_k a_{i;k} A_{j;k}$ est le développement du déterminant de la matrice D qui est identique à A, sauf pour sa j-ième ligne qui est formé des $a_{i;k}$. La matrice D a donc deux lignes identiques : les lignes i et j. Cela implique que son déterminant est nul (▶ proposition 9.23 règle de calcul sur les lignes).

On a donc montré que $A \times \widetilde{A} = \left(c_{i;j}\right)_{1 \leq i;j \leq n}$ où $c_{i;i} = \det(A)$ et $c_{i;j} = 0$ si $i \neq j$.

Autrement dit, on a montré que $A \times \widetilde{A} = \det(A) \times I_n$.

La démonstration est similaire pour $\widetilde{A} \times A$. ■

APPLICATION Que produire avec quoi ?

On considère une économie avec deux matières premières, que sont les biens C et D, et avec deux biens de consommation, que sont les biens A et B.

On suppose que pour produire une unité de bien A, il faut utiliser 3 unités de bien C et 4 unités de bien D. De même, pour produire une unité de bien B, il faut utiliser 2 unités de bien C et 5 unités de bien D.

Soit y_1 et y_2 les unités de biens C et D respectivement nécessaires pour produire x_1 unités de bien A et x_2 unités de bien B.

Considérons les vecteurs-colonnes $X = \begin{pmatrix} x_1 \\ x_2 \end{pmatrix}$ et $Y = \begin{pmatrix} y_1 \\ y_2 \end{pmatrix}$.

Pour produire X (vecteur des output) on a besoin de Y (vecteur des input). D'après ce qui précède, la relation liant X et Y est la suivante :

$$\begin{pmatrix} y_1 \\ y_2 \end{pmatrix} = \begin{pmatrix} 3 & 2 \\ 4 & 5 \end{pmatrix} \begin{pmatrix} x_1 \\ x_2 \end{pmatrix}$$

Peut-on remonter en sens inverse ? Autrement dit, quand on connaît la quantité de matières premières utilisées Y, peut-on en déduire la quantité de biens de consommation produite X ?

Soit $A = \begin{pmatrix} 3 & 2 \\ 4 & 5 \end{pmatrix}$. On a $\det(A) = \begin{vmatrix} 3 & 2 \\ 4 & 5 \end{vmatrix} = (3 \times 5) - (4 \times 2) = 15 - 8 = 7 \neq 0$.

Le déterminant de A est non nul, donc la matrice A est inversible.

$Y = AX \Rightarrow X = A^{-1}Y$

On calcule A à l'aide de la proposition précédente :

$A^{-1} = \dfrac{1}{\det(A)} \widetilde{A} = \dfrac{1}{7} \widetilde{A}$, où $\widetilde{A}$ est la transposée de la matrice des cofacteurs.

Ici $\widetilde{A} = \begin{pmatrix} 5 & -2 \\ -4 & 3 \end{pmatrix}$, donc $A^{-1} = \dfrac{1}{7} \begin{pmatrix} 5 & -2 \\ -4 & 3 \end{pmatrix}$.

Si on a utilisé y_1 unités de bien C et y_2 unités de bien D, c'est qu'on a produit x_1 unités de bien A et x_2 unités de bien B, avec :

$$\begin{pmatrix} x_1 \\ x_2 \end{pmatrix} = \frac{1}{7}\begin{pmatrix} 5 & -2 \\ -4 & 3 \end{pmatrix}\begin{pmatrix} y_1 \\ y_2 \end{pmatrix}$$

Autrement dit :

$$\begin{cases} x_1 = \dfrac{1}{7}(5y_1 - 2y_2) \\ x_2 = \dfrac{1}{7}(-4y_1 + 3y_2) \end{cases}$$

3.4 Calcul du rang d'une matrice

On étudie ici comment déterminer le rang d'une matrice en effectuant des calculs de déterminants. Tous les résultats seront aussi valables pour déterminer le rang d'un système de vecteurs, puisque le rang d'un système de vecteurs est égal au rang de la matrice des coordonnées de ces vecteurs dans une base.

Nous allons énoncer ici deux propositions sans les démontrer, car les démonstrations, bien que peu complexes, sont assez longues et fastidieuses.

Définition 9.24

Soit A une matrice. On dit que la **matrice** M est **extraite** de la matrice A si elle est obtenue à partir de A en enlevant certaines lignes et certaines colonnes.
On dit que le **déterminant** Δ est **extrait** de A, d'ordre k, si c'est le déterminant d'une matrice carrée M d'ordre k, extraite de A.

Proposition 9.29

S'il existe un déterminant extrait de A, d'ordre k, non nul, alors $\text{rg}(A) \geq k$.

Définition 9.25

Soit Δ un déterminant extrait de A, d'ordre k. On appelle **déterminant bordant de Δ**, tout déterminant d'ordre $k + 1$, extrait de A, dont Δ soit extrait.

Exemple 9.15

Soit $M = \begin{pmatrix} 1 & 0 & 2 & 4 \\ 5 & 6 & 7 & 8 \\ 3 & 2 & 1 & 0 \end{pmatrix}$, et $\Delta = \begin{vmatrix} 1 & 0 \\ 5 & 6 \end{vmatrix}$.

Les bordants de Δ sont $\begin{vmatrix} 1 & 0 & 2 \\ 5 & 6 & 7 \\ 3 & 2 & 1 \end{vmatrix}$ et $\begin{vmatrix} 1 & 0 & 4 \\ 5 & 6 & 8 \\ 3 & 2 & 0 \end{vmatrix}$.

Proposition 9.30

Considérons A une matrice de type (p,n).

(i) Soit Δ un déterminant extrait d'ordre k, non nul. Si $\text{rg}(A) \geq k+1$, alors il existe un déterminant bordant de Δ, non nul.

(ii) Soit $r \in \mathbb{N}^*$. La matrice A est de rang r si et seulement si : il existe un déterminant d'ordre r, non nul, et dont tous les bordants sont nuls.

4 Déterminant d'un endomorphisme

Soit f une application linéaire de E dans lui-même. Rappelons que l'on dit alors que f est un endomorphisme de E.

Proposition 9.31

Si A est la matrice de f dans une base $\mathcal{E}$, et B la matrice de f dans une base $\mathcal{E}'$, alors $\det(A) = \det(B)$.

Démonstration

$B = P^{-1}AP$ où P inversible est la matrice de changement de base.

$\det(B) = \det(P^{-1}) \times \det(A) \times \det(P) = \dfrac{1}{\det(P)} \times \det(A) \times \det(P) = \det(A)$. ■

Cette proposition montre donc que toutes les matrices de f ont le même déterminant, quelle que soit la base. Ce qui nous permet d'énoncer la définition suivante.

Définition 9.26

On appelle **déterminant de l'endomorphisme** f, noté $\det(f)$, le déterminant de la matrice de f dans n'importe quelle base.

On a vu que le déterminant d'une famille de vecteurs est non nul si et seulement si cette famille est une base, et que le déterminant d'une matrice carrée est non nul si et seulement si cette matrice est inversible. On énonce maintenant une propriété similaire pour le déterminant d'un endomorphisme.

Proposition 9.32

$\det(f) \neq 0$ si et seulement si f est bijective.

Démonstration

D'après la proposition 9.7, f est bijective si et seulement si sa matrice A est inversible.

On a :

$$A \text{ inversible} \Leftrightarrow \det(A) \neq 0$$

et :

$$A \text{ inversible} \Leftrightarrow f \text{ bijective}$$

De plus, $\det(f) = \det(A)$. On en déduit que : f bijective $\Leftrightarrow \det(f) \neq 0$. ■

5 Systèmes d'équations linéaires

Comme nous l'avons vu au début du chapitre 8, les modèles linéaires en économie conduisent à des systèmes d'équations linéaires, comme par exemple les systèmes (EG) et $(EG)_n$ provenant de l'équilibre entre offre et demande sur tous les marchés (▸ section 1, chapitre 8). Nous allons voir ici comment on peut résoudre un système de p équations linéaires à n inconnues.

5.1 Introduction

On considère un système d'équations linéaires de la forme :

$$(S) \qquad \begin{cases} a_{1;1}x_1 + a_{1;2}x_2 + \ldots + a_{1;n}x_n = b_1 \\ \ldots \\ a_{p;1}x_1 + a_{p;2}x_2 + \ldots + a_{p;n}x_n = b_p \end{cases}$$

qu'on peut écrire sous forme matricielle :

$$(S_{mat}) \qquad AX = B,$$

où $X = \begin{pmatrix} x_1 \\ \ldots \\ x_n \end{pmatrix}$, $B = \begin{pmatrix} b_1 \\ \ldots \\ b_p \end{pmatrix}$ et $A = \left(a_{i;j}\right)_{\substack{1\le i\le p \\ 1\le j\le n}} = \begin{pmatrix} a_{1;1} & \ldots & a_{1;n} \\ \ldots & \ldots & \ldots \\ a_{p;1} & \ldots & a_{p;n} \end{pmatrix}$.

Les inconnues sont les x_i, et X est le vecteur-colonne des inconnues.

On connaît la matrice A et le vecteur-colonne B, et on cherche les x_i.

On peut remarquer que le système (S) peut s'écrire :

$$(S_f) \qquad f(X) = B,$$

où f est une application linéaire de $\mathbb{R}^n$ dans $\mathbb{R}^p$ de matrice A relativement aux bases canoniques.

Définition 9.27

On dit que A est la **matrice associée** au système (S).
On appelle **solution** de (S) tout n-uplet $(x_1, \ldots, x_n)$ satisfaisant (S).
On dit que le système est **incompatible** (ou inconsistant, ou impossible) s'il n'admet aucune solution.

On va voir que le système (S) peut avoir une infinité de solutions, une solution unique, ou pas de solution du tout.

Notons $A_1, \ldots, A_n$ les vecteurs-colonnes formés des colonnes de la matrice A, c'est-à-dire $A_j = \begin{pmatrix} a_{1;j} \\ \ldots \\ a_{p;j} \end{pmatrix}$ pour tout j, avec $1 \le j \le n$.

Proposition 9.33

Le système (S) est équivalent à l'équation vectorielle :

$$(E_V) \qquad x_1A_1 + \ldots + x_nA_n = B$$

Ici $x_1, x_2, \ldots, x_n$ sont des nombres réels, et $A_1, \ldots, A_n, B$ sont des vecteurs.

Démonstration

On a $x_1A_1 + \ldots + x_nA_n = x_1 \begin{pmatrix} a_{1;1} \\ \ldots \\ a_{p;1} \end{pmatrix} + \ldots + x_n \begin{pmatrix} a_{1;n} \\ \ldots \\ a_{p;n} \end{pmatrix}$.

En identifiant dans (E_V) chacune des coordonnées de $x_1A_1 + \ldots + x_nA_n$ avec celles du vecteur-colonne B, on retrouve bien le système (S). ■

La proposition précédente signifie que (S) a une solution si et seulement si le vecteur B peut s'écrire comme combinaison linéaire des A_i.

On a donc quatre écritures équivalentes de notre système d'équations linéaires :

- l'écriture initiale sous la forme d'un système (S) de p équations à n inconnues ;
- l'écriture matricielle (S_{mat}) ;
- l'écriture (S_f) faisant appel à une application linéaire ;
- l'écriture (E_V) sous forme d'équation vectorielle.

Définition 9.28

On appelle **rang** du système d'équations linéaires (S) le rang de la matrice associée A. On remarque que c'est aussi le rang de l'application linéaire f, et le rang du système de vecteurs $(A_1, \ldots, A_n)$.

Connaître le rang va nous aider à trouver le nombre de solutions du système (S).

Définition 9.29

On appelle **matrice élargie** ou **matrice augmentée** du système (S) la matrice, notée $(A \mid B)$, obtenue en ajoutant le vecteur-colonne B à la matrice A.

$$(A \mid B) = \begin{pmatrix} a_{1;1} & \ldots & a_{1;n} & b_1 \\ \ldots & \ldots & \ldots & \ldots \\ a_{p;1} & \ldots & a_{p;n} & b_p \end{pmatrix}$$

5.2 Existence de solutions

Puisque l'on a quatre écritures équivalentes de notre système, on a aussi quatre façons équivalentes d'exprimer le fait que (S) admet au moins une solution, comme l'indique la proposition suivante.

Proposition 9.34

Les assertions suivantes sont équivalentes :

(i) Le système (S) a au moins une solution.

(ii) $B \in \mathrm{Im}(f)$

(iii) $B \in \mathrm{Vect}(A_1, \dots, A_n)$

(iv) $\mathrm{rg}\,(A \mid B) = \mathrm{rg}(A)$

Démonstration

On a vu que (S), (S_{mat}), (S_f) et (E_V) sont quatre écritures équivalentes du même système.

(S_f) a une solution si et seulement s'il existe $X \in \mathbb{R}^n$ tel que $f(X) = B$, donc si et seulement si $B \in \mathrm{Im}(f)$. D'où **(i)** $\Leftrightarrow$ **(ii)**.

$B \in \mathrm{Vect}(A_1, \dots, A_n) \Leftrightarrow (E_V)$ admet au moins une solution, donc **(i)** $\Leftrightarrow$ **(iii)**.

Enfin, $\mathrm{rg}\,(A \mid B) = \mathrm{rg}(A)$ si et seulement si $\mathrm{rg}(A_1, \dots, A_n, B) = \mathrm{rg}(A_1, \dots, A_n)$, donc :

$$\mathrm{rg}\,(A \mid B) = \mathrm{rg}(A) \Leftrightarrow \mathrm{Vect}(A_1, \dots, A_n, B) = \mathrm{Vect}(A_1, \dots, A_n)$$

Cette dernière équation équivaut à $B \in \mathrm{Vect}(A_1, \dots, A_n)$,donc **(iii)** $\Leftrightarrow$ **(iv)**. ■

Posons $r = \mathrm{Vect}(A_1, \dots, A_n)$. Le nombre r est à la fois le rang de la matrice A, le rang du système (S), le rang de l'application linéaire f et le rang de la famille de vecteurs $(A_1, \dots, A_n)$.

Comme $\mathrm{Vect}(A_1, \dots, A_n)$ est un sous-espace vectoriel de dimension r de $\mathbb{R}^p$, engendré par une famille de n vecteurs, il est important, pour savoir s'il existe des solutions et combien, de comparer r, p et n.

Proposition 9.35

(i) Si (S) est un système de p équations linéaires à n inconnues, son rang r est tel que $r \leq p$ et $r \leq n$.

(ii) Si $r = p$, alors le système (S) admet au moins une solution.

Démonstration

(i) Le rang de (S) est la dimension de $\mathrm{Vect}(A_1, \dots, A_n)$. Comme il s'agit du sous-espace vectoriel engendré par n vecteurs, sa dimension est nécessairement inférieure ou égale à n. De plus, comme $\mathrm{Vect}(A_1, \dots, A_n)$ est un sous-espace vectoriel de $\mathbb{R}^p$, sa dimension est inférieure ou égale à p.

(ii) On vient de voir (► proposition 9.34) que (S) admet au moins une solution si et seulement si $B \in \mathrm{Vect}(A_1, \dots, A_n)$. Si $r = p$, alors $\mathrm{Vect}(A_1, \dots, A_n) = \mathbb{R}^p$, donc dans ce cas $\mathrm{Vect}(A_1, \dots, A_n)$ contient forcément n'importe quel vecteur B de $\mathbb{R}^p$. ■

Quand on cherche à déterminer les solutions du système (S), il est utile de distinguer quatre cas. Nous étudierons en détails le premier à au paragraphe 5.3, les trois autres à au paragraphe 6.1.

- **Premier cas : $r = n = p$.**

  Dans ce cas, il y a autant d'équations que d'inconnues ($n = p$), et le système est de rang maximal. La matrice A est alors carrée inversible et le système (S) admet une unique solution, car $B = AX \Leftrightarrow X = A^{-1}B$ (► paragraphe 5.3 et paragraphe 6.1.2).

- **Deuxième cas** : $r = p < n$.

  Dans ce cas, il y a davantage d'inconnues que d'équations ($n > p$) et le système est de rang $r = p$. Cela implique que le système a au moins une solution (► proposition 9.35 (ii)). Nous verrons qu'il y a alors une infinité de solutions (► paragraphe 6.1.3).

- **Troisième cas** : $r = n < p$.

  Dans ce cas, il y a davantage d'équations que d'inconnues ($n < p$), et le système est de rang $r < p$. On a $\mathrm{Vect}(A_1, \ldots, A_n)$ inclus dans $\mathbb{R}^p$, mais $\dim \mathrm{Vect}(A_1, \ldots, A_n) = r < p$, donc le vecteur B de $\mathbb{R}^p$ n'est pas forcément dans $\mathrm{Vect}(A_1, \ldots, A_n)$. Cela implique que le système n'a pas toujours de solution. Nous verrons que le système a une unique solution, soit pas de solution du tout (► paragraphe 6.1.4).

- **Quatrième cas** : $r < n$ et $r < p$.

  Le système est de rang $r < p$. Ici aussi on a $\mathrm{Vect}(A_1, \ldots, A_n)$ inclus dans $\mathbb{R}^p$, avec $\dim \mathrm{Vect}(A_1, \ldots, A_n) = r < p$, donc le vecteur B de $\mathbb{R}^p$ n'est pas forcément dans $\mathrm{Vect}(A_1, \ldots, A_n)$. Le système n'a pas toujours de solution. Nous verrons que le système a une infinité de solutions, ou bien pas de solution du tout (► paragraphe 6.1.5).

Exemple 9.16

Deux équations et deux inconnues ($n = p = 2$)

Le système (S) revient ici à trouver l'intersection de deux droites dans le plan.

- Si $r = 2$, alors les deux droites ont des directions différentes : elles sont donc sécantes et se coupent en un unique point du plan (► 1er cas).
- Si $r = 1$, alors les deux droites sont parallèles (► 4e cas) :
  - Si les deux droites sont identiques, le système a une infinité de solutions.
  - Si les deux droites sont parallèles mais distinctes, il n'y a pas de solution.

Exemple 9.17

Deux équations et trois inconnues ($p = 2 < n = 3$)

Le système (S) revient ici à trouver l'intersection de deux plans dans l'espace de dimension 3.

- Si $r = 2$ alors les deux plans se coupent, il y aura forcément une infinité de solutions (► 2e cas). On ne peut pas avoir deux plans qui se coupent en un unique point.
- Si $r = 1$ alors les deux plans sont parallèles (► 4e cas) :
  - Si les deux plans sont identiques, le système a une infinité de solutions.
  - Si les deux plans sont parallèles mais distincts, il n'y a pas de solution.

Exemple 9.18

Trois équations et deux inconnues ($n = 2 < p = 3$)

Le système (S) revient ici à trouver l'intersection de trois droites dans le plan.

- Si $r = 2$, les trois droites ne sont pas toutes parallèles (► 3e cas).
  - Si les trois droites sont concourantes, elle se coupent en un unique point.
  - Si les trois droites sont sécantes deux à deux, il n'y a pas de solution (idem si deux droites sont parallèles mais distinctes et la troisième est sécante).
- Si $r = 1$ les trois droites sont parallèles (► 4e cas).
  - Si ces trois droites sont identiques, il y a une infinité de solutions.
  - Si ces trois droites sont parallèles mais non identiques, il n'y a pas de solution.

5.3 Calcul des solutions d'un système de Cramer

On suppose ici que le système est carré ($n = p$) et de rang maximal. La matrice A du système est inversible, et il y a une unique solution (► 1er cas).

Définition 9.30

On dit qu'un système d'équations linéaires est un **système de Cramer** s'il comporte autant d'équations que d'inconnues, et est de rang maximal. Autrement dit, le système (S) est de Cramer si et seulement si $r = p = n$.

Comme la matrice A est inversible, il y a une unique solution $(x_1; \ldots; x_n)$ que l'on peut calculer en inversant la matrice, car $B = AX \Leftrightarrow X = A^{-1}B$, d'où la proposition suivante :

Proposition 9.36

Si (S) est un système de Cramer, il admet une unique solution, donnée par :

$$X = A^{-1}B$$

Exemple 9.19

On considère le système de deux équations à deux inconnues ($n = p = 2$) suivant :

$$\begin{cases} 2x_1 + x_2 = 3 \\ 3x_1 + 4x_2 = 5 \end{cases}$$

Ce système peut s'écrire matriciellement :

$$AX = B, \text{ où } A = \begin{pmatrix} 2 & 1 \\ 3 & 4 \end{pmatrix}, B = \begin{pmatrix} 3 \\ 5 \end{pmatrix}$$

$$\text{et } X = \begin{pmatrix} x_1 \\ x_2 \end{pmatrix}.$$

On a $\det(A) = \begin{vmatrix} 2 & 1 \\ 3 & 4 \end{vmatrix} = (2 \times 4) - (1 \times 3) = 8 - 3 = 5.$

Le déterminant de A est non nul, donc la matrice est inversible, ce qui implique que le rang du système est $r = 2$. On a $r = p = n = 2$, donc le système est de Cramer.

La matrice inverse est $A^{-1} = \dfrac{1}{\det(A)}\widetilde{A} = \dfrac{1}{5}\widetilde{A}$, où $\widetilde{A}$ est la transposée de la matrice des cofacteurs de A. D'après la définition 9.23, on peut dire que, dans la matrice A :

- le cofacteur de 2 est 4 ;
- le cofacteur de 1 est –3 ;
- le cofacteur de 3 est –1 ;
- le cofacteur de 4 est 2.

La matrice des cofacteurs de A est donc $\begin{pmatrix} 4 & -3 \\ -1 & 2 \end{pmatrix}$, sa transposée est $\widetilde{A} = \begin{pmatrix} 4 & -1 \\ -3 & 2 \end{pmatrix}$.

L'inverse de A est donc :

$$A^{-1} = \frac{1}{5}\begin{pmatrix} 4 & -1 \\ -3 & 2 \end{pmatrix} = \begin{pmatrix} \frac{4}{5} & \frac{-1}{5} \\ \frac{-3}{5} & \frac{2}{5} \end{pmatrix}$$

La solution du système est :

$$X = A^{-1}B = \begin{pmatrix} \frac{4}{5} & \frac{-1}{5} \\ \frac{-3}{5} & \frac{2}{5} \end{pmatrix}\begin{pmatrix} 3 \\ 5 \end{pmatrix} = \begin{pmatrix} \frac{(4\times 3)-(1\times 5)}{5} \\ \frac{(-3\times 3)+(2\times 5)}{5} \end{pmatrix} = \begin{pmatrix} \frac{7}{5} \\ \frac{1}{5} \end{pmatrix}$$

C'est-à-dire, $x_1 = \dfrac{7}{5}$ et $x_2 = \dfrac{1}{5}$.

La proposition suivante montre qu'on peut calculer la solution d'un système de Cramer par une autre méthode que l'inversion de la matrice, en calculant des déterminants.

Proposition 9.37

Si (S) est un système de Cramer, il admet comme unique solution le n-uplet $(x_1; \ldots; x_n)$, avec pour tout i :

$$x_i = \frac{\Delta_i}{D},$$

où $D = \det(A_1; \ldots; A_n)$. Et pour tout i, on a posé :

$$\Delta_i = \det(A_1; \ldots; A_{i-1}; B; A_{i+1}; \ldots; A_n)$$

Démonstration

Comme $B = x_1A_1 + \ldots + x_nA_n$, on peut écrire :

$$\Delta_i = \det(A_1; \ldots; A_{i-1}; B; A_{i+1}; \ldots; A_n) = \det(A_1; \ldots; A_{i-1}; \sum_{j=1}^{n} x_jA_j; A_{i+1}; \ldots; A_n)$$

Donc :

$$\Delta_i = \sum_{j=1}^{n} x_j \det(A_1; \ldots; A_{i-1}; A_j; A_{i+1}; \ldots; A_n)$$

Tous ces déterminants sont nuls sauf pour $j = i$ (car la fonction det est alternée), donc :

$$\Delta_i = x_i \det(A_1; \ldots; A_{i-1}; A_i; A_{i+1}; \ldots; A_n) = x_iD$$

D'où $x_i = \dfrac{\Delta_i}{D}$. ■

Exemple 9.19 (suite)

On reprend le système de l'exemple 9.19, c'est-à-dire : $\begin{cases} 2x_1 + x_2 = 3 \\ 3x_1 + 4x_2 = 5 \end{cases}$

Le système est carré, et son déterminant est $D = \begin{vmatrix} 2 & 1 \\ 3 & 4 \end{vmatrix} = 5 \neq 0$, donc c'est un système de Cramer. L'unique solution est donnée par $(x_1 ; x_2)$, où $x_1 = \dfrac{\Delta_1}{D}$ et $x_2 = \dfrac{\Delta_2}{D}$.

On obtient Δ_1 en remplaçant dans D la première colonne par $\begin{pmatrix} 3 \\ 5 \end{pmatrix}$, et on obtient Δ_2 en remplaçant dans D la deuxième colonne par $\begin{pmatrix} 3 \\ 5 \end{pmatrix}$.

$$\Delta_1 = \begin{vmatrix} 3 & 1 \\ 5 & 4 \end{vmatrix} = (3 \times 4) - (5 \times 1) = 12 - 5 = 7$$

$$\Delta_2 = \begin{vmatrix} 2 & 3 \\ 3 & 5 \end{vmatrix} = (2 \times 5) - (3 \times 3) = 10 - 9 = 1$$

On obtient donc $x_1 = \dfrac{\Delta_1}{D} = \dfrac{7}{5}$ et $x_2 = \dfrac{\Delta_2}{D} = \dfrac{1}{5}$.

APPLICATION Équilibre général

a. Deux biens. On considère l'équilibre général à deux biens du paragraphe 1.2 du chapitre 8. L'équilibre général « offre = demande » pour chacun des deux biens donnait :

$$(EG) \begin{cases} 8P_1 - 2P_2 = 500 \\ -2P_1 + 6P_2 = 480 \end{cases}$$

où P_1 est le prix du bien 1 et P_2 le prix du bien 2. La matrice du système est ici : $A = \begin{pmatrix} 8 & -2 \\ -2 & 6 \end{pmatrix}$, avec $\det(A) = 48 - 4 = 44 \neq 0$. Le déterminant est non nul, donc il s'agit d'un système de Cramer.
Calculons les déterminants Δ_1 et Δ_2.

$$\Delta_1 = \begin{vmatrix} 500 & -2 \\ 480 & 6 \end{vmatrix} = (500 \times 6) - (-2 \times 480) = 3\,000 + 960 = 3\,960$$

$$\Delta_2 = \begin{vmatrix} 8 & 500 \\ -2 & 480 \end{vmatrix} = (480 \times 8) - (-2 \times 500) = 3\,840 + 1\,000 = 4\,840$$

L'unique solution de l'équilibre général est donnée par :

$$P_1 = \frac{\Delta_1}{D} = \frac{3\,960}{44} = 90 \quad \text{et} \quad P_2 = \frac{\Delta_2}{D} = \frac{4\,840}{44} = 110$$

b. Trois biens. On considère maintenant un équilibre général à trois biens. On suppose que l'offre de chaque bien dépend de son prix de la façon suivante :

$$\begin{cases} O_1(P_1) = 100 + 4P_1 \\ O_2(P_2) = 100 + 4P_2 \\ O_3(P_3) = 100 + 4P_3 \end{cases}$$

De plus, la demande d'un bien est une fonction décroissante du prix de ce bien, mais une fonction croissante du prix des autres biens, car les biens sont partiellement substituables :

$$\begin{cases} D_1(P_1, P_2, P_3) = 200 - 4P_1 + P_2 + P_3 \\ D_2(P_1, P_2, P_3) = 200 + P_1 - 4P_2 + P_3 \\ D_3(P_1, P_2, P_3) = 200 + P_1 + P_2 - 4P_3 \end{cases}$$

L'équilibre général « offre = demande » pour chacun des biens donne :

$$\begin{cases} O_1(P_1) = D_1(P_1,P_2,P_3) \\ O_2(P_2) = D_1(P_1,P_2,P_3) \\ O_3(P_3) = D_1(P_1,P_2,P_3) \end{cases}$$

c'est-à-dire :

$$\begin{cases} 100 + 4P_1 = 200 - 4P_1 + P_2 + P_3 \\ 100 + 4P_2 = 200 + P_1 - 4P_2 + P_3 \\ 100 + 4P_3 = 200 + P_1 + P_2 - 4P_3 \end{cases}$$

ce qui donne finalement le système :

$$(EG)_3 \begin{cases} 8P_1 - P_2 - P_3 = 100 \\ -P_1 + 8P_2 - P_3 = 100 \\ -P_1 - P_2 + 8P_3 = 100 \end{cases}$$

La matrice du système est ici $A = \begin{pmatrix} 8 & -1 & -1 \\ -1 & 8 & -1 \\ -1 & -1 & 8 \end{pmatrix}$. On calcule son déterminant en développant suivant la première colonne :

$$\begin{aligned} \det(A) &= \begin{vmatrix} 8 & -1 & -1 \\ -1 & 8 & -1 \\ -1 & -1 & 8 \end{vmatrix} \\ &= 8 \times \begin{vmatrix} 8 & -1 \\ -1 & 8 \end{vmatrix} - (-1) \times \begin{vmatrix} -1 & -1 \\ -1 & 8 \end{vmatrix} + (-1) \times \begin{vmatrix} -1 & -1 \\ 8 & -1 \end{vmatrix} \\ &= 8 \times (64 - 1) + (-8 - 1) - (1 + 8) = 8 \times 63 - 9 - 9 = 486 \neq 0. \end{aligned}$$

Le déterminant est non nul, donc il s'agit d'un système de Cramer. Calculons les déterminants Δ_1, Δ_2 et Δ_3.

On obtient Δ_i en remplaçant dans $\det(A)$ la colonne i par la colonne $\begin{pmatrix} 100 \\ 100 \\ 100 \end{pmatrix}$.

D'où : $$\Delta_1 = \begin{vmatrix} 100 & -1 & -1 \\ 100 & 8 & -1 \\ 100 & -1 & 8 \end{vmatrix} = 100 \times \begin{vmatrix} 1 & -1 & -1 \\ 1 & 8 & -1 \\ 1 & -1 & 8 \end{vmatrix}$$

On retranche la première ligne à la deuxième et à la troisième, d'où :

$$\Delta_1 = 100 \times \begin{vmatrix} 1 & -1 & -1 \\ 0 & 9 & 0 \\ 0 & 0 & 9 \end{vmatrix}$$

Une matrice triangulaire supérieure a son déterminant égal au produit des éléments diagonaux (▶ proposition 9.27), d'où $\Delta_1 = 100 \times 1 \times 9 \times 9 = 8\,100$.

On trouve de même $\Delta_2 = 8\,100$ et $\Delta_3 = 8\,100$, d'où l'unique solution de l'équilibre général est donnée par (P_1,P_2,P_3) telle que :

$$P_1 = \frac{\Delta_1}{D} = \frac{8\,100}{486} = \frac{50}{3} \simeq 16{,}66$$

et de même $P_2 = \dfrac{\Delta_2}{D} = \dfrac{8\,100}{486} = \dfrac{50}{3} \simeq 16{,}66$, et $P_3 = \dfrac{\Delta_3}{D} = \dfrac{8\,100}{486} = \dfrac{50}{3} \simeq 16{,}66$.

6 La méthode du pivot de Gauss

6.1 Résolution d'un système d'équations linéaires par la méthode du pivot

6.1.1 Le principe de la méthode du pivot

La **méthode du pivot** consiste à transformer, à l'aide d'une succession de transformations élémentaires de ses lignes, le système de départ (S) en un système équivalent (S'), qui soit « échelonné ». Ce dernier système sera plus simple à résoudre, si l'on part de sa dernière équation, la plus simple, et si l'on remonte progressivement jusqu'à la première équation.

Il nous faut d'abord définir les notions de « systèmes équivalents », « transformation élémentaire », et « système échelonné ».

Définition 9.31

On dit que deux **systèmes** d'équations linéaires sont **équivalents** s'ils ont même ensemble de solutions.

Proposition 9.38

Soit (S) un système d'équations linéaires, comportant p équations à n inconnues. Pour tout i, on note L_i la i-ième ligne du système, c'est-à-dire la i-ième équation. On obtient un système (S') équivalent à (S) si :

(i) On intervertit deux équations : $L'_i = L_j$ et $L'_j = L_i$.

(ii) À une équation donnée, on ajoute une autre équation multipliée par une constante réelle : $L'_i = L_i + aL_j$.

(iii) On multiplie une équation par une constante non nulle : $L'_i = bL_i$ (avec $b \neq 0$).

Définition 9.32

- On appelle **transformation élémentaire** des lignes du système les opérations décrites dans la proposition précédente.
- On appelle **transformation élémentaire** des lignes d'une matrice A, ce même type d'opérations effectuées sur les lignes de A :
  - interversion de deux lignes ;
  - à une ligne donnée, ajouter une autre ligne multipliée par une constante réelle ;
  - multiplier une ligne par une constante non nulle.

- On dit qu'une **matrice** est **échelonnée** si :
  - chaque ligne non nulle commence par davantage de zéros que la ligne précédente ;
  - quand une ligne est nulle[2], toutes les lignes suivantes sont nulles aussi.
- On dit qu'un **système d'équations linéaires** est **échelonné** si sa matrice associée A est échelonnée.

Exemple 9.20

Les matrices suivantes sont échelonnées :

$$\begin{pmatrix} 5 & 6 \\ 0 & -1 \end{pmatrix}, \quad \begin{pmatrix} 8 & 1 & 3 & 7 \\ 0 & 9 & -0{,}5 & 6 \\ 0 & 0 & 4 & 1 \end{pmatrix} \text{ et } \begin{pmatrix} 2 & 3 & 5 \\ 0 & 1 & 4 \\ 0 & 0 & 0 \\ 0 & 0 & 0 \end{pmatrix}$$

Les matrices suivantes ne sont pas échelonnées :

$$\begin{pmatrix} 5 & 0 \\ 7 & -1 \end{pmatrix} \text{ et } \begin{pmatrix} 1 & 2 & -5 & 3 \\ 3 & 9 & 7 & 4 \\ 0 & 0 & 5 & 2 \end{pmatrix}$$

Pour bien comprendre la méthode du pivot, regardons ce qu'elle donne sur deux exemples de systèmes de Cramer, dont nous savons qu'ils ont une unique solution.

Exemple 9.21

Considérons le système $(S)\begin{cases} 2x_1 + x_2 = 6 \\ -4x_1 + 3x_2 = 8 \end{cases}$

On ajoute deux fois la première ligne à la deuxième ligne pour éliminer x_1 dans la deuxième équation. On note cette transformation : $L'_2 = L_2 + 2L_1$.

On obtient le système équivalent suivant :

$$(S') \quad \begin{cases} 2x_1 + x_2 = 6 \\ 0 + 5x_2 = 20 \end{cases}$$

Le système (S') est échelonné, on peut le résoudre facilement, en partant de la dernière équation.

On résoud L_2, ce qui donne la valeur de x_2, que l'on reporte ensuite dans L_1.

On trouve $x_2 = 4$, donc le système devient $\begin{cases} 2x_1 + 4 = 6 \\ x_2 = 4 \end{cases}$ et finalement $x_1 = 1$ et $x_2 = 4$.

Exemple 9.22

Considérons $(S)\begin{cases} -x_1 + x_2 + 3x_3 = 7 \\ x_1 - 2x_2 + 2x_3 = 14 \\ x_1 + x_2 + x_3 = -7 \end{cases}$

2 On dit qu'une ligne est nulle si elle ne comporte que des zéros. On dit qu'une ligne est non nulle si elle comporte au moins un nombre différent de zéro.

On ajoute la première ligne à la troisième : $L_3' = L_3 + L_1$, et on ajoute la première ligne à la deuxième, $L_2' = L_2 + L_1$, ce qui donne : $\begin{cases} -x_1 + x_2 + 3x_3 = 7 \\ 0 + -x_2 + 5x_3 = 21 \\ 0 + 2x_2 + 4x_3 = 0 \end{cases}$

On ajoute deux fois la deuxième ligne à la troisième, $L_3' = L_3 + 2L_2$, d'où le système :

$$\begin{cases} -x_1 + x_2 + 3x_3 = 7 \\ 0 + -x_2 + 5x_3 = 21 \\ 0 + 0 + 14x_3 = 42 \end{cases}$$

Ce dernier système est échelonné, on va pouvoir le résoudre en partant de la troisième équation, et en remontant vers la première :

$14x_3 = 42$, donc $x_3 = 3$, qu'on reporte dans le deuxième équation, qui devient :

$-x_2 + 15 = 21$, ce qui donne $x_2 = -6$, que l'on reporte dans la première équation, qui devient :

$-x_1 + (-6) + 9 = 7$, d'où $-x_1 = 4$, c'est-à-dire $x_1 = -4$.

La solution du système initial est donc $(x_1; x_2; x_3) = (-4; -6; 3)$.

Reprenons les quatre cas introduits à la section 5.2 pour voir dans chacun d'entre eux à quel type de système échelonné nous conduit la méthode du pivot.

Notons $C = (a'_{i;j})_{\substack{1\le i\le p \\ 1\le j\le n}}$ la matrice du système échelonné (S') qui est équivalent à (S).

Le second membre de (S') est le vecteur-colonne $\begin{pmatrix} b_1' \\ \dots \\ b_n' \end{pmatrix}$. La matrice C est obtenue à partir de A par une série de transformations élémentaires : $C = P_k P_{k-1} \dots P_2 P_1 A$ où les P_i sont des matrices inversibles (car matrices de transformations élémentaires, ▶ définition 9.32).

Dans la suite on note $(x_1', \dots, x_n')$ les variables, car on s'autorise de plus à renuméroter (permuter) les variables $(x_1, \dots, x_n)$ pour obtenir un système échelonné.

6.1.2 Premier cas : $r = n = p$

Ici le système (S) est de Cramer, il équivaut à un système triangulaire (S'), de rang n.

$$(S')\begin{cases} a'_{1;1}x_1' + a'_{1;2}x_2' + \dots\dots + a'_{1;n}x_n' = b_1' \\ \qquad\quad a'_{2;2}x_2' + \dots\dots + a'_{2;n}x_n' = b_2' \\ \qquad\qquad \dots\dots\dots\dots \\ \qquad\qquad\qquad a'_{n;n}x_n' = b_n' \end{cases}$$

On résout facilement (S') en partant de la dernière équation, et en remontant de proche en proche. Comme A est inversible, C est inversible aussi, d'où $a'_{i;i} \neq 0$ pour $1 \le i \le n$.

La dernière équation donne la valeur de x_n'. On reporte celle-ci dans l'avant-dernière équation, ce qui permet de déterminer x_{n-1}', ainsi de suite...

Il existe une unique solution.

6.1.3 Deuxième cas : $r = p < n$

Le système (S) équivaut à un système échelonné (S'), de rang r.

$$(S')\begin{cases} a'_{1;1}x'_1 + a'_{1;2}x'_2 + \dots\dots\dots\dots + a'_{1;n}x'_n = b'_1 \\ \qquad a'_{2;2}x'_2 + \dots\dots\dots\dots + a'_{2;n}x'_n = b'_2 \\ \qquad\qquad \dots\dots\dots \\ \qquad\qquad a'_{r;r}x'_r + \dots + a'_{r;n}x'_n = b'_r \end{cases}$$

Comme (S') est de rang r, on a ici $a'_{i;i} \neq 0$ pour $1 \leq i \leq r$.

Il existe une infinité de solutions. On peut toutes les exprimer en fonction de $x'_{r+1}, x'_{r+2}, \dots, x'_n$.

On peut dire que, pour chaque $(x'_{r+1}, x'_{r+2}, \dots, x'_n)$ donné, on a un système de Cramer en r équations et r inconnues $(x'_1, x'_2, \dots, x'_r)$.

6.1.4 Troisième cas : $r = n < p$

Le système (S) équivaut à un système (S'), qui est un système triangulaire de rang $r = n$, auquel on ajoute $p - n$ équations dites « dégénérées », car elles ne comportent que des constantes.

$$(S')\begin{cases} a'_{1;1}x'_1 + a'_{1;2}x'_2 + \dots\dots + a'_{1;n}x'_n = b'_1 \\ \qquad a'_{2;2}x'_2 + \dots\dots + a'_{2;n}x'_n = b'_2 \\ \qquad\qquad \dots\dots\dots \\ \qquad\qquad a'_{n;n}x'_n = b'_n \\ \qquad\qquad 0 = b'_{n+1} \\ \qquad\qquad \dots\dots \\ \qquad\qquad 0 = b'_p \end{cases}$$

Comme (S') est de rang n, on a ici $a'_{i;i} \neq 0$ pour $1 \leq i \leq n$.

- Si $b'_j = 0$ pour tout $j \geq n + 1$, alors on est ramené à un système de Cramer, avec n équations et n inconnues, si bien qu'il existe une unique solution.
- S'il existe $j \geq n + 1$, tel que $b'_j \neq 0$, alors le système n'a pas de solution.

6.1.5 Quatrième cas : $r < n$ et $r < p$

Le système (S) équivaut à un système (S'), qui est un système échelonné de rang r, auquel on ajoute $p - r$ équations dégénérées.

$$(S')\begin{cases} a'_{1;1}x'_1 + a'_{1;2}x'_2 + \dots\dots\dots + a'_{1;n}x'_n = b'_1 \\ \qquad a'_{2;2}x'_2 + \dots\dots\dots + a'_{2;n}x'_n = b'_2 \\ \qquad\qquad \dots\dots\dots \\ \qquad\qquad a'_{r;r}x'_r + \dots + a'_{r;n}x'_n = b'_r \\ \qquad\qquad 0 = b'_{r+1} \\ \qquad\qquad \dots\dots\dots\dots \\ \qquad\qquad 0 = b'_p \end{cases}$$

Comme (S') est de rang r, on a $a'_{i;i} \neq 0$ pour $1 \leq i \leq r$.

– Si $b'_j = 0$ pour tout $j \geq r + 1$, alors on est ramené à un système de rang r, avec r équations et n inconnues. Il existe une infinité de solutions. On peut toutes les exprimer en fonction de $x'_{r+1}, x'_{r+2}, \dots, x'_n$.
– S'il existe $j \geq r + 1$, tel que $b'_j \neq 0$, alors le système n'a pas de solution.

6.2 Inversion de matrices par la méthode du pivot

Si A est une matrice carrée d'ordre n, inversible, on peut utiliser la méthode du pivot pour déterminer l'inverse de A.

On considère la matrice $M = (A \mid I_n)$ comportant n lignes et $2n$ colonnes, obtenue en juxtaposant la matrice A et la matrice I_n. On effectue les transformations élémentaires de la méthode du pivot pour obtenir à gauche la matrice I_n. On aura alors à droite une matrice B qui sera la matrice A^{-1} comme l'indique la proposition suivante.

Proposition 9.39

Si on peut effectuer une suite de transformations élémentaires sur la matrice A permettant d'obtenir la matrice I_n, alors la matrice A est inversible, et son inverse est obtenu en faisant subir à la matrice I_n la même suite de transformations élémentaires (dans le même ordre).

Autrement dit, s'il existe des matrices élémentaires $P_1, P_2, \dots, P_k$ tel que $I_n = P_k P_{k-1} \dots P_2 P_1 A$, alors A est inversible, et $A^{-1} = P_k P_{k-1} \dots P_2 P_1 I_n$.

Démonstration

Les matrices élémentaires sont inversibles, donc $B = P_k P_{k-1} \dots P_2 P_1$ est inversible.

L'égalité $I_n = P_k P_{k-1} \dots P_2 P_1 A$ s'écrit $I_n = BA$ avec B inversible. En multipliant (à gauche) par B^{-1} les deux membres de cette équation, on obtient $B^{-1} = A$, d'où A est inversible, d'inverse B : $A^{-1} = B = P_k P_{k-1} \dots P_2 P_1 = P_k P_{k-1} \dots P_2 P_1 I_n$ ■

Exemple 9.23

On écrit la matrice A et la matrice I_n côte à côte. On applique une suite de transformations élémentaires à A pour qu'elle deviens I_n ; les mêmes transformations appliquées simultanément à I_n vont donner A^{-1}.

Supposons par exemple que $A = \begin{pmatrix} 1 & -1 \\ 1 & 1 \end{pmatrix}$. On écrit A et I_2 côte à côte : $\left(\begin{array}{cc|cc} 1 & -1 & 1 & 0 \\ 1 & 1 & 0 & 1 \end{array}\right)$.

On retranche la première ligne à la deuxième, $L'_2 = L_2 - L_1$ donne : $\left(\begin{array}{cc|cc} 1 & -1 & 1 & 0 \\ 0 & 2 & -1 & 1 \end{array}\right)$

On divise la deuxième ligne par 2, c'est-à-dire $L'_2 = \frac{1}{2} L_2$: $\left(\begin{array}{cc|cc} 1 & -1 & 1 & 0 \\ 0 & 1 & -\frac{1}{2} & \frac{1}{2} \end{array}\right)$

Enfin, on ajoute la deuxième ligne à la première, $L'_1 = L_1 + L_2$: $\left(\begin{array}{cc|cc} 1 & 0 & \frac{1}{2} & \frac{1}{2} \\ 0 & 1 & -\frac{1}{2} & \frac{1}{2} \end{array}\right)$

On a obtenu I_2 à gauche, donc la matrice de droite nous indique que : $A^{-1} = \begin{pmatrix} \frac{1}{2} & \frac{1}{2} \\ -\frac{1}{2} & \frac{1}{2} \end{pmatrix}$

Les points **clés**

➔ Une matrice est un tableau comportant des nombres réels.

➔ Si on a une application linéaire f d'un espace vectoriel E dans un espace vectoriel F, pour des bases données $\mathcal{E}$ et $\mathcal{F}$ données des expaces E et F, on peut disposer les coordonnées des vecteurs $f(e_j)$ (où les e_j sont les vecteurs de $\mathcal{E}$) dans la base $\mathcal{F}$ dans une matrice. Ceci permet de traduire les opérations sur les applications linéaires en opérations sur les matrices.

➔ Si f et g sont des applications linéaires, alors :

- la matrice de $f + g$ est égale à la somme de la matrice de f et de celle de g ;
- la matrice de $g \circ f$ est égale à matrice de g multipliée par la matrice de f.

➔ Si f est bijective de E dans E, de matrice A, la matrice de f^{-1} est égale à la matrice inverse A^{-1}.

➔ Dans un espace vectoriel de dimension n, le déterminant d'une famille de n vecteurs permet de savoir si cette famille est libre ou pas :

- la famille est libre si son déterminant est différent de zéro ;
- la famille est liée si son déterminant est nul.

➔ Un système d'équations linéaires peut s'écrire sous forme matricielle. Il peut aussi s'écrire comme une équation vectorielle.

➔ Si un système de n équations linéaires à n inconnues est de rang n, on dit que c'est un système de Cramer. Il a alors une solution unique.

➔ Un système de p équations linéaires à n inconnues peut avoir une infinité de solutions, une solution unique, ou aucune solution. Pour déterminer les solutions d'un système de p équations linéaires à n inconnues on peut utiliser la méthode du pivot : il s'agit de transformer le système initial en un système équivalent échelonné.

POUR ALLER PLUS LOIN

Déterminer le rang d'une matrice ou d'une famille de vecteurs

Pour déterminer le rang d'une matrice par la méthode du pivot, il suffit d'effectuer des transformations élémentaires sur ses lignes jusqu'à ce que la matrice soit échelonnée. Le rang de la matrice initiale sera le même que celui de la matrice échelonnée obtenue par ces transformations. En effet, ces transformations sont bijectives, et on ne change pas le rang d'une matrice en la multipliant par une matrice inversible. Le rang d'une matrice échelonnée est le nombre de ses lignes non nulles, il en est de même pour une famille de vecteurs.

ÉVALUATION

Vous trouverez les corrigés détaillés de tous les exercices sur la page du livre sur le site www.dunod.com

Quiz

1 Vrai/Faux

Dites si les affirmations suivantes sont vraies ou fausses. Justifiez vos réponses.

1. On peut toujours additionner deux matrices de même type.
2. On peut toujours multiplier deux matrices de même type.
3. Un déterminant est toujours positif ou nul.
4. Une matrice carrée est inversible si et seulement si son déterminant est non nul.
5. Quand un sytème est de Cramer, il a une unique solution.

► Corrigés p. 368

Exercices

2 Sommes de matrices

La somme $A + B$ est-elle définie ? Si oui faites le calcul.

1. $A = \begin{pmatrix} 2 & 3 \\ \frac{5}{2} & 4 \end{pmatrix}$ et $B = \begin{pmatrix} \frac{9}{2} & 8 \\ -1 & 3 \end{pmatrix}$.
2. $A = \begin{pmatrix} 3 & 6 \\ 5 & -2 \end{pmatrix}$ et $B = \begin{pmatrix} 3 & 5 & 7 \\ 9 & -3 & 18 \end{pmatrix}$.
3. $A = \begin{pmatrix} 2 & 6 & \frac{11}{4} \\ \frac{9}{4} & -3 & 2 \end{pmatrix}$ et $B = \begin{pmatrix} -5 & 7 & 4 \\ \frac{13}{4} & -4 & 3 \end{pmatrix}$.

► Corrigés p. 368

3 Produits de matrices

Le produit $B \times A$ est-il défini ? Et le produit $A \times B$? Si oui faites le calcul.

1. $A = \begin{pmatrix} 2 & 6 \\ -3 & 5 \end{pmatrix}$ et $B = \begin{pmatrix} -2 & 4 \\ 5 & 8 \end{pmatrix}$.
2. $A = \begin{pmatrix} 4 & 2 & 8 \\ 11 & 3 & -7 \end{pmatrix}$ et $B = \begin{pmatrix} 3 & 7 \\ -4 & 5 \\ 1 & 2 \end{pmatrix}$.
3. $A = \begin{pmatrix} 0 & 3 & 2 \\ 4 & 5 & 1 \\ 8 & 3 & 5 \\ -2 & 4 & -3 \end{pmatrix}$

   et $B = \begin{pmatrix} 4 & 6 & 2 & 7 \\ 5 & -2 & 3 & 8 \end{pmatrix}$.
4. $A = \begin{pmatrix} 2 & 4 & 1 & 0 \\ -7 & 3 & \frac{5}{2} & 2 \end{pmatrix}$

   et $B = \begin{pmatrix} 3 & 5 & 9 \\ 2 & -3 & 8 \\ \frac{11}{2} & 5 & 3 \end{pmatrix}$.

► Corrigés p. 368

4 Calculs de déterminants

Calculer les déterminants suivants. Qu'en concluez-vous sur la matrice correspondante ?

1. $D = \begin{vmatrix} 2 & 3 \\ -1 & 5 \end{vmatrix}$.
2. $D = \begin{vmatrix} \frac{11}{2} & 4 \\ \frac{17}{2} & 3 \end{vmatrix}$.
3. $D = \begin{vmatrix} 4 & 12 \\ 3 & 9 \end{vmatrix}$.
4. $D = \begin{vmatrix} 3 & 2 & 6 \\ 2 & 7 & 1 \\ 4 & -1 & 2 \end{vmatrix}$.

5. $D = \begin{vmatrix} 2 & 3 & 5 \\ 1 & 4 & 7 \\ 5 & 3 & 2 \end{vmatrix}$.

6. $D = \begin{vmatrix} 2 & 1 & 3 \\ 1 & -1 & 4 \\ 4 & 2 & 6 \end{vmatrix}$.

7. $D = \begin{vmatrix} 4 & 2 & 1 & 1 \\ 3 & 5 & 1 & 1 \\ 3 & 3 & -1 & 1 \\ 2 & 2 & 1 & 1 \end{vmatrix}$.

8. $D = \begin{vmatrix} 1 & 1 & 1 \\ a & b & c \\ a^2 & b^2 & c^2 \end{vmatrix}$.

5 Inverse d'une matrice

Calculer l'inverse des matrices suivantes de deux façons différentes :

– à l'aide de la transposée de la matrice des cofacteurs ;

– avec la méthode du pivot.

1. $A = \begin{pmatrix} 2 & 1 \\ 3 & 4 \end{pmatrix}$.

2. $A = \begin{pmatrix} 2 & 5 \\ 3 & 6 \end{pmatrix}$.

3. $A = \begin{pmatrix} 1 & 1 & 1 \\ 1 & 2 & -1 \\ 1 & 3 & 2 \end{pmatrix}$.

6 Rang d'une matrice

Calculer le rang des matrices suivantes de deux façons différentes :

– à l'aide des déterminants extraits ;

– avec la méthode du pivot.

$$\begin{pmatrix} 1 & 2 & 3 & 4 \\ 2 & 4 & 7 & 10 \\ -1 & 2 & 1 & 4 \end{pmatrix} \quad \text{et} \quad \begin{pmatrix} 1 & 2 & 4 \\ 3 & 4 & 10 \\ 5 & 7 & 17 \end{pmatrix}$$

7 Nombre de solutions

Les systèmes suivants ont-ils :

– une solution unique ?

– une infinité de solutions ?

– pas de solution ?

1. $\begin{cases} 2x + 7y = 11 \\ -x + 3y = 12 \end{cases}$

2. $\begin{cases} 5x - 4y = 12 \\ -10x + 8y = 15 \end{cases}$

3. $\begin{cases} 5x - 4y = 12 \\ -10x + 8y = -24 \end{cases}$

4. $\begin{cases} 3x + 7y - z = 7 \\ -x + 2y + z = 5 \\ -x + 8y - z = 2 \end{cases}$

5. $\begin{cases} 2x_1 + x_2 - 4x_3 = 2 \\ -2x_1 + 3x_2 - x_3 = 5 \\ x_1 + 2x_2 - 2x_3 = 6 \end{cases}$

6. $\begin{cases} x_1 + 3x_2 - 2x_3 = 3 \\ -x_1 + 2x_2 + x_3 = 4 \\ x_1 + 2x_2 - 3x_3 = 7 \end{cases}$

8 Résolution d'un système

Trouver les solutions des systèmes suivants :

1. $\begin{cases} 3x - y = 3 \\ -2x + y = -1 \end{cases}$

2. $\begin{cases} x - 2y + z = 0 \\ 2y - 8z = 8 \\ -4x + 5y + 9z = -9 \end{cases}$

Chapitre 10

Il y a deux pâtisseries dans une petite ville : la première est installée depuis longtemps et possède 80 % de la clientèle totale, la seconde est plus récente et n'a pour le moment que 20 % de la clientèle. Chaque mois, un client sur dix de la première pâtisserie décide de changer et de faire ses achats dans la seconde, alors que neuf sur dix préfèrent rester. Il en est de même pour la clientèle de la deuxième pâtisserie : un client sur dix part chaque mois, et neuf sur dix restent. Quelle sera la répartition de la clientèle dans un an ? Dans deux ans ? Et à plus long terme ?

En économie comme en gestion, on étudie l'évolution de variables qui interagissent les unes avec les autres, comme dans cet exemple. Si l'influence des variables les unes sur les autres se fait de façon linéaire (c'est le cas le plus simple), on peut représenter les changements d'une période à la suivante à l'aide d'une matrice. Prévoir ce qui se passera à long terme nécessite de multiplier cette matrice par elle-même un grand nombre de fois. Les calculs sont compliqués sauf si la matrice est diagonale. Quand on peut à l'aide d'un changement de base se ramener au cas d'une matrice diagonale, on dit que la matrice est diagonalisable. Il est facile alors de déterminer l'évolution à long terme. Les matrices symétriques sont des matrices diagonalisables qui ont des applications importantes en optimisation.

LES GRANDS AUTEURS

Carl Friedrich Gauss (1777-1855)

Carl Friedrich Gauss est un mathématicien et physicien allemand, surnommé le prince des mathématiciens car il a renouvelé les mathématiques dans presque tous les domaines. Issu d'un milieu modeste, il montre très jeune de grandes aptitudes mathématiques. On dit qu'un jour, à l'école, son maître demande aux enfants de faire la somme des nombres de 1 à 100. Alors que ses camarades font laborieusement des dizaines d'additions, Gauss trouve immédiatement la réponse en ayant l'intuition de la formule de la somme d'une suite arithmétique.

Gauss invente la méthode des moindres carrés, travaille en géométrie et en théorie des nombres. Il démontre dans sa thèse le théorème fondamental de l'algèbre sur le nombre de racines d'une équation polynomiale. En probabilités, il conçoit la loi de distribution continue ayant la forme d'une courbe en cloche, qui est appelée loi normale ou gaussienne. Il prédit le retour de l'astéroïde Cérès en utilisant sa méthode des moindres carrés. Il est alors nommé directeur de l'Observatoire astronomique de Göttingen. En algèbre linéaire, la méthode du pivot de Gauss permet de déterminer les solutions d'un système d'équations linéaires, ou d'inverser une matrice. Gauss apporte aussi des contributions en électromagnétisme, étudie les formes quadratiques et démontre la loi de réciprocité quadratique. ■

Diagonalisation, matrices symétriques et applications

Plan

Objectifs

→ **Calculer** les valeurs propres et vecteurs propres d'une matrice carrée.

→ **Diagonaliser** un endomorphisme ou une matrice carrée quand c'est possible.

→ **Appliquer** la diagonalisation aux systèmes dynamiques récurrents linéaires.

→ **Diagonaliser** une matrice symétrique dans une base orthonormée.

→ **Déterminer** le signe d'une forme quadratique.

1 Diagonalisation

Les applications linéaires d'un espace vectoriel E dans lui-même sont une façon de généraliser les fonctions linéaires de $\mathbb{R}$ dans $\mathbb{R}$. Si f est une fonction linéaire de $\mathbb{R}$ dans $\mathbb{R}$, alors il existe $a \in \mathbb{R}$ tel que $f(x) = ax$ pour tout $x \in \mathbb{R}$. On peut dire qu'il s'agit d'une dilatation (si $|a| > 1$) ou d'une contraction (si $|a| < 1$). Par exemple, l'application linéaire définie sur $\mathbb{R}$ par $f(x) = 2x$ consiste à dilater $\mathbb{R}$ en multipliant les distances par 2.

Pour les applications linéaires définies sur un espace vectoriel E de dimension n, peut-on dire des choses similaires ? Si une application linéaire de E dans E a la propriété de dilater (ou de contracter) les vecteurs qui ont une direction donnée, on dit que ces vecteurs sont des « vecteurs propres » de f. Le coefficient de dilatation (ou de contraction) est appelé « valeur propre ». Un vecteur de E qui n'est pas un vecteur propre est transformé par f en un vecteur qui n'a pas la même direction que lui. Quand il existe une base de E formée de vecteurs propres, alors cela signifie que la matrice de f est diagonale dans cette base, c'est pourquoi une telle application linéaire est dite diagonalisable.

Dans toute cette partie, E est un espace vectoriel de dimension n.

Définition 10.1

Considérons[1] $f \in \mathcal{L}(E)$, et $x \in E$, avec $x \neq 0$.
On dit que x est un **vecteur propre** de f s'il existe $\lambda \in \mathbb{R}$ tel que $f(x) = \lambda x$.
On dit alors que λ est une **valeur propre** de f, et que le **vecteur propre** x est **associé** à la valeur propre λ.

Exemple 10.1

Considérons f de $\mathbb{R}^2$ dans $\mathbb{R}^2$, telle que $f(x_1; x_2) = (3x_1 + x_2; 2x_2)$.

On remarque que $f(1;0) = (3;0) = 3 \cdot (1;0)$ donc $x = (1;0)$ est un vecteur propre de f, associé à la valeur propre 3.

Par contre $f(1;1) = (4;2)$ ne s'écrit pas sous la forme $\lambda \cdot (1;1)$ donc le vecteur $(1;1)$ n'est pas un vecteur propre de f.

Proposition 10.1

Si λ est une valeur propre de f, l'ensemble $E_\lambda = \{x \in E\,;\, f(x) = \lambda x\}$ est un sous-espace vectoriel de E. C'est l'ensemble des vecteurs propres associés à la valeur propre λ, auquel on ajoute le vecteur nul. On appelle E_λ le **sous-espace propre** associé à la valeur propre λ de f.

Démonstration

Montrons que E_λ est un sous-espace vectoriel.

Si $x, y \in E_\lambda$, alors $f(x+y) = f(x) + f(y) = \lambda \cdot x + \lambda \cdot y = \lambda \cdot (x+y)$, d'où $x + y \in E_\lambda$.

De plus, si $\mu \in \mathbb{R}$, alors $f(\mu \cdot x) = \mu \cdot f(x) = \mu \cdot (\lambda \cdot x) = \lambda(\mu \cdot x)$, d'où $\mu \cdot x \in E_\lambda$.

E_λ est donc bien un sous-espace vectoriel. ■

1 Rappelons que $\mathcal{L}(E)$ désigne l'ensemble des endomorphismes de E, c'est-à-dire l'ensemble des applications linéaires de E dans E.

Définition 10.2

Soit $f \in \mathcal{L}(E)$. On dit que f est **diagonalisable** s'il existe une base de E dans laquelle la matrice de f est diagonale.

Proposition 10.2

f est diagonalisable si et seulement si E possède une base formée de vecteurs propres de f.

Démonstration

– Supposons que f est diagonalisable. Il existe une base $\mathcal{E} = \{e_1,\ldots,e_n\}$ de E, telle que la matrice de f dans la base $\mathcal{E}$ soit diagonale, c.à.d. $Mat(f,\mathcal{E}) = \begin{pmatrix} \lambda_1 & 0 & 0 \\ 0 & \ldots & 0 \\ 0 & 0 & \lambda_n \end{pmatrix}$, où les $\lambda_i \in \mathbb{R}$.

  On a donc $f(e_i) = \lambda_i e_i$ pour tout i, ce qui signifie que e_i est un vecteur propre de f, associé à la valeur propre λ_i. La base $\mathcal{E}$ est donc formée de vecteurs propres.

– Réciproquement, supposons que E possède une base $\mathcal{E} = \{e_1,\ldots,e_n\}$ formée de vecteurs propres de f. Pour tout i, on a e_i vecteur propre de f, donc il existe $\lambda_i \in \mathbb{R}$ tel que $f(e_i) = \lambda_i e_i$. La matrice de f dans cette base est alors $\begin{pmatrix} \lambda_1 & 0 & 0 \\ 0 & \ldots & 0 \\ 0 & 0 & \lambda_n \end{pmatrix}$.

  L'application linéaire f est donc diagonalisable. ■

Quand f est diagonalisable, les calculs relatifs à f sont plus simples dans une base formée de vecteurs propres.

Soit A la matrice de f relative à une base $\mathcal{E}$, et $x \in E$. Si X est le vecteur-colonne des coordonnées de x dans la base $\mathcal{E}$, et $\lambda \in \mathbb{R}$, on a[2] :

$$f(x) = \lambda \cdot x \Leftrightarrow AX = \lambda \cdot X$$

C'est pourquoi on peut aussi parler de valeur propre et de vecteur propre de la matrice A.

Définition 10.3

On dit que la matrice A est **diagonalisable** si elle est semblable à une matrice diagonale. Autrement dit, A est diagonalisable si et seulement si il existe une matrice diagonale D et une matrice de passage P, tel que $D = P^{-1}AP$.

On va pouvoir parler indifféremment de diagonalisation de l'endomorphisme f ou de sa matrice A, en raison de la proposition suivante.

2 Écriture matricielle de $y = f(x)$, ▸ chapitre 8, paragraphe 1.3.

Proposition 10.3

Soit A la matrice de f dans une base $\mathcal{B}$.

- La matrice A est diagonalisable si et seulement si f est diagonalisable.
- Si A est diagonalisable, $D = P^{-1}AP$ où D est diagonale et P est la matrice de passage de $\mathcal{B}$ à une base $\mathcal{E}$ formée de vecteurs propres.

Démonstration

Cela résulte de l'effet d'un changement de base sur la matrice d'un endomorphisme (► Corollaire du paragraphe 1.5, chapitre 9). ■

Comment trouver les vecteurs propres et valeurs propres ?

λ est une valeur propre de f si et seulement si il existe $x \neq 0$ tel que $f(x) = \lambda x$, donc si et seulement si il existe $x \neq 0$ tel que $g(x) = 0$, où g est définie par $g(x) = f(x) - \lambda x$, qu'on peut écrire $g = f - \lambda Id$.

g est une application linéaire, donc il existe $x \neq 0$ tel que $g(x) = 0$ si et seulement si $Ker(g) \neq \{0\}$, ce qui revient à dire que g n'est pas bijective, c'est-à-dire que le déterminant de g est nul.

Trouver les valeurs propres de f revient donc à trouver les $\lambda \in \mathbb{R}$ tels que $\det(f - \lambda Id) = 0$.

Posons $P(\lambda) = \det(f - \lambda Id)$. Alors P est un polynôme de degré n en la variable λ.

Si f a pour matrice $A = (a_{i;j})_{\substack{1\leq i\leq n\\ 1\leq j\leq n}}$ dans une base donnée de E, alors :

$$\det(f - \lambda Id) = \det(A - \lambda I_n) = \begin{vmatrix} a_{1;1} - \lambda & a_{1;i} & \ldots & a_{1;n} \\ a_{i;1} & \ldots\ a_{i;i} - \lambda & & \\ a_{n;1} & a_{n;i} & \ldots & a_{n;n} - \lambda \end{vmatrix}$$

Définition 10.4

Soit f un endomorphisme de E, et A sa matrice dans une base donnée.
Le polynôme $P(\lambda) = \det(f - \lambda Id)$ est appelé **polynôme caractéristique** de l'endomorphisme f. On dit aussi que P est le polynôme caractéristique de la matrice A, et on a $P(\lambda) = \det(A - \lambda I_n)$.

Proposition 10.4

Les racines du polynôme caractéristique sont les valeurs propres de f.

Démonstration

On a successivement les équivalences :

$$P(\lambda) = 0 \Leftrightarrow \det(f - \lambda Id) = 0$$
$$P(\lambda) = 0 \Leftrightarrow f - \lambda Id \text{ n'est pas bijective}$$
$$P(\lambda) = 0 \Leftrightarrow Ker(f - \lambda Id) \neq \{0\}$$
$$P(\lambda) = 0 \Leftrightarrow \exists x \neq 0,\ (f - \lambda Id)(x) = 0$$
$$P(\lambda) = 0 \Leftrightarrow \exists x \neq 0,\ f(x) = \lambda x$$
$$P(\lambda) = 0 \Leftrightarrow \lambda \text{ valeur propre de } f$$

■

Exemple 10.2

Soit $A = \begin{pmatrix} 1 & 2 \\ 3 & 2 \end{pmatrix}$.

Son polynôme caractéristique est

$$P_A(\lambda) = \begin{vmatrix} 1-\lambda & 2 \\ 3 & 2-\lambda \end{vmatrix} = (1-\lambda)(2-\lambda) - 6$$
$$P_A(\lambda) = \lambda^2 - 3\lambda + 2 - 6 = \lambda^2 - 3\lambda - 4$$

Le discriminant est $\Delta = 9 + 16 = 25$. Les racines du polynôme caractéristiques sont :

$$\lambda_1 = \frac{1}{2}(3 - \sqrt{25}) = \frac{1}{2}(3-5) = -1 \text{ et } \lambda_2 = \frac{1}{2}(3 + \sqrt{25}) = \frac{1}{2}(3+5) = 4$$

La matrice A a donc pour valeurs propres $\lambda_1 = -1$ et $\lambda_2 = 4$.

Quand on a déterminé les valeurs propres de f, on cherche pour chaque valeur propre λ les vecteurs propres associés en résolvant l'équation $f(x) = \lambda x$.

Il s'agit donc de déterminer le sous-espace propre E_λ associé à chaque valeur propre λ.

Proposition 10.5

Si u_1, ..., u_k sont des vecteurs propres associés à des valeurs propres λ_1, ..., λ_k distinctes d'un même endomorphisme f, alors la famille $(u_1; \ldots; u_k)$ est libre.

POUR ALLER PLUS LOIN
- Démonstration *sur* www.dunod.com

Proposition 10.6

Condition suffisante de diagonalisation

Dans un espace vectoriel de dimension n, si le polynôme caractéristique de l'endomorphisme f admet n racines distinctes, alors f est diagonalisable.

Démonstration

Si P admet n racines distinctes, alors f admet n valeurs propres distinctes λ_1, ..., λ_n. Les λ_i sont des valeurs propres donc il existe des vecteurs propres u_1, ..., u_n non nuls associés, c'est-à-dire tels que $f(u_i) = \lambda_i u_i$ pour tout i.

D'après la proposition 10.2, pour montrer que f est diagonalisable, il suffit de montrer que $(u_1; \ldots; u_n)$ forme une base. Une famille de n vecteurs de l'espace vectoriel E de dimension n est une base si et seulement si cette famille est libre. Il suffit donc de montrer que $(u_1; \ldots; u_n)$ est une famille libre. C'est vrai d'après la proposition 10.5. ■

Remarquons que la réciproque est fausse. Un endomorphisme f peut être diagonalisable sans que son polynôme caractéristique ait n racines distinctes.

Par exemple $f = Id$ est diagonalisable, mais sa seule valeur propre est 1, son polynôme caractéristique est donné par $P(\lambda) = (1 - \lambda)^n$.

Nous admettrons sans démonstration la proposition suivante, qui donne une condition nécessaire et suffisante pour qu'un endomorphisme soit diagonalisable.

Proposition 10.7

Condition nécessaire et suffisante de diagonalisation

On suppose que f est un endomorphisme d'un espace vectoriel E de dimension n. Notons $\lambda_1, ..., \lambda_k$ les valeurs propres de f, et $E_{\lambda_1}, ..., E_{\lambda_k}$ les sous-espaces propres associés. Pour tout i, notons d_i la dimension de E_{λ_i}. Alors on a $\sum_{i=1}^{k} d_i \leq n$, et :

$$f \text{ est diagonalisable} \Leftrightarrow \sum_{i=1}^{k} d_i = n$$

EN PRATIQUE

Étapes à suivre pour diagonaliser un endomorphisme ou une matrice

- **Chercher les valeurs propres**

Il faut résoudre l'équation $P(\lambda) = 0$, où P est le polynôme caractéristique de f, c'est-à-dire $P(\lambda) = \det(f - \lambda Id)$.

On note $\lambda_1, \lambda_2, ..., \lambda_k$ les racines de P. Ce sont les valeurs propres de f.

- **Déterminer les sous-espaces propres**

Il s'agit, pour chaque valeur propre λ_i, de déterminer le sous-espace propre E_{λ_i}, c'est-à-dire trouver les vecteurs u tels que $f(x) = \lambda_i u$.

Puis rechercher une base de chaque sous-espace propre E_{λ_i}. Elle sera de la forme $\mathcal{E}_i = (u_{i;1}, \dots, u_{i,d_i})$, où d_i est la dimension de E_{λ_i}.

- **L'endomorphisme est diagonalisable si et seulement si :**

$$\sum_{i=1}^{k} d_i = n.$$

Dans ce cas, la famille $\mathcal{E}$ obtenue en réunissant toutes les $\mathcal{E}_i$ est une base de E, c'est-à-dire $\mathcal{E} = (u_{1;1}, \dots, u_{1,d_1}, u_{2;1}, \dots, u_{2,d_2}, \dots, u_{k;1}, \dots, u_{k,d_k})$.

La matrice dans cette nouvelle base est une matrice diagonale D. Sur sa diagonale, il y a (dans cet ordre) : d_1 fois la valeur λ_1, puis d_2 fois la valeur λ_2, ..., et d_k fois la valeur λ_k.

On a $D = P^{-1}AP$, où P est la matrice de passage de la base initiale à la base formée de vecteurs propres.

Exemple 10.3

Considérons f de matrice $A = \begin{pmatrix} 1 & 2 \\ 5 & 4 \end{pmatrix}$ dans une base $\mathcal{B}$. Peut-on diagonaliser f ?

1. Le polynôme caractéristique est :

$$P(\lambda) = \det(A - \lambda I) = \begin{vmatrix} 1-\lambda & 2 \\ 5 & 4-\lambda \end{vmatrix}$$
$$= (1-\lambda)(4-\lambda) - 10 = \lambda^2 - 5\lambda + 4 - 10 = \lambda^2 - 5\lambda - 6$$

Le discriminant est $\Delta = 25 + 24 = 49$, les racines sont donc $\lambda = \frac{1}{2}(5 \pm 7) = 6$ et -1.

Il y a deux valeurs propres distinctes $\lambda_1 = -1$ et $\lambda_2 = 6$ dans un espace vectoriel de dimension $n = 2$, donc f est diagonalisable (▸ proposition 10.6).

2. Cherchons les vecteurs propres.

– Le vecteur $u = \begin{pmatrix} x_1 \\ x_2 \end{pmatrix}$ est un vecteur propre associé à la valeur propre -1 si et seulement si $A\begin{pmatrix} x_1 \\ x_2 \end{pmatrix} = \begin{pmatrix} -x_1 \\ -x_2 \end{pmatrix}$.

c'est-à-dire : $\begin{cases} x_1 + 2x_2 = -x_1 \\ 5x_1 + 4x_2 = -x_2 \end{cases}$ que l'on peut écrire $\begin{cases} 2x_1 + 2x_2 = 0 \\ 5x_1 + 5x_2 = 0 \end{cases}$

D'où finalement $E_{-1} = \{u = (x_1; x_2);\ x_1 + x_2 = 0\}$, de base $u_1 = \begin{pmatrix} 1 \\ -1 \end{pmatrix}$.

– Le vecteur $u = \begin{pmatrix} x_1 \\ x_2 \end{pmatrix}$ est un vecteur propre associé à la valeur propre 6 si et seulement si $A\begin{pmatrix} x_1 \\ x_2 \end{pmatrix} = \begin{pmatrix} 6x_1 \\ 6x_2 \end{pmatrix}$

c'est-à-dire : $\begin{cases} x_1 + 2x_2 = 6x_1 \\ 5x_1 + 4x_2 = 6x_2 \end{cases}$ que l'on peut écrire $\begin{cases} 2x_2 = 5x_1 \\ 5x_1 = 2x_2 \end{cases}$

D'où finalement $E_6 = \{u = (x_1; x_2);\ x_2 = \frac{5}{2}x_1\}$, de base $u_2 = \begin{pmatrix} 1 \\ 5/2 \end{pmatrix}$.

3. L'endomorphisme f est diagonalisable, de matrice $\begin{pmatrix} -1 & 0 \\ 0 & 6 \end{pmatrix}$ dans la base $(u_1; u_2)$.

Exemple 10.4

Soit $A = \begin{pmatrix} 1 & 1 & 1 \\ 1 & 1 & 1 \\ 1 & 1 & 1 \end{pmatrix}$. Cette matrice est-elle diagonalisable ?

1. Le polynôme caractéristique de A est :

$$P(\lambda) = \begin{vmatrix} 1-\lambda & 1 & 1 \\ 1 & 1-\lambda & 1 \\ 1 & 1 & 1-\lambda \end{vmatrix}$$

Développons suivant la première colonne :

$$\begin{aligned}
P(\lambda) &= (1-\lambda)\begin{vmatrix} 1-\lambda & 1 \\ 1 & 1-\lambda \end{vmatrix} - \begin{vmatrix} 1 & 1 \\ 1 & 1-\lambda \end{vmatrix} + \begin{vmatrix} 1 & 1 \\ 1-\lambda & 1 \end{vmatrix} \\
&= (1-\lambda)\left[(1-\lambda)^2 - 1\right] - [1-\lambda-1] + [1-(1-\lambda)] \\
&= (1-\lambda)^3 - (1-\lambda) + \lambda + \lambda \\
&= (1-\lambda)^3 - 1 + 3\lambda \\
&= 1 - 3\lambda + 3\lambda^2 - \lambda^3 - 1 + 3\lambda \\
&= -\lambda^3 + 3\lambda^2 = \lambda^2(3-\lambda) \text{ de racines } \lambda_1 = 0 \text{ et } \lambda_2 = 3.
\end{aligned}$$

Les valeurs propres de A sont donc $\lambda_1 = 0$ et $\lambda_2 = 3$.

2. Cherchons les vecteurs propres.

– Le vecteur $u = \begin{pmatrix} x_1 \\ x_2 \\ x_3 \end{pmatrix}$ est un vecteur propre associé à la valeur propre 0 si et seulement si $A\begin{pmatrix} x_1 \\ x_2 \\ x_3 \end{pmatrix} = 0$.

C'est-à-dire si et seulement si $\begin{cases} x_1 + x_2 + x_3 = 0 \\ x_1 + x_2 + x_3 = 0 \\ x_1 + x_2 + x_3 = 0 \end{cases}$

D'où $E_0 = \{(x_1; x_2; x_3);\ x_1 + x_2 + x_3 = 0\}$, de base (u_1, u_2), où par exemple :

$$u_1 = \begin{pmatrix} 1 \\ -1 \\ 0 \end{pmatrix} \text{ et } u_2 = \begin{pmatrix} 1 \\ 0 \\ -1 \end{pmatrix}$$

– Le vecteur $u = \begin{pmatrix} x_1 \\ x_2 \\ x_3 \end{pmatrix}$ est un vecteur propre associé à la valeur propre 3 si et seulement si

$$A\begin{pmatrix} x_1 \\ x_2 \\ x_3 \end{pmatrix} = 3\begin{pmatrix} x_1 \\ x_2 \\ x_3 \end{pmatrix}$$

c'est-à-dire : $\begin{cases} x_1 + x_2 + x_3 = 3x_1 \\ x_1 + x_2 + x_3 = 3x_2 \\ x_1 + x_2 + x_3 = 3x_3 \end{cases}$ que l'on peut écrire $\begin{cases} -2x_1 + x_2 + x_3 = 0 \\ x_1 - 2x_2 + x_3 = 0 \\ x_1 + x_2 - 2x_3 = 0 \end{cases}$

Si on additionne les deux premières équations, on trouve l'opposé de la troisième, donc :

$$E_3 = \{(x_1; x_2; x_3);\ -2x_1 + x_2 + x_3 = 0 \text{ et } x_1 - 2x_2 + x_3 = 0\}$$

E_3 est de dimension 1, et $x_1 = x_2 = x_3 = 1$ est solution,

donc $u_3 = \begin{pmatrix} 1 \\ 1 \\ 1 \end{pmatrix}$ est une base de E_3.

– $\dim E_0 + \dim E_3 = 2 + 1 = 3$, donc A est diagonalisable, semblable à la matrice diagonale :

$$D = \begin{pmatrix} 0 & 0 & 0 \\ 0 & 0 & 0 \\ 0 & 0 & 3 \end{pmatrix}$$

La famille (u_1, u_2, u_3) est une base formée de vecteurs propres.

2 Application aux systèmes dynamiques récurrents

On s'intéresse ici aux modèles dynamiques (c'est-à-dire dépendant du temps) faisant intervenir plusieurs variables économiques en même temps, et qui souvent interagissent.

On n'aura pas simplement une équation de récurrence faisant intervenir une seule variable comme au chapitre 3, mais un système de plusieurs équations récurrentes. On suppose donc ici qu'on a n variables économiques dépendant du temps, notées $x_1(t)$, $x_2(t)$, ..., $x_n(t)$.

On pose $X(t) = \begin{pmatrix} x_1(t) \\ \dots \\ x_n(t) \end{pmatrix}$ le vecteur-colonne des x_i à la période t.

On suppose que ces n variables à la période $t+1$ dépendent linéairement des mêmes n variables à la période t, avec interaction possible :

$$\begin{cases} x_1(t+1) = a_{1;1}x_1(t) + \dots + a_{1;n}x_n(t) \\ x_2(t+1) = a_{2;1}x_1(t) + \dots + a_{2;n}x_n(t) \\ \dots \\ x_1(t+1) = a_{n;1}x_1(t) + \dots + a_{n;n}x_n(t) \end{cases}$$

qu'on écrit sous forme matricielle :

$$(S\,D) \qquad X(t+1) = AX(t), \qquad \forall t \in \mathbb{N}$$

où $A = (a_{i;j})_{1\leq i,j\leq n}$.

Dans le cas d'une seule équation, on a vu au chapitre 3 que $x_{t+1} = ax_t$ donne :

$$x_t = ax_{t-1} = a^2x_{t-2} = \dots = a^t x_0, \text{ c-à-d } x_t = a^t x_0 \text{ pour tout } t \in \mathbb{N}.$$

Ici on a :

$X(t) = AX(t-1) = A[AX(t-2)] = A^2X(t-2) = \dots = A^tX(0)$

Donc la solution de $(S\,D)$ est :

$$X(t) = A^tX(0), \qquad \forall t \in \mathbb{N}$$

Le vecteur $X(0)$ donne la situation initiale de l'économie (à la période 0). On dit aussi que $X(0)$ est la condition initiale.

Pour obtenir $X(t)$ explicitement en fonction de $X(0)$, il faut calculer A^t.

- Si A est une matrice diagonale, $A = \begin{pmatrix} \lambda_1 & 0 & 0 \\ 0 & \dots & 0 \\ 0 & 0 & \lambda_n \end{pmatrix}$, alors $A^t = \begin{pmatrix} \lambda_1^t & 0 & 0 \\ 0 & \dots & 0 \\ 0 & 0 & \lambda_n^t \end{pmatrix}$. Donc $X(t) = \begin{pmatrix} \lambda_1^t & 0 & 0 \\ 0 & \dots & 0 \\ 0 & 0 & \lambda_n^t \end{pmatrix} \begin{pmatrix} x_1(0) \\ \dots \\ x_n(0) \end{pmatrix} = \begin{pmatrix} \lambda_1^t x_1(0) \\ \dots \\ \lambda_n^t x_n(0) \end{pmatrix}$

  c'est-à-dire :

$$\begin{cases} x_1(t) = \lambda_1^t x_1(0) \\ \dots \\ x_n(t) = \lambda_n^t x_n(0) \end{cases}$$

Si A est diagonale, il est donc très facile de calculer A^t pour tout $t \in \mathbb{N}$. En fait, dans ce cas, on a en réalité affaire à un système de n équations indépendantes, chacune à une inconnue. Cela signifie qu'il n'y a aucune interaction entre les variables.

- Supposons maintenant que la matrice A n'est pas diagonale mais qu'elle est **diagonalisable**.

  $X(t) = A^t X(0)$, avec A diagonalisable.

  Il existe donc une matrice diagonale D, et une matrice de passage P, telles que $D = P^{-1}AP$ (► proposition 10.3). Cela implique $A = PDP^{-1}$. On a alors :

$$A^2 = \left(PDP^{-1}\right) \cdot \left(PDP^{-1}\right) = PDDP^{-1} = PD^2P^{-1}$$

De même, pour $t \in \mathbb{N}^*$:

$$A^t = \left(PDP^{-1}\right) \cdot \left(PDP^{-1}\right) \ldots \left(PDP^{-1}\right) = PD^tP^{-1}$$

Donc :

$$X(t) = A^t X(0) = PD^tP^{-1}X(0),$$

où

$$D^t = \begin{pmatrix} \lambda_1^t & 0 & 0 \\ 0 & \ldots & 0 \\ 0 & 0 & \lambda_n^t \end{pmatrix}.$$

Ceci conduit à la proposition suivante.

Proposition 10.8

Si A est diagonalisable, le système dynamique (SD) a pour solution :

$$X(t) = PD^tP^{-1}X(0) \text{ pour tout } t \in \mathbb{N}$$

Ici P est la matrice de passage de $\mathcal{B}$ à $\mathcal{E}$, où $\mathcal{B}$ est la base canonique de $\mathbb{R}^n$, et $\mathcal{E}$ est une base formée de vecteurs propres $(u_1,\ldots,u_n)$. La matrice D est diagonale, d'éléments diagonaux les valeurs propres $\lambda_1, \ldots, \lambda_n$.

Si A est diagonalisable, plutôt que d'utiliser la formule de la proposition 10.8, on peut changer de variables pour que le système dynamique soit ramené au cas où la matrice est diagonale, comme le montre la proposition suivante.

Proposition 10.9

Supposons que A est diagonalisable, et que $D = P^{-1}AP$ où D est diagonale, et P est la matrice de passage. Posons $Y(t) = P^{-1}X(t)$ pour tout $t \in \mathbb{N}$.

$Y(t)$ est le vecteur-colonne des coordonnées de $X(t)$ dans la base formée des vecteurs propres $(u_1,\ldots u_n)$. Avec la variable $Y(t)$, le système dynamique (SD) devient :

$$Y(t+1) = DY(t) \text{ pour tout } t \in \mathbb{N}$$

Ce qui donne :

$$Y(t) = D^tY(0) \text{ pour tout } t \in \mathbb{N}$$

Démonstration

En appliquant la proposition 9.8, on obtient directement $X(t) = PY(t)$ et $Y(t) = P^{-1}X(t)$.

On a alors $Y(t+1) = P^{-1}X(t+1) = P^{-1}AX(t) = P^{-1}APY(t) = DY(t)$ car $D = P^{-1}AP$.

On a donc bien $Y(t+1) = DY(t)$ pour tout t.

Cela donne $Y(t) = DY(t-1) = D^2Y(t-2) = \ldots = D^tY(0)$. ■

Quand on étudie l'évolution de $X(t)$ quand le temps t varie, on souhaite naturellement connaitre la limite de $X(t)$ pour $t \to +\infty$ (si cette limite existe).

On sait que $\lim\limits_{t\to\infty} \lambda_i^t = 0$ si $|\lambda_i| < 1$. Cela conduit à la proposition suivante.

Proposition 10.10

Si A est diagonalisable, et que ses valeurs propres λ_i sont toutes de valeurs absolues strictement inférieures à 1, alors $\lim\limits_{t\to\infty} X(t) = 0$.

Démonstration

D'après la proposition 10.8, on a $X(t) = PD^tP^{-1}X(0)$ pour tout $t \in \mathbb{N}$.

$D^t = \begin{pmatrix} \lambda_1^t & 0 & 0 \\ 0 & \ldots & 0 \\ 0 & 0 & \lambda_n^t \end{pmatrix}$ et pour tout i on a $\lim\limits_{t\to\infty} \lambda_i^t = 0$ car $|\lambda_i| < 1$,

donc $\lim\limits_{t\to\infty} D^t = \begin{pmatrix} 0 & 0 & 0 \\ 0 & \ldots & 0 \\ 0 & 0 & 0 \end{pmatrix}$ = la matrice entièrement nulle.

D'où $\lim\limits_{t\to\infty} X(t) = \lim\limits_{t\to\infty} PD^tP^{-1}X(0) = 0$. ■

Exemple 10.5

On considère le système récurrent $X(t+1) = \begin{pmatrix} 1 & \frac{1}{4} \\ -\frac{1}{2} & \frac{1}{4} \end{pmatrix} X(t)$.

1. Cherchons les valeurs propres de la matrice $A = \begin{pmatrix} 1 & \frac{1}{4} \\ -\frac{1}{2} & \frac{1}{4} \end{pmatrix}$.

   Le polynôme caractéristique de A est

$$P_A(\lambda) = \begin{vmatrix} 1-\lambda & \frac{1}{4} \\ -\frac{1}{2} & \frac{1}{4}-\lambda \end{vmatrix}$$

$$= \lambda^2 - \frac{5}{4}\lambda + \frac{1}{4} + \frac{1}{8} = \lambda^2 - \frac{5}{4}\lambda + \frac{3}{8}.$$

   Le discriminant est $\Delta = \frac{25}{16} - \frac{12}{8} = \frac{25-24}{16} = \frac{1}{16}$.

   Les racines du polynôme caractéristique sont donc :

$$\lambda_1 = \frac{1}{2}\left(\frac{5}{4} + \frac{1}{4}\right) = \frac{3}{4} \text{ et } \lambda_2 = \frac{1}{2}\left(\frac{5}{4} - \frac{1}{4}\right) = \frac{1}{2}$$ Ce sont les valeurs propres de A.

2. Cherchons les vecteurs propres.

$\begin{pmatrix} x_1 \\ x_2 \end{pmatrix}$ est un vecteur propre associé à la valeur propre $\lambda_1 = \frac{3}{4}$ si et seulement si :

$$\begin{cases} x_1 + \frac{1}{4}x_2 = \frac{3}{4}x_1 \\ -\frac{1}{2}x_1 + \frac{1}{4}x_2 = \frac{3}{4}x_2 \end{cases} \quad \text{ce qui donne } x_1 + x_2 = 0.$$

D'où par exemple le vecteur propre $u_1 = \begin{pmatrix} 1 \\ -1 \end{pmatrix}$.

$\begin{pmatrix} x_1 \\ x_2 \end{pmatrix}$ est un vecteur propre associé à la valeur propre $\lambda_2 = \frac{1}{2}$ si et seulement si :

$$\begin{cases} x_1 + \frac{1}{4}x_2 = \frac{1}{2}x_1 \\ -\frac{1}{2}x_1 + \frac{1}{4}x_2 = \frac{1}{2}x_2 \end{cases} \quad \text{ce qui donne } x_2 = -2x_1.$$

D'où, par exemple, le vecteur propre $u_2 = \begin{pmatrix} 1 \\ -2 \end{pmatrix}$.

3. La matrice A est diagonalisable, dans la base (u_1,u_2) formée de vecteurs propres elle devient $D = \begin{pmatrix} \frac{3}{4} & 0 \\ 0 & \frac{1}{2} \end{pmatrix}$.

La solution de (SD) est donc $X(t) = PD^tP^{-1}X(0)$, où $P = \begin{pmatrix} 1 & 1 \\ -1 & -2 \end{pmatrix}$.

On a $\det(P) = -2 + 1 = -1$. On calcule P^{-1} à l'aide de $\widetilde{P}$ la transposée de la matrice des cofacteurs de P (► proposition 9.28) :

$$P^{-1} = \frac{1}{\det(P)}\widetilde{P} = -\widetilde{P} = -\begin{pmatrix} -2 & -1 \\ 1 & 1 \end{pmatrix} = \begin{pmatrix} 2 & 1 \\ -1 & -1 \end{pmatrix}$$

D'où finalement (► proposition 10.8) :

$$X(t) = PD^tP^{-1}X(0) = \begin{pmatrix} 1 & 1 \\ -1 & -2 \end{pmatrix} \begin{pmatrix} \left(\frac{3}{4}\right)^t & 0 \\ 0 & \left(\frac{1}{2}\right)^t \end{pmatrix} \begin{pmatrix} 2 & 1 \\ -1 & -1 \end{pmatrix} X(0)$$

On pourrait aussi effectuer un changement de variables (► proposition 10.9), en posant $Y(t) = \begin{pmatrix} y_1(t) \\ y_2(t) \end{pmatrix} = P^{-1}X(t) = P^{-1}\begin{pmatrix} x_1(t) \\ x_2(t) \end{pmatrix}$, c'est-à-dire pour tout t :

$$\begin{cases} y_1(t) = 2x_1(t) + x_2(t) \\ y_2(t) = -x_1(t) - x_2(t) \end{cases}$$

On obtient $Y(t) = D^tY(0)$ pour tout $t \in \mathbb{N}$, c'est-à-dire :

$$\begin{cases} y_1(t) = \left(\frac{3}{4}\right)^t y_1(0) \\ y_2(t) = \left(\frac{1}{2}\right)^t y_2(0) \end{cases}$$

On remarque que $\left|\frac{3}{4}\right| < 1$ et $\left|\frac{1}{2}\right| < 1$ donc $\lim_{t\to\infty} X(t) = \lim_{t\to\infty} Y(t) = 0$ (► proposition 10.10).

APPLICATION L'évolution du taux de chômage

On étudie l'évolution du nombre de chômeurs dans une région donnée. La population active totale est supposée constante.

On note $x_1(t)$ le nombre d'actifs ayant un emploi au début de l'année t, et $x_2(t)$ le nombre d'actifs au chômage au même moment.

On suppose que 90 % des actifs ayant un emploi l'année t ont toujours un emploi l'année suivante, contre 10 % qui se retrouvent au chômage.

De même, on suppose que 60 % des chômeurs l'année t trouvent un emploi l'année suivante, contre 40 % qui sont toujours au chômage.

On a donc :

$$\begin{cases} x_1(t+1) = 0{,}9x_1(t) + 0{,}6x_2(t) \\ x_2(t+1) = 0{,}1x_1(t) + 0{,}4x_2(t) \end{cases}$$

En posant $X(t) = \begin{pmatrix} x_1(t) \\ x_2(t) \end{pmatrix}$, on a donc le système suivant :

$$X(t+1) = AX(t), \text{ pour tout } t \in \mathbb{N}, \text{ où } A = \begin{pmatrix} 0{,}9 & 0{,}6 \\ 0{,}1 & 0{,}4 \end{pmatrix}$$

Le polynôme caractéristique de A est $P_A(\lambda) = \det(A - \lambda I_2) = \begin{vmatrix} 0{,}9-\lambda & 0{,}6 \\ 0{,}1 & 0{,}4-\lambda \end{vmatrix}$, donc :

$$P_A(\lambda) = (0{,}9-\lambda)(0{,}4-\lambda) - 0{,}1 \times 0{,}6 = \lambda^2 - 1{,}3\lambda + 0{,}36 - 0{,}06 = \lambda^2 - 1{,}3\lambda + 0{,}3$$

Le discriminant est $\Delta = 1{,}3^2 - 4 \times 0{,}3 = 1{,}69 - 1{,}2 = 0{,}49$.

Les racines du polynôme caractéristique sont $\lambda = \frac{1}{2}(1{,}3 \pm \sqrt{0{,}49}) = \frac{1}{2}(1{,}3 \pm 0{,}7)$.

Les valeurs propres de A sont donc $\lambda_1 = \frac{1}{2}(1{,}3 + 0{,}7) = 1$ et $\lambda_2 = \frac{1}{2}(1{,}3 - 0{,}7) = 0{,}3$.

Cherchons les vecteurs propres. Soit $u = \begin{pmatrix} x_1 \\ x_2 \end{pmatrix}$.

$$Au = u \Leftrightarrow \begin{cases} 0{,}9x_1 + 0{,}6x_2 = x_1 \\ 0{,}1x_1 + 0{,}4x_2 = x_2 \end{cases}$$

donc $Au = u \Leftrightarrow 0{,}6x_2 = 0{,}1x_1$. D'où $u_1 = \begin{pmatrix} 6 \\ 1 \end{pmatrix}$ est un vecteur propre associé à la valeur propre $\lambda_1 = 1$.

$$Au = 0{,}3u \Leftrightarrow \begin{cases} 0{,}9x_1 + 0{,}6x_2 = 0{,}3x_1 \\ 0{,}1x_1 + 0{,}4x_2 = 0{,}3x_2 \end{cases}$$

donc $Au = 0{,}3u \Leftrightarrow x_1 + x_2 = 0$. D'où $u_2 = \begin{pmatrix} 1 \\ -1 \end{pmatrix}$ est un vecteur propre associé à la valeur propre $\lambda_2 = 0{,}3$.

Notons P la matrice de passage de la base canonique à la base formée de vecteurs propres (u_1, u_2).

$P = \begin{pmatrix} 6 & 1 \\ 1 & -1 \end{pmatrix}$, et $\det(P) = -7$. La matrice des cofacteurs (► définition 9.23) est $\widetilde{P} = \begin{pmatrix} -1 & -1 \\ -1 & 6 \end{pmatrix}$,

et on a $P^{-1} = \frac{1}{\det(P)}\widetilde{P} = \frac{1}{7}\begin{pmatrix} 1 & 1 \\ 1 & -6 \end{pmatrix}$ (► proposition 9.28).

Il y a une base formée de vecteurs propres de A, donc A est diagonalisable, et $D = P^{-1}AP$, où $D = \begin{pmatrix} 1 & 0 \\ 0 & 0{,}3 \end{pmatrix}$.

On veut calculer $X(t)$ pour tout t, à partir des conditions initiales $X(0)$.

Première méthode : on a $X(t) = PD^tP^{-1}$ (► proposition 10.8), d'où :

$$\begin{pmatrix} x_1(t) \\ x_2(t) \end{pmatrix} = \begin{pmatrix} 6 & 1 \\ 1 & -1 \end{pmatrix} \begin{pmatrix} 1 & 0 \\ 0 & 0{,}3^t \end{pmatrix} \begin{pmatrix} 1/7 & 1/7 \\ 1/7 & -6/7 \end{pmatrix} \begin{pmatrix} x_1(0) \\ x_2(0) \end{pmatrix}$$

Deuxième méthode : on change de variables, on pose $Y(t) = P^{-1}X(t)$, c-à-d :

$$\begin{pmatrix} y_1(t) \\ y_2(t) \end{pmatrix} = \frac{1}{7}\begin{pmatrix} 1 & 1 \\ 1 & -6 \end{pmatrix}\begin{pmatrix} x_1(t) \\ x_2(t) \end{pmatrix}$$

c'est-à-dire

$$\begin{cases} y_1(t) = \dfrac{1}{7}(x_1(t) + x_2(t)) \\ y_2(t) = \dfrac{1}{7}(x_1(t) - 6x_2(t)) \end{cases}$$

On a $Y(t+1) = DY(t)$ pour tout t, donc $Y(t) = D^tY(0) = \begin{pmatrix} 1 & 0 \\ 0 & 0{,}3^t \end{pmatrix} Y(0)$ pour tout t (► proposition 10.9), c-à-d :

$$\begin{cases} y_1(t) = y_1(0) \\ y_2(t) = 0{,}3^t y_2(0) \end{cases}$$

On en déduit que $\lim_{t\to\infty} y_2(t) = 0$, donc que $\lim_{t\to\infty} x_1(t) - 6x_2(t) = 0$. À long terme, le nombre $x_1(t)$ d'actifs ayant un travail est 6 fois plus élevé que le nombre $x_2(t)$ de chômeurs. Autrement dit, quand t tend vers $+\infty$, une personne active sur 7 est au chômage. À long terme, le taux de chômage est donc d'environ 14,3 %.

3 Espace euclidien $\mathbb{R}^n$

Dans $\mathbb{R}^2$ ou $\mathbb{R}^3$, on représente géométriquement les vecteurs comme des flèches partant de l'origine. On peut à l'aide du calcul sur les vecteurs, retrouver (et généraliser) les notions habituelles de perpendicularité, de longueur. C'est ce que permettent les notions de produit scalaire et de norme, que l'on va définir dans $\mathbb{R}^n$ pour tout n.

Dans l'espace vectoriel $\mathbb{R}^n$, soit deux vecteurs x et y. On considère ici que ce sont des « vecteurs-colonnes », c'est-à-dire des matrices à n lignes et 1 colonne :

$$x = \begin{pmatrix} x_1 \\ \vdots \\ x_n \end{pmatrix} \text{ et } y = \begin{pmatrix} y_1 \\ \vdots \\ y_n \end{pmatrix}$$

Leurs transposées sont donc des vecteurs-lignes, c'est-à-dire des matrices à 1 ligne et n colonnes :

$$x' = (x_1; \ldots; x_n) \text{ et } y' = (y_1; \ldots; y_n)$$

Considérons maintenant le produit $x'y$. C'est le produit d'une matrice 1 ligne-n colonnes par une matrice n lignes-1 colonne, donc le résultat doit être une matrice 1 ligne-1 colonne, c'est-à-dire un nombre réel. En appliquant la formule du produit de deux matrices, on trouve :

$$x'y = x_1y_1 + x_2y_2 + \ldots x_ny_n$$

De même :

$$y'x = y_1x_1 + \ldots y_nx_n = x'y$$

Définition 10.5

L'application φ définie par :

$$\varphi : \mathbb{R}^n \times \mathbb{R}^n \to \mathbb{R}$$
$$(x,y) \mapsto \varphi(x,y) = x'y = \sum_{i=1}^{n} x_i y_i$$

s'appelle le **produit scalaire** dans $\mathbb{R}^n$.

Proposition 10.11

Le produit scalaire φ est tel que :

(i) φ est symétrique : $\varphi(x,y) = \varphi(y,x)$ pour tout $x, y \in \mathbb{R}^n$.

(ii) φ est bilinéaire, c'est-à-dire, pour tout $x, y, z \in \mathbb{R}^n$, et pour tout $\lambda \in \mathbb{R}$ on a :

$$\varphi(\lambda x,y) = \lambda\varphi(x,y) = \varphi(x,\lambda y)$$
$$\varphi(x+y,z) = \varphi(x,z) + \varphi(y,z)$$
$$\varphi(x,y+z) = \varphi(x,y) + \varphi(x,z)$$

Démonstration

On a $\varphi(x,y) = \sum_{i=1}^{n} x_i y_i = \sum_{i=1}^{n} y_i x_i = \varphi(y,x)$ d'où **(i)** est vraie.

Montrons **(ii)**.

On a :

$$\varphi(\lambda x,y) = \sum_{i=1}^{n} (\lambda x_i) y_i = \lambda \sum_{i=1}^{n} x_i y_i = \lambda\varphi(x,y)$$
$$\varphi(x+y,z) = \sum_{i=1}^{n} (x_i + y_i)\, z_i = \sum_{i=1}^{n} x_i z_i + \sum_{i=1}^{n} y_i z_i = \varphi(x,z) + \varphi(y,z)$$

Grâce à la symétrie (et avec ce que l'on vient de démontrer), on a :

$$\varphi(x,\lambda y) = \varphi(\lambda y,x) = \lambda\varphi(y,x) = \lambda\varphi(x,y)$$
$$\varphi(x,y+z) = \varphi(y+z,x) = \varphi(y,x) + \varphi(z,x) = \varphi(x,y) + \varphi(x,z)$$ ■

Notation : Le produit scalaire de deux vecteurs x et y de $\mathbb{R}^n$ se note souvent $x \cdot y$[3].
On a donc :
$\varphi(x,y) = x \cdot y = x'y = \sum_{i=1}^{n} x_i y_i$.

Définition 10.6

On dit que les vecteurs x et y de $\mathbb{R}^n$ sont **orthogonaux** si leur produit scalaire $x.y$ est nul.

L'orthogonalité correspond à la notion habituelle de perpendicularité.

Exemple 10.6

Dans $\mathbb{R}^2$, les vecteurs $x = \begin{pmatrix} -1 \\ 1 \end{pmatrix}$ et $y = \begin{pmatrix} 1 \\ 1 \end{pmatrix}$ sont orthogonaux, car $x.y = 1 - 1 = 0$.

3 Dans certains ouvrages, le produit scalaire est noté $< x; y >$.

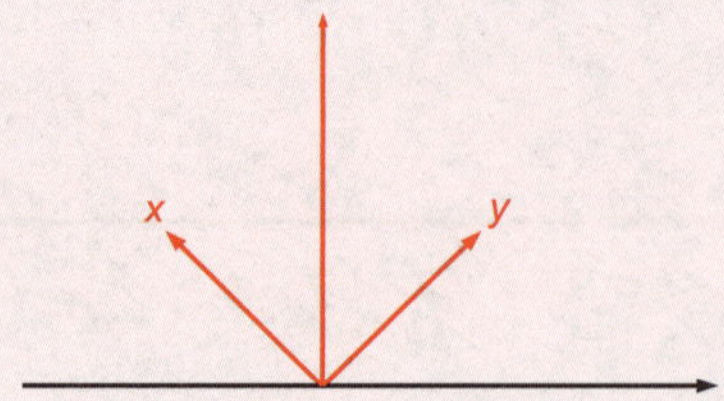

▲ **Figure 10.1** **Les vecteurs *x* et *y* sont orthogonaux**

Exemple 10.7

Dans $\mathbb{R}^3$, les vecteurs $x = \begin{pmatrix} 1 \\ 1 \\ -1 \end{pmatrix}$ et $y = \begin{pmatrix} 0 \\ 1 \\ 1 \end{pmatrix}$ sont orthogonaux, car $x.y = 0 + 1 - 1 = 0$.

Quand on calcule le produit scalaire d'un vecteur x par lui-même, on trouve :

$$x.x = \sum_{i=1}^{n} x_i^2.$$

En prenant la racine carrée, on obtient ce que l'on appelle la norme d'un vecteur (c'est-à-dire sa longueur).

Définition 10.7

On appelle **norme** (ou longueur) d'un vecteur x de $\mathbb{R}^n$ le nombre :

$$\|x\| = \sqrt{x.x} = \sqrt{\sum_{i=1}^{n} x_i^2}$$

On montre maintenant que la valeur absolue du produit scalaire est inférieure ou égale au produit des normes.

Proposition 10.12

Inégalité de Cauchy-Schwarz

$$\forall x, y \in \mathbb{R}^n, |x.y| \leq \|x\| \times \|y\|$$

Démonstration

Il faut montrer que $\left|\sum_{i=1}^{n} x_i y_i\right| \leq \sqrt{\sum_{i=1}^{n} x_i^2} \times \sqrt{\sum_{i=1}^{n} y_i^2}$, c'est-à-dire que :

$$\left(\sum_{i=1}^{n} x_i y_i\right)^2 \leq \left(\sum_{i=1}^{n} x_i^2\right) \times \left(\sum_{i=1}^{n} y_i^2\right).$$

Soient $\lambda \in \mathbb{R}$ et $F(\lambda) = \sum_{i=1}^{n} (x_i + \lambda y_i)^2 = \lambda^2 \left(\sum_{i=1}^{n} y_i^2\right) + 2\lambda \left(\sum_{i=1}^{n} x_i y_i\right) + \left(\sum_{i=1}^{n} x_i^2\right)$.

$F(\lambda)$ est un polynôme du second degré en λ, toujours positif ou nul (car c'est une somme de carrés), donc il ne peut pas avoir deux racines réelles distinctes. D'où son discriminant Δ est négatif, $\Delta \leq 0$ (► chapitre 1, paragraphe 6.3.3).

$\Delta = 4\left(\sum_{i=1}^{n} x_i y_i\right)^2 - 4\left(\sum_{i=1}^{n} x_i^2\right) \times \left(\sum_{i=1}^{n} y_i^2\right)$ avec $\Delta \leq 0$.

D'où :

$$\left(\sum_{i=1}^{n} x_i y_i\right)^2 \leq \left(\sum_{i=1}^{n} x_i^2\right) \times \left(\sum_{i=1}^{n} y_i^2\right)$$

■

La proposition suivante montre que la norme d'un vecteur satisfait les conditions attendues de la « longueur » d'un vecteur.

Proposition 10.13

L'application norme

$$\mathbb{R}^n \to \mathbb{R}$$
$$x \mapsto \|x\|$$

est telle que :

(i) $\forall x \in \mathbb{R}^n$, $\|x\| \geq 0$ et $\|x\| = 0 \Leftrightarrow x = 0$

(ii) $\forall x \in \mathbb{R}^n$, $\forall \lambda \in \mathbb{R}$, $\|\lambda x\| = |\lambda| \cdot \|x\|$

(iii) $\forall x, y \in \mathbb{R}^n$, $\|x + y\| \leq \|x\| + \|y\|$ (inégalité triangulaire)

Démonstration

(i) $\|x\| \geq 0$ car $\|x\| = \sqrt{\sum_{i=1}^{n} x_i^2} \geq 0$.

$\|x\| = 0 \Leftrightarrow \sum_{i=1}^{n} x_i^2 = 0$, donc $\|x\| = 0 \Leftrightarrow x_i = 0$ pour tout i.

D'où $\|x\| = 0 \Leftrightarrow x = 0$.

(ii) $\|\lambda x\| = \sqrt{\sum_{i=1}^{n} (\lambda x_i)^2} = \sqrt{\sum_{i=1}^{n} \lambda^2 (x_i)^2} = |\lambda| \sqrt{\sum_{i=1}^{n} x_i^2} = |\lambda| . \|x\|$.

(iii) On veut montrer que $\|x + y\| \leq \|x\| + \|y\|$, c'est-à-dire $\|x + y\|^2 \leq (\|x\| + \|y\|)^2$.

Cela revient donc à montrer que $\sum_{i=1}^{n} (x_i + y_i)^2 \leq \sum_{i=1}^{n} x_i^2 + 2\,\|x\| \cdot \|y\| + \sum_{i=1}^{n} y_i^2$.

Ce qui se simplifie en $2 \sum_{i=1}^{n} x_i y_i \leq 2\,\|x\| \cdot \|y\|$.

Cette dernière inégalité est vraie d'après l'inégalité de Cauchy-Schwarz (► proposition 10.12). ■

Proposition 10.14

Si $v_1, ..., v_k$ sont des vecteurs non nuls, deux à deux orthogonaux, alors ils sont linéairement indépendants.

Démonstration

Soit $v_1, ..., v_k$ des vecteurs deux à deux orthogonaux et non nuls.

Supposons que les λ_i sont des réels tels que $\sum_{i=1}^{n} \lambda_i v_i = 0$.

Pour j donné, le produit scalaire $v_i \cdot v_j$ est nul, sauf pour $i = j$. Donc :

$$\left(\sum_{i=1}^{n} \lambda_i v_i\right) \cdot v_j = \sum_{i=1}^{n} \lambda_i v_i \cdot v_j = \lambda_j v_j \cdot v_j = \lambda_j \left\|v_j\right\|^2$$

On a $\sum_{i=1}^{n} \lambda_i v_i = 0$, donc $\lambda_j \left\|v_j\right\|^2 = 0$, d'où $\lambda_j = 0$ (car $v_j \neq 0$).

On a donc $\sum_{i=1}^{n} \lambda_i v_i = 0 \Rightarrow \lambda_j = 0$ pour tout j.

Les vecteurs $v_1, ..., v_k$ sont donc linéairement indépendants (▶ proposition 8.5) ■

Définition 10.8

- On appelle vecteur **unitaire** ou **normé** tout vecteur de norme égale à 1.
- On appelle **base orthonormée** de $\mathbb{R}^n$, toute base $(v_1, ..., v_n)$ de $\mathbb{R}^n$, formée de vecteurs normés et deux à deux orthogonaux.

D'après la proposition 10.14, pour montrer que $(v_1, ..., v_n)$ est une base orthonormée de $\mathbb{R}^n$, il suffit de montrer qu'ils sont normés et deux à deux orthogonaux. Ils formeront alors forcément une base.

Exemple 10.8

Dans $\mathbb{R}^2$, les vecteurs $e_1 = \begin{pmatrix} 1 \\ 0 \end{pmatrix}$ et $e_2 = \begin{pmatrix} 0 \\ 1 \end{pmatrix}$ forment une base orthonormée.

Les vecteurs $u_1 = \begin{pmatrix} 1/\sqrt{2} \\ 1/\sqrt{2} \end{pmatrix}$ et $u_2 = \begin{pmatrix} -1/\sqrt{2} \\ 1/\sqrt{2} \end{pmatrix}$ forment une autre base orthonormée.

En effet, $u_1.u_2 = \frac{-1}{2} + \frac{1}{2} = 0$, et $\|u_1\| = \sqrt{\frac{1}{2} + \frac{1}{2}} = 1$, et $\|u_2\| = \sqrt{\frac{1}{2} + \frac{1}{2}} = 1$.

Remarquons que la base canonique de $\mathbb{R}^n$ est une base orthonormée (pour tout $n \geq 1$). Les bases orthonormées sont pratiques d'utilisation, notamment parce que les coordonnées d'un vecteur dans une telle base sont faciles à calculer, comme le montre la proposition suivante.

Proposition 10.15

Si $(v_1,...,v_n)$ est une base orthonormée de $\mathbb{R}^n$, alors les coordonnées $x_1, ..., x_n$ d'un vecteur x dans cette base sont données par :

$$x_j = x \cdot v_j \text{ pour tout } j,$$

où $x \cdot v_j$ est le produit scalaire des vecteurs x et v_j.

Démonstration

$(v_1,...,v_n)$ est une base orthonormée, donc $v_i \cdot v_j = 0$ si $i \neq j$ et $v_j \cdot v_j = 1$.

Soit $x = \sum_{i=1}^{n} x_i v_i$. Pour tout j, on a :

$$x \cdot v_j = \left(\sum_{i=1}^{n} x_i v_i \right) \cdot v_j = \sum_{i=1}^{n} x_i v_i \cdot v_j = x_j v_j . v_j = x_j$$ ■

Exemple 10.8 (suite)

$\mathcal{E} = (e_1, e_2)$ et $\mathcal{B} = (u_1, u_2)$ forment deux bases orthonormées de $\mathbb{R}^2$.

Considérons le vecteur $x = \begin{pmatrix} 5 \\ 7 \end{pmatrix}$.

Ses coordonnées dans la base $\mathcal{E}$ sont :

$$x \cdot e_1 = \begin{pmatrix} 5 \\ 7 \end{pmatrix} \cdot \begin{pmatrix} 1 \\ 0 \end{pmatrix} = 5 + 0 = 5 \text{ et } x \cdot e_2 = \begin{pmatrix} 5 \\ 7 \end{pmatrix} \cdot \begin{pmatrix} 0 \\ 1 \end{pmatrix} = 0 + 7 = 7.$$

Il est naturel de trouver 5 et 7 puisque $\mathcal{E}$ est la base canonique. On a donc $x = 5e_1 + 7e_2$.

Les coordonnées de x dans la base $\mathcal{B}$ sont :

$$x \cdot u_1 = \begin{pmatrix} 5 \\ 7 \end{pmatrix} \cdot \begin{pmatrix} 1/\sqrt{2} \\ 1/\sqrt{2} \end{pmatrix} = \frac{5}{\sqrt{2}} + \frac{7}{\sqrt{2}} = \frac{12}{\sqrt{2}} = 6\sqrt{2}$$

$$x \cdot u_2 = \begin{pmatrix} 5 \\ 7 \end{pmatrix} \cdot \begin{pmatrix} -1/\sqrt{2} \\ 1/\sqrt{2} \end{pmatrix} = \frac{-5}{\sqrt{2}} + \frac{7}{\sqrt{2}} = \frac{2}{\sqrt{2}} = \sqrt{2}.$$

On a donc $x = 6\sqrt{2} \cdot u_1 + \sqrt{2} \cdot u_2$.

4 Matrices symétriques

Les matrices carrées symétriques ont la propriété remarquable d'être toujours diagonalisables dans une base orthonormée (▸ proposition 10.18). Ce sont les matrices des formes quadratiques, qui sont des généralisations du produit scalaire. Matrices symétriques et formes quadratiques seront utiles pour l'optimisation de fonctions de plusieurs variables réelles (▸ chapitres 11 et 12).

Définition 10.9

Une matrice carrée A est dite **symétrique** si elle est égale à sa transposée, c.à.d. si $A' = A$, c'est-à-dire si $a_{i,j} = a_{j,i}$, $\forall i, \forall j$, où $A = (a_{i;j})_{1 \leq i,j \leq n}$.

Exemple 10.9

$A = \begin{pmatrix} 1 & 2 & 3 \\ 2 & 5 & 9 \\ 3 & 9 & 7 \end{pmatrix}$ est symétrique.

Proposition 10.16

Soit A une matrice carrée symétrique, avec $A = (a_{i;j})_{1 \leq i,j \leq n}$. Pour tous vecteurs x et y, on a :

$$y' A x = x' A y = \sum_{i,j} a_{i,j} x_i y_j$$

Démonstration

$$x'Ay = x' \begin{pmatrix} \sum_j a_{1,j} y_j \\ \dots \\ \sum_j a_{n,j} y_j \end{pmatrix} = \sum_i \left(\sum_j a_{i,j} y_j \right) x_i = \sum_{i,j} a_{i,j} x_i y_j = y' A x$$

car A est symétrique. ■

Définition 10.10

On appelle **matrice orthogonale** toute matrice carrée inversible telle que $P' = P^{-1}$, c'est-à-dire telle que la transposée de P soit égale à l'inverse de P.

POUR ALLER PLUS LOIN
► *Démonstration* *sur* www.dunod.com

Proposition 10.17

P est la matrice de passage d'une base orthonormée à une base orthonormée de $\mathbb{R}^n$, si et seulement si P est une matrice orthogonale.

POUR ALLER PLUS LOIN
► *Démonstration* *sur* www.dunod.com

Proposition 10.18

Diagonalisation d'une matrice symétrique
Toute matrice symétrique réelle A d'ordre n est diagonalisable dans une base orthonormée de $\mathbb{R}^n$.
Il existe une matrice diagonale D, et une matrice de passage P, avec P orthogonale, telle que $D = P'AP$.

5 Formes quadratiques

Les applications linéaires de $\mathbb{R}^n$ dans $\mathbb{R}$ (on les appelle « formes linéaires ») sont les fonctions de la forme : $f(x) = \sum_{i=1}^{n} a_i x_i$, où $x = \begin{pmatrix} x_1 \\ \dots \\ x_n \end{pmatrix}$, et les a_i sont des nombres réels.

Tout au long de ces trois chapitres d'algèbre linéaire, nous avons vu l'intérêt des applications linéaires. Toutefois, sur certaines questions comme l'optimisation, elles ne suffisent pas. On peut dans ce cas utiliser des formes quadratiques. Alors qu'une forme linéaire est une somme de termes qui sont chacun proportionnel à une coordonnée de x, une forme quadratique est une somme de termes qui sont chacun proportionnel à un produit de deux coordonnées de x.

Définition 10.11

On appelle **forme quadratique** sur $\mathbb{R}^n$ toute fonction $q : \mathbb{R}^n \to \mathbb{R}$, de la forme :

$$q(x) = \sum_{i=1}^{n} \sum_{j=1}^{n} a_{i,j} x_i x_j \text{ où } x = \begin{pmatrix} x_1 \\ \dots \\ x_n \end{pmatrix} \in \mathbb{R}^n, \text{ avec } a_{i,j} = a_{j,i} \in \mathbb{R}, \forall i, j$$

La matrice $A = (a_{i,j})_{1\leq i,j\leq n}$ est une matrice symétrique, et on peut écrire :

$$q(x) = x'Ax, \forall x \in \mathbb{R}^n$$

Si $q(x) = \sum_{i=1}^{n}\sum_{j=1}^{n} b_{i,j}x_ix_j$, avec $b_{i,j} \neq b_{j,i}$, on peut remarquer que q est aussi une forme quadratique, car $q(x) = \sum_{i=1}^{n}\sum_{j=1}^{n} a_{i,j}x_ix_j$ en posant $a_{i,j} = a_{j,i} = \frac{1}{2}(b_{i,j} + b_{j,i})$

Exemple 10.10

$$\begin{aligned} q(x_1,x_2) &= x_1^2 + x_2^2 + x_1x_2 + 3x_2x_1 = x_1^2 + x_2^2 + 4x_1x_2 \\ &= x_1^2 + x_2^2 + 2x_1x_2 + 2x_2x_1 = (x_1,x_2)\begin{pmatrix} 1 & 2 \\ 2 & 1 \end{pmatrix}\begin{pmatrix} x_1 \\ x_2 \end{pmatrix} \end{aligned}$$

Proposition 10.19

Réduction de Gauss

Soit q une forme quadratique sur $\mathbb{R}^n$, définie par $q(x) = x'Ax$, où A est une matrice symétrique.

Il existe une base orthonormée de $\mathbb{R}^n$, telle que dans cette base q s'écrive :

$$q(x) = \sum_{i=1}^{n} \lambda_i y_i^2,$$

où les λ_i sont les valeurs propres de A, et $y = P'x$, avec P la matrice de passage de la base canonique à une base orthonormée formée de vecteurs propres.

Démonstration

D'après la proposition 10.18, il existe une matrice diagonale D, et une matrice de passage orthogonale P, telle que $D = P'AP$. On a donc $A = PDP'$ car $P' = P^{-1}$. En faisant le changement de variable $y = P^{-1}x = P'x$, on a :

$$\begin{aligned} q(x) &= x'Ax = x'PDP'x = (P'x)'DP'x = y'Dy \\ &= \begin{pmatrix} y_1, & \dots & ,y_n \end{pmatrix}\begin{pmatrix} \lambda_1 & 0 & 0 \\ 0 & \dots & 0 \\ 0 & 0 & \lambda_n \end{pmatrix}\begin{pmatrix} y_1 \\ \dots \\ y_n \end{pmatrix} = \sum_{i=1}^{n} \lambda_i y_i^2 \end{aligned}$$ ■

Quand nous étudierons l'optimisation des fonctions de plusieurs variables (► chapitres 11 et 12), nous aurons besoin de déterminer le signe de formes quadratiques. Cela nous conduit aux définitions suivantes.

Définition 10.12

Signe d'une forme quadratique

Soit A une matrice symétrique, et q la forme quadratique associée, c.à.d. $q(x) = x'Ax$ pour tout $x \in \mathbb{R}^n$. On dit que la matrice A (ou la forme quadratique q) est :

- **définie positive** si $q(x) > 0, \forall x \in \mathbb{R}^n \setminus \{0\}$ (c.à.d. pour tout x différent du vecteur nul) ;
- **semi-définie positive** si $q(x) \geq 0, \forall x \in \mathbb{R}^n$;
- **définie négative** si $q(x) < 0, \forall x \in \mathbb{R}^n \setminus \{0\}$ (c.à.d. pour tout x différent du vecteur nul) ;
- **semi-définie négative** si $q(x) \leq 0, \forall x \in \mathbb{R}^n$;
- **indéfinie** s'il existe x, y tels que $q(x) < 0 < q(y)$.

Il est clair que toute matrice définie positive est aussi semi-définie positive (mais la réciproque est fausse). De même, toute matrice définie négative est aussi semi-définie négative (et la réciproque est fausse).

Exemple 10.11

Pour $x \in \mathbb{R}^2$, on pose $q(x) = x_1^2 + 2x_2^2$.

Si $x = \begin{pmatrix} x_1 \\ x_2 \end{pmatrix} \neq \begin{pmatrix} 0 \\ 0 \end{pmatrix}$, alors $x_1^2 > 0$ ou $x_2^2 > 0$, donc $q(x) > 0$. La forme quadratique q est donc définie positive.

La proposition suivante montre qu'il suffit de connaître les valeurs propres d'une matrice symétrique pour savoir si celle-ci est définie positive, définie négative, semi-définie positive, etc.

Proposition 10.20

Soit A une matrice symétrique, de valeurs propres $\lambda_1, ..., \lambda_n$, alors :

(i) A est définie positive $\Leftrightarrow \lambda_i > 0, \forall i$

(ii) A est définie négative $\Leftrightarrow \lambda_i < 0, \forall i$

(iii) A est semi-définie positive $\Leftrightarrow \lambda_i \geq 0, \forall i$

(iv) A est semi-définie négative $\Leftrightarrow \lambda_i \leq 0, \forall i$

(v) A est indéfinie $\Leftrightarrow$ il existe λ_i, λ_j tels que $\lambda_i < 0 < \lambda_j$

Démonstration

Montrons (i).

A définie positive $\Leftrightarrow q(x) > 0, \forall x \in \mathbb{R}^n \setminus \{0\}$

A définie positive $\Leftrightarrow \sum_{i=1}^{n} \lambda_i y_i^2 > 0, \forall y \in \mathbb{R}^n \setminus \{0\}$ (► proposition 10.19)

A définie positive $\Leftrightarrow \lambda_i > 0, \forall i$

Montrons (iii).

A semi-définie positive $\Leftrightarrow q(x) \geq 0, \forall x \in \mathbb{R}^n$

A semi-définie positive $\Leftrightarrow \sum_{i=1}^{n} \lambda_i y_i^2 \geq 0, \forall y \in \mathbb{R}^n$

A semi-définie positive $\Leftrightarrow \lambda_i \geq 0, \forall i$

On montre (ii) et (iv) de la même façon, en changeant les signes.

Montrons (v).

A indéfinie $\Leftrightarrow$ A n'est ni semi-définie positive ni semi-définie négative

A indéfinie $\Leftrightarrow$ il existe λ_i, λ_j tels que $\lambda_i < 0 < \lambda_j$ ■

En dimension 2, il y a quelques critères simples faisant intervenir la trace et le déterminant de la matrice A, qui permettent d'éviter de calculer le polynôme caractéristique et les valeurs propres.

Proposition 10.21

Si $n = 2$, alors :

(i) A est définie positive $\Leftrightarrow$ $(\mathrm{tr}(A) > 0$ et $\det(A) > 0)$

(ii) A est définie négative $\Leftrightarrow$ $(\mathrm{tr}(A) < 0$ et $\det(A) > 0)$

(iii) A est semi-définie positive $\Leftrightarrow$ $(\mathrm{tr}(A) \geq 0$ et $\det(A) \geq 0)$

(iv) A est semi-définie négative $\Leftrightarrow$ $(\mathrm{tr}(A) \leq 0$ et $\det(A) \geq 0)$

(v) A est indéfinie $\Leftrightarrow$ $\det(A) < 0$

Démonstration

Deux matrices semblables ont même trace et même déterminant (▶ propositions 9.12 et 9.31), donc :

$$\mathrm{tr}(A) = \mathrm{tr}(D) = \lambda_1 + \lambda_2 \text{ et } \det(A) = \det(D) = \lambda_1\lambda_2$$

Pour montrer (i), il suffit de dire que la matrice A est définie positive si et seulement si $\lambda_1 > 0$ et $\lambda_2 > 0$, c'est-à-dire si et seulement si $\mathrm{tr}(A) > 0$ et $\det(A) > 0$.

On montre (ii), (iii), (iv) et (v) de façon similaire. ■

Exemple 10.12

Étudions le signe des matrices symétriques suivantes.

$$A = \begin{pmatrix} 4 & 1 \\ 1 & 5 \end{pmatrix},\ B = \begin{pmatrix} 2 & 4 \\ 4 & 8 \end{pmatrix},\ C = \begin{pmatrix} -2 & 3 \\ 3 & 4 \end{pmatrix},\ E = \begin{pmatrix} -4 & 3 \\ 3 & -3 \end{pmatrix}$$

1. $\mathrm{tr}(A) = 9$ et $\det(A) = 19$ donc A est définie positive.

2. $\mathrm{tr}(B) = 10$ et $\det(B) = 0$ donc B est semi-définie positive, mais pas définie positive.

3. $\det(C) = -17$ donc C est indéfinie.

4. $\mathrm{tr}(E) = -7$ et $\det(E) = 3$ donc E est définie négative.

Pour $n \geq 2$, pour ne pas avoir à calculer les racines du polynôme caractéristique, il y a des critères utilisant les mineurs principaux de A.

Définition 10.13

Si A est une matrice carrée d'ordre n, on appelle **mineurs principaux** de A les déterminants suivants :

$$\Delta_1 = a_{1,1}, \text{ et } \Delta_2 = \det\begin{pmatrix} a_{1,1} & a_{1,2} \\ a_{2,1} & a_{2,2} \end{pmatrix}, \ldots, \Delta_k = \det\begin{pmatrix} a_{1,1} & \ldots & a_{1,k} \\ \ldots & \ldots & \ldots \\ a_{k,1} & \ldots & a_{k,k} \end{pmatrix}, \ldots,$$

$\Delta_n = \det(A)$.

Exemple 10.13

Si $A = \begin{pmatrix} 1 & 2 & 4 \\ -1 & 1 & 7 \\ 8 & -2 & 3 \end{pmatrix}$, alors les mineurs principaux de A sont :

$$\Delta_1 = 1, \text{ et } \Delta_2 = \det\begin{pmatrix} 1 & 2 \\ -1 & 1 \end{pmatrix}, \text{ et } \Delta_3 = \det\begin{pmatrix} 1 & 2 & 4 \\ -1 & 1 & 7 \\ 8 & -2 & 3 \end{pmatrix}$$

La proposition 10.22 montre qu'il suffit de connaître les mineurs principaux pour savoir si q est définie positive, ou définie négative, ou ni l'un ni l'autre.

Proposition 10.22

Soit q une forme quadratique définie pour tout $x \in \mathbb{R}^n$ par $q(x) = x'Ax$ où A est une matrice symétrique. Alors :

(i) q est définie positive $\Leftrightarrow \Delta_i > 0, \forall i$

(ii) q est définie négative $\Leftrightarrow (-1)^i\Delta_i > 0, \forall i$ (c'est-à-dire $\Delta_1 < 0$, $\Delta_2 > 0$, $\Delta_3 < 0, \ldots$)

(iii) q est semi-définie positive $\Rightarrow \Delta_i \geq 0, \forall i$

(iv) q est semi-définie négative $\Rightarrow (-1)^i\Delta_i \geq 0, \forall i$

Démonstration

(ii) Montrons que q définie positive $\Rightarrow \Delta_i > 0, \forall i$.

Quand une matrice symétrique est définie positive, alors son déterminant est strictement positif (car le déterminant est le produit des valeurs propres).

Soit A_i la matrice carrée d'ordre i obtenue en gardant seulement les i premières lignes et les i premières colonnes de A :

$$A_i = \begin{pmatrix} a_{1;1} & \ldots & a_{1;i} \\ \ldots & \ldots & \ldots \\ a_{i;1} & \ldots & a_{i;i} \end{pmatrix}$$

Pour tout $\begin{pmatrix} x_1 \\ \ldots \\ x_i \end{pmatrix} \neq 0$, on a $(x_1,..,x_i)A_i\begin{pmatrix} x_1 \\ \ldots \\ x_i \end{pmatrix} = (x_1,..,x_i,0,0)A\begin{pmatrix} x_1 \\ \ldots \\ x_i \\ 0 \\ 0 \end{pmatrix} > 0$ car A est définie positive. On en déduit que A_i est elle aussi définie positive. Comme son déterminant est Δ_i, on a donc $\Delta_i > 0$. On admet la réciproque de **(i)**.

On montre **(iii)** de façon similaire, en remarquant que A semi-définie positive $\Rightarrow \det(A) \geq 0$.

(ii) se déduit de **(i)** car q définie négative $\Leftrightarrow -q$ définie positive, et on a $\det(-\Delta_i) = (-1)^i\Delta_i$

(iv) se démontre de façon semblable à **(iii)**. ■

Exemple 10.14

Étudions le signe de la matrice symétrique suivante :

$$A = \begin{pmatrix} -3 & -1 & 1 \\ -1 & -3 & 1 \\ 1 & 1 & -5 \end{pmatrix}$$

On a $\Delta_1 = -3 < 0$, et $\Delta_2 = \begin{vmatrix} -3 & -1 \\ -1 & -3 \end{vmatrix} = 9 - 1 = 8 > 0.$

De plus, $\Delta_3 = \det(A)$. On le développe suivant la première colonne :

$$\Delta_3 = \det(A) = -3 \times \begin{vmatrix} -3 & 1 \\ 1 & -5 \end{vmatrix} + 1 \times \begin{vmatrix} -1 & 1 \\ 1 & -5 \end{vmatrix} + 1 \times \begin{vmatrix} -1 & 1 \\ -3 & 1 \end{vmatrix}$$

$$= -3 \times 14 + 4 + 2 = -42 + 6 = -36 < 0$$

On a $\Delta_1 < 0$ et $\Delta_2 > 0$ et $\Delta_3 < 0$, donc A est définie négative.

Les points **clés**

→ Une application linéaire de E dans E associe à chaque vecteur x de l'espace vectoriel E un vecteur $f(x)$ de E. Si $f(x)$ est colinéaire à x, on dit que x est un vecteur propre de f. Si A est la matrice de f dans une base, on dit aussi que x est un vecteur propre de la matrice A.

→ Quand f est telle qu'il existe une base de E formée de vecteurs propres, alors sa matrice dans cette base est une matrice diagonale D. Dans ce cas on dit que f est diagonalisable, et que sa matrice A est diagonalisable.

→ Quand A est diagonalisable, il est plus facile de calculer les matrices A^k où $k \in \mathbb{N}^*$. En particulier, diagonaliser A permet d'étudier plus facilement les systèmes dynamiques récurrents du type $X(t+1) = AX(t)$.

→ Le produit scalaire est une application qui à deux vecteurs x et y de $\mathbb{R}^n$ associe le nombre $x.y = x'y = \sum x_i y_i$. Le produit scalaire est nul si et seulement si les deux vecteurs sont orthogonaux (c'est-à-dire sont perpendiculaires). Le produit scalaire permet aussi de définir la norme (c'est-à-dire la longueur) d'un vecteur.

→ Une base orthonormée est une base formée de vecteurs de normes égales à 1, et deux à deux orthogonaux.

→ Les matrices symétriques ont la propriété remarquable d'être diagonalisables dans une base orthonormée.

→ Une forme quadratique q est une application qui à un vecteur x de $\mathbb{R}^n$ associe $q(x) = \sum_{i,j} a_{i,j} x_i x_j$, c'est-à-dire une somme de termes donc chacun est proportionnel à un produit de deux coordonnées de x.

→ Les matrices symétriques permettent de faire les calculs concernant les formes quadratiques.

ÉVALUATION

Vous trouverez les corrigés détaillés de tous les exercices sur la page du livre sur le site www.dunod.com

Quiz

1 Vrai/Faux

Justifiez vos reponses. Dites si les affirmations suivantes sont vraies ou fausses.

1. Toute matrice carrée admet au moins une valeur propre réelle.
2. On peut toujours trouver une base formée de vecteurs propres.
3. Pour calculer A^{100} où A est une matrice carrée, le plus simple est d'abord de diagonaliser la matrice.
4. Le produit scalaire de deux vecteurs est nul si les deux vecteurs sont orthogonaux.
5. Les matrices symétriques sont toutes diagonalisables.

► Corrigés p. 368

Exercices

2 Diagonalisation

Les matrices suivantes sont-elles diagonalisables ? Si oui, les diagonaliser.

1. $A = \begin{pmatrix} 1 & 3 \\ 3 & 1 \end{pmatrix}$
2. $A = \begin{pmatrix} 2 & 5 \\ -8 & 4 \end{pmatrix}$
3. $A = \begin{pmatrix} 1 & 0 & 0 \\ 0 & 1 & 0 \\ 1 & 1 & 3 \end{pmatrix}$
4. $A = \begin{pmatrix} -2 & 3 & -3 \\ 0 & 1 & -1 \\ 0 & 1 & 3 \end{pmatrix}$

► Corrigés p. 369

3 Puissances d'une matrice

Calculer A^{10} où :

1. $A = \begin{pmatrix} 2 & 3 \\ 7 & 6 \end{pmatrix}$
2. $A = \begin{pmatrix} 1 & \frac{25}{8} \\ 2 & 1 \end{pmatrix}$

4 Où acheter ses gâteaux ?

Écrire le système dynamique correspondant à l'exemple donné au début de l'introduction de ce chapitre. Quelle sera la répartition de la clientèle dans un an ? Dans deux ans ? Et à plus long terme ?

5 Exode rural

On suppose que dans une région donnée, chaque année, 2 % des citadins quittent la ville pour s'installer à la campagne, et 8 % des ruraux quittent la campagne pour s'installer à la ville. Écrire le système dynamique correspondant à l'évolution avec le temps de la population. Si actuellement 60 % de la population est en ville, quelle sera la répartition dans 10 ans ? Et à très long terme ?

6 Espaces euclidiens

1. Montrer que les vecteurs $u = \begin{pmatrix} 1 \\ 1 \\ 1 \end{pmatrix}$, $v = \begin{pmatrix} 1 \\ 4 \\ -5 \end{pmatrix}$, et $w = \begin{pmatrix} 3 \\ -2 \\ -1 \end{pmatrix}$ sont deux à deux orthogonaux.
2.) Déterminer un vecteur w orthogonal à la fois à $u = \begin{pmatrix} 1 \\ 0 \\ 1 \end{pmatrix}$ et à $v = \begin{pmatrix} 1 \\ 1 \\ 0 \end{pmatrix}$.

7 Matrices symétriques définies positives

1. Soit M une matrice carrée inversible, et $A = M'M$. Montrer que A est une matrice symétrique définie positive.

2. Réciproquement, montrer que si A est une matrice symétrique définie positive, alors il existe M inversible telle que $A = M'M$.

8 Diagonalisation dans une base orthonormée

Diagonaliser les matrices symétriques suivantes dans une base orthonormée.

1. $A = \begin{pmatrix} 2 & 3 \\ 3 & 2 \end{pmatrix}$

2. $A = \begin{pmatrix} 1 & 2 & 2 \\ 2 & 1 & 2 \\ 2 & 2 & 1 \end{pmatrix}$

9 Réduction de formes quadratiques

Écrire sous forme réduite les formes quadratiques définies sur $x \in \mathbb{R}^3$ par :

1. $q(x) = x_1^2 + 2x_2^2 + x_3^2 + 4x_1x_3$

2. $q(x) = 2x_1^2 + 5x_2^2 + 5x_3^2 + 4x_1x_2 + 4x_1x_3 - 2x_2x_3$

3. $q(x) = x_1^2 + x_2^2 + x_3^2 - 2x_1x_2 - 2x_1x_3 - 2x_2x_3$

10 Signe de formes quadratiques

Étudier le signe des formes quadratiques suivantes :

1. $q(x_1,x_2) = 2x_1x_2 + 6x_2(x_1 - x_2) - 3x_1^2$

2. $q(x_1,x_2,x_3) = x_1^2 + 2x_2^2 + 3x_3^2 + 2x_2(x_1 + x_3)$

3. $q(x_1,x_2,x_3,x_4) = x_1^2+2x_2^2+4x_3^2+6(x_1x_3+x_4^2)+10x_2x_4$

11 Matrice orthogonale

Montrer que si P est une matrice orthogonale, alors :

1. $\det P = +1$ ou -1.

2. $\|Pu\| = \|u\|$ pour tout vecteur $u \in \mathbb{R}^n$

3. On a l'égalité des produits scalaires : $Pu.Pv = u.v$ pour tout $u, v \in \mathbb{R}^n$.

Chapitre 11

Les variables économiques dépendent en général de plusieurs autres variables. La demande d'un bien, par exemple, dépend de son prix et du revenu, l'offre du bien dépend du prix et des coûts de production, etc. Les économistes doivent donc savoir manipuler les fonctions de plusieurs variables. Les plus simples d'entre elles sont les applications linéaires (► chapitres 8 à 10). Pour une fonction d'une variable réelle, la dérivée permet de donner une approximation linéaire de la variation d'une fonction (la courbe est approximée par sa tangente). Pour une fonction de plusieurs variables, on peut de même faire une approximation linéaire des variations de la fonction à l'aide de sa différentielle, qui est l'application linéaire ressemblant le plus à la fonction, au voisinage d'un point donné.

On souhaite connaître l'évolution de la production y quand on fait varier un peu les quantités utilisées de deux facteurs de production x_1 et x_2 (par exemple quantités de matières premières, de travail, ou de consommations intermédiaires). La différentielle donne une valeur approchée de la variation de production. Si on change la quantité d'un seul facteur de production, une dérivée partielle suffira à fournir cette variation de production.

Imaginons que l'on diminue la quantité du premier facteur. Il faudra alors augmenter la quantité du deuxième facteur, si l'on veut garder le même niveau de production. Cela signifie que pour garder une production constante, la quantité du deuxième facteur doit être une fonction de la quantité de premier facteur. Le théorème des fonctions implicites indique à quelle condition c'est possible, et comment le deuxième facteur évolue en fonction du premier.

LES GRANDS AUTEURS

Leonhard Euler (1707-1783)

Leonhard Euler est un mathématicien et physicien suisse exerçant à Saint-Pétersbourg et Berlin. Il introduit des notations mathématiques encore utilisées de nos jours : $f(x)$ pour désigner la valeur que prend la fonction f pour la variable x; $\sum$ pour symboliser une somme; la notation e pour désigner la base des logarithmes neperiens. Le nombre e est d'ailleurs aussi appelé nombre d'Euler. Il fait appel à l'analyse pour résoudre des problèmes de théorie des nombres entiers créant ainsi la « théorie analytique des nombres ». Euler utilise souvent les fonctions exponentielle et logarithme, ainsi que les séries de nombres et les séries de fonctions dans ses démonstrations. La liste de ses contributions est impressionnante : de nombreux apports en analyse, géométrie, mais aussi théorie des graphes. Il résout le problème des sept ponts de Königsberg : « partant d'un point de la ville, peut-on se promener, en revenant à son point de départ, en passant une seule fois par tous les ponts ? » De nombreux théorèmes, équations et identités portent son nom. ■

Introduction aux fonctions de plusieurs variables

Plan

Objectifs

→ **Calculer** les limites de fonctions de plusieurs variables.

→ **Comprendre** la notion de continuité d'une fonction de plusieurs variables et ses conséquences.

→ **Faire une approximation** des variations d'une fonction de plusieurs variables à l'aide de sa différentielle.

→ **Connaître** les propriétés des fonctions homogènes.

→ **Appliquer** le théorème des fonctions implicites.

1 Distance, ouverts, fermés dans $\mathbb{R}^n$

1.1 Distance

Quand on a étudié les fonctions de $\mathbb{R}$ dans $\mathbb{R}$, on a considéré généralement qu'elles étaient définies sur un intervalle de $\mathbb{R}$. Il était important de savoir si cet intervalle était ouvert, fermé, fermé borné, etc., notamment pour déterminer les extrema de f (▸ paragraphe 6.4, chapitre 6). De même, pour une fonction de plusieurs variables de $\mathbb{R}^n$ dans $\mathbb{R}$, il est important de savoir si cette fonction est définie sur un ouvert, un fermé, un fermé borné... Nous allons définir ces notions dans cette section.

Quand on étudie les limites de fonctions de $\mathbb{R}$ dans $\mathbb{R}$, on considère que la distance entre deux points de $\mathbb{R}$ est tout simplement la valeur absolue de leur différence. Pour les fonctions de $\mathbb{R}^n$ dans $\mathbb{R}$, on a besoin de définir une distance dans $\mathbb{R}^n$. C'est l'objet de la définition suivante.

La distance usuelle entre deux points x et y de $\mathbb{R}^n$ est la distance euclidienne définie ci-dessous.

Définition 11.1

On appelle **distance** euclidienne sur $\mathbb{R}^n$, l'application d :

$$\begin{aligned}\mathbb{R}^n \times \mathbb{R}^n &\to \mathbb{R}\\ (x,y) &\mapsto d(x,y)\end{aligned}$$

définie par $d(x,y) = \|y - x\| = \sqrt{\sum_{i=1}^{n}(y_i - x_i)^2}$.

Dans $\mathbb{R}^2$, on obtient $d(x,y) = \sqrt{(y_1 - x_1)^2 + (y_2 - x_2)^2}$ qui est bien la distance usuelle entre deux points $x = (x_1,x_2)$ et $y = (y_1,y_2)$ en appliquant le théorème de Pythagore.

Proposition 11.1

La distance euclidienne est telle que :

(i) $d(x,y) \geq 0$ et $d(x,y) = 0 \Leftrightarrow x = y$

(ii) $d(x,y) = d(y,x)$, $\forall x \in \mathbb{R}^n$, $\forall y \in \mathbb{R}^n$

(iii) $d(x,z) \leq d(x,y) + d(y,z)$, $\forall x,y,z \in \mathbb{R}^n$ (inégalité triangulaire)

Démonstration

Ces propriétés découlent de celles de l'application norme (▸ proposition 10.13).

(i) On a $\|u\| \geq 0$ pour tout u, donc $d(x,y) = \|y - x\| \geq 0$.

De plus $\|u\| = 0 \Leftrightarrow u = 0$, donc $\|y - x\| = 0 \Leftrightarrow y - x = 0$. C'est-à-dire $d(x,y) = 0 \Leftrightarrow y = x$.

(ii) On a pour tout $u \in \mathbb{R}^n$, pour tout $\lambda \in \mathbb{R}$, $\|\lambda u\| = |\lambda| \cdot \|u\|$. Avec $u = y - x$ et $\lambda = -1$, cela donne :

$$d(x,y) = \|y - x\| = \|-(x - y)\| = |-1| \cdot \|x - y\| = d(y,x).$$

(iii) On a pour tout $u, v \in \mathbb{R}^n$, $\|u + v\| \leq \|u\| + \|v\|$. Posons $u = y - x$ et $v = z - y$.
On obtient alors $\|(y - x) + (z - y)\| \leq \|y - x\| + \|z - y\|$, c'est-à-dire $\|z - x\| \leq \|y - x\| + \|z - y\|$, d'où finalement $d(x,z) \leq d(x,y) + d(y,z)$. ■

L'inégalité triangulaire ci-dessus exprime le fait qu'entre deux points x et z le plus court chemin est la ligne droite (passer par y risque de rallonger le parcours).

1.2 Suites dans $\mathbb{R}^n$

On a défini une suite de nombres réels comme étant une fonction de $\mathbb{N}$ dans $\mathbb{R}$. On peut définir de même des suites dans $\mathbb{R}^n$.

Définition 11.2

Une **suite** $(u_k)_{k\in\mathbb{N}}$ **dans** $\mathbb{R}^n$ est une application de $\mathbb{N}$ dans $\mathbb{R}^n$. Pour tout $k \in \mathbb{N}$, on a alors $u_k \in \mathbb{R}^n$.
Chaque u_k a n coordonnées, c.-à-d. $u_k = (u_{1,k},\ldots,u_{n,k})$.

Définition 11.3

On dit que la suite $(u_k)_{k\in\mathbb{N}}$ **converge** dans $\mathbb{R}^n$ s'il existe un élément $l \in \mathbb{R}^n$ tel que $\lim\limits_{k\to+\infty} d(u_k,l) = 0$. On dit que l est la limite de la suite, et on note $l = \lim\limits_{k\to+\infty} u_k$.

Proposition 11.2

Dans $\mathbb{R}^n$, la suite $(u_k)_{k\in\mathbb{N}}$ converge vers $l = (l_1, \ldots, l_n)$ si et seulement si chaque suite coordonnée $(u_{i,k})_{k\in\mathbb{N}}$ converge vers l_i, pour tout i.

Démonstration

Pour tout i, avec $1 \leq i \leq n$, on a $|u_{i,k} - l_i| \leq \sqrt{\sum_{j=1}^{n} \left(u_{j,k} - l_j\right)^2} = d(u_k,l)$.

Donc si $\lim\limits_{k\to+\infty} d(u_k,l) = 0$, alors $\lim\limits_{k\to+\infty} |u_{i,k} - l_i| = 0$ pour tout i.
Cela signifie que si $(u_k)_{k\in\mathbb{N}}$ converge vers $l = (l_1,\ldots,l_n)$, alors chaque suite coordonnée $(u_{i,k})_{k\in\mathbb{N}}$ converge vers l_i.
Réciproquement, supposons que pour tout i, la suite coordonnée $(u_{i,k})_{k\in\mathbb{N}}$ converge vers l_i.
Alors on peut dire que $\lim\limits_{k\to+\infty} |u_{i,k} - l_i| = 0$ pour tout i, d'où $\lim\limits_{k\to+\infty} (u_{i,k} - l_i)^2 = 0$ pour tout i, avec $1 \leq i \leq n$.
On en déduit que $\lim\limits_{k\to+\infty} \sum_{i=1}^{n} (u_{i,k} - l_i)^2 = 0$, c'est-à-dire $\lim\limits_{k\to+\infty} [d(u_k,l)]^2 = 0$, d'où la suite $(u_k)_{k\in\mathbb{N}}$ converge vers l. ■

Exemple 11.1

Dans $\mathbb{R}^2$, la suite $u_k = (1 + \frac{1}{k}; 2 - \frac{1}{k})$ converge vers $(1; 2)$ pour $k \to +\infty$.

1.3 Ouverts

Lorsque l'on considère une fonction de $\mathbb{R}$ dans $\mathbb{R}$ définie sur un intervalle I, il est important de savoir si cet intervalle est ouvert, fermé, ou ni l'un ni l'autre. Par exemple, si on recherche le maximum global d'une fonction f continue et dérivable sur I, on a des propriétés différentes suivant la nature de I.

- Quand I est fermé borné, f admet toujours un maximum global sur I (▶ proposition 6.10).
- Quand I est ouvert, si f admet un maximum (local ou global) en x_0, alors $f'(x_0) = 0$. Ce n'est pas forcément le cas pour I fermé, car si $I = [a; b]$ par exemple, les extrémités de l'intervalle a et b peuvent être des maxima de f tout en ayant $f'(a) \neq 0$ et $f'(b) \neq 0$.

On aura des phénomènes de même nature en dimension supérieure à 1, à la différence que les notions d'ouvert et de fermé sont un peu plus délicates à définir. L'intuition est toutefois la même qu'en dimension 1.

Dans $\mathbb{R}$, on dit qu'un intervalle est ouvert s'il ne contient pas ses extrémités. Ainsi $]a; b[$ ne contient ni a ni b. Une conséquence est qu'en tout point x_0 de $I =]a; b[$, on est à une distance non nulle des extrémités : il existe $r > 0$ (suffisamment petit) tel que le petit intervalle $]x_0 - r; x_0 + r[$ soit inclus dans I. On va définir de cette manière un ouvert en dimension quelconque : A est ouvert si pour tout $x_0 \in A$, on peut insérer une petite boule de centre x_0 et de rayon r, incluse dans A.

Définition 11.4

Soit $r > 0$ et $a \in \mathbb{R}^n$.
On appelle **boule ouverte** de centre a et de rayon r l'ensemble

$$B(a,r) = \{x \in \mathbb{R}^n; d(a; x) < r\}$$

Exemple 11.2

1. Si $n = 1$, alors $B(a,r) =]a - r; a + r[$.
2. Si $n = 2$, alors $B(a,r)$ est le disque usuel de centre a, rayon r, c'est-à-dire est l'intérieur du cercle.
3. Si $n = 3$, alors $B(a,r)$ est la boule usuelle de centre a, rayon r, c'est-à-dire le contenu de la sphère.

Définition 11.5

Soit $A \subset \mathbb{R}^n$. On dit que A est un **ouvert** (ou est une partie ouverte) si : $\forall a \in A$, $\exists r > 0$, $B(a,r) \subset A$.

A est une partie ouverte de $\mathbb{R}^n$ si, en tout point $a \in A$, on peut glisser une petite boule de centre a qui soit incluse dans A. Si A est ouvert, quand on est dans A, on n'est jamais totalement « au bord » de A. Cela signifie que A ne contient aucun point de sa frontière (▶ définition 11.10 et proposition 11.9).

Exemple 11.3

- Toute boule ouverte est un ouvert.
- Dans $\mathbb{R}$, tout intervalle ouvert est un ouvert.
- Dans $\mathbb{R}^2$, $\left\{(x_1,x_2) \in \mathbb{R}^2 \,;\, x_2 > x_1^2\right\}$ est un ouvert.

Proposition 11.3

Toute union d'ouverts est un ouvert. Toute intersection finie d'ouverts est un ouvert.

Démonstration

- Soit $(O_i)_{i\in I}$ une famille d'ouverts. On pose $O = \cup_{i\in I} O_i$. Soit $a \in O$. Alors il existe $i_0 \in I$ tel que $a \in O_{i_0}$.
$$O_{i_0} \text{ ouvert } \Rightarrow \exists r > 0,\ B(a,r) \subset O_{i_0} \subset O$$
- Soit $O_1, \ldots, O_k$ une suite finie d'ouverts. Posons $G = \cap_{i=1}^k O_i$. Soit $a \in G$.
$$\forall i \in \{1;\ldots;k\},\ \exists r_i > 0,\ B(a,r_i) \subset O_i.$$
Soit $r = \min\limits_{1\leq i\leq k} r_i$. On a $r > 0$ et :
$$\forall i \in \{1;\ldots;k\},\ B(a,r) \subset B(a,r_i) \subset O_i$$
d'où $B(a,r) \subset \cap_{i=1}^k O_i = G$. ■

Pour A une partie fixée de $\mathbb{R}^n$, considérons l'union de tous les ouverts contenus dans A. Cette union est un ouvert d'après la proposition précédente, et elle est contenue aussi dans A. Elle contient tout ouvert contenu dans A, donc elle est le plus grand ouvert contenu dans A. Ceci justifie la définition suivante.

Définition 11.6

Soit $A \subset \mathbb{R}^n$. On appelle **intérieur** de A, noté $\text{int}(A)$, le plus grand ouvert contenu dans A. On a :
$$\text{int}(A) = \{x \in A;\ \exists r > 0,\ B(x,r) \subset A\}.$$

Par définition $\text{int}(A)$ est toujours inclus dans A. Il n'y a égalité que pour les ouverts.

Proposition 11.4

Soit $A \subset \mathbb{R}^n$.
A est ouvert si et seulement si $\text{int}(A) = A$.

Démonstration

- Si A est ouvert, alors A est clairement le plus grand ouvert contenu dans A, d'où $\text{int}(A) = A$.
- Réciproque : si $\text{int}(A) = A$, alors A est ouvert puisque $\text{int}(A)$ l'est. ■

Exemple 11.4

- Dans $\mathbb{R}$:

  si $A = [0;3[$, alors $\text{int}(A) =]0;3[$.

  si $A = [0;4[\cup]5;7] \cup [8;+\infty[$ alors $\text{int}(A) =]0;4[\cup]5;7[\cup]8;+\infty[$.
- Dans $\mathbb{R}^2$, si $A = \{(x_1,x_2);\ x_2 \geq x_1 \text{ et } x_1 \geq 0\}$ alors $\text{int}(A) = \{(x_1,x_2);\ x_2 > x_1 \text{ et } x_1 > 0\}$.

Nous voyons sur ces exemples que l'intérieur de A contient uniquement les points de A qui ne sont pas « juste au bord » de A, c'est-à-dire qui n'appartiennent pas à la frontière de A (► définition 11.10).

1.4 Fermés

Dans $\mathbb{R}$, les intervalles fermés sont ceux qui contiennent leurs extrémités. Nous verrons que de même dans $\mathbb{R}^n$ un fermé est une partie qui contient sa frontière (► proposition 11.9(ii)).

Définition 11.7

Soit $r > 0$ et $a \in \mathbb{R}^n$.
On appelle **boule fermée** de centre a et de rayon r l'ensemble

$$B_f(a,r) = \{x \in \mathbb{R}^n ; d(a;x) \leq r\}$$

Définition 11.8

On dit qu'une partie A de $\mathbb{R}^n$ est **fermée** si son complémentaire est ouvert, c.-à-d. si $A^c = \{x \in \mathbb{R}^n;\ x \notin A\} = \mathbb{R}^n \setminus A$ est ouvert.

Exemple 11.5

- Les boules fermées sont des fermés (car leurs complémentaires sont des ouverts).
- Dans $\mathbb{R}$, on a : $[3; 5]$ est fermé et non ouvert, $[3; 5[$ n'est ni ouvert ni fermé, $]3; 5[$ est ouvert mais non fermé.
- Dans $\mathbb{R}^2$, $A = \{(x_1; x_2) \in \mathbb{R}^2;\ x_1 \geq 2x_2\}$ est un fermé.

Proposition 11.5

Soit $A \subset \mathbb{R}^n$.
A est fermé si et seulement si toute suite d'éléments de A convergente (dans $\mathbb{R}^n$) converge vers une limite l qui est dans A.

Démonstration

- Soit A un fermé. Soit (u_k) une suite de A, qui converge vers $l \in \mathbb{R}^n$.
  Si $l \notin A$, alors $l \in A^c$ ouvert, d'où : $\exists \varepsilon_0 > 0,\ B(l,\varepsilon_0) \subset A^c$.
  Mais : $\forall \varepsilon > 0,\ \exists N,\ k \geq N \Rightarrow |u_k - l| < \varepsilon$. Donc pour $\varepsilon = \varepsilon_0$, on obtient $u_k \in A^c$ pour $k \geq N$.
  Mais c'est impossible car (u_k) est une suite de A. Donc $l \in A$.
- Réciproquement, soit A tel que toute suite convergente d'éléments de A converge vers une limite qui est dans A.
  A est-il fermé ? c.-à-d. A^c est-il ouvert ?
  Soit $x \in A^c$. Existe-t-il $\varepsilon > 0$, tel que $B(x,\varepsilon) \subset A^c$?
  Si ce n'est pas le cas, alors : $\forall k \in \mathbb{N}^*,\ B(x,\frac{1}{k}) \not\subset A^c$, c.-à-d. $\forall k \geq 1,\ \exists u_k \in B(x,\frac{1}{k})$ avec $u_k \in A$,

c'est-à-dire $x = \lim_{k \to +\infty} u_k$, les $u_k \in A$, d'où $x \in A$.

C'est impossible car $x \notin A$. Donc $\exists \varepsilon > 0$, $B(x,\varepsilon) \subset A^c$, c.-à-d. A^c est ouvert. ■

Proposition 11.6

Toute intersection de fermés est un fermé. Toute union finie de fermés est un fermé.

Démonstration

L'idée générale est de considérer les complémentaires et d'appliquer la proposition 11.3.

– Soit $(F_i)_{i \in I}$ une famille de fermés. Posons $F = \cap_{i \in I} F_i$.

  Pour tout i, soit $O_i = F_i^c$ le complémentaire de F_i. On a O_i ouvert puisque F_i est supposé fermé. Donc $O = \cup_{i \in I} O_i$ est ouvert (▸ proposition 11.3). On peut remarquer que $F^c = (\cap_{i \in I} F_i)^c = \cup_{i \in I} F_i^c = \cup_{i \in I} O_i = O$, ce qui signifie que le complémentaire de F est ouvert, c'est-à-dire F est fermé. On a bien obtenu qu'une intersection de fermés est fermée.

– Soit $F_1, F_2, \ldots F_k$ des fermés. Posons $K = \cup_{i=1}^k F_i$.

  Pour tout i, soit $O_i = F_i^c$ le complémentaire de F_i. On a O_i ouvert puisque F_i est supposé fermé. Donc $O = \cap_{i=1}^k O_i$ est ouvert (▸ proposition 11.3). On peut remarquer que $K^c = (\cup_{i=1}^k F_i)^c = \cap_{i=1}^k F_i^c = \cap_{i=1}^k O_i = O$, ce qui signifie que le complémentaire de K est ouvert, c'est-à-dire K est fermé. On obtient qu'une union finie de fermés est fermée. ■

Pour A une partie fixée de $\mathbb{R}^n$, considérons l'intersection de tous les fermés contenant A. Cette intersection est un fermé d'après la proposition précédente, et elle contient aussi A. Elle est contenue dans tout fermé contenant A, donc elle est le plus petit fermé contenant A. Ceci justifie la définition suivante.

Définition 11.9

Soit $A \subset \mathbb{R}^n$. On appelle **adhérence** de A, notée $\overline{A}$, le plus petit fermé contenant A.

Par définition $\overline{A}$ contient toujours A. Il n'y a égalité que pour les fermés.

Proposition 11.7

A est fermé si et seulement si $A = \overline{A}$.

Démonstration

– Si A est fermé, alors A est clairement le plus petit fermé contenant A, d'où $A = \overline{A}$.

– Réciproque : si $A = \overline{A}$, alors A est fermé puisque $\overline{A}$ l'est. ■

Intuitivement, l'adhérence de A est l'ensemble des points de $\mathbb{R}^n$ qui sont dans A, ou bien qui ne sont pas dans A mais qui « touchent » A, qui sont « adhérents » à A. C'est ce que permet de comprendre la propriété suivante (que nous admettons sans démonstration).

Proposition 11.8

L'adhérence de A est l'ensemble des limites de suites convergentes d'éléments de A.

- Si $x \in A$, il est bien sûr limite d'une suite d'éléments de A. Il suffit par exemple de considérer la suite constante (u_k) définie par $u_k = x$ pour tout k.
- Si x est dans $\overline{A}$ mais pas dans A, on peut trouver une suite (u_k) telle que $u_k \in A$, avec $\lim\limits_{k\to+\infty} u_k = x$. Par exemple, en dimension 1, considérons $A =]1;3]$. On a $\overline{A} = [1;3]$. Le point $x = 1$ est dans $\overline{A}$ mais pas dans A. On a $\lim\limits_{k\to+\infty} u_k = 1$, en prenant par exemple $u_k = 1 + \dfrac{1}{k}$ pour tout $k \in \mathbb{N}^*$.

Exemple 11.6

- Dans $\mathbb{R}$:

  si $A = [0;3[$, alors $\overline{A} = [0;3]$;

  si $A = [2;4[\cup]5;6[$, alors $\overline{A} = [2;4] \cup [5;6]$.
- Dans $\mathbb{R}^2$, si $A = \left\{(x_1,x_2);\ x_2 > x_1^2\right\}$, alors $\overline{A} = \left\{(x_1,x_2);\ x_2 \geq x_1^2\right\}$.
- Dans $\mathbb{R}^n$, si $A = B(a,r)$, alors $\overline{A} = B_f(a,r)$.

Définition 11.10

Soit A une partie de $\mathbb{R}^n$. On appelle **frontière** de A, l'ensemble $Fr(A) = \overline{A} \setminus \text{int}(A)$.

Exemple 11.7

- Si $A = [0;3[$, alors $Fr(A) = \{0;3\}$. Ici A est un intervalle, et $Fr(A)$ est constitué des points aux extrémités de cet intervalle.
- Si $A = [2;4[\cup]5;6[$, alors $Fr(A) = \{2;4;5;6\}$.
- Si $A = \left\{(x_1,x_2);\ x_2 > x_1^2\right\}$ alors $Fr(A) = \left\{(x_1,x_2);\ x_2 = x_1^2\right\}$.

  Ici A est la partie du plan strictement au-dessus de la parabole d'équation $x_2 = x_1^2$, et $Fr(A)$ est la parabole.
- Si A est la boule ouverte $B(a,r)$, alors sa frontière est $Fr(A) = \{x \in \mathbb{R}^n ;\ d(a,x) = r\}$.
- De même, si A est la boule fermée $B_f(a,r)$, alors sa frontière est $Fr(A) = \{x \in \mathbb{R}^n ;\ d(a,x) = r\}$.

Voici une caractérisation plus intuitive des ouverts et des fermés, à l'aide de leur frontière.

Proposition 11.9

(i) A est ouvert si et seulement si il ne rencontre pas sa frontière, c.-à-d. $A \cap Fr(A) = \emptyset$.

(ii) A est fermé si et seulement si il contient sa frontière, c.-à-d. $Fr(A) \subset A$.

Démonstration

(i) Si A est ouvert alors $A = \text{int}(A)$, donc $Fr(A) = \overline{A} \setminus \text{int}(A) = \overline{A} \setminus A$, ce qui implique que $A \cap Fr(A) = \emptyset$.

Réciproquement, supposons que A ne rencontre pas sa frontière. Comme $A \subset \overline{A}$ et $Fr(A) = \overline{A} \setminus \text{int}(A)$, cela implique que $A \subset \text{int}(A)$. Comme on a toujours $\text{int}(A) \subset A$, cela veut dire que $A = \text{int}(A)$, et donc que A est ouvert.

(ii) Si A est fermé alors $A = \overline{A}$, donc $Fr(A) = \overline{A} \setminus \text{int}(A) = A \setminus \text{int}(A)$, ce qui implique que A contient $Fr(A)$.

Réciproquement, supposons que A contienne sa frontière. Comme A contient $\text{int}(A)$ et que $Fr(A) = \overline{A} \setminus \text{int}(A)$, cela implique que A contient $\overline{A}$. Comme on a toujours $A \subset \overline{A}$, cela veut dire que $A = \overline{A}$, et donc que A est fermé. ■

1.5 Compacts

Les compacts sont importants quand on étudie des fonctions continues (▶ section 2.3).

Définition 11.11

On dit que la partie A de $\mathbb{R}^n$ est **bornée** si : $\exists M > 0, \forall x \in A, \|x\| \leq M$.

Autrement dit, A est bornée s'il existe une boule (fermée de centre 0) qui la contient.

Exemple 11.8

- Dans $\mathbb{R}$: $A = [2; 7[$ est borné, et $B = [3; +\infty[$ est non borné.
- Dans $\mathbb{R}^2$:

  $A = \left\{(x_1,x_2);\ x_1^2 + x_2^2 \leq 1\right\}$ est borné ;

  $A = \left\{(x_1,x_2);\ x_2 > x_1^2\right\}$ est non borné.
- Dans $\mathbb{R}^n$: toute boule (ouverte ou fermée) est bornée.

Définition 11.12

On dit que A est **compacte** si A est fermée et bornée.

Exemple 11.9

- Dans $\mathbb{R}$ on a : $A = [2; 5]$ est compact ; $B = [2; 4] \cup [6; 8]$ est compact ; $C = [1; +\infty[$ n'est pas compact (fermé non borné).
- Toute boule fermée est compacte.
- $A = \{(x_1; x_2) \in \mathbb{R}^2; |x_1| \leq 1 \text{ et } |x_2| \leq 2\}$ est compact.
- $B = \{(x_1; x_2) \in \mathbb{R}^2; x_1 \geq 2\}$ n'est pas compact (fermé non borné).

2 Fonctions continues à plusieurs variables

On considère dans la suite une fonction f de $\mathbb{R}^n$ dans $\mathbb{R}^p$. On note D le domaine de définition de f ; on a donc $D \subset \mathbb{R}^n$.

2.1 Limites

On a la même notion de limite que pour une fonction de $\mathbb{R}$ dans $\mathbb{R}$ (▸ définition 4.1), seule la formulation mathématique change.

Définition 11.13

Soit $x_0 \in \overline{D}$ et $l \in \mathbb{R}^p$. On dit que f a pour limite l quand x tend vers x_0 si et seulement si : « $f(x)$ devient aussi proche que l'on veut de l, pour tout x élément de D suffisamment proche de x_0 (avec $x \neq x_0$) ». On note alors $\lim\limits_{x \to x_0} f(x) = l$.

Formulation mathématique :

On a $\lim\limits_{x \to x_0} f(x) = l$ si et seulement si :

$$\forall \varepsilon > 0,\ \exists \alpha > 0,\ (x \in D,\ x \neq x_0 \text{ et } d(x,x_0) < \alpha) \Rightarrow d(f(x),l) < \varepsilon$$

Pour $n = p = 1$, on retrouve la définition habituelle (▸ définition 4.1).

On a les propriétés habituelles des limites, qui se démontrent comme pour une fonction f de $\mathbb{R}$ dans $\mathbb{R}$.

Proposition 11.10

a) Unicité de la limite.

b) Limite d'une somme : $\lim\limits_{x \to x_0} (f + g)(x) = \lim\limits_{x \to x_0} f(x) + \lim\limits_{x \to x_0} g(x)$ (si les limites existent).

c) Limite du produit par un scalaire : $\lim\limits_{x \to x_0} (\alpha f)(x) = \alpha \lim\limits_{x \to x_0} f(x)$, où $\alpha \in \mathbb{R}$ (si f a une limite).

d) Composition : si $\lim\limits_{x \to x_0} f(x) = l$ et $\lim\limits_{y \to l} g(y) = l'$, alors $\lim\limits_{x \to x_0} (g \circ f)(x) = l'$.

e) Caractérisation séquentielle de la limite. On a $\lim\limits_{x \to x_0} f(x) = l$ si et seulement si : pour toute suite $(u_k)_{k \geq 0}$ de D, de limite x_0, la suite $(f(u_k))_{k \geq 0}$ converge vers l.

Exemple 11.10

Soit $D = \mathbb{R}^2 \setminus \{(0;0)\}$, et $f : D \to \mathbb{R}$ définie par : $f(x;y) = \exp\left(\dfrac{-1}{x^2 + y^2}\right)$.

Alors $(0;0) \in \overline{D}$. Que vaut $\lim\limits_{(x;y) \to (0;0)} f(x;y)$? (si cette limite existe).

Quand $(x;y)$ tend vers $(0;0)$, alors $x^2 + y^2$ tend vers 0, d'où $\dfrac{-1}{x^2 + y^2}$ tend vers $-\infty$.

Comme $\lim_{t \to -\infty} \exp(t) = 0$, on en déduit que $\lim_{(x;y) \to (0;0)} \exp\left(\frac{-1}{x^2 + y^2}\right) = 0$.

On a donc $\lim_{(x;y) \to (0;0)} f(x; y) = 0$.

Définition 11.14

Si $D \subset \mathbb{R}^n$, considérons une application $f : D \to \mathbb{R}^p$.
Pour tout $x \in D$, on a $f(x) \in \mathbb{R}^p$ donc on peut écrire $f(x) = (f_1(x), \ldots, f_p(x))$, où $f_1(x), \ldots, f_p(x)$ sont les coordonnées de $f(x)$ dans $\mathbb{R}^p$.
Les applications $f_i : D \to \mathbb{R}$ s'appelent les **applications coordonnées** de f.

Exemple 11.11

Soit f l'application de $\mathbb{R}^2$ dans $\mathbb{R}^3$ définie pour tout $x = (x_1, x_2)$ par $f(x) = (x_1 + x_2, x_1 - x_2, 2x_1 + 3x_2)$. Alors les applications coordonnées de f sont données par :

$$\begin{cases} f_1(x) = x_1 + x_2 \\ f_2(x) = x_1 - x_2 \\ f_3(x) = 2x_1 + 3x_2 \end{cases}$$

Proposition 11.11

Soit $f : D \to \mathbb{R}^p$, où $D \subset \mathbb{R}^n$, et $x_0 \in \overline{D}$. On note $f(x) = (f_1(x), \ldots, f_p(x))$.
On a, pour $l = (l_1, \ldots, l_p)$:

$$\lim_{x \to x_0} f(x) = l \Leftrightarrow \lim_{x \to x_0} f_i(x) = l_i \text{ pour tout } i.$$

Démonstration

Le principe est le même que pour une limite de suite (► proposition 11.2). ■

2.2 Continuité

Soit $f : D \to \mathbb{R}^p$, où $D \subset \mathbb{R}^n$ et $x_0 \in D$.

Définition 11.15

On dit que f est **continue** en x_0 si $\lim_{x \to x_0} f(x) = f(x_0)$.

On a les propriétés habituelles des fonctions continues, qui se démontrent comme pour les fonctions de $\mathbb{R}$ dans $\mathbb{R}$.

Proposition 11.12

a) Si f et g sont continues en x_0, alors $f + g$ est continue en x_0.

b) Si $p = 1$ et si f et g sont continues en x_0, alors $f \times g$ est continue en x_0 et $\frac{f}{g}$ est continue en x_0 (si $g(x_0) \neq 0$).

c) Si f est continue en x_0, alors αf est continue en x_0, pour $\alpha \in \mathbb{R}$.

d) Si $f : \mathbb{R}^n \to \mathbb{R}^p$, et $g : \mathbb{R}^p \to \mathbb{R}^q$, où f est continue en x_0 et g est continue en $y_0 = f(x_0)$, alors $g \circ f$ continue en x_0.

e) Caractérisation séquentielle de la continuité. La fonction f est continue en x_0 si et seulement si : pour toute suite (u_k) convergeant vers x_0, on a $\lim\limits_{x \to x_0} f(u_k) = f(x_0)$.

Exemple 11.12

1. Soit $p_i : \mathbb{R}^n \to \mathbb{R}$, tel que $p_i(x_1, \ldots, x_n) = x_i$. Alors p_i est continue sur $\mathbb{R}^n$.
2. Soit $f : \mathbb{R}^5 \to \mathbb{R}$, tel que $f(x_1,\ldots,x_5) = 2x_3 - 5x_4$ pour tout $x = (x_1,\ldots,x_5)$.
   Alors f est continue sur $\mathbb{R}^5$. En effet $f = 2p_3 - 5p_4$, où p_3 et p_4 sont continues sur $\mathbb{R}^5$.
3. Soit $f(x;y) = xy \ln\left|\dfrac{y}{x}\right|$ si $xy \neq 0$, et $f(x;y) = 0$ si $xy = 0$.
   f est-elle continue de $\mathbb{R}^2 \to \mathbb{R}$?
   $$f(x;y) = xy \ln|y| - xy \ln|x| = xg(y) - yg(x)$$
   où $g(u) = u \ln|u|$ si $u \neq 0$ et $g(0) = 0$.
   g est continue en 0 car $\lim\limits_{u \to 0} u \ln|u| = 0$ (▸ théorème des croissances comparées, 2.2, chapitre 5).
   g est continue sur $\mathbb{R}$, et les projections $p_1(x;y) = x$ et $p_2(x;y) = y$ sont continues, donc les applications $(x;y) \mapsto g(y)$ et $(x;y) \mapsto g(y)$ sont continues.
   Conclusion : f est continue sur $\mathbb{R}^2$.

Proposition 11.13

Soit $f : D \to \mathbb{R}^p$, où $D \subset \mathbb{R}^n$ et $x_0 \in D$. Alors :
f est continue en x_0 $\Leftrightarrow$ (pour tout i, l'application coordonnée f_i est continue en x_0).

Démonstration

f est continue en $x_0 \Leftrightarrow \lim\limits_{x \to x_0} f(x) = f(x_0)$,

avec : $\lim\limits_{x \to x_0} f(x) = f(x_0) \Leftrightarrow \lim\limits_{x \to x_0} f_i(x) = f_i(x_0)$, pour tout i.

D'où : f continue en $x_0 \Leftrightarrow f_i$ continue en x_0, pour tout i. ■

Définition 11.16

On dit que f est **continue** sur D si f est continue en tout point de D.

APPLICATION Fonction de production

On considère une fonction de production F définie pour tout $(x_1; x_2) \in \mathbb{R}_+^2$ par $F(x_1; x_2) = Ax_1^\alpha x_2^\beta$, où x_1 et x_2 désignent les quantités utilisées de facteurs de production 1 et 2, et $F(x_1,x_2)$ désigne la quantité produite de bien final. Ici α et β sont des paramètres strictement positifs. Il est clair que F est une fonction continue sur $\mathbb{R}_+^2$, car produit de fonctions continues.

2.3 Propriétés des fonctions continues

Les fonctions continues permettent d'identifier les ouverts et les fermés comme le montre la proposition suivante.

Proposition 11.14

Soit $f : \mathbb{R}^n \to \mathbb{R}^p$ continue, et $B \subset \mathbb{R}^p$. Soit A l'image réciproque de B par f, c'est-à-dire $A = f^{-1}(B) = \{x \in \mathbb{R}^n; f(x) \in B\}$. On a :

– si B est fermé dans $\mathbb{R}^p$, alors A est fermé dans $\mathbb{R}^n$;

– si B est ouvert dans $\mathbb{R}^p$, alors A est ouvert dans $\mathbb{R}^n$.

Démonstration

– Supposons B fermé. Alors A est-il fermé ?

Soit (u_k) une suite de A, qui converge vers $x_0 \in \mathbb{R}^n$. A-t-on $x_0 \in A$?

$(f(u_k))$ est une suite de B, qui converge vers $f(x_0)$ car f est continue.

B est fermé, donc $f(x_0) \in B$ (► proposition 11.5).

Mais on a donc $x_0 \in A$. D'où A est fermé.

– Si B est ouvert, B^c est fermé donc $f^{-1}(B^c)$ est fermé.

$f^{-1}(B^c) = \{x \in E; f(x) \notin B\} = \left[f^{-1}(B)\right]^c$ donc on a $f^{-1}(B)$ ouvert, c.-à-d. A ouvert. ■

Exemple 11.13

– Soit $A = \{(x; y); y > x^2\}$.

On a $A = \{(x; y); f(x; y) > 0\} = f^{-1}(]0; +\infty[)$ où f définie par $f(x; y) = y - x^2$ est continue et $]0; +\infty[$ est ouvert, donc A est ouvert.

– De même, soit $B = \{(x; y); y \geq x^2\}$.

On a $B = f^{-1}([0; +\infty[)$ où f est continue et $[0; +\infty[$ est fermé, donc B est fermé.

On admet sans démonstration le théorème suivant, dont un corollaire est le théorème des bornes atteintes.

Théorème

Image d'un compact par une application continue

A un compact de $\mathbb{R}^n$, et soit f continue de $A \to \mathbb{R}^p$. Alors $f(A)$ est compact.

On a vu au chapitre 6 que si f est continue d'un intervalle fermé borné I de $\mathbb{R}$ dans $\mathbb{R}$, alors f admet un minimum global a et un maximum global b sur I (► proposition 6.10). Le théorème suivant montre qu'on a un résultat similaire en dimension n.

Théorème

Théorème des bornes atteintes

Si f est continue de A dans $\mathbb{R}$, où A est un compact de $\mathbb{R}^n$, alors f est bornée sur A et atteint ses bornes. Autrement dit : il existe $a,b \in A$, tels que $\forall x \in A$, $f(a) \leq f(x) \leq f(b)$.

2.4 Fonctions polynômes à plusieurs variables

On a défini les fonctions monômes et polynômes sur $\mathbb{R}$ au chapitre 1 (► définitions 1.22 et 1.24). On peut définir de même sur $\mathbb{R}^n$ des monômes et polynômes à n variables réelles.

Définition 11.17

On dit que f est un **monôme à n variables** si f est une fonction de $\mathbb{R}^n$ dans $\mathbb{R}$ définie par :

$$f(x) = ax_1^{k_1} \dots x_n^{k_n} \text{ pour tout } x = (x_1, \dots, x_n) \in \mathbb{R}^n,$$

où a, k_1, ..., k_n sont fixés, avec $a \in \mathbb{R}$ et k_1, ..., $k_n \in \mathbb{N}$.
On dit que k_i est le **degré partiel** du monôme par rapport à la variable x_i et que $k_1 + k_2 + \dots + k_n$ est le **degré total** du monôme (pur $a \neq 0$).

Exemple 11.14

La fonction f définie pour tout $x = (x_1,x_2,x_3) \in \mathbb{R}^3$ par $f(x) = 2x_1^3x_2^2x_3^4$ est un monôme de degré total égal à 9. Son degré partiel par rapport à x_3 est égal à 4.

Définition 11.18

On dit que f est un **polynôme à n variables** (ou une fonction polynômiale à n variables) si f est la somme d'un nombre fini de monômes, c'est-à-dire si f est une fonction de $\mathbb{R}^n$ dans $\mathbb{R}$ qui peut s'écrire :

$$f(x) = \sum_{k_1,k_2,\dots,k_n} a_{k_1,k_2,\dots,k_n} x_1^{k_1} \dots x_n^{k_n} \text{ pour tout } x = (x_1, \dots, x_n) \in \mathbb{R}^n$$

où dans cette somme les k_i sont dans $\mathbb{N}$, et seul un nombre fini de $a_{k_1,k_2,\dots,k_n}$ sont non nuls.
Le **degré partiel** du polynôme par rapport à la variable x_i est le plus haut des degrés partiels des monômes qui le composent. Le **degré total** du polynôme est le plus haut degré total des monômes qui le composent.

Exemple 11.15

La fonction f définie pour tout $x = (x_1,x_2) \in \mathbb{R}^2$ par $f(x) = 2x_1^3x_2^4 + 7x_1^2x_2^6$ est un polynôme de degré total égal à 8. Son degré partiel par rapport à x_1 est égal à 3.

Proposition 11.15

Toute fonction polynôme à n variables est continue sur $\mathbb{R}^n$.

Démonstration

Il suffit de montrer qu'un monôme est continu, car une somme finie de fonctions continues est continue.

Pour tout i, on a vu que l'application p_i est continue sur $\mathbb{R}^n$, où $p_i : \mathbb{R}^n \to \mathbb{R}$ est tel que $p_i(x_1, \dots, x_n) = x_i$. (► exemple 11.12).

Un monôme est le produit d'un nombre fini de telles applications multipliées par une constante, donc c'est une application continue (► proposition 11.11). ■

3 Dérivées partielles

3.1 Dérivées partielles premières

Pour une fonction de $\mathbb{R}$ dans $\mathbb{R}$, la dérivée en un point a nous permet de calculer une valeur approchée des variations de cette fonction (▸ propositions 2.3 et 2.10). Peut-on faire de même pour une fonction de $\mathbb{R}^n$ dans $\mathbb{R}$? Oui, si on ne bouge qu'une coordonnée de $x \in \mathbb{R}^n$, car dans ce cas tout se passe comme s'il n'y avait qu'une seule variable réelle, les autres étant fixées. La dérivée de la fonction obtenue lorsque l'on bouge seulement une coordonnée est appelée **dérivée partielle**.

Considérons une fonction $f : U \to \mathbb{R}$, où U est un ouvert (non vide) de $\mathbb{R}^n$.

Soit $a \in U$.

U est ouvert, donc il existe $r > 0$, tel que $B(a,r) \subset U$.

L'application

$$\begin{aligned} f_{i,a} \ : \ & \mathbb{R} \to \mathbb{R} \\ t \mapsto \ & f(a_1,\ldots,a_{i-1},t,a_{i+1},\ldots,a_n) \end{aligned}$$

est donc définie au moins sur $]a_i - r; a_i + r[$. On l'appelle i-ème **application partielle** de f au point a. Elle consiste à faire varier la i-ème variable en laissant fixes les autres.

Définition 11.19

– On dit que f admet une **dérivée partielle** au point a, par rapport à la ième variable, si la ième application partielle $f_{i,a}$ est dérivable en a_i. On note cette dérivée $\frac{\partial f}{\partial x_i}(a)$. On a donc :

$$\frac{\partial f}{\partial x_i}(a) = \lim_{x_i \to a_i} \frac{1}{x_i - a_i} \left[f(a_1,\ldots,a_{i-1},x_i,a_{i+1},\ldots,a_n) - f(a) \right]$$

– Si $\frac{\partial f}{\partial x_i}(x)$ existe en tout point $x \in U$, alors la fonction $x \mapsto \frac{\partial f}{\partial x_i}(x)$, notée $\frac{\partial f}{\partial x_i}$, est appelée **fonction dérivée partielle** de f par rapport à x_i.

***Remarque* :**

– Si $n = 1$, alors $x = x_1$ et la dérivée partielle est la dérivée ordinaire, qu'on note $\frac{df}{dx}$.

– Si $n = 2$, on note souvent les variables (x,y) au lieu de (x_1,x_2). Dans ce cas, x n'est que la première coordonnée (et non pas $x = (x_1,x_2)$).

– Si $n = 3$, on note souvent (x,y,z) au lieu de (x_1,x_2,x_3).

Définition 11.20

On appelle **gradient** de f en x, le vecteur-colonne des dérivées partielles par rapport à chaque variable :

$$\nabla f(x) = \begin{pmatrix} \frac{\partial f}{\partial x_1}(x) \\ \cdots \\ \frac{\partial f}{\partial x_n}(x) \end{pmatrix}$$

Exemple 11.16

1. Soit f définie par $f(x,y) = 2x^2y + 3yx^4 + 5$.

Pour calculer $\frac{\partial f}{\partial x}$, on considère que y est fixe, et on dérive f par rapport à x, d'où :

$$\frac{\partial f}{\partial x}(x,y) = 4xy + 12yx^3$$

Pour calculer $\frac{\partial f}{\partial y}$, on considère que x est fixe, et on dérive f par rapport à y, d'où :

$$\frac{\partial f}{\partial y}(x,y) = 2x^2 + 3x^4$$

2. Soit f définie par $f(x,y,z) = \frac{x + 2z + 1}{y^2 + 1}$. Ses dérivées partielles sont :

$$\frac{\partial f}{\partial x}(x,y) = \frac{1}{y^2+1}; \quad \frac{\partial f}{\partial y}(x,y) = \frac{-2y(x+2z+1)}{(y^2+1)^2}; \quad \frac{\partial f}{\partial z}(x,y) = \frac{2}{y^2+1}$$

3. Soit f définie de $\mathbb{R}^2$ dans $\mathbb{R}$ par :

$$f(x,y) = \frac{xy}{x^2+y^2} \text{ pour } (x;y) \neq (0;0)$$

$$f(0;0) = 0$$

Pour $(x;y) \neq (0;0)$:

$$\frac{\partial f}{\partial x}(x,y) = \frac{y(x^2+y^2) - xy(2x)}{(x^2+y^2)^2} = \frac{y(y^2-x^2)}{(x^2+y^2)^2}$$

$$\frac{\partial f}{\partial y}(x,y) = \frac{x(x^2-y^2)}{(x^2+y^2)^2}$$

Pour $(x_0;y_0) = (0;0)$, il faut partir de la définition de la dérivée comme taux d'accroissement :

$$\frac{\partial f}{\partial x}(0;0) = \lim_{x\to 0} \frac{1}{x}\left[f(x;0) - f(0;0)\right] = \lim_{x\to 0} 0 = 0$$

De même $\frac{\partial f}{\partial y}(0;0) = 0$.

Les applications partielles sont donc dérivables en tout point. On remarque pourtant que f n'est pas continue en $(0;0)$, car $f(x;x) = \frac{x^2}{x^2+x^2} = \frac{1}{2}$ qui ne tend pas vers 0 pour $x \to 0$.

3.2 Élasticité partielle

On a défini l'élasticité d'une fonction d'une variable au chapitre 2 (► définition 2.4) à partir de la dérivée de cette fonction. On peut de même définir l'élasticité partielle à partir de la dérivée partielle.

Définition 11.21

Soit $f : U \to \mathbb{R}$, où U est un ouvert de $\mathbb{R}^n$.
Si f admet une dérivée partielle $\frac{\partial f}{\partial x_i}$ sur U, et $f(x) \neq 0$ sur U, alors l'élasticité de f par rapport à x_i est définie par

$$\varepsilon^f_{x_i}(x) = \frac{\partial f}{\partial x_i}(x) \cdot \frac{x_i}{f(x)}$$

APPLICATION Élasticité-prix et élasticité-revenu

Supposons que la quantité demandée d'un bien soit fonction du prix unitaire p et du revenu R de la façon suivante :

$$Q(p,R) = \frac{50R}{p^{3/2}}$$

On a :

$$\frac{\partial Q}{\partial p} = -\frac{75R}{p^{5/2}} \quad \text{et} \quad \frac{\partial Q}{\partial R} = \frac{50}{p^{3/2}}$$

L'élasticité de la demande par rapport au prix est :

$$\varepsilon^Q_p = \frac{\partial Q}{\partial p} \times \frac{p}{Q} = \frac{-75R}{p^{5/2}} \times \frac{p}{\frac{50R}{p^{3/2}}} = \frac{-75}{50} = \frac{-3}{2} = -1{,}5$$

Cela signifie que lorsque le prix augmente de 1 %, la demande baisse de 1,5 % environ.
De même, l'élasticité de la demande par rapport au revenu est :

$$\varepsilon^Q_R = \frac{\partial Q}{\partial R} \times \frac{R}{Q} = \frac{50}{p^{3/2}} \times \frac{R}{\frac{50R}{p^{3/2}}} = 1$$

Si le revenu augmente de 1 %, alors la demande augmente de 1 % environ.

3.3 Dérivées partielles d'ordre supérieur à 1

Considérons ici aussi $f : U \to \mathbb{R}$, où U ouvert de $\mathbb{R}^n$.

Supposons que f admette des dérivées partielles $\frac{\partial f}{\partial x_i}(x)$ en tout point $x \in U$. Ces dérivées partielles peuvent elles-mêmes admettre des dérivées partielles, ce qui conduit à la définition suivante.

Définition 11.22

– La **dérivée partielle seconde** de f par rapport à x_i et x_j est la dérivée partielle par rapport à x_i de la dérivée partielle $\frac{\partial f}{\partial x_j}(x)$. On la note $\frac{\partial^2 f}{\partial x_i \partial x_j}(x)$.

On a donc $\dfrac{\partial^2 f}{\partial x_i \partial x_j} = \dfrac{\partial}{\partial x_i}\left(\dfrac{\partial f}{\partial x_j}\right)$.

Si $i = j$, on note $\dfrac{\partial^2 f}{\partial x_i^2} = \dfrac{\partial}{\partial x_i}\left(\dfrac{\partial f}{\partial x_i}\right)$.

– De même si les dérivées partielles secondes sont dérivables, on définit les **dérivées partielles troisièmes**, etc.

Pour $k \geq 2$, $\dfrac{\partial^k f}{\partial x_{i_1} \ldots \partial x_{i_k}} = \dfrac{\partial}{\partial x_{i_1}}\left(\ldots \dfrac{\partial f}{\partial x_{i_k}}\right)$ est une dérivée partielle de f d'ordre k.

Exemple 11.17

Soit f la fonction définie de $\mathbb{R}^2$ dans $\mathbb{R}$ par :

$$f(x;y) = 3xy^2 + x^2y^3 \text{ pour tout } (x,y) \in \mathbb{R}^2$$

Les dérivées partielles premières et secondes de f sont données par :

$$\frac{\partial f}{\partial x} = 3y^2 + 2xy^3 \quad ; \quad \frac{\partial f}{\partial y} = 6xy + 3x^2y^2$$

$$\frac{\partial^2 f}{\partial x^2} = 2y^3 \quad ; \quad \frac{\partial^2 f}{\partial y \partial x} = 6y + 6y^2x \quad ; \quad \frac{\partial^2 f}{\partial x \partial y} = 6y + 6xy^2$$

$$\frac{\partial^2 f}{\partial y^2} = 6x + 6x^2y$$

On remarque dans l'exemple précédent que $\dfrac{\partial^2 f}{\partial x \partial y} = \dfrac{\partial^2 f}{\partial y \partial x}$. Le théorème suivant montre que ce résultat est toujours vrai si les dérivées partielles secondes sont continues.

Théorème

POUR ALLER PLUS LOIN

► *Démonstration sur* www.dunod.com

Théorème de Schwarz

Supposons que la fonction de 2 variables $(x;y) \mapsto f(x;y)$ a des dérivées partielles secondes $\dfrac{\partial^2 f}{\partial x \partial y}$ et $\dfrac{\partial^2 f}{\partial y \partial x}$ définies sur un ouvert U avec $(x_0;y_0) \in U$, et qu'elles sont continues en $(x_0;y_0)$. Alors on a :

$$\frac{\partial^2 f}{\partial x \partial y}(x_0;y_0) = \frac{\partial^2 f}{\partial y \partial x}(x_0;y_0)$$

Ceci se généralise à une fonction de n variables (même démonstration en laissant les $n-2$ autres variables fixes).

On le généralise ensuite aux dérivées partielles d'ordre ≥ 3, car par exemple :

$$\frac{\partial^3 f}{\partial x \partial y \partial z} = \frac{\partial}{\partial x}\left(\frac{\partial^2 f}{\partial y \partial z}\right) = \frac{\partial}{\partial x}\left(\frac{\partial^2 f}{\partial z \partial y}\right) = \frac{\partial^2}{\partial x \partial z}\left(\frac{\partial f}{\partial y}\right) = \ldots$$

D'où la proposition suivante.

Proposition 11.16

Soit f définie de $U \to \mathbb{R}$, où U ouvert de $\mathbb{R}^n$. On peut intervertir l'ordre des dérivées partielles k-ièmes en tout point où ces dérivées partielles sont continues.

Définition 11.23

On dit que f est de classe C^1 si elle admet des dérivées partielles continues.
On dit que f est de classe C^k si elle admet des dérivées partielles continues jusqu'à l'ordre k.
On dit que f est de classe C^∞ si elle est de classe C^k pour tout $k \in \mathbb{N}^*$.

4 Différentiabilité

4.1 Fonctions de $\mathbb{R}^n$ dans $\mathbb{R}$

Si f est une fonction de $\mathbb{R}^n$ dans $\mathbb{R}$, une dérivée partielle est une dérivée obtenue en faisant varier seulement une coordonnée. On voudrait avoir une sorte de dérivation « globale », c.-à-d. quand on fait bouger toutes les variables.

Rappelons ce qui se passe en dimension 1 (c.-à-d. pour $n = 1$).
Si $f : \mathbb{R} \to \mathbb{R}$, alors f est dérivable en $a \in \mathbb{R}$ si et seulement si il existe $l \in \mathbb{R}$, tel que :
$f(a+h) = f(a) + hl + h\varepsilon(h)$ pour $h \in \mathbb{R}$, avec $\lim_{h \to 0} \varepsilon(h) = 0$ (▸ proposition 2.10).

Le nombre l est la dérivée de f en a, et on note $l = f'(a)$. Cela signifie que pour h proche de 0, c'est-à-dire pour $a+h$ proche de a, on peut faire l'approximation linéaire $f(a+h) - f(a) \simeq hf'(a)$ (cela revient à approximer la courbe par la tangente).

Nous voulons généraliser cela en dimension n.

Définition 11.24

Soit f une application de $U \to \mathbb{R}$, où U ouvert de $\mathbb{R}^n$, et $a \in U$. On dit que f est **différentiable** en $a = (a_1,\dots,a_n)$ s'il existe des nombres réels $b_1, \dots, b_n$ tels que :

$$f(a+h) = f(a) + \sum_{i=1}^{n} b_i h_i + \|h\|\,\varepsilon(h) \text{ avec } \lim_{h \to 0} \varepsilon(h) = 0$$

où $h = (h_1,\dots,h_n)$.

On appelle **différentielle** de f en a, l'application linéaire L définie par $L(h) = \sum_{i=1}^{n} b_i h_i$.

Elle permet de faire une approximation linéaire de f autour de a (comme la tangente approxime la courbe en dimension 1).

On note df_a cette application linéaire, c.-à-d. $L = df_a$.

On a $df_a(h) = \sum_{i=1}^{n} b_i h_i$, d'où :

$$f(a+h) = f(a) + df_a(h) + \|h\|\,\varepsilon(h)$$

On dit que f est différentiable sur U si elle est différentiable en tout $a \in U$.

En dimension 1, le terme $h\varepsilon(h)$ désigne n'importe quelle fonction tendant vers 0 plus vite que h. En particulier, h^2, h^3, ..., h^n avec $n \geq 2$ sont des fonctions du type $h\varepsilon(h)$.

En dimension n, le terme $\|h\|\,\varepsilon(h)$ désigne n'importe quelle fonction tendant vers 0 plus vite que $\|h\|$. En particulier, tout monôme de degré total supérieur strictement à 1 est du type $\|h\|\,\varepsilon(h)$. Par exemple : h_1^2, h_1h_2, $h_3h_4^2$, etc. sont des fonctions du type $\|h\|\,\varepsilon(h)$.

Exemple 11.18

Soit f de $\mathbb{R}^2$ dans $\mathbb{R}$ définie par $f(x_1,x_2) = 2x_1x_2 - 3x_1 + 4x_2$.

La fonction f est-elle différentiable au point $(2;3)$?

On pose $x_1 = 2 + h_1$ et $x_2 = 3 + h_2$. On a alors :

$$\begin{aligned} f(x_1,x_2) = f(2+h_1,3+h_2) &= 2(2+h_1)(3+h_2) - 3(2+h_1) + 4(3+h_2) \\ &= 2(6 + 2h_2 + 3h_1 + h_1h_2) - 6 - 3h_1 + 12 + 4h_2 \\ &= 18 + 3h_1 + 8h_2 + 2h_1h_2 = f(2;3) + 3h_1 + 8h_2 + \|h\|\,\varepsilon(h) \end{aligned}$$

Ici $2h_1h_2$ est un monôme de degré 2 donc est un reste du type $\|h\|\,\varepsilon(h)$.

Donc f est différentiable en $a = (2;3)$, et sa différentielle en ce point est l'application linéaire L telle que $L(h) = 3h_1 + 8h_2$.

La proposition suivante donne un lien entre différentiabilité et dérivées partielles.

Proposition 11.17

Si f est différentiable en a, alors f est continue en a et f admet des dérivées partielles en a. De plus $b_i = \dfrac{\partial f}{\partial x_i}(a)$, c'est-à-dire $df_a(h) = \displaystyle\sum_{i=1}^{n} \frac{\partial f}{\partial x_i}(a)h_i$.

On a donc :

$$f(a+h) = f(a) + \sum_{i=1}^{n} \frac{\partial f}{\partial x_i}(a)h_i + \|h\|\,\varepsilon(h) \text{ avec } \lim_{h\to 0}\varepsilon(h) = 0$$

Démonstration

Soit f une fonction différentiable en a.

- On a $\displaystyle\lim_{h\to 0} f(a+h) = \lim_{h\to 0}\left[f(a) + \sum_{i=1}^{n} b_ih_i + \|h\|\,\varepsilon(h)\right] = f(a)$, donc f est continue en a.
- Prenons $h = (0;0;\ldots;h_j;0;\ldots;0)$.

$$f(a+h) = f(a) + \sum_{i=1}^{n} b_ih_i + \|h\|\,\varepsilon(h)$$

devient :

$$f(a+h) = f(a) + b_jh_j + |h_j|\,\varepsilon(h)$$

$$\frac{f(a+h) - f(a)}{h_j} = b_j + \frac{|h_j|}{h_j}\varepsilon(h)$$

donc :

$$b_j = \lim_{h_j\to 0}\frac{1}{h_j}\left[f(a_1,\ldots,a_{j-1},a_j+h_j,a_{j+1},\ldots) - f(a)\right] = \frac{\partial f}{\partial x_j}(a)$$ ■

La réciproque de la proposition 11.17 est fausse. Une fonction peut avoir des dérivées partielles sans être différentiable.

Si f est différentiable en a, on peut faire l'approximation pour h proche de 0 :

$$f(a+h) - f(a) \simeq \sum_{i=1}^{n} \frac{\partial f}{\partial x_i}(a)h_i$$

C'est la généralisation à la dimension n de la proposition 2.3. Il y a ici n termes car n coordonnées varient.
On résume quelquefois l'approximation ci-dessus en écrivant :

$$df = \sum_{i=1}^{n} \frac{\partial f}{\partial x_i}(a)dx_i$$

où df est alors appelée « différentielle totale ».

Exemple 11.18 (suite)

Soit f de $\mathbb{R}^2$ dans $\mathbb{R}$ définie par $f(x_1,x_2) = 2x_1x_2 - 3x_1 + 4x_2$.
Les dérivées partielles de f sont :

$$\frac{\partial f}{\partial x_1}(x_1,x_2) = 2x_2 - 3 \text{ et } \frac{\partial f}{\partial x_2}(x_1,x_2) = 2x_1 + 4$$

Au point $a = (2;3)$ cela donne :

$$\frac{\partial f}{\partial x_1}(a) = 3 \text{ et } \frac{\partial f}{\partial x_2}(a) = 8$$

On retrouve bien que $f(2+h_1, 3+h_2) = f(2;3) + 3h_1 + 8h_2 + \|h\|\,\varepsilon(h)$.

Proposition 11.18

Toute application linéaire f de $\mathbb{R}^n \to \mathbb{R}$ est différentiable en tout point, et elle est égale à sa différentielle.

Démonstration

Si f est linéaire de $\mathbb{R}^n$ dans $\mathbb{R}$, alors il existe des réels $c_1, \ldots, c_n$ tels que $f(x) = \sum_i c_i x_i$ pour tout $x \in \mathbb{R}^n$. On a :

$$f(a+h) = \sum_i c_i(a_i + h_i) = \sum_i c_i a_i + \sum_i c_i h_i = f(a) + \sum_i c_i h_i + 0$$

On a bien f différentiable avec $c_i = \dfrac{\partial f}{\partial x_i}$. Ici le reste $\|h\|\,\varepsilon(h)$ est égal à 0. ■

La différentielle d'une fonction f est l'application linéaire qui ressemble le plus à f au voisinage de a. Il est donc normal de trouver que la différentielle soit égale à la fonction f, si celle-ci est elle même une application linéaire.

Proposition 11.19

Opérations sur les fonctions différentiables

Si f et g sont différentiables en a, alors :

$$\alpha f + \beta g \text{ et } f \times g \text{ le sont aussi, ainsi que } \frac{f}{g} \text{ si } g(a) \neq 0, \text{ où } \alpha, \beta \in \mathbb{R}.$$

Démonstration

Montrons-le pour $\alpha f + \beta g$ seulement. Soit $u = \alpha f + \beta g$.

Par hypothèse :

$$f(a+h) = f(a) + \sum_i b_i h_i + \|h\|\,\varepsilon_1(h)$$
$$g(a+h) = g(a) + \sum_i c_i h_i + \|h\|\,\varepsilon_2(h)$$

avec $\lim\limits_{h\to 0} \varepsilon_1(h) = \lim\limits_{h\to 0} \varepsilon_2(h) = 0$ et $b_i = \dfrac{\partial f}{\partial x_i}(a)$ et $c_i = \dfrac{\partial g}{\partial x_i}(a)$.

$$\begin{aligned} u(a+h) &= \alpha f(a+h) + \beta g(a+h) \\ &= \alpha\left[f(a) + \sum_i b_i h_i + \|h\|\,\varepsilon_1(h)\right] + \beta\left[g(a) + \sum_i c_i h_i + \|h\|\,\varepsilon_2(h)\right] \\ &= \alpha f(a) + \beta g(a) + \sum_i (\alpha b_i + \beta c_i) h_i + \|h\|\,[\alpha\varepsilon_1(h) + \beta\varepsilon_2(h)] \end{aligned}$$

Posons $\varepsilon(h) = \alpha\varepsilon_1(h) + \beta\varepsilon_2(h)$. On a $\lim\limits_{h\to 0} \varepsilon(h) = 0$, et

$$u(a+h) = u(a) + \sum_i (\alpha b_i + \beta c_i) h_i + \|h\|\,\varepsilon(h)$$

donc $u = \alpha f + \beta g$ est différentiable en a. ■

On peut déduire des deux propositions précédentes que **tout polynôme est différentiable** en tout point, car il est la somme de produits d'applications linéaires.

Théorème

Si $f : U \to \mathbb{R}$ admet des dérivées partielles dans un voisinage de a qui sont continues en a, alors f est différentiable en a.
Donc si f est de classe C^1 sur U, alors f est différentiable sur U.

Démonstration

– Pour $n = 1$ c'est évident car, alors :

avoir une dérivée partielle $\Leftrightarrow$ être dérivable $\Leftrightarrow$ être différentiable.

– Démontrons-le pour $n = 2$ (pour $n \geq 3$ le principe est le même).

Supposons que f admette des dérivées partielles au voisinage de a, qui sont continues en a. Alors f est-elle différentiable en a ?

A-t-on $f(a+h) = f(a) + h_1 \dfrac{\partial f}{\partial x_1}(a) + h_2 \dfrac{\partial f}{\partial x_2}(a) + \|h\|\,\varepsilon(h)$, où $\lim\limits_{h\to 0} \varepsilon(h) = 0$?

$$\begin{aligned} f(a+h) - f(a) &= f(a_1 + h_1, a_2 + h_2) - f(a_1, a_2) \\ &= [f(a_1 + h_1, a_2 + h_2) - f(a_1, a_2 + h_2)] + [f(a_1, a_2 + h_2) - f(a_1, a_2)] \end{aligned}$$

et par le théorème des accroissements finis appliqué à la première application partielle et à la deuxième application partielle, il existe α, β dans $]0; 1[$ tels que :

$$f(a+h) - f(a) = h_1 \frac{\partial f}{\partial x_1}(a_1 + \alpha h_1; a_2 + h_2) + h_2 \frac{\partial f}{\partial x_2}(a_1; a_2 + \beta h_2)$$

et comme les dérivées partielles sont continues en a :

$$f(a+h)-f(a) = h_1\left[\frac{\partial f}{\partial x_1}(a)+\varepsilon_1(h)\right]+h_2\left[\frac{\partial f}{\partial x_2}(a)+\varepsilon_2(h)\right]$$
$$= h_1\frac{\partial f}{\partial x_1}(a)+h_2\frac{\partial f}{\partial x_2}(a)+[h_1\varepsilon_1(h)+h_2\varepsilon_2(h)]$$

où le reste $h_1\varepsilon_1(h)+h_2\varepsilon_2(h)$ tend vers 0 plus vite que $\|h\|$, donc est de la forme $\|h\|\,\varepsilon(h)$.

La fonction f est donc bien différentiable en a. ■

APPLICATION Valeur approchée de l'accroissement de la production

On considère une fonction de production F définie par $F(x_1;x_2) = x_1^{1/2}x_2^{1/4}$ pour $(x_1;x_2)\in]0;+\infty[^2$, où x_1 et x_2 désignent les quantités utilisées de facteurs de production 1 et 2, et $F(x_1,x_2)$ désigne la quantité produite de bien final.

On suppose qu'initialement on utilise des quantités $x_1 = 9$ et $x_2 = 16$. La production est alors $F(9;16) = 9^{1/2}16^{1/4} = 3\times 2 = 6$.

À partir de ce niveau initial, on veut augmenter légèrement les quantités utilisées de facteurs de production pour passer à $x_1 = 9+h_1$ et $x_2 = 16+h_2$. La différentielle de F au point (9; 16) va nous permettre de trouver une valeur approchée de l'augmentation de la production résultant de cette hausse des inputs. En effet, on a pour $a = (9;16)$:

$$F(a+h)\simeq F(a)+\sum_{i=1}^{2}\frac{\partial F}{\partial x_i}(a)h_i$$

Les dérivées partielles de F sont données par :

$$\frac{\partial F}{\partial x_1}(x) = \frac{1}{2}x_1^{-1/2}x_2^{1/4}\ \text{et}\ \frac{\partial F}{\partial x_2}(x) = \frac{1}{4}x_1^{1/2}x_2^{-3/4}.$$

Ce qui donne en $a = (9;16)$:

$$\frac{\partial F}{\partial x_1}(a) = \frac{1}{2}9^{-1/2}16^{1/4} = \frac{1}{3}\ \text{et}\ \frac{\partial F}{\partial x_2}(a) = \frac{1}{4}9^{1/2}16^{-3/4} = \frac{3}{32}$$

Donc puisque $F(9;16) = 6$, on obtient :

$$F(9+h_1;16+h_2)\simeq 6+\frac{1}{3}h_1+\frac{3}{32}h_2$$

Si on augmente les quantités utilisées de facteurs de production de h_1 et de h_2 respectivement, alors la production augmente de $\frac{1}{3}h_1+\frac{3}{32}h_2$ environ.

Par exemple, $F(10;18)\simeq 6+\left(\frac{1}{3}\times 1\right)+\left(\frac{3}{32}\times 2\right) = 6+\frac{1}{3}+\frac{6}{32}\simeq 6{,}52$.

4.2 Fonctions de $\mathbb{R}^n$ dans $\mathbb{R}^p$

On a vu que si f est une application de $\mathbb{R}^n$ dans $\mathbb{R}^p$, on peut définir ses applications coordonnées $f_1,\dots,f_p$ (► définition 11.14). En particulier on a vu que f est continue si et seulement si les f_i le sont (► proposition 11.13).

Définition 11.25

Si $f : U \to \mathbb{R}^p$, avec $f = (f_1,\dots,f_p)$, on dit que :

- la fonction f admet des dérivées partielles si les f_i en admettent ;
- la fonction f est de classe C^1 si les f_i le sont ;
- la fonction f est différentiable si les f_i le sont.

Définition 11.26

- Si $f : U \to \mathbb{R}^p$ est différentiable en $a \in U$, alors on appelle **matrice jacobienne** de f en a la matrice[1]

$$J_f(a) = \left(\frac{\partial f_i}{\partial x_j}(a)\right)_{\substack{1\leq i\leq p\\ 1\leq j\leq n}} = \begin{pmatrix} \dfrac{\partial f_1}{\partial x_1}(a) & \dots & \dfrac{\partial f_1}{\partial x_n}(a) \\ \dots & \dots & \dots \\ \dfrac{\partial f_p}{\partial x_1}(a) & \dots & \dfrac{\partial f_p}{\partial x_n}(a) \end{pmatrix}$$

- Si $n = p$, alors $J_f(a)$ est carrée. Son déterminant est appelé le **jacobien** de f en a.

Ici aussi, il s'agit de dire que f différentiable signifie qu'elle peut être approximée par une fonction linéaire.

Proposition 11.20

Soit $f : U \to \mathbb{R}^p$, (où $U \subset \mathbb{R}^n$). Alors f est différentiable en $a \in U$ si et seulement si : il existe une application linéaire L de $\mathbb{R}^n \to \mathbb{R}^p$, telle que :

$$f(a+h) = f(a) + L(h) + \|h\|\,\varepsilon(h),\text{ où } \lim_{h\to 0}\varepsilon(h) = 0$$

Et on a alors L de matrice $J_f(a)$. On note $L = df_a$.

Démonstration

f différentiable en $a \Leftrightarrow \forall i,\ f_i(a+h) = f_i(a) + \sum_{j=1}^{n} h_j \frac{\partial f_i}{\partial x_j}(a) + \|h\|\,\varepsilon_i(h)$, où $\lim_{h\to 0}\varepsilon_i(h) = 0$

$$f(a+h) - f(a) = \begin{pmatrix} \sum_{j=1}^{n} h_j \dfrac{\partial f_1}{\partial x_j}(a) \\ \dots \\ \sum_{j=1}^{n} h_j \dfrac{\partial f_p}{\partial x_j}(a) \end{pmatrix} + \|h\| \begin{pmatrix} \varepsilon_1(h) \\ \dots \\ \varepsilon_p(h) \end{pmatrix}$$

$$f(a+h) - f(a) = J_f(a)\begin{pmatrix} h_1 \\ \dots \\ h_n \end{pmatrix} + \|h\| \begin{pmatrix} \varepsilon_1(h) \\ \dots \\ \varepsilon_p(h) \end{pmatrix}$$

■

1 Si $p = 1$, alors la matrice jacobienne est un vecteur-ligne égal à la transposée du vecteur-gradient.

Exemple 11.19

Soit $f : \mathbb{R}^3 \to \mathbb{R}^2$, définie par :

$$f(x,y,z) = (xy + z^2, zxy^2 + y^3)$$

Les f_i sont des polynômes sur $\mathbb{R}^3$ donc sont différentiables. La fonction f est donc différentiable. Quelle est sa différentielle en (1; 1; 1) ?

$$J_f(x;y;z) = \begin{pmatrix} y & x & 2z \\ y^2z & 2xyz + 3y^2 & xy^2 \end{pmatrix}, \text{ donc } J_f(1;1;1) = \begin{pmatrix} 1 & 1 & 2 \\ 1 & 5 & 1 \end{pmatrix}$$

D'où :

$$f(1+h_1; 1+h_2; 1+h_3) = f(1;1;1) + \begin{pmatrix} 1 & 1 & 2 \\ 1 & 5 & 1 \end{pmatrix}\begin{pmatrix} h_1 \\ h_2 \\ h_3 \end{pmatrix} + \|h\|\,\varepsilon(h)$$

$$= \begin{pmatrix} 2 \\ 2 \end{pmatrix} + \begin{pmatrix} h_1 + h_2 + 2h_3 \\ h_1 + 5h_2 + h_3 \end{pmatrix} + \|h\|\,\varepsilon(h)$$

4.3 Composition de fonctions différentiables

Une fonction est différentiable si ses variations peuvent être approximées par une application linéaire (quand ces variations restent petites), celle-ci étant appelée la différentielle de la fonction. Quand on compose deux applications linéaires, on obtient une application linéaire, de matrice égale au produit de leurs matrices. C'est pourquoi lorsque l'on compose deux fonctions différentiables f et g, on obtient une fonction différentiable, dont la différentielle est la composée des différentielles de f et de g. C'est que que montre le théorème suivant.

Théorème

Composée de fonctions différentiables

On considère deux fonctions f et g telles que :

$$\begin{array}{ccc} f : \mathbb{R}^n \to \mathbb{R}^p & \text{et} & g : \mathbb{R}^p \to \mathbb{R}^q \\ x \mapsto f(x) & & y \mapsto g(y) \end{array}$$

Si f est différentiable en a et si g est différentiable en $b = f(a)$ (où $a \in \mathbb{R}^n$ et $b \in \mathbb{R}^p$), alors $g \circ f$ est différentiable en a, et :

- la différentielle de $g \circ f$ est la composée de la différentielle de g et de celle de f :

$$d(g \circ f)_a = dg_b \circ df_a;$$

- la matrice jacobienne de $g \circ f$ est égale au produit des matrices jacobiennes :

$$J_{g\circ f}(a) = J_g(b) \times J_f(a).$$

Démonstration

$f(a+h) = f(a) + df_a(h) + \|h\|\,\varepsilon_1(h)$ pour $h \to 0$

et $g(b+k) = g(b) + dg_b(k) + \|k\|\,\varepsilon_2(k)$ pour $k \to 0$

Soit $H = g \circ f$

$$H(a+h) = g(f(a+h)) = g\left(f(a) + df_a(h) + \|h\|\,\varepsilon_1(h)\right)$$
$$= g\left(b + df_a(h) + \|h\|\,\varepsilon_1(h)\right) = g(b) + dg_b\left(df_a(h) + \|h\|\,\varepsilon_1(h)\right) + \|k\|\,\varepsilon_2(k)$$

(en posant $k = df_a(h) + \|h\|\,\varepsilon_1(h)$), donc :

$$H(a+h) = H(a) + dg_b\,(df_a(h)) + dg_b(\|h\|\,\varepsilon_1(h)) + \|k\|\,\varepsilon_2(k)$$

où le reste $dg_b(\|h\|\,\varepsilon_1(h)) + \|k\|\,\varepsilon_2(k)$ tend vers 0 plus vite que $\|h\|$, donc est de la forme $\|h\|\,\varepsilon(h)$. Donc H est différentiable en a et $dH_a = dg_b \circ df_a$. D'où :

$$J_H(a) = J_b(b) \times J_f(a)$$ ■

Corollaire

Dérivée partielle d'une fonction composée

Soit $f : \mathbb{R}^n \to \mathbb{R}^p$ et $g : \mathbb{R}^p \to \mathbb{R}^q$, posons $H = g \circ f : \mathbb{R}^n \to \mathbb{R}^q$. Si f est différentiable en a, et g différentiable en $b = f(a)$, alors H est différentiable en a, et :

pour tout $j \in \{1;\ldots;n\}$, pour tout $i \in \{1;\ldots;q\}$

$$\frac{\partial H_i}{\partial x_j}(a) = \sum_{k=1}^{p} \frac{\partial g_i}{\partial y_k}(b)\frac{\partial f_k}{\partial x_j}(a)$$

Si f est de classe C^1 et g de classe C^1, alors $H = g \circ f$ est de classe C^1.

Démonstration

$J_H(a) = J_g(b) \times J_f(a)$ donne :

$$J_H(a) = \begin{pmatrix} \frac{\partial H_1}{\partial x_1}(a) & \ldots & \frac{\partial H_1}{\partial x_n}(a) \\ \ldots & \ldots & \ldots \\ \frac{\partial H_q}{\partial x_1}(a) & \ldots & \frac{\partial H_q}{\partial x_n}(a) \end{pmatrix} \text{(matrice } n \times q\text{)}$$

$$J_g(b) = \begin{pmatrix} \frac{\partial g_1}{\partial y_1}(a) & \ldots & \frac{\partial g_1}{\partial y_p}(a) \\ \ldots & \ldots & \ldots \\ \frac{\partial g_q}{\partial y_1}(a) & \ldots & \frac{\partial g_q}{\partial y_p}(a) \end{pmatrix} \text{ et } J_f(a) = \begin{pmatrix} \frac{\partial f_1}{\partial x_1}(a) & \ldots & \frac{\partial f_1}{\partial x_n}(a) \\ \ldots & \ldots & \ldots \\ \frac{\partial f_p}{\partial x_1}(a) & \ldots & \frac{\partial f_p}{\partial x_n}(a) \end{pmatrix}$$

donc

$$\begin{pmatrix} \frac{\partial H_1}{\partial x_1}(a) & \ldots & \frac{\partial H_1}{\partial x_n}(a) \\ \ldots & \ldots & \ldots \\ \frac{\partial H_q}{\partial x_1}(a) & \ldots & \frac{\partial H_q}{\partial x_n}(a) \end{pmatrix} = \begin{pmatrix} \frac{\partial g_1}{\partial y_1}(a) & \ldots & \frac{\partial g_1}{\partial y_p}(a) \\ \ldots & \ldots & \ldots \\ \frac{\partial g_q}{\partial y_1}(a) & \ldots & \frac{\partial g_q}{\partial y_p}(a) \end{pmatrix} \times \begin{pmatrix} \frac{\partial f_1}{\partial x_1}(a) & \ldots & \frac{\partial f_1}{\partial x_n}(a) \\ \ldots & \ldots & \ldots \\ \frac{\partial f_p}{\partial x_1}(a) & \ldots & \frac{\partial f_p}{\partial x_n}(a) \end{pmatrix}$$

La formule du produit de deux matrices donne le résultat recherché. ■

- Que se passe-t-il si on a $n = p = q = 1$, c'est-à-dire si on considère $f : \mathbb{R} \to \mathbb{R}$ et $g : \mathbb{R} \to \mathbb{R}$?

  Alors $H = g \circ f : \mathbb{R} \to \mathbb{R}$, et $J_H(a) = J_g(b) \times J_f(a)$ donne ici la formule bien connue :

  $$H'(a) = g'(b)f'(a) = g'(f(a)) \times f'(a)$$

  C'est la formule de dérivée d'une fonction composée de $\mathbb{R}$ dans $\mathbb{R}$ (► proposition 2.11).

- Un cas particulier important est celui où $n = q = 1$, c'est-à-dire avec $f : \mathbb{R} \to \mathbb{R}^p$ et $g : \mathbb{R}^p \to \mathbb{R}$.
  Alors $H = g \circ f : \mathbb{R} \to \mathbb{R}$, et $J_H(a) = J_g(b) \times J_f(a)$ donne ici :
  $$J_H(a) = H'(a) \text{ (matrice } 1 \times 1)$$
  et
  $$J_g(b) = \begin{pmatrix} \frac{\partial g}{\partial y_1}(b) & \dots & \frac{\partial g}{\partial y_p}(b) \end{pmatrix} \text{ et } J_f(a) = \begin{pmatrix} \frac{\partial f_1}{\partial x}(a) \\ \dots \\ \frac{\partial f_p}{\partial x}(a) \end{pmatrix}$$
  donc
  $$H'(a) = \begin{pmatrix} \frac{\partial g}{\partial y_1}(b) & \dots & \frac{\partial g}{\partial y_p}(b) \end{pmatrix} \begin{pmatrix} \frac{\partial f_1}{\partial x}(a) \\ \dots \\ \frac{\partial f_p}{\partial x}(a) \end{pmatrix} = \sum_{k=1}^{p} \frac{\partial g}{\partial y_k}(b) \frac{\partial f_k}{\partial x}(a).$$

  Pour tout k, la fonction f_k dépend d'une seule variable, donc en fait $\frac{\partial f_k}{\partial x}$ peut s'écrire $\frac{df}{dx}$, c'est-à-dire comme une dérivée usuelle d'une fonction de $\mathbb{R}$ dans $\mathbb{R}$. On aboutit à la proposition suivante.

Proposition 11.21

Formule de dérivation en chaîne

Soit $f : \mathbb{R} \to \mathbb{R}^p$ et $g : \mathbb{R}^p \to \mathbb{R}$, posons $H = g \circ f : \mathbb{R} \to \mathbb{R}$. Si f est différentiable en a, et g différentiable en $b = f(a)$, alors H est dérivable en a, et :
$$\frac{dH}{da} = \sum_{k=1}^{p} \frac{\partial g}{\partial y_k}(b) \frac{df_k}{dx}(a)$$

APPLICATION Évolution de la demande d'un bien en fonction du temps

On suppose que la demande Q d'un bien est une fonction du prix p de ce bien et du revenu R, eux-mêmes étant fonction du temps :
$$Q(t) = q(p(t); R(t))$$
On obtient la dérivée de la demande par rapport au temps à l'aide de la formule de dérivation en chaîne :
$$\frac{dQ}{dt} = \frac{\partial q}{\partial p}\frac{dp}{dt} + \frac{\partial q}{\partial R}\frac{dR}{dt}$$

4.4 Formule de Taylor pour les fonctions de plusieurs variables

On a vu au chapitre 6 les formules de Taylor pour les fonctions de $\mathbb{R}$ dans $\mathbb{R}$. Il en existe aussi pour les fonctions de $\mathbb{R}^n$ dans $\mathbb{R}$. Ici nous donnons la formule de Taylor-Young d'ordre 2 sur $\mathbb{R}^n$, car elle nous servira pour l'optimisation de fonctions de plusieurs variables.

Définition 11.27

Si f est une fonction de U dans $\mathbb{R}$, où U est un ouvert de $\mathbb{R}^n$, et si f admet des dérivées partielles secondes sur U, la matrice des dérivées partielles secondes au point a est une matrice carrée appelée **matrice hessienne**, et notée :

$$D^2 f(a) = \begin{pmatrix} \dfrac{\partial^2 f}{\partial x_1^2}(a) & \dots & \dots & \dfrac{\partial^2 f}{\partial x_n \partial x_1}(a) \\ \dots & \dots & \dots & \dots \\ \dots & \dots & \dots & \dots \\ \dfrac{\partial^2 f}{\partial x_1 \partial x_n}(a) & \dots & \dots & \dfrac{\partial^2 f}{\partial x_n^2}(a) \end{pmatrix} = \left(\frac{\partial^2 f}{\partial x_i \partial x_j}(a) \right)_{i,j}$$

La matrice hessienne est symétrique si les dérivées partielles secondes sont continues (► proposition 11.16).

La différentiabilité de f permet de faire une approximation linéaire des variations de f au voisinage de a :

$$f(a+h) - f(a) \simeq \nabla f(a).h = \sum_{i=1}^{n} \frac{\partial f}{\partial x_i}(a) h_i \text{ pour } h \text{ proche de } 0.$$

Si f est de classe C^2, la formule de Taylor-Young permet de faire une approximation plus précise (dite d'ordre 2 alors que l'approximation linéaire est d'ordre 1) :

$$f(a+h) - f(a) \simeq \nabla f(a) \cdot h + \frac{1}{2} h' D^2 f(a) h = \sum_{i=1}^{n} \frac{\partial f}{\partial x_i}(a) h_i + \frac{1}{2} \sum_{i} \sum_{j} \frac{\partial^2 f}{\partial x_i \partial x_j}(a) h_i h_j$$

pour h proche de 0. Ici h' désigne le vecteur-ligne transposé du vecteur-colonne h, c'est-à-dire $h' = (h_1, \dots, h_n)$.

POUR ALLER PLUS LOIN

► *Démonstration* *sur* www.dunod.com

Formule

Formule de Taylor-Young d'ordre 2

Soit $f : U \to \mathbb{R}$ une fonction de classe C^2 sur un ouvert U de $\mathbb{R}^n$, et $a \in U$.
Alors :

$$f(a+h) = f(a) + \nabla f(a) \cdot h + \frac{1}{2} h' D^2 f(a) h + \|h\|^2 \varepsilon(h) \text{ pour } h \text{ proche de } 0$$

avec $\lim_{h \to 0} \varepsilon(h) = 0$.

Ici $\|h\|^2 \varepsilon(h)$ tend vers 0 plus vite que $\|h\|^2$ (donc plus vite que $\frac{1}{2} h' D^2 f(a) h$).

5 Fonctions homogènes

Soit f une fonction de U dans $\mathbb{R}$, où U inclus dans $\mathbb{R}^n$.

On suppose que U est tel que : $\forall t > 0$, $\forall x \in U$, on a $tx \in U$ (d'où $f(tx)$ est bien défini).

Définition 11.28

On dit que f est homogène de degré λ sur U (avec $\lambda \in \mathbb{R}$) si :

$$\forall t > 0,\ \forall x \in U,\ f(tx) = t^\lambda f(x)$$

APPLICATION Fonction de production Cobb-Douglas

En économie on s'intéresse surtout aux fonctions homogènes sur $U = \mathbb{R}_+^n$ ou $(\mathbb{R}_+^*)^n$.
Par exemple, la fonction de production Cobb-Douglas $F(K,L) = AK^\alpha L^\beta$ est homogène de degré $\lambda = \alpha + \beta$ sur $\mathbb{R}_+^2$.
En effet, $F(tK,tL) = A(tK)^\alpha(tL)^\beta = At^\alpha K^\alpha t^\beta L^\beta = At^{\alpha+\beta}K^\alpha L^\beta = t^{\alpha+\beta}F(K,L)$.
On peut ajouter que (▸ manuel de microéconomie[2]) :

- si $\lambda > 1$, les rendements d'échelle sont croissants ;
- si $\lambda = 1$, les rendements d'échelle sont constants ;
- si $\lambda < 1$, les rendements d'échelle sont décroissants.

Le théorème d'Euler montre que les fonctions homogènes satisfont une propriété remarquable liant la fonction et ses dérivées partielles.

Théorème

Théorème d'Euler

Si f est homogène de degré λ sur U, on a en tout point $x = (x_1,\ldots,x_n)$ de U où f est différentiable :

$$\sum_{i=1}^{n} x_i \frac{\partial f}{\partial x_i}(x) = \lambda f(x)$$

Démonstration

Posons $g(t) = f(tx)$.

g est dérivable en $t = 1$ car $g = f \circ u$, où $u(x) = tx$

$$\begin{array}{c} \mathbb{R} \to \mathbb{R}^n \to \mathbb{R} \\ t \mapsto tx \mapsto f(tx) \end{array}$$

$g'(1) = \displaystyle\sum_{i=1}^{n} \frac{\partial f}{\partial x_i}(x)\frac{du_i}{dt} = \sum_{i=1}^{n} \frac{\partial f}{\partial x_i}(x).x_i$ d'après la formule de dérivation en chaîne.

D'autre part, $g(t) = f(tx) = t^\lambda f(x)$

$g'(t) = \lambda t^{\lambda-1} f(x)$

$g'(1) = \lambda f(x)$. ■

Le théorème d'Euler a une réciproque que nous ne démontrerons pas.

Proposition 11.22

Réciproque du théorème d'Euler

Si f est différentiable et vérifie $\lambda f(x) = \displaystyle\sum_{i=1}^{n} x_i \frac{\partial f}{\partial x_i}(x)$ en tout point de $(\mathbb{R}_+^*)^n$, alors f est homogène de degré λ sur $(\mathbb{R}_+^*)^n$.

2 Voir J. Etner, M. Jeleva, Microéconomie, coll. « Openbook », Dunod, 2014, p. 41 à 43.

APPLICATION (suite)

On considère la fonction de production suivante :

$$F(K,L) = AK^{\alpha}L^{\beta}$$

On a vu que F est homogène de degré $\alpha + \beta$.
Si $\alpha + \beta = 1$ (rendements constants), alors F homogène de degré 1. Appliquons le théorème d'Euler.

$$F(K,L) = K\frac{\partial F}{\partial K} + L\frac{\partial F}{\partial L}$$

où

$$\frac{\partial F}{\partial K} = \text{productivité marginale du capital}$$

$$\frac{\partial F}{\partial L} = \text{productivité marginale du travail}$$

On voit donc que pour des rendements constants, le produit peut rémunérer chaque facteur à sa productivité marginale.

6 Théorème des fonctions implicites

6.1 Dimension 2

Dans le plan, une fonction donnée sous la forme $y = g(x)$ est dite définie **explicitement**. En effet, pour chaque valeur de x, on peut donner explicitement la valeur de y correspondante. Il n'est pas difficile de tracer la courbe représentatrice. C'est le cas par exemple pour la parabole d'équation $y = x^2$.

Supposons maintenant que l'on veuille étudier la courbe C_α d'équation $f(x,y) = \alpha$, où α est une constante (par exemple la courbe d'équation $x^5 + y^3x - y^4 = 2$). De telles courbes interviennent fréquemment en économie (comme les courbes d'isoutilité, ou les isoquantes). Pour une valeur de x donnée, il n'y a pas forcément une unique valeur de y correspondante : il peut y en avoir plusieurs, ou une seule, ou aucune.

S'il y a un intervalle I de $\mathbb{R}$, tel que, pour chaque valeur $x \in I$, il existe un unique $y \in \mathbb{R}$ tel que $f(x;y) = \alpha$, alors en notant $\varphi(x)$ cette valeur de y, on dit que φ est une fonction **implicite** définie par l'équation $f(x;y) = \alpha$.

Exemple préliminaire. Soit $f(x,y) = x^2 + y^2$. La courbe d'équation $f(x,y) = 25$ est le cercle C de centre $(0;0)$ et de rayon 5.

Ce cercle C peut-il s'écrire globalement sous la forme d'une fonction $y = g(x)$?

Non, car à certaines valeurs de x correspondent deux valeurs de y. Par exemple $x = 4$ donne $y^2 = 25 - 16 = 9$, donc $y = +3$ ou $y = -3$. On ne peut pas écrire le cercle entier sous la forme d'une fonction $y = g(x)$, mais peut-on le faire pour un arc de cercle ? Considérons un petit arc de cercle contenant le point $(4;3)$. On voit que tout point $M(x;y)$ de ce petit arc de cercle vérifiera $x^2 + y^2 = 25$ avec $y > 0$ (car cet arc est situé dans la partie supérieure du cercle). Autrement dit, on aura $y = \sqrt{25 - x^2}$. Localement autour du point $(4;3)$, l'équation $x^2 + y^2 = 25$ définit donc implicitement une fonction $y = \varphi(x)$ (ici $\varphi(x) = \sqrt{25 - x^2}$).

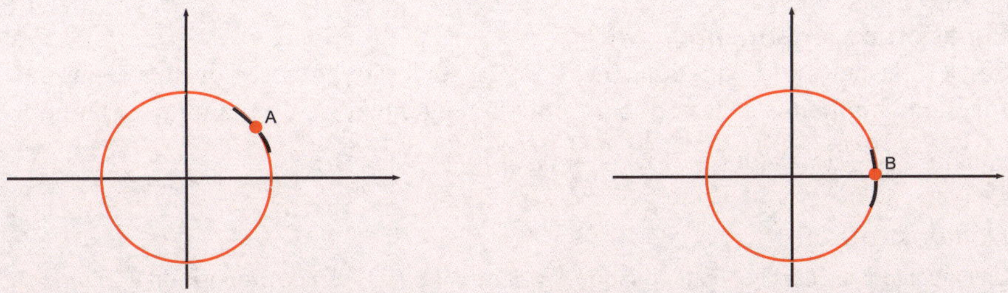

a Au voisinage de $A = (4; 3)$, la tangente n'est pas verticale, le théorème des fonctions implicites s'applique : l'équation $x^2 + y^2 = 25$ définit implicitement une fonction $y = \varphi(x)$.

b Au voisinage de $B = (5; 0)$, la tangente est verticale, le théorème des fonctions implicites ne s'applique pas.

▲ **Figure 11.1 Fonctions implicites pour le cercle de centre 0 et de rayon 5**

Pour quels points $M_0(x_0,y_0)$ du cercle peut-on dire de même que localement, l'équation $x^2 + y^2 = 25$ définit implicitement une fonction ?

– si $y_0 > 0$, alors au voisinage de M_0, on a $M_0(x_0,y_0) \in C \Leftrightarrow y = \sqrt{25 - x^2}$;

– si $y_0 < 0$, alors au voisinage de M_0, on a $M_0(x_0,y_0) \in C \Leftrightarrow y = -\sqrt{25 - x^2}$.

En revanche, au voisinage du point $(5; 0)$, à chaque valeur de x correspond deux valeurs de y. La tangente au cercle est verticale en ce point, et il n'y a pas de fonction implicite $y = \varphi(x)$.

Plus généralement, le théorème des fonctions implicites nous montre que si f est de classe C^1, en tout point (x_0,y_0) de la courbe C_α d'équation $f(x,y) = \alpha$, si la tangente n'est pas verticale en ce point, alors il existe une fonction $y = \varphi(x)$ telle que localement $f(x; y) = \alpha \Leftrightarrow y = \varphi(x)$.

Théorème

Théorème des fonctions implicites ($n = 2$)

Soit f de classe C^1 de U dans $\mathbb{R}$, où U est un ouvert de $\mathbb{R}^2$. Soit $(x_0,y_0) \in U$ tel que $f(x_0,y_0) = \alpha$ et avec $\dfrac{\partial f}{\partial y}(x_0,y_0) \neq 0$. Alors il existe deux intervalles ouverts $I =]x_0 - \varepsilon, x_0 + \varepsilon[$ et $J =]y_0 - r, y_0 + r[$, et une application $\varphi : I \to J$ tels que :

$$(f(x,y) = \alpha \text{ pour } (x,y) \in I \times J) \Leftrightarrow (y = \varphi(x) \text{ pour } x \in I).$$

De plus φ est dérivable sur I, et $\varphi'(x) = -\dfrac{\frac{\partial f}{\partial x}(x,\varphi(x))}{\frac{\partial f}{\partial y}(x,\varphi(x))}$.

POUR ALLER PLUS LOIN

▸ Démonstration p. 327

Définition 11.29

On appelle **courbe de niveau** de f, toute courbe du type $C_\alpha = \{(x; y); f(x; y) = \alpha\}$, où α est un réel fixé.

Si $f(x,y) = \alpha$ permet de définir implicitement $y = \varphi(x)$, avec φ dérivable, alors la dérivée de φ en x_0 permet de déterminer la tangente à C_α en (x_0,y_0).

Proposition 11.23

Équation de la tangente

Soit C_α la courbe d'équation $f(x,y) = \alpha$. Si les hypothèses du théorème des fonctions implicites sont vérifiées, alors la tangente à C_α au point (x_0,y_0) a pour équation : $\frac{\partial f}{\partial x}(x_0;y_0)(x-x_0) + \frac{\partial f}{\partial y}(x_0;y_0)(y-y_0) = 0$

Démonstration

La tangente à la courbe a pour équation $y = y_0 + \varphi'(x_0)(x - x_0)$ (▶ proposition 2.2).

Puisque $\varphi'(x_0) = \frac{-\frac{\partial f}{\partial x}(x_0;y_0)}{\frac{\partial f}{\partial y}(x_0;y_0)}$, cela donne : $y - y_0 = \frac{-\frac{\partial f}{\partial x}(x_0;y_0)}{\frac{\partial f}{\partial y}(x_0;y_0)}(x-x_0)$

et en multipliant par $\frac{\partial f}{\partial y}(x_0;y_0)$, on obtient : $\frac{\partial f}{\partial y}(x_0;y_0)(y-y_0) = -\frac{\partial f}{\partial x}(x_0;y_0)(x-x_0)$ ■

APPLICATION Isoquantes

Soit F une fonction de production, telle que $F(x;y)$ désigne la quantité produite quand on utilise x unités d'un premier facteur de production et y unités d'un second facteur de production. Une isoquante est une courbe du type $C_\alpha = \{(x;y);\ F(x;y) = \alpha\}$, où α est un réel fixé. C_α est l'ensemble des couples $(x;y)$ qui permettent d'obtenir un même niveau de production α. Si on diminue un peu la quantité x, de combien faudra-t-il augmenter la quantité y pour garder la même production α ? D'après l'équation de la tangente, $(y - y_0) = -(x - x_0) \times \frac{\frac{\partial f}{\partial x}(x_0;y_0)}{\frac{\partial f}{\partial y}(x_0;y_0)}$, en notant (x_0,y_0) la situation initiale. Le ratio $\frac{\frac{\partial f}{\partial x}(x_0;y_0)}{\frac{\partial f}{\partial y}(x_0;y_0)}$ s'appelle le TMST (taux marginal de substitution technique) (▶ manuel de microéconomie p. 35 [3]).

6.2 Dimension *n*

Dans $\mathbb{R}^3$, l'équation $f(x_1,x_2,x_3) = \alpha$ ne définit pas une courbe mais une surface. Dans $\mathbb{R}^n$ l'équation $f(x_1,\dots,x_n) = \alpha$ définit ce que l'on appelle une « hypersurface ». Il existe une version en dimension n du théorème des fonctions implicites, qui précise à quelle condition $f(x_1,\dots,x_n) = \alpha$ permet localement de définir une fonction $x_n = \varphi(x_1,\dots,x_{n-1})$.

Théorème

Théorème des fonctions implicites ($n \geq 2$)

Soit f de classe C^1 de U dans $\mathbb{R}$, où U est un ouvert de $\mathbb{R}^n$. Soit $a \in U$ avec $f(a) = \alpha$ et tel que $\frac{\partial f}{\partial x_n}(a) \neq 0$. Alors il existe une boule ouverte B de $\mathbb{R}^{n-1}$ centrée sur $(a_1,\dots,a_{n-1})$ et un intervalle ouvert $J =]a_n - \varepsilon, a_n + \varepsilon[$, et une application $\varphi : B \to J$ tels que : $(f(x_1,\dots,x_n) = \alpha$ pour $(x_1,\dots,x_n) \in B \times J) \Leftrightarrow (x_n = \varphi(x_1,\dots,x_{n-1})$ pour $(x_1,\dots,x_{n-1}) \in B)$

De plus $\frac{\partial \varphi}{\partial x_i}(a_1,\dots,a_{n-1}) = -\frac{\frac{\partial f}{\partial x_i}(a_1,\dots,a_n)}{\frac{\partial f}{\partial x_n}(a_1,\dots,a_n)}$ pour tout i, avec $i \neq n$.

3 *Op. cit.*

Les points **clés**

→ Un ouvert est une partie de $\mathbb{R}^n$ qui ne contient aucun point de sa frontière. En tout point a d'un ouvert A, on peut glisser une petite boule de centre a qui soit incluse dans A.

→ Un fermé F est une partie de $\mathbb{R}^n$ qui contient tous les points de sa frontière. Quand on considère une suite d'éléments de F qui converge, alors la limite de la suite appartient forcément à F.

→ Un compact est une partie fermée bornée de $\mathbb{R}^n$. L'image d'un compact par une application continue est toujours un compact.

→ Une dérivée partielle d'une fonction de plusieurs variables est une dérivée obtenue en ne faisant varier qu'une seule coordonnée.

→ Si f est une fonction de plusieurs variables, sa différentielle en a est l'application linéaire qui ressemble le plus à f au voisinage de a.

→ Quand une courbe dans le plan (x,y) a pour équation $f(x,y) = \alpha$ (où α est fixé), le théorème des fonctions implicites nous indique à quelle condition cette courbe peut, au voisinage d'un point (x_0,y_0) donné, avoir une équation du type $y = \varphi(x)$.

POUR ALLER PLUS LOIN

Démonstration du théorème des fonctions implicites ($n = 2$)

– Il suffit de montrer le théorème pour $\alpha = 0$ (car poser $F = f - \alpha$ permet de se ramener au cas $\alpha = 0$).

Supposons que $\frac{\partial f}{\partial y}(x_0,y_0) > 0$ (la démonstration est similaire pour $\frac{\partial f}{\partial y}(x_0,y_0) < 0$).

f est de classe C^1 donc : $\exists r > 0$, tel que $\frac{\partial f}{\partial y}(x,y) > 0$ sur $[x_0 - r; x_0 + r] \times [y_0 - r; y_0 + r]$

$y \mapsto f(x_0,y)$ est strictement croissante et $f(x_0; y_0) = 0$

donc $f(x_0,y) > 0$ si $y_0 < y \leq y_0 + r$

$f(x_0,y) < 0$ si $y_0 - r \leq y < y_0$

En particulier : $f(x_0,y_0 + r) > 0$ et $f(x_0,y_0 - r) < 0$.

f est continue donc $f(x,y_0 + r) > 0$ si x proche de x_0, et $f(x,y_0 - r) < 0$ si x proche de x_0.

$\exists \varepsilon > 0$ $(\varepsilon \leq r)$, tel que si $x \in I =]x_0 - \varepsilon, x_0 + \varepsilon[$, $f(x,y_0 + r) > 0$ et $f(x,y_0 - r) < 0$

$\forall x \in I$, $y \mapsto f(x,y)$ est strictement croissante et continue sur $[y_0 - r, y_0 + r]$ donc :

pour tout $x \in I$, il existe un unique $y \in]y_0 - r, y_0 + r[$ tel que $f(x,y) = 0$. Ce y dépend de x et on le note $\varphi(x)$. D'où l'existence de φ.

Si $x \in I$, $y = \varphi(x) \in J =]y_0 - r, y_0 + r[$ et $f(x,\varphi(x)) = 0$. Réciproquement, si $(x,y) \in I \times J$, et si $f(x,y) = 0$, alors $y = \varphi(x)$.

– On admet que φ est dérivable sur I. Soit $\psi(x) = f(x,\varphi(x))$, $\forall x \in I$. On a donc :

$$0 = \psi'(x) = \frac{\partial f}{\partial x}(x,\varphi(x)) + \frac{\partial f}{\partial y}(x,\varphi(x))\varphi'(x)$$

d'où $\varphi'(x) = -\dfrac{\frac{\partial f}{\partial x}(x,\varphi(x))}{\frac{\partial f}{\partial y}(x,\varphi(x))}$.

ÉVALUATION

Vous trouverez les corrigés détaillés de tous les exercices sur la page du livre sur le site www.dunod.com

Quiz

1 Vrai/Faux

Dites si les affirmations suivantes sont vraies ou fausses. Justifiez vos réponses.

1. Une partie de $\mathbb{R}^n$ est forcément ouverte ou bien fermée.
2. L'image d'un compact de $\mathbb{R}^n$ par une application continue est un compact.
3. L'image d'un ouvert de $\mathbb{R}^n$ par une application continue est un ouvert.
4. L'image réciproque d'un ouvert de $\mathbb{R}^n$ par une application continue est un ouvert.
5. Toute fonction de classe C^1 sur un ouvert de $\mathbb{R}^n$ est différentiable, et toute fonction différentiable admet des dérivées partielles.
6. Une différentielle est une application linéaire.
7. Le théorème des fonctions implicites est utile quand on a affaire à une courbe de niveau.

► Corrigés p. 369

Exercices

2 Ouverts, fermés

Lesquels parmi les ensembles suivants sont ouverts ? fermés ?

$A = \{(x_1,x_2) \in \mathbb{R}^2; 0 \leq x_1 \leq x_2\}$,
$B = \{(x_1,x_2) \in \mathbb{R}^2; 0 \leq x_1 < x_2\}$,
$C = \{(x_1,x_2) \in \mathbb{R}^2; 0 < x_1 < x_2\}$.

3 Dérivées partielles

Pour $(x,y) \in]0;+\infty[^2$, calculer les dérivées partielles de f dans les cas suivants :

1. $f(x,y) = \ln(x/y)$
2. $f(x,y) = x^y$
3. $f(x,y) = \ln\left(\dfrac{1}{\sqrt{x^2+y^2}}\right)$

► Corrigés p. 370

4 Élasticités partielles

Donner l'ensemble de définition, les dérivées partielles et les élasticités partielles de la fonction définie par $f(x,y) = xy \ln x$.

► Corrigés p. 370

5 Élasticités partielles d'une fonction de production

Calculer les dérivées partielles et les élasticités partielles de la fonction de production Cobb-Douglas $f(K,L) = AK^{\alpha}L^{\beta}$ où $0 < \alpha < 1$, $0 < \beta < 1$.

► Corrigés p. 370

6 Différentielle d'une fonction de production

On considère une fonction de production F définie par $F(x_1;x_2;x_3) = x_1^{1/4}x_2^{1/2}x_3^{1/4}$ pour $(x_1;x_2;x_3) \in]0;+\infty[^3$, où x_1, x_2 et x_3 désignent les quantités utilisées de facteurs de production 1 ; 2 et 3, et $F(x_1;x_2;x_3)$ désigne la quantité produite de bien final.

On suppose qu'initialement on utilise les quantités $(x_1;x_2;x_3) = (81;25;16)$

1. Quelle est la production initiale ?
2. À partir de ce niveau initial, on veut modifier légèrement les quantités utilisées de facteurs de production, pour passer à $x_1 = 81 + h_1$ et $x_2 = 25 + h_2$ et $x_3 = 16 + h_3$.

   a. Calculer les dérivées partielles de F au point $a = (81;25;16)$, puis la différentielle de F en a.

   b. En utilisant la différentielle de F en a, calculer une valeur approchée de la production pour les quantités $(x_1;x_2;x_3) = (81+h_1;25+h_2;16+h_3)$, quand h_1, h_2, h_3 sont proches de 0.

   c. Donner une valeur approchée de la production pour $(x_1;x_2;x_3) = (78;26;18)$.

7 Comment produire ?

La fonction de production d'une entreprise est $F(K,L,H) = K^{1/4}L^{1/2}H^{1/4}$ (où K est le capital, L le travail non qualifié, H le travail qualifié). Initialement, on a $(K,L,H) = (K_0,L_0,H_0) = (256; 144; 81)$. Le prix unitaire p_K du capital est 10, celui du travail non qualifié p_L est 6, celui du travail qualifié p_H est 8. L'entrepreneur dispose d'une somme $R = 24$ à investir.

1. En utilisant la différentielle de F, donner une valeur approchée de l'accroissement de la production si l'entrepreneur consacre cette somme :

a. Uniquement à augmenter K ?

b. Uniquement à augmenter L ?

c. Uniquement à augmenter H ?

d. Consacre le tiers de la somme à accroître chaque facteur de production ?

2. Comment doit-il dépenser son argent ?

8 Jacobienne

1. Soit $f(x;y) = (yx^2 + 3y^2; -xy + \sqrt{y}\ln x)$ pour $x > 0$ et $y > 0$. Calculer la matrice jacobienne de f.

2. Soit f la fonction définie par $f(x_1;x_2;x_3) = (x_1^{1/2}x_2x_3; x_1^2 - 2x_2x_3)$, sur $]0;+\infty[^3$. En utilisant la différentielle, donner une valeur approchée des variations de f au voisinage du point (1 ;2 ;1).

9 Polynôme homogène

À quelle condition une fonction polynômiale $P(x,y)$ est-elle homogène ? Même question pour une fonction polynômiale à n indéterminées $P(x_1,\ldots,x_n)$.

10 Dérivée partielle d'une fonction homogène

Soit f homogène de degré λ sur $(\mathbb{R}_+^*)^n$, admettant une dérivée partielle par rapport à x_i sur $(\mathbb{R}_+^*)^n$. Montrer qu'alors $\dfrac{\partial f}{\partial x_i}$ est homogène de degré $\lambda - 1$ sur $(\mathbb{R}_+^*)^n$.

11 Hessienne

Calculer la matrice hessienne de la fonction $f(x,y,z) = xy^2 + z\ln x - ye^{-z}$ au point $(1; 1; 0)$.

12 Taylor d'ordre 2

1. Écrire la formule de Taylor-Young à l'ordre 2 au voisinage de $(0; 0)$ pour la fonction f définie par $f(x,y) = \dfrac{1}{1 - xy}$.

2. Même chose au voisinage de $(0; 0; 0)$ pour f définie par $f(x,y,z) = x^2y^2 - xz^3 + xe^z$.

3. Même chose au voisinage de $(1; 1)$ pour f définie par $f(x,y) = x^2y - xy + 3 + xy^3$.

13 Théorème des fonctions implicites

1. Soit la fonction f définie par $f(x,y) = (x^2 + y^2)^4 + x^2 - y^2$ et le point $A(0; 1)$. On note Γ la courbe d'équation $f(x; y) = 0$. Montrer que le théorème des fonctions implicites s'applique en A, trouver la pente de la tangente à la courbe Γ en A, tracer la courbe et la tangente.

2. Même question pour $f(x,y) = x^3 - 2xy + 2y^2 - 1$ et le point $A(1; 1)$.

Chapitre 12

Les agents économiques cherchent à atteindre la situation optimale pour eux : le consommateur veut maximiser son utilité, c'est-à-dire son bien-être, la firme cherche à maximiser son profit, le producteur veut maximiser la production pour un coût donné, ou bien rendre minimal le coût pour un niveau de production donné.

Dans tous ces cas de figure, il s'agit en termes mathématiques d'optimiser une fonction de plusieurs variables, c'est-à-dire de rechercher son maximum ou son minimum.

L'économie est souvent qualifiée de « science de l'allocation des ressources rares ». En effet, les ressources du consommateur ne sont pas infinies : il se demande comment dépenser son revenu au mieux, mais celui-ci est fixé. De même le producteur veut produire le plus possible pour un coût donné. On maximise ici une fonction de plusieurs variables sous un certain nombre de contraintes (de revenu, de coût, etc.). Nous allons voir dans ce chapitre comment déterminer l'optimum selon la forme des contraintes.

LES GRANDS AUTEURS

Joseph-Louis Lagrange (1736-1813)

Joseph-Louis Lagrange est un mathématicien franco-italien, né à Turin et mort à Paris. Il travaille d'abord à Turin, puis il part à l'âge de 30 ans à l'Académie de Berlin où il succède à Euler. À 51 ans, il quitte Berlin pour l'Académie des sciences de Paris, où il reste jusqu'à sa mort. Il fonde le calcul des variations avec Euler. La recherche d'extrema sous contraintes le conduit à introduire des multiplicateurs, qui désormais portent son nom. Il refonde la mécanique newtonienne à l'aide de l'analyse mathématique, créant ainsi la mécanique analytique. Ses contributions mathématiques sont très variées : on lui doit notamment des apports en théorie des nombres et en théorie des groupes. Il introduit la méthode de variation des constantes pour résoudre des équations différentielles. À partir de 1790, il fait partie des commissions chargées d'unifier les poids et mesures et d'établir le système métrique en France. Il utilise la théorie des perturbations pour étudier la stabilité du système solaire. Il a trouvé une solution particulière au problème à trois corps, ce problème consistant à théoriser le mouvement de trois corps célestes en interaction (comme le Soleil, la Terre et la Lune). ■

Optimisation de fonctions de plusieurs variables

Plan

Objectifs

→ **Déterminer** les extrema locaux d'un problème d'optimisation sans contrainte à l'aide des conditions de premier et de second ordres, puis les extrema globaux éventuels.

→ **Trouver** le maximum global d'une fonction concave et le minimum global pour une fonction convexe.

→ **Comprendre** ce qu'est le lagrangien d'un problème d'optimisation sous contraintes d'égalités et/ou d'inégalités, et comment il permet de déterminer les points candidats à l'extremum.

1 Extremum d'une fonction de plusieurs variables

1.1 Introduction

Pour une fonction de $\mathbb{R}^n$ dans $\mathbb{R}$, les définitions d'un maximum et d'un minimum sont similaires à celles pour une fonction de $\mathbb{R}$ dans $\mathbb{R}$ (► définitions 6.6 et 6.7).

Définition 12.1

Soit f une fonction de $D \to \mathbb{R}$, où D est une partie de $\mathbb{R}^n$, et soit $a \in D$. On dit que :

– f admet un **maximum global** sur D en a si :

$$f(x) \leq f(a) \quad , \forall x \in D$$

– f admet un **maximum global strict** sur D en a si :

$$f(x) < f(a) \quad , \forall x \in D, x \neq a$$

Si a est un point intérieur à D, alors on dit que :

– f admet un **maximum local** en a si :

$$\exists r > 0, \text{ avec } B(a,r) \subset D, \text{ tel que } f(x) \leq f(a), \forall x \in B(a,r).$$

– f admet un **maximum local strict** en a si :

$$\exists r > 0, \text{ avec } B(a,r) \subset D, \text{ tel que } f(x) < f(a), \forall x \in B(a,r), x \neq a.$$

On a les mêmes définitions pour le minimum en changeant partout $\leq$ par $\geq$, et en changeant $<$ par $>$.

On a les implications :

max global strict $\Rightarrow$ max global et max local strict $\Rightarrow$ max local.

Pour un point intérieur, on a l'implication : max global $\Rightarrow$ max local.

Toutes ces implications sont valables aussi pour un minimum.

Définition 12.2

Soit f une fonction de $D \to \mathbb{R}$, où D est une partie de $\mathbb{R}^n$. Considérons le problème d'optimisation consistant à trouver le maximum (ou le minimum) global de la fonction f sur D.

– Si D est ouvert, on dit qu'il s'agit d'un problème d'optimisation **sans contrainte** (ou optimisation libre).

– Si D n'est pas ouvert, on dit qu'il s'agit d'un problème d'optimisation **sous contraintes**.

Si D est ouvert, le maximum (ou le minimum) ne peut être atteint sur la frontière de D, car un ouvert ne contient aucun point de sa frontière. C'est la raison pour laquelle les problèmes d'optimisation sans contrainte sont plus simples que ceux sous contraintes. En effet, les points de la frontière ne peuvent pas être étudiés de la même façon que les points intérieurs. L'optimisation sous contraintes fait appel à des techniques spécifiques.

Si D n'est pas égal à $\mathbb{R}^n$, le domaine D est en général défini par des inégalités et/ou des égalités. Quand il n'y a que des inégalités, quand celles-ci sont strictes et portent sur des fonctions continues, alors D est ouvert (▶ proposition 11.14 et exemple 11.13).

Exemple 12.1

$D = \{(x_1,x_2) \in \mathbb{R}^2 ; x_1 + x_2 > 0\}$ est ouvert (la fonction $(x_1,x_2) \mapsto x_1 + x_2$ est continue).

$D = \{(x_1,x_2) \in \mathbb{R}^2 ; x_1 + x_2 \geq 0\}$ n'est pas ouvert.

$D = \{(x_1,x_2) \in \mathbb{R}^2 ; x_1 > 0 \text{ et } x_2 > 0\}$ est ouvert.

$D = \{(x_1,x_2) \in \mathbb{R}^2 ; x_1 > 0 \text{ et } x_2 > 0 \text{ et } x_1 + x_2 \leq 10\}$ n'est pas ouvert.

$D = \{(x_1,x_2,x_3) \in \mathbb{R}^3 ; x_1 + 2x_2 - x_3 = 0\}$ n'est pas ouvert.

1.2 Condition du premier ordre pour un extremum local

La proposition suivante donne une condition nécessaire pour que f admette un extremum local au point a, si a est un point intérieur de D, où D est une partie de $\mathbb{R}^n$.

Définition 12.3

Soit f une fonction admettant des dérivées partielles en a. Si $\nabla f(a) = 0$, on dit que a est un **point critique** (ou point stationnaire) de f.

Rappelons que $\nabla f(a) = 0$ signifie que $\nabla f(a)$ est le vecteur nul, c.-à-d. que toutes ses coordonnées sont nulles.

Proposition 12.1

Condition nécessaire du premier ordre

Soit f une fonction admettant des dérivées partielles en a, où a est un point intérieur de D. Si f a un extremum local en a, alors $\nabla f(a) = 0$, c'est-à-dire $\dfrac{\partial f}{\partial x_i}(a) = 0$ pour tout i.

Démonstration

Remarquons que pour $n = 1$, c.-à-d. pour $f : \mathbb{R} \to \mathbb{R}$, cela revient au résultat déjà vu (▶ proposition 6.6) : si f a un extremum local en a, alors $f'(a) = 0$.

Démontrons le cas général $n \geq 1$ en utilisant le résultat déjà connu pour $n = 1$. Supposons que f a un maximum local en a. Pour chaque i, soit $\varphi_i : \mathbb{R} \to \mathbb{R}$, définie par $\varphi_i(t) = f(a_1,\ldots,a_i + t,\ldots,a_n)$.

La fonction φ_i est dérivable en 0 car f admet des dérivées partielles en a. Comme φ_i a un maximum local en 0, donc $\varphi_i'(0) = 0$, où $\varphi_i'(0) = \dfrac{\partial f}{\partial x_i}(a)$. ■

Dans les exemple et exercices de ce chapitre, conformément à l'usage, on écrira souvent $f(x,y)$ au lieu de $f(x_1,x_2)$ pour $n = 2$, et $f(x,y,z)$ au lieu de $f(x_1,x_2,x_3)$ pour $n = 3$.

Exemple 12.2

Soit f définie par $f(x,y) = (x-1)^2 + (y-2)^2$, pour $(x;y) \in \mathbb{R}^2$. Il est clair que f a un minimum global strict en $(1;2)$, car $(x-1)^2 + (y-2)^2 \geq 0$ et $(x-1)^2 + (y-2)^2 = 0 \Leftrightarrow (x = 1$ et $y = 2)$. D'après la proposition précédente, les dérivées partielles de f doivent être nulles en $(1;2)$. Calculons les.

On a $\dfrac{\partial f}{\partial x} = 2(x-1)$ et $\dfrac{\partial f}{\partial y} = 2(y-2)$ qui sont nulles en $(1;2)$. On a donc bien $\nabla f(1;2) = 0$.

Définition 12.4

Si a est un point intérieur de D qui vérifie $\nabla f(a) = 0$ mais qui n'est pas un extremum local de f, alors on dit que a est un **point col (ou point selle)** de f.

Exemple 12.3

Soit f définie par $f(x;y) = (x-3)^2 - (y-4)^2$, pour $(x;y) \in \mathbb{R}^2$.

On a $\dfrac{\partial f}{\partial x}(x;y) = 2(x-3)$ et $\dfrac{\partial f}{\partial y}(x;y) = -2(y-4)$. On voit que $\nabla f(x;y) = 0$ si et seulement si $x = 3$ et $y = 4$, donc $a = (3;4)$ est le seul point critique, d'où le seul point pouvant être un extremum. Est-ce un extremum local ?

On a $f(3;4) = 0$, et $f(3+h_1;4) = h_1^2 > 0$ donc $(3;4)$ ne peut pas être un maximum local, car on peut trouver des points $(3+h_1;4)$ aussi près que l'on veut de $(3;4)$ avec $f(3+h_1;4) > f(3;4)$.

De même, $f(3;4+h_2) = -h_2^2 < 0$, donc $(3;4)$ ne peut pas être un minimum local, car on peut trouver des points $(3;4+h_2)$ aussi près que l'on veut de $(3;4)$ avec $f(3;4+h_2) < f(3;4)$.

Le point $a = (3;4)$ n'est donc pas un extremum local de f, d'où c'est un point col. La fonction f n'admet donc aucun extremum local, ni global.

1.3 Conditions du second ordre pour un extremum local

Les conditions du second ordre font intervenir les dérivées partielles secondes de la fonction.

Comme pour une fonction d'une seule variable, il existe des conditions nécessaires du second ordre et des conditions suffisantes du second ordre. Pour une seule variable, ces conditions portent sur le signe de $f''(a)$. Pour une fonction de n variables, elles portent sur le signe de la matrice hessienne $D^2 f(a)$, c'est-à-dire la matrice des dérivées partielles secondes de f en a (▶ définition 11.27).

Rappelons que $D^2 f(a)$ semi-définie positive signifie que $h'Ah \geq 0$ pour tout $h \in \mathbb{R}^n$, c'est-à-dire que :

$$\sum_i \sum_j \frac{\partial^2 f}{\partial x_i \partial x_j}(a) h_i h_j \geq 0 \text{ pour tout } h \in \mathbb{R}^n$$

De même, $D^2 f(a)$ semi-définie négative signifie que $h'Ah \leq 0$ pour tout $h \in \mathbb{R}^n$, c'est-à-dire que :

$$\sum_i \sum_j \frac{\partial^2 f}{\partial x_i \partial x_j}(a) h_i h_j \leq 0 \text{ pour tout } h \in \mathbb{R}^n$$

Ici h est un vecteur-colonne et son transposé h' est un vecteur-ligne.

Remarquons que « f de classe C^2 sur un voisinage de a » signifie :

$$\exists r > 0, \text{ tel que } f \text{ est de classe } C^2 \text{ sur la boule ouverte } B(a,r).$$

Proposition 12.2

Conditions nécessaires du second ordre

Soit f de classe C^2 sur un voisinage de a, où a est un point intérieur de D.

(i) Si f admet un minimum local en a, alors $\nabla f(a) = 0$ et la matrice hessienne $D^2 f(a)$ est semi-définie positive.

(ii) Si f admet un maximum local en a, alors $\nabla f(a) = 0$ et la matrice hessienne $D^2 f(a)$ est semi-définie négative.

Démonstration

Pour $n = 1$, ce résultat est déjà connu, car (i) devient alors $f''(a) \geq 0$, et (ii) devient $f''(a) \leq 0$ (▸ proposition 6.8).

Ici aussi, étudions le cas général $n \geq 1$ en utilisant le résultat pour $n = 1$.

Supposons que f admette un minimum local en a. Soit $g(t) = f(a + th)$. La fonction g est de classe C^2 en 0, pour $h = \begin{pmatrix} h_1 \\ .. \\ h_n \end{pmatrix}$ fixé. D'après le cas $n = 1$, comme g admet un minimum local en 0, alors $g''(0) \geq 0$. En appliquant la formule de dérivation en chaîne (▸ proposition 11.21), on obtient :

$$g'(t) = \sum_i \frac{\partial f}{\partial x_i}(a + th)h_i$$

$$g''(t) = \sum_i \sum_j \frac{\partial^2 f}{\partial x_i \partial x_j}(a + th)h_i h_j$$

donc

$$g''(0) = \sum_i \sum_j \frac{\partial^2 f}{\partial x_i \partial x_j}(a)h_i h_j$$

On a $g''(0) \geq 0$, d'où $\sum_i \sum_j \frac{\partial^2 f}{\partial x_i \partial x_j}(a)h_i h_j \geq 0$.

C'est vrai pour tout h, donc $D^2 f(a)$ est semi-définie positive.

La démonstration est la même pour un maximum local, en changeant $\geq$ en $\leq$. ■

La proposition suivante donne des conditions suffisantes pour que f admette un extremum local au point a, où $a \in U$ ouvert de $\mathbb{R}^n$.

Rappelons que $D^2 f(a)$ définie positive signifie que $h' D^2 f(a) h > 0$ pour tout $h \in \mathbb{R}^n \setminus \{0\}$, c'est-à-dire que :

$$\sum_i \sum_j \frac{\partial^2 f}{\partial x_i \partial x_j}(a)h_i h_j > 0 \text{ pour tout } h \in \mathbb{R}^n \setminus \{0\}.$$

De même, $D^2 f(a)$ définie négative signifie que $h' D^2 f(a) h < 0$ pour tout $h \in \mathbb{R}^n \setminus \{0\}$, c'est-à-dire que :

$$\sum_i \sum_j \frac{\partial^2 f}{\partial x_i \partial x_j}(a)h_i h_j < 0 \text{ pour tout } h \in \mathbb{R}^n \setminus \{0\}.$$

Proposition 12.3

Conditions suffisantes du second ordre

Soit f de classe C^2 sur un voisinage de a, où a est un point intérieur de D. On note $D^2f(a)$ la matrice hessienne de f en a.

(i) Si $\nabla f(a) = 0$ et $D^2f(a)$ définie positive, alors f a un minimum local strict en a.

(ii) Si $\nabla f(a) = 0$ et $D^2f(a)$ définie négative, alors f a un maximum local strict en a.

Démonstration

On connaît déjà le résultat pour $n = 1$, car (i) devient alors $f'(a) = 0$ et $f''(a) > 0$, et (ii) devient $f'(a) = 0$ et $f''(a) < 0$ (▸ proposition 6.9).

Montrons (i) pour n quelconque. D'après la formule de Taylor-Young (▸ chapitre 11, section 4.4), on a $f(a+h) = f(a) + \nabla f(a)\cdot h + \frac{1}{2}h'D^2f(a)h + \|h\|^2\,\varepsilon(h)$ où $\lim\limits_{h\to 0}\varepsilon(h) = 0$.

Par hypothèse, $\nabla f(a) = 0$ et $q(h) = h'D^2f(a)h$ est une forme quadratique définie positive. La réduction de Gauss (▸ proposition 10.19) indique qu'il existe une base orthonormée dans laquelle la forme quadratique s'écrit $q(h) = \sum\limits_{i=1}^{n}\lambda_i y_i^2$, où les λ_i sont les valeurs propres de $D^2f(a)$, avec $\lambda_i > 0$ pour tout i puisque $D^2f(a)$ est définie positive. On a $y = P'h$ où P est une matrice orthogonale, donc $\|y\| = \|h\|$. Notons $\alpha = \min\limits_i(\lambda_i) > 0$. On en déduit que :

$$q(h) = \sum_{i=1}^{n}\lambda_i y_i^2 \geq \alpha\sum_{i=1}^{n}y_i^2 = \alpha\,\|y\|^2 = \alpha\,\|h\|^2$$

$\exists\eta > 0,\ \|h\| < \eta \Rightarrow |\varepsilon(h)| < \alpha$, d'où $f(a+h) - f(a) = q(h) + \|h\|^2\,\varepsilon(h)$, avec $q(h) \geq \alpha\,\|h\|^2$ et $\|h\|^2\,\varepsilon(h) > -\alpha\,\|h\|^2$, donc $f(a+h) - f(a) > 0$ si $0 < \|h\| < \eta$. D'où on a un minimum local strict en a.

Pour montrer (ii), on pose $g = -f$, ce qui nous ramène au cas (i). ■

Rappelons que si $n = 2$, pour déterminer le signe de $A = D^2f(a)$ (c'est-à-dire pour savoir si elle est définie positive, définie négative, semi-définie positive, etc.) il suffit d'utiliser $\det(A)$ et $tr(A)$ (▸ proposition 10.21).

Pour $n > 2$, on peut utiliser les mineurs principaux de A (▸ définition 10.13 et proposition 10.22).

Exemple 12.4

On cherche les extrema de f définie sur $\mathbb{R}^2$ par $f(x;y) = x^2 - xy + \frac{1}{6}y^3 + 8$.

La fonction f est polynomiale, donc est de classe C^2 sur $\mathbb{R}^2$.

$$\nabla f(x;y) = \begin{pmatrix} 2x - y \\ -x + \frac{1}{2}y^2 \end{pmatrix}, \text{ donc } \nabla f(x;y) = 0 \Leftrightarrow \begin{cases} y = 2x \\ x = \frac{1}{2}y^2 \end{cases}$$

Ce dernier système équivaut à $\begin{cases} y = 2x \\ x = \frac{1}{2}(2x)^2 \end{cases}$, c'est-à-dire à $\begin{cases} y = 2x \\ x = 0 \text{ ou } x = \frac{1}{2} \end{cases}$

Il y a deux points critiques : $\begin{pmatrix} 0 \\ 0 \end{pmatrix}$ et $\begin{pmatrix} \frac{1}{2} \\ 1 \end{pmatrix}$.

La matrice hessienne est $A = D^2 f(x; y) = \begin{pmatrix} 2 & -1 \\ -1 & y \end{pmatrix}$.

- Soit $A_1 = D^2 f(0; 0) = \begin{pmatrix} 2 & -1 \\ -1 & 0 \end{pmatrix}$. On a $\det(A_1) = -1$, donc la matrice hessienne A_1 en $\begin{pmatrix} 0 \\ 0 \end{pmatrix}$ est indéfinie (▶ proposition 10.21). Le point $\begin{pmatrix} 0 \\ 0 \end{pmatrix}$ ne satisfait pas les conditions nécessaires du second ordre (▶ proposition 12.2), donc n'est pas un extremum local de f c'est un point col.
- Soit $A_2 = D^2 f(\frac{1}{2}; 1) = \begin{pmatrix} 2 & -1 \\ -1 & 1 \end{pmatrix}$. On a $\det(A_2) = 1$ et $tr(A_2) = 3$, donc la matrice hessienne en $\begin{pmatrix} 1/2 \\ 1 \end{pmatrix}$ est définie positive (▶ proposition 10.21). Le point $\begin{pmatrix} 1/2 \\ 1 \end{pmatrix}$ satisfait les conditions suffisantes du second ordre (▶ proposition 12.3), donc c'est un minimum local. Ce n'est pas un minimum global car la fonction f n'est pas minorée sur $\mathbb{R}^2$. En effet, $f(0; y) = \frac{1}{6}y^3 + 8$ tend vers $-\infty$ quand $y \to -\infty$.

1.4 Recherche d'un extremum global

Nous avons déjà vu comment rechercher en pratique un extremum global d'une fonction de $\mathbb{R}$ dans $\mathbb{R}$ (▶ chapitre 6, section 6.4). La démarche ici est assez similaire.

1.4.1 Existence d'un extremum global

On peut d'abord remarquer qu'il n'existe pas toujours d'extremum global. Supposons pour simplifier que nous cherchons le maximum global de la fonction f définie d'une partie D de $\mathbb{R}^n$ dans $\mathbb{R}$.

Trois cas sont possibles (▶ section 6.4.1 pour le cas $n = 1$) :

a) La fonction f n'est pas majorée sur D. Dans ce cas, il n'y a pas de maximum global de f sur D.

b) La fonction f est majorée mais n'atteint pas sa borne supérieure. Il n'y a pas non plus ici de maximum global de f sur D.

c) La fonction f est majorée et atteint sa borne supérieure. Dans ce cas f admet un maximum global sur D. Notons que ce maximum peut être atteint en un ou plusieurs points.

Pour un minimum, la démarche est similaire.

Remarquons que si f est continue et que D est un compact, alors d'après le théorème des bornes atteintes (▶ chapitre 11, section 2.3), f admet forcément un maximum global et un minimum global, c.-à-d. qu'on est dans le cas c).

1.4.2 Comment trouver l'extremum global ?

Pour trouver l'extremum global d'une fonction f (s'il existe), on détermine les points où il est possible que f atteigne son extremum. On les appelle points candidats à l'extremum. Puis on compare la valeur de f en chacun de ces points.

Pour une **fonction** f de n **variables** d'une partie D de $\mathbb{R}^n$ dans $\mathbb{R}$ (▶ section 6.4.2 pour le cas $n = 1$), on trouve trois types de points candidats à l'extremum :

– type 1 : les points a qui sont à l'intérieur de D et tels que $\nabla f(a) = 0$;

– type 2 : les points a de D qui appartiennent à la frontière de D ;

– type 3 : les points a de D où f n'admet pas n dérivées partielles.

Supposons que l'on veuille trouver le maximum (ou le minimum) global d'une **fonction f différentiable** sur D. Il n'y a pas alors de points du type 3. Tous les points candidats sont de type 1 ou 2. C'est ce que nous supposerons dans tout ce chapitre, qui ne traite que de l'optimisation des fonctions différentiables.

Si f est différentiable sur D et que D est un **ouvert** de $\mathbb{R}^n$, alors les points candidats sont tous de type 1. Aucun n'est sur la frontière de D, car un ouvert ne contient aucun point de sa frontière. Il s'agit alors d'**optimisation sans contrainte**. Si de plus la fonction est de classe C^2, on ne retient comme points candidats que ceux satisfaisant la condition nécessaire du second ordre.

S'il y a bien un maximum global, on détermine les points où il est atteint en comparant les valeurs que prend la fonction aux différents points candidats.

S'il n'y a pas de points candidats, alors il n'y a pas de maximum global.

La démarche est similaire pour un minimum.

1.5 Le théorème de l'enveloppe

Considérons un agent économique cherchant à maximiser une fonction : firme maximisant son profit, consommateur maximisant son utilité... Une telle fonction f qu'on veut maximiser est appelée fonction objectif.

Comment évolue le maximum $f(x^*)$ de la fonction objectif quand un paramètre s de l'environnement économique varie ? Par exemple comment évolue le profit maximal d'une firme quand le prix du marché p varie ? Le théorème de l'enveloppe nous aide à répondre à cette question.

Pour un s donné, l'agent cherche à atteindre la valeur x^* de x qui maximise $f(x,s)$. Cette valeur va dépendre de s, notons la $x^*(s)$. La fonction objectif vaut alors $f(x^*(s),s)$. Pour estimer l'effet d'une petite variation de s, on utilise comme d'habitude la dérivée par rapport à s. Ici on voit que s apparaît comme une variable de la fonction f elle-même, mais aussi dans $x^*(s)$. Supposons que $x \in \mathbb{R}^n$ et que $s \in \mathbb{R}$. On a $\dfrac{df}{ds}(x^*(s),s) = \dfrac{df}{ds}(x_1^*(s),\ldots,x_n^*(s),s)$, donc le paramètre s intervient $n+1$ fois. La formule de dérivation en chaîne nous apprend que cette dérivée est la somme de $n+1$ termes faisant intervenir des dérivées partielles, mais n termes sont nuls car x^* satisfait les conditions de premier ordre du programme de maximisation de f. Il reste seulement la dérivée partielle par rapport à s comme nous le montre le théorème suivant.

Théorème

Théorème de l'enveloppe (sans contraintes)

Considérons une fonction f de classe C^1 :

$$D \times I \to \mathbb{R}$$
$$(x; s) \mapsto f(x; s)$$

où D est un ouvert de $\mathbb{R}^n$, et I un intervalle ouvert de $\mathbb{R}$, avec $x \in D$ et $s \in I$.
Supposons que $x \mapsto f(x; s)$ admette un maximum global sur D, pour tout $s \in I$, noté $x^*(s)$.
Alors
$$\frac{df}{ds}(x^*(s), s) = \frac{\partial f}{\partial s}(x^*(s), s)$$

Démonstration

$\frac{df}{ds}(x^*(s), s) = \frac{df}{ds}(x_1^*(s), \ldots, x_n^*(s), s) = \sum_{i=1}^{n} \frac{\partial f}{\partial x_i}(x^*(s), s) \times \frac{dx_i^*}{ds} + \frac{\partial f}{\partial s}(x_1^*(s), \ldots, x_n^*(s), s)$ par la formule de dérivation en chaîne.

Comme f admet un maximum global sur D en $x^*(s)$, elle y satisfait les conditions de premier ordre, c'est-à-dire $\frac{\partial f}{\partial x_i}(x^*(s), s) = 0$ pour tout i.

On en conclut que $\frac{df}{ds}(x^*(s), s) = \frac{\partial f}{\partial s}(x^*(s), s)$. ■

Le théorème de l'enveloppe nous indique que pour estimer l'effet d'une petite variation d'un paramètre sur la valeur atteinte à l'optimum de la fonction objectif, on n'a pas besoin de tenir compte de l'impact de s sur $x^*(s)$; seule compte la dérivée partielle par rapport à s.

Quand on étudie comme cela l'effet de la variation d'un paramètre sur l'équilibre économique, on dit que l'on fait de la **statique comparative**.

Exemple 12.5

Reprenons l'application de la fin du chapitre 2 : le profit d'une firme dans un marché concurrentiel. La firme ne choisit pas le prix P. Sa fonction de coût est donnée par $C(Q) = 4Q + Q^2$, sa fonction de profit est alors $\Pi(Q) = PQ - C(Q)$, en supposant qu'elle vende toute sa production. On a trouvé que pour $P > 4$, le profit est maximisé pour $Q^* = \frac{1}{2}(P - 4)$.

Comment varie le profit maximum quand P varie ? On peut répondre à cette question de deux manières : par calcul direct, ou bien à l'aide du théorème de l'enveloppe.

– Par calcul direct. On calcule le profit maximal pour un P donné.

$$\Pi(Q^*) = PQ^* - C(Q^*) = PQ^* - 4Q^* - Q^{*2} = (P-4)Q^* - Q^{*2}$$
$$= (P-4)\frac{(P-4)}{2} - \left(\frac{P-4}{2}\right)^2 = \frac{1}{4}(P-4)^2$$
$$\frac{d\Pi(Q^*)}{dP} = \frac{d}{dP}\left[\frac{1}{4}(P-4)^2\right] = \frac{1}{2}(P-4)$$

– Avec le théorème de l'enveloppe.

$$\frac{d\Pi(Q^*)}{dP} = \frac{\partial \Pi(Q^*)}{\partial P}, \quad \text{où} \quad \frac{\partial \Pi(Q)}{\partial P} = Q \quad \text{donc} \quad \frac{d\Pi(Q^*)}{dP} = Q^* = \frac{1}{2}(P-4).$$

On voit que le théorème de l'enveloppe permet de parvenir plus rapidement au résultat.

2 Extremum d'une fonction convexe, concave

La recherche d'un maximum (minimum) global est plus simple si la fonction est concave (convexe). Quand une fonction dérivable de $\mathbb{R}$ dans $\mathbb{R}$ est concave, pour trouver son maximum global x_0, il suffit de résoudre la condition de premier ordre $f'(x_0) = 0$ (▶ proposition 6.7). Des résultats similaires existent en dimension n.

Définition 12.5

On dit que la partie U de $\mathbb{R}^n$ est **convexe** si :

$$\forall a,b \in U, \forall \lambda \in [0; 1], \lambda a + (1 - \lambda)b \in U$$

Géométriquement, cela signifie que lorsque l'on considère deux points a et b de U, alors le segment joignant a et b est entièrement inclus dans U (▶ figure 12.1).

Définition 12.6

Soit U une partie convexe de $\mathbb{R}^n$, et f une fonction de U dans $\mathbb{R}$.
On dit que f est **concave** sur U si $f(\lambda a+(1-\lambda)b) \geq \lambda f(a)+(1-\lambda)f(b), \forall a,b \in U, \forall \lambda \in [0; 1]$.
On dit que f est **strictement concave** sur U si
$f(\lambda a + (1 - \lambda)b) > \lambda f(a) + (1 - \lambda)f(b), \forall a,b \in U, \forall \lambda \in]0; 1[, a \neq b$.
On dit que f est **convexe** sur U si $f(\lambda a+(1-\lambda)b) \leq \lambda f(a)+(1-\lambda)f(b), \forall a,b \in U, \forall \lambda \in [0; 1]$.
On dit que f est **strictement convexe** sur U si $f(\lambda a+(1-\lambda)b) \leq \lambda f(a)+(1-\lambda)f(b)$, $\forall a,b \in U, \forall \lambda \in]0; 1[, a \neq b$.

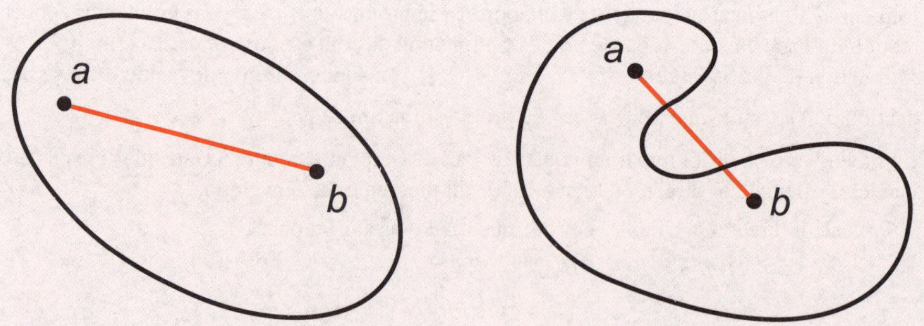

ⓐ U convexe. ⓑ U non convexe.

▲ **Figure 12.1** **Parties convexes, non convexes, dans $\mathbb{R}^2$.**

Rappelons l'interprétation géométrique pour $n = 1$ (▶ définitions 6.3 et 6.4). Une fonction d'une variable réelle est concave si, quand on joint deux points de la courbe par un segment, ce segment est toujours en-dessous de la courbe (toujours au-dessus pour une fonction convexe).

Pour $n = 2$, on n'a plus affaire à une courbe mais à une surface. En effet, une fonction f de $\mathbb{R}^2$ dans $\mathbb{R}$ peut être représentée par la surface $\{(x_1,x_2,f(x_1,x_2))\,;\,(x_1,x_2) \in \mathbb{R}^2\}$ dans l'espace. La fonction f est concave si, quand on joint deux points de la surface par un segment, ce segment est toujours en dessous de la surface (toujours au-dessus pour une fonction convexe).

On suppose dans toute la suite de cette partie que U est un ouvert **convexe** de $\mathbb{R}^n$, et que f est une fonction de U dans $\mathbb{R}^n$.

Proposition 12.4

Soit f de classe C^2 sur l'ouvert convexe U de $\mathbb{R}^n$, et soit $D^2f(x)$ sa matrice hessienne au point $x \in U$. Alors :

(i) f est concave sur $U \Leftrightarrow D^2f(x)$ est semi-définie négative en tout $x \in U$.

(ii) f est strictement concave sur $U \Leftrightarrow D^2f(x)$ est définie négative en tout $x \in U$.

(iii) f est convexe sur $U \Leftrightarrow D^2f(x)$ est semi-définie positive en tout $x \in U$.

(iv) f est strictement convexe sur $U \Leftrightarrow D^2f(x)$ est définie positive en tout $x \in U$.

Démonstration

Remarquons que pour $n = 1$, on retrouve des équivalences déjà vues pour les fonctions deux fois dérivables de $\mathbb{R}$ dans $\mathbb{R}$ (▸ proposition 6.5) :

$$f \text{ concave} \Leftrightarrow f'' \leq 0, \text{ c.-à-d. } f' \text{ décroissante}$$

$$f \text{ convexe} \Leftrightarrow f'' \geq 0, \text{ c.-à-d. } f' \text{ croissante}$$

On montre seulement l'équivalence (i), les autres sont similaires.

On va utiliser le résultat déjà connu pour $n = 1$.

Pour a, $b \in U$, soit $g_{a,b}(t) = f(tb + (1-t)a)$ pour $t \in [0;1]$.

On montre facilement que f est concave si et seulement si tous les $g_{a,b}$ sont concaves.

– A-t-on f concave $\Rightarrow D^2f(x)$ semi-définie négative, $\forall x \in U$?

Si f est concave, alors les $g_{a,b}$ sont concaves, c.-à-d. $g''_{a,b}(t) \leq 0$, $\forall t$, où :

$$\begin{aligned} g''_{a,b}(t) &= \sum_{i=1}^{n}\sum_{j=1}^{n}(b_i - a_i)(b_j - a_j)\frac{\partial^2 f}{\partial x_i \partial x_j}(tb + (1-t)a) \\ &= (b-a)' \cdot D^2f(tb + (1-t)a)(b-a) \end{aligned}$$

donc :

$$g''_{a,b}(0) = (b-a)' \cdot D^2f(a)(b-a) \quad \text{et} \quad g''_{a,b}(0) \leq 0$$

d'où $D^2f(x)$ semi-définie négative, $\forall x \in U$.

– A-t-on $D^2f(x)$ semi-définie négative, $\forall x \in U \Rightarrow f$ concave ?

$D^2f(x)$ semi-définie négative, $\forall x \in U$, donc $(b-a)'D^2f(tb + (1-t)a)(b-a) \leq 0$, $\forall a,b,t$.

Donc $g''_{a,b}(t) \leq 0$, $\forall t \in [0;1]$.

D'où $g_{a,b}$ concave, $\forall a,b$, donc f est concave. ■

La proposition suivante est la version en dimension n d'un résultat déjà connu en dimension 1 (▸ proposition 6.7).

POUR ALLER PLUS LOIN
▸ *Démonstration* *sur* www.dunod.com

Proposition 12.5

Soit f de classe C^1 sur l'ouvert convexe U de $\mathbb{R}^n$.

- Si f est convexe sur U, et s'il existe $a \in U$ tel que $\nabla f(a) = 0$, alors a est un minimum global de f sur U. Ce minimum est strict si la convexité est stricte.
- Si f est concave sur U, et s'il existe $a \in U$ tel que $\nabla f(a) = 0$, alors a est un maximum global de f sur U. Ce maximum est strict si la concavité est stricte.

Exemple 12.6

Cherchons les extrema globaux de la fonction f de $\mathbb{R}^2$ dans $\mathbb{R}$, définie par :

$$f(x,y) = x^2 - xy + \frac{1}{2}y^4 + \frac{1}{2}y^2$$

On a $\nabla f(x,y) = \begin{pmatrix} \dfrac{\partial f}{\partial x} \\ \dfrac{\partial f}{\partial y} \end{pmatrix} = \begin{pmatrix} 2x - y \\ -x + 2y^3 + y \end{pmatrix}$, donc $\nabla f(x,y) = \begin{pmatrix} 0 \\ 0 \end{pmatrix} \Leftrightarrow \begin{cases} x = \frac{1}{2}y \\ x = 2y^3 + y \end{cases}$

ce dernier système équivaut à $\begin{cases} x = \frac{1}{2}y \\ \frac{1}{2}y = 2y^3 + y \end{cases}$, c'est-à-dire à $\begin{cases} x = \frac{1}{2}y \\ y(2y^2 + \frac{1}{2}) = 0 \end{cases}$

Seule solution : $y = 0$ et $x = 0$. Il y a donc un seul point candidat : $\begin{pmatrix} 0 \\ 0 \end{pmatrix}$.

La matrice hessienne est $A = D^2 f(x;y) = \begin{pmatrix} 2 & -1 \\ -1 & 6y^2 + 1 \end{pmatrix}$.

On a $\det(A) = 12y^2 + 1 > 0$ et $tr(A) = 6y^2 + 3 > 0$, donc la matrice hessienne est définie positive en tout point (▸ proposition 10.21). On en déduit que la fonction f est strictement convexe et que $\begin{pmatrix} 0 \\ 0 \end{pmatrix}$ est un minimum global strict.

Il n'y a pas de maximum global, car $f(0;y) = \frac{1}{2}y^4 + \frac{1}{2}y^2$ tend vers $+\infty$ si $y \to +\infty$.

3 Optimisation avec une contrainte sous forme d'égalité

3.1 Introduction

Les propositions 12.1 à 12.5 donnent des conditions pour qu'un point intérieur soit un extremum d'une fonction f sur une partie D de $\mathbb{R}^n$. Si D est ouvert tous ses points sont intérieurs, ces cinq premières propositions suffisent alors à déterminer tous les points candidats.

Si D n'est pas ouvert, il contient des points de sa frontière. Il faut examiner à quelles conditions ils peuvent être un extremum de la fonction. On a affaire dans ce cas à un problème d'optimisation avec contraintes. C'est l'objet de la suite de ce chapitre.

Étudions le programme $\max_{x \in A} f(x)$, où A n'est pas ouvert, mais est inclus dans un ouvert U sur lequel f est définie. Définissons d'abord ce qu'est un extremum local « sous la contrainte » $x \in A$.

Définition 12.7

On dit que f admet un **maximum local** en a sous la contrainte $x \in A$ si :

$$\exists r > 0, \text{ tel que } \quad f(x) \leq f(a), \quad \forall x \in A \cap B(a,r)$$

On dit que f admet un **minimum local** en a sous la contrainte $x \in A$ si :

$$\exists r > 0, \text{ tel que } \quad f(x) \geq f(a), \quad \forall x \in A \cap B(a,r)$$

Nous traitons d'abord le cas le plus simple : une contrainte, sous forme d'égalité.

Dans cette section, on étudie donc le programme $\max_{x \in A} f(x)$, où $A = \{x \in U\,;\, h(x) = c\}$, qu'on écrit :

$$\begin{cases} \max f(x) \\ \text{s.c. } h(x) = c \end{cases}$$

Ici f et h sont définies de $U \to \mathbb{R}$, où U ouvert de $\mathbb{R}^n$.

Pour résoudre un problème de minimum, il suffit de poser $F = -f$ pour se ramener à un problème de maximum.

Examinons d'abord le cas où, moyennant une transformation du programme, on peut **éliminer la contrainte** et se ramener à un problème de maximisation sans contrainte.

On suppose que dans la contrainte $h(x) = c$, on peut exprimer une variable en fonction des autres. On est alors ramené à un problème de maximisation libre en dimension $n - 1$.

Exemple 12.7

On considère le programme suivant :

$$\begin{cases} \max f(x,y) = -x^2 + xy - y^2 \\ \quad \text{s.c.} \qquad x - 2y = 3 \end{cases}$$

La contrainte donne $x = 2y + 3$, donc on peut éliminer x dans $f(x,y)$.

On a :

$$\begin{aligned} f(x,y) &= -(2y+3)^2 + (2y+3) \cdot y - y^2 \\ &= -4y^2 - 12y - 9 + 2y^2 + 3y - y^2 = -3y^2 - 9y - 9 = -3(y^2 + 3y + 3) \end{aligned}$$

Posons $g(y) = y^2 + 3y + 3$. Alors maximiser f sous la contrainte $x - 2y = 3$ revient à minimiser g. On a $g'(y) = 2y + 3$.

Et $g'(y) \geq 0 \Leftrightarrow y \geq -\dfrac{3}{2}$.

Le minimum de g est donc atteint en $y = -\dfrac{3}{2}$.

Le maximum de f sous contrainte est donc atteint en $(x,y) = \left(0; -\dfrac{3}{2}\right)$.

3.2 Condition nécessaire du premier ordre

On étudie le programme :

$$\mathcal{P}rog_1 \begin{cases} \max f(x) \\ \text{s.c. } h(x) = c \end{cases}$$

où f et h sont de classe C^1 de U dans $\mathbb{R}$, où U ouvert de $\mathbb{R}^n$.

Définition 12.8

La contrainte $h(x) = c$ est dite **qualifiée** au point a si $h(a) = c$ et $\nabla h(a) \neq 0$.

Proposition 12.6

CN du 1er ordre avec une contrainte égalité

On considère $\mathcal{P}rog_1$.
Soient f et h de classe C^1 de $U \to \mathbb{R}$, où U ouvert de $\mathbb{R}^n$.
Soit $a \in U$, avec $h(a) = c$ et tel que la contrainte soit qualifiée au point a.
Si f a un extremum local en a sous la contrainte $h(x) = c$, alors :

$$\exists \lambda \in \mathbb{R}, \text{ tel que } \nabla f(a) = \lambda \nabla h(a)$$

que l'on peut aussi écrire :

$$\exists \lambda \in \mathbb{R}, \text{ tel que } \nabla \mathcal{L}_\lambda(a) = 0$$

en posant $\mathcal{L}_\lambda(x) = f(x) - \lambda(h(x) - c)$.
On dit que $\mathcal{L}_\lambda$ est le **lagrangien** de ce programme, et que λ est le **multiplicateur de Lagrange**.

Démonstration

1. Intuition géométrique pour $n = 2$

   Soit $C_\alpha = \{x \in U;\, f(x) = \alpha\}$ une courbe de niveau de f et $\mathcal{D}_c = \{x \in U;\, h(x) = c\}$ une courbe de niveau de h. On cherche à maximiser f sous la contrainte $h(x) = c$. Notons α^* le plus grand α tel que C_α rencontre $\mathcal{D}_c$ pour c fixé. On a $C_{\alpha^*} \cap \mathcal{D}_c \neq \emptyset$ mais $C_\alpha \cap \mathcal{D}_c = \emptyset$ pour $\alpha > \alpha^*$. On voit sur la figure (▶ figure 12.2) que le dernier moment où C_α rencontre $\mathcal{D}_c$ est celui où C_α et $\mathcal{D}_c$ ont même tangente.

   On se souvient que la tangente à la courbe de niveau C_α a pour équation :

   $$\frac{\partial f}{\partial x_1}(a)(x_1 - a_1) + \frac{\partial f}{\partial x_2}(a)(x_2 - a_2) = 0$$

   c'est-à-dire x appartient à la tangente si et seulement si $\nabla f(a) \cdot (x - a) = 0$.

   Le vecteur gradient $\nabla f(a)$ est donc normal à la courbe C_α (c.-à-d. est perpendiculaire à sa tangente). Il indique la direction d'un accroissement de f.

   On peut dire de même que $\nabla h(a)$ est perpendiculaire à la tangente à $\mathcal{D}_c$ en a.

   Les deux tangentes sont égales, avec $\nabla f(a)$ et $\nabla h(a)$ perpendiculaires à cette tangente commune, donc $\nabla f(a)$ et $\nabla h(a)$ sont colinéaires. Il existe donc $\lambda \in \mathbb{R}$, tel que $\nabla f(a) = \lambda \nabla h(a)$.

   En posant $\mathcal{L}_\lambda(x) = f(x) - \lambda(h(x) - c)$, on a $\nabla \mathcal{L}_\lambda(x) = \nabla f(x) - \lambda \nabla h(x)$, donc $\nabla \mathcal{L}_\lambda(a) = 0$.

   Le nombre λ est le multiplicateur de Lagrange.

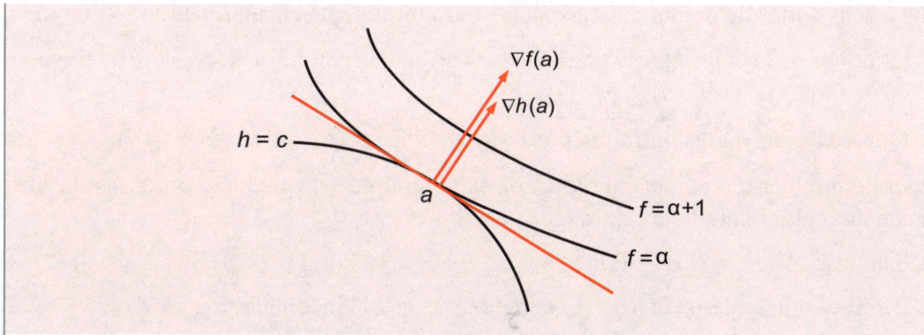

▲ **Figure 12.2 À l'optimum, $\nabla f(a)$ et $\nabla h(a)$ sont colinéaires.**

2. Intuition géométrique pour $n \geq 2$

   Pour $n = 3$, l'idée est la même. On va dire que C_α et $\mathcal{D}_c$ sont des surfaces de niveaux, et qu'à l'optimum elles ont même plan tangent. Le vecteur $\nabla f(a)$ est perpendiculaire à ce plan tangent, de même pour $\nabla h(a)$. On en déduit que $\nabla f(a)$ et $\nabla h(a)$ sont colinéaires.

   Ce raisonnement peut être étendu au cas de $n > 3$.

3. Démonstration analytique

$$\mathcal{D}_c = \{x \in U;\ h(x) = c\}$$

On suppose que f a un max local en a sur $\mathcal{D}_c$.

$$\exists r > 0, \quad f(x) \leq f(a), \quad \forall x \in B(a,r) \cap \mathcal{D}_c$$

Les dérivées partielles de h ne sont pas toutes nulles en a, car la contrainte est qualifiée en a. On a donc $\dfrac{\partial h}{\partial x_n}(a) \neq 0$ par exemple.

D'après le théorème des fonctions implicites (▸ chapitre 11, section 6) :

$(h(x) = c \text{ sur } x \in B \times J) \Leftrightarrow (x_n = \varphi(x_1,..,x_{n-1}),\ \text{où } (x_1,..,x_{n-1}) \in B)$

avec B = boule de $\mathbb{R}^{n-1}$ et $B \times J \subset B(a,r)$.

On pose $K(x_1,..,x_{n-1}) = f(x_1,..,x_{n-1},\varphi(x_1,..,x_{n-1}))$

$$\begin{aligned}\forall (x_1,..,x_{n-1}) \in B, \text{ on a } K(x_1,..,x_{n-1}) &= f(x_1,..,x_{n-1},\varphi(x_1,..,x_{n-1}))\\ &\leq f(a_1,\ldots,a_n) = f(a_1,..,a_{n-1},\varphi(a_1,..,a_{n-1})) = K(a_1,..,a_{n-1})\end{aligned}$$

Donc K a un maximum local (sans contrainte) en $(a_1,..,a_{n-1})$,

d'où $\dfrac{\partial K}{\partial x_i}(a_1,..,a_{n-1}) = 0$ pour tout i, avec $1 \leq i \leq n-1$

$0 = \dfrac{\partial K}{\partial x_i}(a_1,..,a_{n-1}) = \dfrac{\partial f}{\partial x_i}(a) + \dfrac{\partial f}{\partial x_n}(a)\dfrac{\partial \varphi}{\partial x_i}(a_1,..,a_{n-1})$ (dérivée en chaîne)

D'après le théorème des fonctions implicites : $\dfrac{\partial \varphi}{\partial x_i}(a_1,..,a_{n-1}) = -\dfrac{\partial h}{\partial x_i}(a) \times \dfrac{1}{\frac{\partial h}{\partial x_n}(a)}$

Donc pour tout i :

$$0 = \frac{\partial f}{\partial x_i}(a) - \frac{\partial h}{\partial x_i}(a) \times \frac{1}{\frac{\partial h}{\partial x_n}(a)} \frac{\partial f}{\partial x_n}(a)$$

On a donc ce qu'on voulait démontrer avec $\lambda = \dfrac{1}{\frac{\partial h}{\partial x_n}(a)} \dfrac{\partial f}{\partial x_n}(a)$. ■

Il y a deux sortes de points satisfaisant la contrainte égalité et candidats à l'extremum :

- les points où la contrainte est qualifiée et vérifiant la condition nécessaire du premier ordre ($h(a) = c$ et $\nabla h(a) \neq 0$) ;
- tous les points où la contrainte n'est pas qualifiée ($h(a) = c$ et $\nabla h(a) = 0$).

Pour déterminer les points candidats où la contrainte est qualifiée, on utilise la méthode du multiplicateur de Lagrange :

1. On pose $\mathcal{L}_\lambda(x) = f(x) - \lambda\,(h(x) - c)$.

2. On résout le système de $(n + 1)$ équations à $(n + 1)$ inconnues $x_1, ..., x_n, \lambda$:

$$\begin{cases} \dfrac{\partial \mathcal{L}_\lambda}{\partial x_i}(x) = 0 \text{ pour tout } i \\ h(x) = c \end{cases}$$

Exemple 12.8

Cherchons les extrema de la fonction f définie par $f(x,y) = x + 2y$, sous la contrainte $x^2 + y^2 = 5$.

Soit $h(x,y) = x^2 + y^2$.

On a $\nabla h(x,y) = \begin{pmatrix} 2x \\ 2y \end{pmatrix}$, avec $\nabla h(x,y) = \begin{pmatrix} 0 \\ 0 \end{pmatrix} \Leftrightarrow x = y = 0$.

Comme $\begin{pmatrix} 0 \\ 0 \end{pmatrix}$ ne satisfait pas le contrainte, on en déduit que tous les points satisfaisant la contrainte sont tels que $\nabla h(x,y) \neq \begin{pmatrix} 0 \\ 0 \end{pmatrix}$, c'est-à-dire que la contrainte est qualifiée partout. Les seuls points candidats possibles sont donc ceux satisfaisant la condition du premier ordre. Le lagrangien est $\mathcal{L}_\lambda(x,y) = x + 2y - \lambda(x^2 + y^2 - 5)$.

$$\nabla \mathcal{L}_\lambda(x,y) = \begin{pmatrix} 1 - 2x\lambda \\ 2 - 2\lambda y \end{pmatrix}; \text{ donc } \nabla \mathcal{L}_\lambda(x,y) = \begin{pmatrix} 0 \\ 0 \end{pmatrix} \Leftrightarrow \begin{cases} \lambda = \dfrac{1}{2x} \\ \lambda = \dfrac{1}{y} \end{cases}$$

En éliminant λ on obtient $y = 2x$. Les points candidats possibles sont donc les solutions du système : $\begin{cases} y = 2x \\ x^2 + y^2 = 5 \end{cases}$, qui équivaut à $\begin{cases} y = 2x \\ x^2 + 4x^2 = 5 \end{cases}$, ce qui donne $\begin{cases} y = 2x \\ x^2 = 1 \end{cases}$.

Les points candidats sont donc $\begin{pmatrix} 1 \\ 2 \end{pmatrix}$ et $\begin{pmatrix} -1 \\ -2 \end{pmatrix}$.

Soit $K = \{(x,y);\ x^2 + y^2 = 5\}$. L'ensemble K est fermé, car c'est l'image réciproque d'un fermé par une application continue (▸ proposition 11.14). En effet, $K = h^{-1}(\{5\})$, où $\{5\}$ est un fermé. De plus K est borné car il est inclus dans une boule de centre 0, donc il est compact. On cherche les extrema de f sur $K = \{(x,y);\ x^2 + y^2 = 5\}$. La fonction f est continue et K est un compact, donc f admet sur K un minimum global et un maximum global (▸ théorème des bornes atteintes, chapitre 11). Un de nos deux points candidats est donc forcément le minimum global de f sur K, et l'autre est le maximum global.

On a $f(1;2) = 1 + 2 \times 2 = 5$ et $f(-1;-2) = -1 - 2 \times 2 = -5$, donc $\begin{pmatrix} 1 \\ 2 \end{pmatrix}$ est le maximum global et $\begin{pmatrix} -1 \\ -2 \end{pmatrix}$ est le minimum global.

3.3 Interprétation du multiplicateur de Lagrange

Le multiplicateur de Lagrange a une interprétation économique. Considérons le programme :

$$(\mathcal{P}_c) \quad \begin{cases} \max f(x) \\ \text{s.c. } h(x) = c \end{cases}$$

où c varie dans un intervalle ouvert I.

Supposons que pour tout $c \in I$, le programme a une solution notée $a(c)$ où la contrainte est qualifiée. Notons $\lambda(c)$ le multiplicateur de Lagrange associé. La proposition suivante montre que $\lambda(c)$ mesure l'accroissement de la valeur atteinte par f à l'optimum quand on modifie un peu la contrainte.

Proposition 12.7

$\lambda(c) = \dfrac{df(a(c))}{dc}$ pour tout $c \in I$.

Démonstration

Pour tout $c \in I$, on a

$$\begin{cases} \nabla f(a(c)) = \lambda(c)\nabla h(a(c)) \text{ que l'on note (1)} \\ h(a(c)) = c \text{ que l'on note (2)} \end{cases}$$

L'équation (1) signifie

$$\frac{\partial f}{\partial x_i} = \lambda(c)\frac{\partial h}{\partial x_i} \text{pour tout } i \text{ noté } (1')$$

Dérivons (2), on obtient

$$\sum_i \frac{\partial h}{\partial x_i}(a(c))a_i'(c) = 1 \quad \text{noté } (2')$$

La formule de dérivation en chaîne donne :

$$\frac{df(a(c))}{dc} = \sum_i \frac{\partial f}{\partial x_i}(a(c))a_i'(c) = \sum_i \lambda(c)\frac{\partial h}{\partial x_i}(a(c))a_i'(c) \quad \text{par } (1')$$

$$= \lambda(c)\sum_i \frac{\partial h}{\partial x_i}(a(c))a_i'(c) = \lambda(c) \quad \text{par } (2')$$

c'est-à-dire $\dfrac{df(a(c))}{dc} = \lambda(c)$. ■

APPLICATION Maximisation de la production, à coût donné

On cherche à maximiser la production, à coût donné. La fonction de production est $f(K,L) = K^{1/3}L^{2/3}$, où K est la quantité de capital utilisé et L la quantité de travail. Le coût correspondant est $4K + 6L$, où $p_1 = 4$ est le prix unitaire du capital, et $p_2 = 6$ le prix unitaire du travail. Le programme est donc :

$$\begin{cases} \max f(K,L) \\ 4K + 6L = C \\ K \geq 0 \text{ et } L \geq 0 \end{cases}$$

où C le coût total est une constante donnée.

L'ensemble $D = \{(K,L); K \geq 0 \text{ et } L \geq 0 \text{ et } 4K + 6L = C\}$ est un compact, et f est continue, donc elle admet un maximum global sur D (► théorème des bornes atteintes, chapitre 11, section 2.3). Il est clair que ce maximum n'est pas atteint pour $K = 0$ ou pour $L = 0$, car la production est alors nulle. Donc notre programme a la même solution que le programme suivant :

$$\begin{cases} \max f(K,L) \\ 4K + 6L = C \\ K > 0 \text{ et } L > 0 \end{cases}$$

Ce dernier programme est défini sur l'ouvert $\mathbb{R}_+^{*2}$, et ne comporte qu'une contrainte : $4K + 6L = C$.

$\nabla h(K,L) = \begin{pmatrix} 4 \\ 6 \end{pmatrix} \neq \begin{pmatrix} 0 \\ 0 \end{pmatrix}$, donc la contrainte est qualifiée partout.

$$\mathcal{L}_\lambda(K,L) = f(K,L) - \lambda(4K + 6L - C)$$

$$\nabla\mathcal{L}_\lambda(K,L) = \begin{pmatrix} \frac{1}{3}K^{-2/3}L^{2/3} - 4\lambda \\ \frac{2}{3}K^{1/3}L^{-1/3} - 6\lambda \end{pmatrix}$$

donc $\nabla\mathcal{L}_\lambda(K,L) = \begin{pmatrix} 0 \\ 0 \end{pmatrix} \Leftrightarrow \begin{cases} \lambda = \frac{1}{12}\left(\frac{L}{K}\right)^{2/3} \\ \lambda = \frac{1}{9}\left(\frac{K}{L}\right)^{1/3} \end{cases}$

En éliminant λ on obtient $\frac{1}{12}\left(\frac{L}{K}\right)^{2/3} = \frac{1}{9}\left(\frac{K}{L}\right)^{1/3}$, c'est-à-dire $\frac{L}{K} = \frac{12}{9} = \frac{4}{3}$.

Les points candidats possibles sont donc les solutions du système : $\begin{cases} L = \frac{4}{3}K \\ 4K + 6L = C \end{cases}$ qui équivaut à $\begin{cases} L = \frac{4}{3}K \\ 4K + 6 \times \frac{4}{3}K = C \end{cases}$, ce qui donne $\begin{cases} L = \frac{4}{3}K \\ K = \frac{C}{12} \end{cases}$.

Le seul point candidat est donc $\begin{pmatrix} C/12 \\ C/9 \end{pmatrix}$.

La fonction f atteint ses bornes sur $\{(K,L) \in \mathbb{R}_+^2; 4K + 6L = C\}$, donc le minimum est pour $K = 0$ ou pour $L = 0$, et le maximum est en $\begin{pmatrix} K^* \\ L^* \end{pmatrix} = \begin{pmatrix} C/12 \\ C/9 \end{pmatrix}$.

On remarque que $f(K^*,L^*) = \left(\frac{C}{12}\right)^{1/3}\left(\frac{C}{9}\right)^{2/3} = \frac{C}{12^{1/3}9^{2/3}}$.

D'autre part, $\lambda^* = \frac{1}{12}\left(\frac{L^*}{K^*}\right)^{2/3} = \frac{1}{12}\left(\frac{12}{9}\right)^{2/3} = \frac{1}{12^{1/3}9^{2/3}}$.

On retrouve bien que $\lambda^* = \frac{d}{dc}(f(K^*,L^*))$.

4 Optimisation avec une contrainte sous forme d'inégalité

On veut résoudre un programme d'optimisation sous contrainte d'inégalité. On va étudier le programme suivant :

$$\mathcal{P}rog_{1\text{inég}}\begin{cases}\max f(x)\\ \text{s.c. } g(x)\leq b\end{cases}$$

où f et g sont des fonctions de classe C^1 sur l'ouvert U de $\mathbb{R}^n$.

Pour étudier $\min f$, on pose $F = -f$ pour se ramener à un maximum. D'autre part, si la contrainte est de la forme $g(x) \geq b$, on pose $G = -g$ pour se ramener à une inégalité $\leq$.

Définition 12.9

– On dit que la **contrainte** est **saturée** en a si $g(a) = b$.

– On dit que la **contrainte** $g(x) \leq b$ est **qualifiée** (ou régulière) en $x = a$ si $g(a) < b$ ou bien si $g(a) = b$ et $\nabla g(a) \neq 0$.

Soit $a \in U$. Si a est un maximum local de f sous la contrainte $g(x) \leq b$, alors :

– soit $g(a) < b$; mais dans ce cas a est aussi un maximum local de f sans contrainte, d'où $\nabla f(a) = 0$;

– soit $g(a) = b$; dans ce cas a est aussi un maximum local de f sous $g(x) = b$. Alors si de plus $\nabla g(a) \neq 0$ (c.-à-d. contrainte qualifiée en a) alors il existe $\lambda \in \mathbb{R}$, $\nabla\mathcal{L}_\lambda(a) = \nabla f(a) - \lambda\nabla g(a) = 0$.

La proposition suivante nous donne de plus le signe de λ.

Proposition 12.8

CN du 1er ordre avec une contrainte inégalité

On considère $\mathcal{P}rog_{1\text{inég}}$.

Soit $a \in U$ avec $g(a) \leq b$, et tel que la contrainte soit qualifiée en a. Si f a un maximum local en a sous la contrainte $g(x) \leq b$, alors :

$$\exists\lambda \geq 0, \text{ tel que : }\begin{cases}\nabla f(a) = \lambda\nabla g(a)\\ \lambda\,(g(a) - b) = 0\end{cases}$$

que l'on peut aussi écrire :

$$\exists\lambda \geq 0, \text{ tel que }\begin{cases}\nabla\mathcal{L}_\lambda(a) = 0\\ \lambda\,(g(a) - b) = 0\end{cases}$$

en posant $\mathcal{L}_\lambda(x) = f(x) - \lambda(g(x) - b)$.

$\mathcal{L}_\lambda$ est le lagrangien de ce programme, et λ est le multiplicateur de Lagrange.

L'équation $\lambda\,(g(a) - b) = 0$ est appelée **relation d'exclusion**.

Démonstration

- Si $g(a) < b$, alors on a un maximum local sans contrainte, donc il vérifie $\nabla f(a) = 0$, ce qui est bien $\nabla f(a) = \lambda \nabla g(a)$ pour $\lambda = 0$.
- Si $g(a) = b$, alors $\lambda\,(g(a) - b) = 0$ pour tout λ ; de plus a est un max local sous la contrainte égalité. Il existe donc λ tel que $\nabla f(a) = \lambda \nabla g(a)$ d'après la proposition 12.6.

Quel est le signe de λ ?

1. Intuition géométrique

Si le maximum (local) de f sur $g \leq b$ est atteint sur la frontière $g = b$, c'est donc que f s'accroît en s'éloignant du domaine $g \leq b$ (au moins au voisinage de a). Mais de même g s'accroît en s'éloignant du domaine $g \leq b$. On sait que le vecteur $\nabla f(a)$ est orienté dans le sens d'un accroissement de f. De même, $\nabla g(a)$ est orienté dans le sens d'un accroissement de g. En conséquence, $\nabla f(a)$ et $\nabla g(a)$ sont colinéaires et de même sens (► figure 12.3), c.-à-d. $\lambda \geq 0$.

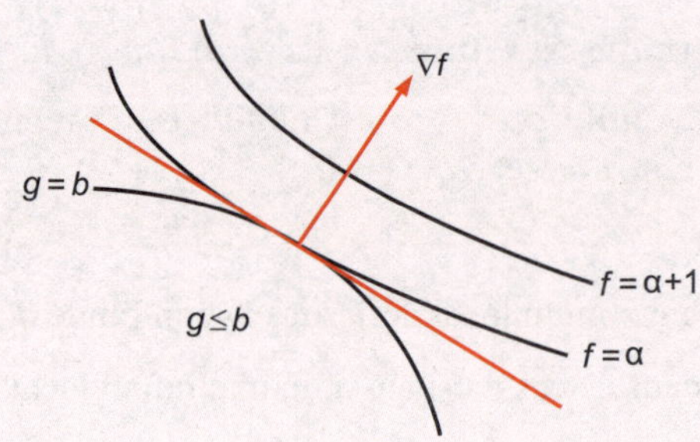

▲ **Figure 12.3** **À l'optimum, $\nabla f(a)$ et $\nabla g(a)$ sont colinéaires et de même sens**

2. Démonstration analytique

Si $\lambda \neq 0$, alors $g(a) = b$, donc $\lambda = \dfrac{\frac{\partial f}{\partial x_n}(a)}{\frac{\partial g}{\partial x_n}(a)}$ (► fin de la démonstration de la proposition 12.6).

Si $\lambda < 0$, alors quand on diminue g (donc en restant dans $g \leq b$) on augmente f. Ce qui est impossible car on a un maximum local.

En effet :

- si $\dfrac{\partial g}{\partial x_n}(a) < 0 < \dfrac{\partial f}{\partial x_n}(a)$, alors :

  $$g(a_1,\ldots,a_n + h) = g(a) + h\frac{\partial g}{\partial x_n}(a) + h\varepsilon_1(h) < g(a) = b \text{ si } h \text{ petit, } h > 0$$

  $$f(a_1,\ldots,a_n + h) = f(a) + h\frac{\partial f}{\partial x_n}(a) + h\varepsilon_2(h) > f(a) \text{ si } h \text{ petit, } h > 0$$

  D'où le point $(a_1,\ldots,a_n + h)$ satisfait la contrainte $g \leq b$, mais dépasse $f(a)$. Ce qui est impossible car a est un maximum local ;

- si $\dfrac{\partial g}{\partial x_n}(a) > 0 > \dfrac{\partial f}{\partial x_n}(a)$, alors on a la même chose en considérant $(a_1,\ldots,a_n - h)$, avec h petit et $h > 0$. ■

On retient comme points candidats :

- tous les points satisfaisant la contrainte, mais où celle-ci n'est pas qualifiée ($g(a) = b$ et $\nabla g(a) = 0$) ;
- les points où la contrainte est qualifiée et vérifiant la condition nécessaire du premier ordre.

Pour déterminer ces derniers, on utilise la méthode du lagrangien :

1. On pose $\mathcal{L}_\lambda(x) = f(x) - \lambda\,(g(x) - b)$.

2. On résout le système à $(n + 1)$ inconnues $x_1, ..., x_n, \lambda$:

$$\begin{cases} \dfrac{\partial \mathcal{L}_\lambda}{\partial x_i}(x) = 0 \text{ pour tout } i \\ \lambda(g(x) - b) = 0 \\ \lambda \geq 0 \text{ et } g(x) \leq b \end{cases}$$

Si un point a est solution de ce système, on peut avoir :

(i) $g(a) < b$. Dans ce cas a est une solution intérieure. On a alors $\lambda = 0$.

(ii) $g(a) = b$. Dans ce cas a est sur la frontière, la contrainte est saturée. On a $\lambda \geq 0$.

APPLICATION Maximisation de l'utilité, à revenu donné

Un consommateur cherche à maximiser son utilité, à revenu R donné. Sa fonction d'utilité est $U(x,y) = xy$, où x est la quantité consommée de bien 1, et y la quantité consommée de bien 2. On a $4x + 5y \leq R$, car $p_1 = 4$ est le prix unitaire du bien 1, et $p_2 = 5$ le prix unitaire du bien 2. Le programme est donc :

$$\begin{cases} \max U(x,y) \\ 4x + 5y \leq R \end{cases}$$

Soit $h(x,y) = 4x + 5y$. On a $\nabla h(x,y) = \begin{pmatrix} 4 \\ 5 \end{pmatrix} \neq \begin{pmatrix} 0 \\ 0 \end{pmatrix}$, donc la contrainte est qualifiée partout. Les seuls points candidats possibles sont donc ceux satisfaisant la condition de premier ordre.

Le lagrangien est $\mathcal{L}_\lambda(x,y) = xy - \lambda(4x + 5y - R)$.

$$\nabla\mathcal{L}_\lambda(x,y) = \begin{pmatrix} y - 4\lambda \\ x - 5\lambda \end{pmatrix}; \text{ donc } \nabla\mathcal{L}_\lambda(x,y) = \begin{pmatrix} 0 \\ 0 \end{pmatrix} \Leftrightarrow \begin{cases} \lambda = \dfrac{1}{4}y \\ \lambda = \dfrac{x}{5} \end{cases}$$

En éliminant λ on obtient $y = \dfrac{4}{5}x$. Les points candidats possibles sont donc les solutions du système :

$$\begin{cases} y = \dfrac{4}{5}x \\ 4x + 5y = R \end{cases}, \text{ qui équivaut à } \begin{cases} y = \dfrac{4}{5}x \\ 8x = R \end{cases}, \text{ ce qui donne } \begin{cases} y = \dfrac{1}{10}R \\ x = \dfrac{1}{8}R \end{cases}.$$

Le seul point candidat est donc $\begin{pmatrix} \dfrac{1}{8}R \\ \dfrac{1}{10}R \end{pmatrix}$.

La fonction f atteint ses bornes sur $\{(x,y) \in \mathbb{R}_+^2 ; 4x + 5y = R\}$ car cet ensemble est compact et f est continue, donc le minimum est pour $x = 0$ ou pour $y = 0$, et le maximum est en $\begin{pmatrix} x^* \\ y^* \end{pmatrix} = \begin{pmatrix} \dfrac{1}{8}R \\ \dfrac{1}{10}R \end{pmatrix}$.

On remarque que $f(x^*,y^*) = \left(\frac{1}{8}R\right)\left(\frac{1}{10}R\right) = \frac{R^2}{80}$.

D'autre part, $\lambda^* = \frac{1}{5}x^* = \frac{1}{40}R = \frac{d}{dR}(f(x^*,y^*))$.

5 Optimisation avec plusieurs contraintes sous forme d'égalités

5.1 Plusieurs contraintes égalités

On étudie le programme :

$$\mathcal{P}rog_p \begin{cases} \max f(x) \\ \text{s.c.} \\ h_1(x) = c_1 \\ \ldots \\ h_p(x) = c_p \end{cases}$$

Définition 12.10

Soit a un point satisfaisant les contraintes. On dit que les **contraintes** sont **qualifiées** en a si $\nabla h_1(a)$, ..., $\nabla h_p(a)$ sont linéairement indépendants dans $\mathbb{R}^n$ (possible seulement si $p \leq n$).

Le théorème suivant généralise la proposition 12.6 au cas de p contraintes égalités. Pour le démontrer, il faut utiliser un système de p fonctions implicites (il fallait une équation implicite pour la proposition 12.6).

Théorème

Théorème du Lagrangien (p contraintes égalités)

On considère $\mathcal{P}rog_p$.

Soient f et $h_1, \ldots, h_p$ de classe C^1 de $U \to \mathbb{R}$, où U ouvert de $\mathbb{R}^n$.

Soit $a \in U$, avec $h_1(a) = c_1, \ldots, h_p(a) = c_p$, et tel que les contraintes soient qualifiées en a.

Si f a un extremum local en a sous les contraintes $h_1(x) = c_1, \ldots, h_p(x) = c_p$, alors :

$$\exists \lambda = (\lambda_1, \ldots, \lambda_p) \in \mathbb{R}^p, \text{ tel que } \nabla f(a) = \lambda_1 \nabla h_1(a) + \ldots + \lambda_p \nabla h_p(a)$$

que l'on peut aussi écrire :

$$\exists \lambda = (\lambda_1, \ldots, \lambda_p) \in \mathbb{R}^p, \text{ tel que } \nabla \mathcal{L}_\lambda(a) = 0$$

en posant $\mathcal{L}_\lambda(x) = f(x) - \lambda_1(h_1(x) - c_1) - \ldots - \lambda_p(h_p(x) - c_p)$

où $\mathcal{L}_\lambda$ est le **lagrangien** de ce programme, et les λ_i sont les **multiplicateurs de Lagrange**.

POUR ALLER PLUS LOIN

► *Démonstration* *sur* www.dunod.com

Exemple 12.9

Soit f la fonction définie par :

$$f(x,y,z) = x - y + z \quad \text{pour tout } (x,y,z) \in \mathbb{R}^3$$

Déterminons les extrema de la fonction f sous les contraintes :

$$\begin{aligned} x^2 + y^2 + z^2 &= 4 \\ x + y + z &= 1 \end{aligned}$$

Soit $h_1(x,y,z) = x^2 + y^2 + z^2$ et $h_2(x,y,z) = x + y + z$.

On a $\nabla h_1(x,y,z) = \begin{pmatrix} 2x \\ 2y \\ 2z \end{pmatrix}$ et $\nabla h_2(x,y,z) = \begin{pmatrix} 1 \\ 1 \\ 1 \end{pmatrix}$.

La famille $(\nabla h_1(x,y,z), \nabla h_2(x,y,z))$ est liée si et seulement si $x = y = z$. Si un point satisfait les contraintes et est tel que $x = y = z$, alors $x+y+z = 1 \Rightarrow x = \frac{1}{3}$ et $x^2+y^2+z^2 = 4 \Rightarrow x^2 = \frac{4}{3}$. Comme on ne peut pas avoir simultanément $x = \frac{1}{3}$ et $x^2 = \frac{4}{3}$, cela signifie que pour tout point satisfaisant les contraintes, on a $(\nabla h_1(x,y,z), \nabla h_2(x,y,z))$ libre. Autrement dit, les contraintes sont qualifiées partout. Les seuls points candidats possibles sont donc ceux satisfaisant la condition de premier ordre.

Le lagrangien est $\mathcal{L}_\lambda(x,y,z) = x - y + z - \lambda_1(x^2 + y^2 + z^2 - 4) - \lambda_2(x + y + z - 1)$

$$\nabla \mathcal{L}_\lambda(x,y,z) = \begin{pmatrix} 1 - 2x\lambda_1 - \lambda_2 \\ -1 - 2y\lambda_1 - \lambda_2 \\ 1 - 2z\lambda_1 - \lambda_2 \end{pmatrix}$$

donc $\nabla \mathcal{L}_\lambda(x,y,z) = \begin{pmatrix} 0 \\ 0 \\ 0 \end{pmatrix} \Leftrightarrow \begin{cases} 1 = 2x\lambda_1 + \lambda_2 \\ -1 = 2y\lambda_1 + \lambda_2 \\ 1 = 2z\lambda_1 + \lambda_2 \end{cases}$

La troisième équation donne $\lambda_2 = 1 - 2z\lambda_1$, qu'on reporte dans les deux autres équations :

$\begin{cases} 1 = 2x\lambda_1 + 1 - 2z\lambda_1 \\ -1 = 2y\lambda_1 + 1 - 2z\lambda_1 \end{cases}$, qui donne $\begin{cases} z\lambda_1 = x\lambda_1 \\ \lambda_1(z - y) = +1 \end{cases}$

La deuxième équation $\lambda_1(z-y) = +1$ entraîne que $\lambda_1 \neq 0$ et $z \neq y$. On peut donc simplifier par λ_1 dans la première équation, d'où $z = x$. Les point candidats sont donc les points satisfaisant les deux contraintes, et tels que $z = x \neq y$, c'est.-à-dire :

$$\begin{cases} x^2 + y^2 + z^2 = 4 \\ x + y + z = 1 \\ z = x \neq y \end{cases}, \text{ c.-à-d. } \begin{cases} 2x^2 + y^2 = 4 \\ 2x + y = 1 \\ z = x \neq y \end{cases}, \text{ c.-à-d. } \begin{cases} 2x^2 + (1 - 2x)^2 = 4 \\ y = 1 - 2x \\ z = x \neq y \end{cases}$$

L'équation $2x^2 + (1 - 2x)^2 = 4$ donne $6x^2 - 4x - 3 = 0$.

Le discriminant est $\Delta = 4^2 + 4 \times 3 \times 6 = 16 + 72 = 88$.

Les solutions de l'équation du second degré sont $x = \frac{1}{12}(4 \pm \sqrt{88}) = \frac{1}{6}(2 \pm \sqrt{22})$.

Avec $y = 1 - 2x$ et $z = x$, on trouve que les points candidats à l'extremum sont :

$$A = \begin{pmatrix} \frac{1}{6}(2+\sqrt{22}) \\ 1 - \frac{1}{3}(2+\sqrt{22}) \\ \frac{1}{6}(2+\sqrt{22}) \end{pmatrix} \text{ et } B = \begin{pmatrix} \frac{1}{6}(2-\sqrt{22}) \\ 1 - \frac{1}{3}(2-\sqrt{22}) \\ \frac{1}{6}(2-\sqrt{22}) \end{pmatrix}$$

L'ensemble des points qui satisfont les contraintes est un compact, donc il y a un maximum global et un minimum global.

$$f(A) = \frac{1}{6}(2+\sqrt{22}) - \left[1 - \frac{1}{3}(2+\sqrt{22})\right] + \frac{1}{6}(2+\sqrt{22}) = \frac{1}{3} + \frac{2}{3}\sqrt{22} \simeq 3{,}46$$

et

$$f(B) = \frac{1}{6}(2-\sqrt{22}) - \left[1 - \frac{1}{3}(2-\sqrt{22})\right] + \frac{1}{6}(2-\sqrt{22}) = \frac{1}{3} - \frac{2}{3}\sqrt{22} \simeq -2{,}79$$

Le point A est donc le maximum global de f sous les contraintes et B son minimum global.

5.2 Interprétation des multiplicateurs de Lagrange

Les multiplicateurs de Lagrange ont la même interprétation économique que pour une seule contrainte égalité. Considérons le programme :

$$\mathcal{P}rog_p \begin{cases} \max f(x) \\ \text{s.c.} \\ h_1(x) = c_1 \\ \dots \\ h_p(x) = c_p \end{cases}$$

où $c = (c_1, \dots, c_p)$ varie dans un ouvert O de $\mathbb{R}^p$.

Supposons que pour tout $c \in O$, le programme a une solution notée $a(c)$ où la contrainte est qualifiée. On note $\lambda_1(c), \dots, \lambda_p(c)$ les multiplicateurs de Lagrange associés. La proposition suivante montre que $\lambda_i(c)$ mesure l'accroissement de la valeur atteinte par f à l'optimum quand on modifie un peu la i-ième contrainte.

Proposition 12.9

$$\lambda_i(c) = \frac{\partial f(a(c))}{\partial c_i} \text{ pour tout } c \in O$$

Démonstration

La démonstration est similaire au cas d'une seule égalité (▸ proposition 12.7) ■

5.3 Le théorème de l'enveloppe avec contraintes

Nous reprenons ici le cadre de la section 1.5 mais avec des contraintes sous formes d'égalités. Un agent économique a une fonction objectif qu'il cherche à maximiser (profit, utilité, etc.) sous contraintes. La fonction objectif et les contraintes dépendent d'un paramètre s décrivant l'environnement économique. Pour s donné, l'agent veut atteindre la valeur $x^*(s)$ qui maximise f. On veut savoir comment évolue le maximum $f(x^*(s),s)$ de cette fonction objectif quand s varie (▶ section 1.5 pour le cas sans contrainte).

$$\mathcal{P}rog_p \begin{cases} \max\limits_{x\in D} f(x,s) \quad \text{(avec } s \text{ fixé)} \\ \text{s.c.} \\ h_1(x,s) = c_1 \\ \dots \\ h_p(x,s) = c_p \end{cases}$$

Compte tenu des contraintes et du fait que x^* satisfait les conditions du premier ordre, la dérivée $\dfrac{df}{ds}(x^*(s),s)$ est égale à la dérivée partielle du Lagrangien par rapport à s, comme établi par le théorème suivant.

Théorème

Théorème de l'enveloppe (avec contraintes égalités)

Considérons des fonctions $f, h_1, \dots, h_p$ de classe C^1 de $D \times I$ dans $\mathbb{R}$, où D est un ouvert de $\mathbb{R}^n$, et I un intervalle ouvert de $\mathbb{R}$, avec $x \in D$ et $s \in I$.

Supposons que pour tout $s \in I$, il existe une unique solution de $\mathcal{P}rog_p$, notée $x^*(s)$, et qui satisfait les hypothèses du théorème du Lagrangien.

Alors

$$\frac{df}{ds}(x^*(s),s) = \frac{\partial \mathcal{L}_\lambda}{\partial s}(x^*(s),s)$$

Démonstration

$$\frac{df}{ds}(x^*(s),s) = \frac{df}{ds}(x_1^*(s),\dots,x_n^*(s),s) = \sum_{i=1}^{n} \frac{\partial f}{\partial x_i}(x^*(s),s) \times \frac{dx_i^*}{ds} + \frac{\partial f}{\partial s}(x_1^*(s),\dots,x_n^*(s),s)$$

par la formule de dérivation en chaîne.

On a $\dfrac{\partial f}{\partial x_i}(x^*(s),s) = \sum\limits_{j=1}^{p} \lambda_j \dfrac{\partial h_j}{\partial x_i}(x^*(s),s)$ d'après le théorème du lagrangien, donc :

$$\begin{aligned} \frac{df}{ds}(x^*(s),s) &= \sum_{i=1}^{n}\sum_{j=1}^{p} \lambda_j \frac{\partial h_j}{\partial x_i}\frac{dx_i^*}{ds} + \frac{\partial f}{\partial s}(x^*(s),s) \\ &= \sum_{j=1}^{p} \lambda_j \sum_{i=1}^{n} \frac{\partial h_j}{\partial x_i}\frac{dx_i^*}{ds} + \frac{\partial f}{\partial s}(x^*(s),s) \end{aligned}$$

On a $h_j(x^*(s),s) = c_j$, donc $\dfrac{dh_j}{ds}(x^*(s),s) = 0$, où $\dfrac{dh_j}{ds}(x^*(s),s) = \sum\limits_{i=1}^{n} \dfrac{\partial h_j}{\partial x_i}\dfrac{dx_i^*}{ds} + \dfrac{\partial h_j}{\partial s}(x^*(s),s)$.

On en déduit que :

$$\begin{aligned} \frac{df}{ds}(x^*(s),s) &= \sum_{j=1}^{p} \lambda_j \left(-\frac{\partial h_j}{\partial s}(x^*(s),s)\right) + \frac{\partial f}{\partial s}(x^*(s),s) \\ &= \frac{\partial}{\partial s}\left(f - \sum_{j=1}^{p} \lambda_j h_j\right)(x^*(s),s) = \frac{\partial \mathcal{L}_\lambda}{\partial s}(x^*(s),s) \end{aligned}$$

■

Des exemples d'application figurent dans la rubrique Évaluation en fin de chapitre.

6 Optimisation avec contraintes sous forme d'inégalités et d'égalités

On veut résoudre le problème :

$$\mathcal{P}rog_{q,p}\begin{cases} \max f(x) \\ \text{s.c.} \\ g_1(x) \leq b_1 \\ \dots \\ g_q(x) \leq b_q \\ h_1(x) = c_1 \\ \dots \\ h_p(x) = c_p \end{cases}$$

où f, les g_j et les h_k sont de classe C^1.

Définition 12.11

Soit $a \in U$, où a est un point satisfaisant les contraintes.

- On dit que la **contrainte** g_j est **saturée** en a si $g_j(a) = b_j$.
- On dit les **contraintes** sont **qualifiées** en a si $\nabla h_1(a)$, ..., $\nabla h_p(a)$, et les $\nabla g_j(a)$ pour g_j saturée en a, forment une famille de vecteurs linéairement indépendants.

Exemple 12.10

On veut maximiser f sous :

$$\begin{aligned} g_1(x) &\leq b_1 \\ g_2(x) &\leq b_2 \\ h_1(x) &= c_1 \\ h_2(x) &= c_2 \end{aligned}$$

Supposons que le point a est tel que :

$$\begin{aligned} g_1(a) &= b_1 \\ g_2(a) &< b_2 \\ h_1(a) &= c_1 \\ h_2(a) &= c_2 \end{aligned}$$

Le point a satisfait les contraintes. Les contraintes sont qualifiées en a si $\nabla h_1(a)$, $\nabla h_2(a)$, $\nabla g_1(a)$ sont trois vecteurs linéairement indépendants (on ne considère pas g_2 car la contrainte g_2 n'est pas saturée en a).

Théorème

Théorème de Kuhn et Tucker (conditions nécessaires de max local)

On considère $\mathcal{P}rog_{q,p}$.

Soient f et $g_1, ..., g_q, h_1, ..., h_p$ de classe C^1 de $U \to \mathbb{R}$, où U ouvert de $\mathbb{R}^n$.

Soit $a \in U$ tel que $g_1(a) \leq b_1, ..., g_q(a) \leq b_q, h_1(a) = c_1, ..., h_p(a) = c_p$ et tel que les contraintes soient qualifiées en a.

Si f admet un maximum local en a sous les contraintes $g_1(x) \leq b_1, ..., g_q(x) \leq b_q$, $h_1(x) = c_1, ..., h_p(x) = c_p$,

alors il existe $\lambda = (\lambda_1,\dots,\lambda_q) \in \mathbb{R}^q$ et $\mu = (\mu_1,\dots,\mu_p) \in \mathbb{R}^p$ tels que :

$$\begin{cases} \nabla \mathcal{L}_{\lambda,\mu}(a) = 0 \\ \lambda_j(g_j(a) - b_j) = 0 \text{ et } \lambda_j \geq 0 \text{ pour tout } j \in \{1;\dots;q\} \end{cases}$$

en posant $\mathcal{L}_{\lambda,\mu}(x) = f(x) - \sum_{j=1}^{q} \lambda_j \left(g_j(x) - b_j\right) - \sum_{k=1}^{p} \mu_k \left(h_k(x) - c_k\right)$.

$\mathcal{L}_{\lambda,\mu}$ est le **lagrangien** de ce programme, les λ_j et les μ_k sont les **multiplicateurs de Lagrange**.

EN PRATIQUE

Comment déterminer les points candidats dans un programme de Kuhn-Tucker

On retient comme points candidats :

- tous les points satisfaisant les contraintes, mais où les contraintes ne sont pas qualifiées ;
- les points où les contraintes sont qualifiées et vérifiant la condition nécessaire du premier ordre.

Pour déterminer ceux-ci, on utilise la méthode du lagrangien :

1. On pose $\mathcal{L}_{\lambda,\mu}(x) = f(x) - \sum_{j=1}^{q} \lambda_j \left(g_j(x) - b_j\right) - \sum_{k=1}^{p} \mu_k \left(h_k(x) - c_k\right)$.

2. On résout le système d'inconnues $x_1, ..., x_n, \lambda_1, ..., \lambda_q, \mu_1, ..., \mu_p$:

$$\begin{cases} \dfrac{\partial \mathcal{L}_{\lambda,\mu}}{\partial x_i}(x) = 0 \text{ pour tout } i \\ \lambda_j(g_j(x) - b_j) = 0 \text{ pour tout } j \\ \lambda_j \geq 0 \text{ et } g_j(x) \leq b_j \text{ pour tout } j \\ h_k(x) = c_k \text{ pour tout } k \end{cases}$$

APPLICATION Maximisation de l'utilité, sous contraintes

On considère un consommateur dont la fonction d'utilité U est donnée par $U(x,y) = xy$, où x est la quantité de bien 1 et y la quantité de bien 2 (avec $x \geq 0$ et $y \geq 0$).
La contrainte de budget du consommateur est $x + y \leq 100$. D'autre part 40 unités de bien 2 au maximum peuvent être achetées. On cherche x^* et y^* qui maximisent l'utilité du consommateur.
Le programme est donc :

$$\begin{cases} \max U(x,y) = xy \\ \text{s.c.} \\ x + y \leq 100 \\ y \leq 40 \\ x \geq 0 \\ y \geq 0 \end{cases}$$

On peut remplacer $x \geq 0$ et $y \geq 0$ par $x > 0$ et $y > 0$, car il est clair que l'utilité est nulle si $x = 0$ ou $y = 0$. On est donc sur l'ouvert $U = \mathbb{R}_+^* \times \mathbb{R}_+^*$, avec les deux contraintes $g_1(x,y) \leq 100$ et $g_2(x,y) \leq 40$, où $g_1(x,y) = x + y$ et $g_2(x,y) = y$:

$$\nabla g_1(x,y) = \begin{pmatrix} 1 \\ 1 \end{pmatrix} \text{ et } \nabla g_2(x,y) = \begin{pmatrix} 0 \\ 1 \end{pmatrix}$$

$\nabla g_1(x,y)$ et $\nabla g_2(x,y)$ sont linéairement indépendants donc les contraintes sont qualifiées en tout point.
On pose $\mathcal{L}_\lambda(x,y) = xy - \lambda_1(x + y - 100) - \lambda_2(y - 40)$ pour $\lambda = (\lambda_1, \lambda_2) \in \mathbb{R}^2$.
Soit $K = \{(x,y);\ x + y \leq 100 \text{ et } y \leq 40, \text{ avec } x \geq 0 \text{ et } y \geq 0\}$.
K est un compact et f est continue, donc f admet un maximum global sur K. On sait déjà que ce maximum n'est pas atteint avec $x = 0$ ou $y = 0$.
Conditions nécessaires pour que (x,y) soit un maximum :

$$\begin{cases} \nabla \mathcal{L}_\lambda(x,y) = \begin{pmatrix} 0 \\ 0 \end{pmatrix} \\ \lambda_1(x + y - 100) = \lambda_2(y - 40) = 0 \\ \lambda_1 \geq 0 ; \lambda_2 \geq 0 ; x > 0 ; y > 0 \\ x + y \leq 100 \text{ et } y \leq 40 \end{cases}$$

$$\nabla \mathcal{L}_\lambda(x,y) = \begin{pmatrix} y - \lambda_1 \\ x - \lambda_1 - \lambda_2 \end{pmatrix}, \text{ donc } \nabla \mathcal{L}_\lambda(x,y) = \begin{pmatrix} 0 \\ 0 \end{pmatrix} \Leftrightarrow \begin{cases} y = \lambda_1 \\ x = \lambda_1 + \lambda_2 \end{cases}$$

- Si $\lambda_1 = \lambda_2 = 0$, alors $x = y = 0$. À rejeter car $x > 0$ et $y > 0$.
- Si $\lambda_1 > 0$ et $\lambda_2 = 0$, alors $\begin{cases} x + y = 100 \\ y = \lambda_1 \\ x = \lambda_1 \end{cases}$, donc $x = y = 50$. Mais le point $\begin{pmatrix} 50 \\ 50 \end{pmatrix}$ n'est pas candidat car ne satisfait pas la contrainte $y \leq 40$.
- Si $\lambda_1 = 0$ et $\lambda_2 > 0$, alors $\begin{cases} y = 40 \\ y = \lambda_1 = 0 \\ x = \lambda_2 \end{cases}$ impossible.
- Si $\lambda_1 > 0$ et $\lambda_2 > 0$, alors $\begin{cases} x + y = 100 \\ y = 40 \\ y = \lambda_1 \text{ et } x = \lambda_1 + \lambda_2 \end{cases}$ d'où $x = 60$, et $(\lambda_1 ; \lambda_2) = (40; 20)$.

  Donc $(60; 40)$ est le seul point candidat pour être un maximum. Comme il y a forcément un maximum puisque l'on maximise une fonction continue sur un compact, on peut conclure que $(60; 40)$ est le maximum global de f sur K. À l'optimum on consomme $x^* = 60$ unités du bien 1 et $y^* = 40$ unités du bien 2.

7 Conditions suffisantes d'optimalité globale

Théorème

Théorème du lagrangien (cas concave)

On veut résoudre $\mathcal{P}rog_p$ (▶ début section 5.2).

Soient f et h_1, ..., h_p de classe C^2 de $U \to \mathbb{R}$, où U est un ouvert convexe de $\mathbb{R}^n$. Soit $a \in U$. Si a est un point candidat, avec des multiplicateurs de Lagrange $\lambda = (\lambda_1,\ldots,\lambda_p)$, et si $\mathcal{L}_\lambda$ est **concave** sur U, alors f admet un maximum global en a sous les contraintes $h_j(x) = c_j$ pour tout j. Si $\mathcal{L}_\lambda$ est convexe, il s'agit d'un minimum global.

Démonstration

Soit a un point de $U \cap C$, où C est l'ensemble des points satisfaisant les contraintes, $C = \{x \in U; h_j(x) = c_j, \forall j\}$.

Soit $\mathcal{L}_\lambda(x) = f(x) - \sum_{j=1}^{p} \lambda_j \left(h_j(x) - c_j\right)$, pour λ les multiplicateurs correspondant au point a.

Si $\nabla\mathcal{L}_\lambda(a) = 0$ avec $\mathcal{L}_\lambda$ concave, alors on sait que a est un max global de $\mathcal{L}_\lambda$ sur U, c'est-à-dire : $\forall x \in U, \quad \mathcal{L}_\lambda(x) \leq \mathcal{L}_\lambda(a)$.

donc : $\forall x \in U$, $f(x) - \sum_{j=1}^{p} \lambda_j \left(h_j(x) - c_j\right) \leq f(a) - \sum_{j=1}^{p} \lambda_j \left(h_j(a) - c_j\right) = f(a)$ car a satisfait les contraintes.

$$\forall x \in U \cap C, \quad f(x) \leq f(a)$$

donc a est un max global de f sous contraintes. ■

Remarquons que si f est concave et les h_i affines, alors $\mathcal{L}_\lambda$ est forcément concave.

Théorème

Théorème de Kuhn et Tucker (cas concave)

On veut résoudre $\mathcal{P}rog_{q,p}$ (▶ début section 6).

On suppose que f, les g_j et les h_k sont de classe C^2. Soit $a \in U$ un point candidat qui vérifie les conditions de Kuhn et Tucker, de multiplicateurs λ et μ. Si $\mathcal{L}_{\lambda,\mu}$ est **concave**, alors f admet un maximum global en a sous les contraintes $g_j(x) \leq b_j$, pour tout j, et $h_k(x) = c_k$, pour tout k.

Démonstration

Soit $C = \{x \in U; h_j(x) = c_j, \forall j \text{ et } g_j(x) \leq b_j, \forall j\}$.

$\mathcal{L}_{\lambda,\mu}(x) = f(x) - \sum_{j=1}^{q} \lambda_j \left(g_j(x) - b_j\right) - \sum_{j=1}^{p} \mu_j \left(h_j(x) - c_j\right)$ où les multiplicateurs correspondent au point a.

Si $\forall\mathcal{L}_{\lambda,\mu}(a) = 0$, avec $\mathcal{L}_{\lambda,\mu}$ concave, on en déduit que a est un max global de $\mathcal{L}_{\lambda,\mu}$, c.-à-d. : pour tout $x \in U$, on a $\mathcal{L}_{\lambda,\mu}(x) \leq \mathcal{L}_{\lambda,\mu}(a)$.

c.-à-d. pour tout $x \in U$, on a :

$$f(x) - \sum_{j=1}^{q} \lambda_j \left(g_j(x) - b_j\right) - \sum_{j=1}^{p} \mu_j \left(h_j(x) - c_j\right) \leq f(a) - \sum_{j=1}^{q} \lambda_j \left(g_j(a) - b_j\right)$$

car $h_j(a) - c_j = 0$ pour tout j.

Donc pour tout $x \in U \cap C$:

$$f(x) - \sum_{j=1}^{q} \lambda_j \left(g_j(x) - b_j\right) \leq f(a) - \sum_{j=1}^{q} \lambda_j \left(g_j(a) - b_j\right)$$

On sait que $\lambda_j(g_j(a) - b_j) = 0$, pour tout j, donc :

$$\forall x \in U \cap C, \quad f(x) - \sum_{j=1}^{q} \lambda_j \left(g_j(x) - b_j\right) \leq f(a)$$

mais pour $x \in C$, on a $g_j(x) - b_j \leq 0$ donc :

$$\forall x \in U \cap C, \text{on a} \quad f(x) \leq f(x) - \sum_{j=1}^{q} \lambda_j \left(g_j(x) - b_j\right) \leq f(a)$$

ce qui nous dit bien que f admet un maximum global en a sous les contraintes. ■

Remarquons que si f est concave, les g_i convexes et les h_i affines, alors $\mathcal{L}_{\lambda,\mu}$ est forcément concave.

Exemple 12.11

Soit f définie par $f(x,y) = x^2 + y^2 - 2x - 4y + 5$.

On cherche le minimum de f sous la contrainte $x + y \leq 2$.

Posons $F(x,y) = -f(x,y) = -x^2 - y^2 + 2x + 4y - 5$ et $g(x,y) = x + y$.

On veut maximiser $F(x,y)$ sous la contrainte $g(x,y) \leq 2$.

$\nabla g(x,y) = \begin{pmatrix} 1 \\ 1 \end{pmatrix} \neq \begin{pmatrix} 0 \\ 0 \end{pmatrix}$, donc la contrainte est qualifiée partout.

$$\mathcal{L}_\lambda(x,y) = F(x,y) - \lambda(x + y - 2)$$

$\nabla \mathcal{L}_\lambda(x,y) = \begin{pmatrix} -2x + 2 - \lambda \\ -2y + 4 - \lambda \end{pmatrix}$, et $Hess\mathcal{L}_\lambda(x,y) = \begin{pmatrix} -2 & 0 \\ 0 & -2 \end{pmatrix}$.

La matrice hessienne est définie négative, donc $\mathcal{L}_\lambda$ est strictement concave en tout point. S'il y a un point candidat, ce sera forcément un maximum global.

$$\nabla \mathcal{L}_\lambda(x,y) = \begin{pmatrix} 0 \\ 0 \end{pmatrix} \Leftrightarrow \begin{cases} \lambda = -2x + 2 \\ \lambda = -2y + 4 \end{cases}$$

$\begin{pmatrix} x \\ y \end{pmatrix}$ est un point candidat si et seulement si $\begin{cases} \lambda(x + y - 2) = 0 \\ \lambda \geq 0 \\ \lambda = -2x + 2 \text{ et } \lambda = -2y + 4 \\ x + y \leq 2 \end{cases}$

c.-à-d. $\begin{cases} \lambda(x + y - 2) = 0 \\ -2x + 2 = -2y + 4 = \lambda \geq 0 \\ x + y \leq 2 \end{cases}$

– Si $\lambda = 0$, alors $-2x + 2 = -2y + 4 = 0$, donc $x = 1$ et $y = 2$, d'où $x + y = 3$ incompatible avec la contrainte $x + y \leq 2$.

– Si $\lambda > 0$, alors $x + y = 2$ et $-2x + 2 = -2y + 4$, donc $y = 2 - x$ et $y = x + 1$, d'où $x = \frac{1}{2}$ et $y = \frac{3}{2}$. On trouve que $M = \begin{pmatrix} 1/2 \\ 3/2 \end{pmatrix}$ est l'unique point candidat. Puisque $\mathcal{L}_\lambda$ est strictement concave, M est donc le maximum global de F sur $x + y \leq 2$. C'est donc aussi le minimum global de f sur $x + y \leq 2$.

Les points clés

→ Quand on étudie le maximum (ou le minimum) de $f(x)$ sous la contrainte $x \in D$, où D est une partie de $\mathbb{R}^n$, on dit que c'est un problème d'optimisation sans contrainte si D est ouvert, et que c'est un problème d'optimisation avec contraintes si D n'est pas ouvert.

→ Quand on cherche le maximum ou le minimum d'une fonction de plusieurs variables avec ou sans contrainte, on doit d'abord déterminer les « points candidats » à l'extremum, c'est-à-dire ceux qui peuvent être un extremum. Puis parmi ceux-ci, on cherche ceux qui atteignent le maximum (s'il existe) et ceux qui atteignent le minimum (s'il existe).

→ Si on cherche le maximum sans contrainte d'une fonction f différentiable sur un ouvert de $\mathbb{R}^n$, les points candidats sont ceux tels que $\nabla f(a) = 0$. Si f est de classe C^2, on peut se restreindre à ceux qui de plus ont une matrice hessienne semi-définie négative (semi-définie positive si on cherche le minimum).

→ Les contraintes les plus courantes sont sous forme d'égalités ou d'inégalités.

→ Le lagrangien d'un problème d'optimisation s'obtient en ôtant à la fonction que l'on cherche à optimiser une combinaison linéaire des fonctions qui servent à définir les contraintes. Les coefficients de cette combinaison linéaire sont appelés multiplicateurs de Lagrange.

→ Quand on a un problème d'optimisation comportant des contraintes égalités et/ou inégalités, le théorème de Kuhn et Tucker donne une condition nécessaire d'extremum local.

ÉVALUATION

Vous trouverez les corrigés détaillés de tous les exercices sur la page du livre sur le site www.dunod.com

Quiz

1 Vrai/Faux

Dites si les affirmations suivantes sont vraies ou fausses. Justifiez vos réponses.

1. S'il y a des points candidats à un problème de maximisation, alors il y a forcément un maximum global.
2. Le problème de maximisation d'une fonction différentiable f sur $D = \{(x_1,x_2);\ x_1 > 0 \text{ et } x_2 > 0\}$ est un problème sans contrainte.
3. Le problème de maximisation d'une fonction différentiable f sur $E = \{(x_1,x_2);\ x_1 \geq 0 \text{ et } x_2 \geq 0\}$ est un problème sans contrainte.
4. Le multiplicateur de Lagrange permet de mesurer l'impact d'un desserrement de la contrainte sur le maximum global.

► Corrigés p. 370

Exercices

2 Extrema locaux

Trouver les extrema locaux de la fonction f de $\mathbb{R}^2$ dans $\mathbb{R}$, définie par :

$$f(x,y) = x^3 + y^3 - 9xy + 12$$

► Corrigés p. 370

3 Étude d'un point critique

Les fonctions suivantes sont-elles concaves ? convexes ? ni l'un ni l'autre ? Vérifier que $\begin{pmatrix} 0 \\ 0 \\ 0 \end{pmatrix}$ est un point critique. Est-ce un point col ? un min ? un max ? global ou local ?

1. $f(x,y,z) = \frac{1}{2}x^2 + 2y^2 + 3z^2 + 2xy + 5yz$
2. $f(x,y,z) = 2x^2 + \frac{3}{2}y^2 + z^2 + 2xy + xz$
3. $f(x,y,z) = -3x^2 - \frac{5}{2}y^2 - z^2 + 3xy + xz + yz$

4 Extrema sous contrainte

Trouver les extrema de la fonction f définie par $f(x,y,z) = x + y + z$, sous la contrainte

$$x^2 + y^2 + z^2 = 1.$$

5 Programmes avec une contrainte égalité

Résoudre les programmes suivants :

$$(\mathcal{P}_1) \begin{cases} \min x + 2y^2 + z^2 \\ y^2 + 1 - x = 0 \end{cases}$$

puis,

$$(\mathcal{P}_2) \begin{cases} \max x^2y \\ 2x^2 + y^2 = 3 \end{cases}$$

6 Maximisation d'utilité

Un consommateur cherche à maximiser son utilité, à revenu R donné. Sa fonction d'utilité est $U(x,y) = y^{1/3}\sqrt{x}$, où x est la quantité consommée de bien 1, y la quantité consommée de bien 2. On a $R = 3x + 4y$, car $p_1 = 3$ est le prix unitaire du bien 1 et $p_2 = 4$ le prix unitaire du bien 2. Le programme est donc :

$$\begin{cases} \max U(x,y) \\ 3x + 4y = R \end{cases}$$

Quelle est la quantité consommée à l'optimum (en fonction de R) ? Quelle est l'utilité à l'optimum ? Dériver cette utilité par rapport à R. Comparer avec le multiplicateur de Lagrange λ.

7 Programme avec une contrainte inégalité

Soit D la partie de $\mathbb{R}^2$ définie par $D = \{(x,y);\ x^2 + 2y^2 \leq 4\}$. Trouver les extrema de la fonction f sur D définie par $f(x,y) = x + y$.

8 Minimum sous une contrainte inégalité

Trouver le minimum de la fonction f définie par $f(x,y) = x^3 + y^2$, sous la contrainte $x^2 + y^2 \leq 9$.

9 Maximum sous deux contraintes inégalités

Trouver le maximum de $f(x,y) = xy - x^2 - y^2$ sous les contraintes $5 \leq 2x + y$ et $3 \leq y$.

10 Trois contraintes inégalités

Résoudre le programme

$$\max_{(x,y)} x^2 + x + 4y^2$$

sous les contraintes : $2x + 2y \leq 1$ et $x \geq 0$; $y \geq 0$.

11 Maximisation d'utilité

On considère un consommateur de fonction d'utilité U donnée par

$$U(x,y) = x^{3/4}y^{1/2},$$

où x est la quantité de bien 1 et y la quantité de bien 2 (avec $x > 0$ et $y > 0$).

La contrainte de budget du consommateur est $p_1x + p_2y \leq R$, où $p_1 = 2$, $p_2 = 1$ et $R = 50$. D'autre part, 10 unités de bien 2 au maximum peuvent être achetées. Déterminer x^* et y^* qui maximisent l'utilité du consommateur.

12 Programme de Kuhn-Tucker

Résoudre le programme

$$\max_{(x,y)} x - y^2$$

sous les contraintes : $x^2 + y^2 = 4$ et $x \geq 0$; $y \geq 0$

13 Maximum sous contrainte

Trouver le maximum de $f(x,y,z) = x + y + yz + xz$ sous la contrainte $x + y + z = 0$.

14 Théorème de l'enveloppe et maximisation du profit

On considère un monopole qui cherche à maximiser son profit. La fonction de demande est donnée par $Q = 100 - 2P$, et la fonction de coût par $C(Q) = c_1Q$, où $0 < c_1 < 50$.

1. Quelle est la quantité produite Q^* qui maximise le profit ?

2. On veut savoir comment varie le profit correspondant Π^* en fonction de c_1. Pour cela, calculer $\dfrac{d\Pi^*}{dc_1}$ à l'aide du théorème de l'enveloppe.

15 Théorème de l'enveloppe et maximisation de l'utilité

On généralise le cadre de l'exercice 6. Un consommateur maximise son utilité, sous contrainte de budget. Sa fonction d'utilité est $U(x,y) = y^{1/3}\sqrt{x}$, où x est la quantité consommée de bien 1, et y la quantité consommée de bien 2. La contrainte de budget est $R = p_1x + p_2y$, où p_1 est le prix unitaire du bien 1, et p_2 le prix unitaire du bien 2, et R le revenu. Le programme est donc :

$$\begin{cases} \max U(x,y) \\ p_1x + p_2y = R \end{cases}$$

1. Quelles sont les quantités x^* et y^* consommées à l'optimum ?

2. On veut savoir comment l'utilité à l'optimum U^* évolue en fonction des paramètres du modèle, c'est-à-dire en fonction de p_1, p_2, R. Pour cela, calculer $\dfrac{dU^*}{dp_1}$, $\dfrac{dU^*}{dp_2}$ et $\dfrac{dU^*}{dR}$ à l'aide du théorème de l'enveloppe.

CORRIGÉS

Les corrigés détaillés des QUIZ et de l'ensemble des autres exercices sont disponibles sur www.dunod.com, sur la page de l'ouvrage.

Chapitre 1

1 Vrai/Faux

1. Faux. Par exemple $\sqrt{2}$ et π sont dans $\mathbb{R}$ mais pas dans $\mathbb{Q}$.
2. Vrai. car $\mathbb{Q} \subset \mathbb{R}$.
3. Faux. Par exemple $A = [0; 2[$ est une partie majorée, mais il n'y a pas de plus grand élément (car $2 \notin A$).
4. Vrai. C'est une propriété fondamentale de l'ensemble $\mathbb{R}$, que ne possède pas l'ensemble $\mathbb{Q}$ par exemple.
5. Faux. Pour que f soit une bijection, il faudrait que tout élément de $\mathbb{R}$ possède un et un seul antécédent par f. Mais 4 a deux antécédents puisque $f(2) = f(-2) = 4$, et -5 n'a aucun antécédent puisque $f(x) \geq 0$ pour tout $x \in \mathbb{R}$.
6. Vrai.

4 Domaine de définition

Ces fonctions sont définies en tout point x de $\mathbb{R}$, sauf quand on obtient un dénominateur nul (car on ne peut pas diviser par zéro !).

1. $D_f = \mathbb{R}^*$
2. $D_f = \mathbb{R} \setminus \{2\}$
3. $D_f = \mathbb{R}$ car on a $x^2 + 2 > 0$ pour tout $x \in \mathbb{R}$.
4. f est définie pour $x^2 \neq 16$, c'est-à-dire pour $x \neq 4$ et $x \neq -4$.
5. f est définie pour $x^2 - 5x + 6 \neq 0$. Posons $g(x) = x^2 - 5x + 6$. Le discriminant de g est $\Delta = (-5)^2 - 4 \times 6 = 25 - 24 = 1$, donc les racines de g sont
$$x_1 = \frac{5-1}{2} = 2 \quad \text{et} \quad x_2 = \frac{5+1}{2} = 3.$$
Le domaine de définition de f est donc $D_f = \mathbb{R} \setminus \{2; 3\}$.

Chapitre 2

1 Vrai/Faux

1. Vrai. Si f est affine, alors il existe a et b tels que $f(x) = ax + b$ pour tout $x \in \mathbb{R}$.
$\dfrac{f(x) - f(x_0)}{x - x_0} = \dfrac{(ax+b) - (ax_0 + b)}{x - x_0} = \dfrac{a(x - x_0)}{x - x_0} = a =$ constante.
Réciproquement, si le taux d'accroissement de f est égal à une constante c, alors $\dfrac{f(x) - f(x_0)}{x - x_0} = c$ pour tout $x \in \mathbb{R}$.
Donc $f(x) = f(x_0) + c(x - x_0)$ pour tout $x \in \mathbb{R}$. Il s'agit bien d'une fonction affine (avec $a = c$ et $b = f(x_0) - cx_0$).
2. Vrai. La tangente a pour équation $y = f(x_0) + f'(x_0)(x - x_0)$.
3. Faux. La dérivée de $g \circ f$ est donnée par
$$(g \circ f)'(x) = g'(f(x)) \times f'(x).$$
4. Vrai.
5. Vrai.

2 Dérivée du coût de production

1. $C'(500) = 20$ signifie que $\lim\limits_{h \to 0} \dfrac{C(500+h) - C(500)}{h} = 20$, ce qui concrètement signifie que pour h petit, on a $C(500 + h) \simeq C(500) + 20h$. Si au départ on produit 500 unités du bien, le coût de production de h unités supplémentaires de ce bien (avec h assez petit) est de $20h$.
2. Si le prix unitaire est $P = 25$, chaque unité supplémentaire coûte 20 à la production, et rapporte 25 à la vente. Le profit par unité supplémentaire est égal à $25 - 20 = 5$. Il est donc intéressant d'augmenter un peu la production si l'on parvient à vendre ce bien au prix unitaire $P = 25$.
3. Si le prix unitaire est $P = 15$, chaque unité supplémentaire coûte 20 à la production, et rapporte 15 à la vente. Le profit par unité supplémentaire est égal à $15 - 20 = -5$. Il n'est pas intéressant d'augmenter un peu la production pour le prix unitaire $P = 15$, car le profit engendré est négatif.

3 La dérivée limite du taux d'accroissement

$f(x) = \dfrac{2}{x+1}$ pour tout $x \geq 0$, donc :
$$\begin{aligned} f'(1) &= \lim_{h \to 0} \frac{f(1+h) - f(1)}{h} = \lim_{h \to 0} \frac{1}{h}\left[\frac{2}{2+h} - \frac{2}{2}\right] \\ &= \lim_{h \to 0} \frac{1}{h}\left[\frac{2 - (2+h)}{2+h}\right] \\ &= \lim_{h \to 0} \frac{1}{h}\frac{-h}{(2+h)} = \lim_{h \to 0} \frac{-1}{2+h} = -\frac{1}{2}. \end{aligned}$$

6 Calculs de dérivées

1. $f(x) = 3x^4 - 7x^3 + 8x - 2$ donc $D_f = \mathbb{R}$.
$$f'(x) = 3 \times (4x^3) - 7 \times (3x^2) + 8 \times 1 = 12x^3 - 21x^2 + 8$$
2. $f(x) = 17x^2 - \sqrt{x}$ donc $D_f = \mathbb{R}_+$, mais f n'est dérivable que sur $\mathbb{R}_+^*$.
$$f'(x) = 34x - \frac{1}{2\sqrt{x}}$$

3. $f(x) = \sqrt{x^2+1}$ donc $D_f = \mathbb{R}$ car $x^2+1 > 0$ pour tout $x \in \mathbb{R}$.

On a une fonction composée, $f = v \circ u$ avec $u(x) = x^2+1$ et $v(x) = \sqrt{x}$, donc :

$$f'(x) = v'(u(x)) \times u'(x) = \frac{1}{2\sqrt{x^2+1}} \times 2x = \frac{x}{\sqrt{x^2+1}}$$

4. $f(x) = \dfrac{8}{x} - \dfrac{7}{x^3}$ donc $D_f = \mathbb{R}^*$.

$$f'(x) = -\frac{8}{x^2} + \frac{21}{x^4}$$

5. $f(x) = \dfrac{2+x}{2-x}$ donc $D_f = \mathbb{R} \setminus \{2\}$.

On a un quotient, $f = \dfrac{u}{v}$ avec $u(x) = 2+x$ et $v(x) = 2-x$, donc :

$$f'(x) = \frac{u'(x)v(x) - u(x)v'(x)}{(v(x))^2} = \frac{1 \times (2-x) - (2+x) \times (-1)}{(2-x)^2}$$

$$= \frac{2-x+2+x}{(2-x)^2} = \frac{4}{(2-x)^2}$$

6. $f(x) = \dfrac{x^2-7}{x-3}$ donc $D_f = \mathbb{R} \setminus \{3\}$.

On a un quotient, $f = \dfrac{u}{v}$ avec $u(x) = x^2-7$ et $v(x) = x-3$, donc :

$$f'(x) = \frac{u'(x)v(x) - u(x)v'(x)}{(v(x))^2} = \frac{2x \times (x-3) - (x^2-7) \times 1}{(x-3)^2}$$

$$= \frac{2x^2 - 6x - x^2 + 7}{(x-3)^2} = \frac{x^2 - 6x + 7}{(x-3)^2}$$

7. $f(x) = \sqrt{\dfrac{1-x}{x^2+2}}$ avec $x^2+2 > 0$ donc f est définie pour $1-x \geq 0$ c'est-à-dire pour $x \leq 1$. Le domaine de définition est donc $D_f =]-\infty; 1]$. La fonction f est dérivable sur $]-\infty; 1[$.

On a une fonction composée, $f = h \circ g$, où $h(x) = \sqrt{x}$ et $g(x) = \dfrac{1-x}{x^2+2}$. De plus, g est un quotient, $g = \dfrac{u}{v}$ avec $u(x) = 1-x$ et $v(x) = x^2+2$.

$$f'(x) = h'(g(x)) \times g'(x) = \frac{1}{2\sqrt{g(x)}} \times g'(x)$$

$$= \frac{1}{2} \times \sqrt{\frac{x^2+2}{1-x}} \times g'(x)$$

On a :

$$g'(x) = \frac{u'(x)v(x) - u(x)v'(x)}{(v(x))^2} = \frac{-1 \times (x^2+2) - (1-x) \times 2x}{(x^2+2)^2}$$

$$= \frac{-x^2 - 2 - 2x + 2x^2}{(x^2+2)^2} = \frac{x^2 - 2x - 2}{(x^2+2)^2}$$

Finalement :

$$f'(x) = \frac{1}{2} \times \sqrt{\frac{x^2+2}{1-x}} \times g'(x) = \frac{1}{2} \times \sqrt{\frac{x^2+2}{1-x}} \times \frac{x^2-2x-2}{(x^2+2)^2}$$

Chapitre 3

1 Vrai/Faux

1. Vrai. (► proposition 3.1).
2. Faux. La suite (u_n) définie pour tout n par $u_n = (-1)^n$ est bornée mais ne converge pas, car elle vaut +1 si n est pair, et −1 si n est impair.
3. Vrai. D'après la proposition 3.9, si une suite croissante est majorée, alors elle converge. Réciproquement, si une suite converge, alors elle est bornée donc majorée.
4. Faux. Si une série converge, alors son terme général tend vers 0 (► proposition 3.13), mais la réciproque est fausse.

4 Limites de suites

1. $u_n = \dfrac{3n-7}{2n+8} = \dfrac{n(3-\frac{7}{n})}{n(2+\frac{8}{n})} = \dfrac{(3-\frac{7}{n})}{(2+\frac{8}{n})}$ où $\displaystyle\lim_{n\to+\infty}\left(3-\frac{7}{n}\right) = 3$

et $\displaystyle\lim_{n\to+\infty}\left(2+\frac{8}{n}\right) = 2$

donc $\displaystyle\lim_{n\to+\infty} u_n = \frac{3}{2}$

2. $u_n = \dfrac{5n^3+27n+8}{4n^2+28} = \dfrac{n^3(5+\frac{27}{n^2}+\frac{8}{n^3})}{n^2(4+\frac{28}{n^2})} = n \times \dfrac{\left(5+\frac{27}{n^2}+\frac{8}{n^3}\right)}{\left(4+\frac{28}{n^2}\right)}$

où $\displaystyle\lim_{n\to+\infty}\left(5+\frac{27}{n^2}+\frac{8}{n^3}\right) = 5$ et $\displaystyle\lim_{n\to+\infty}\left(4+\frac{28}{n^2}\right) = 4$

donc $\displaystyle\lim_{n\to+\infty} u_n = \lim_{n\to+\infty} n \times \frac{5}{4} = +\infty$

3. $u_n = \dfrac{17n+12}{8n^2+15} = \dfrac{n(17+\frac{12}{n})}{n^2(8+\frac{15}{n^2})} = \dfrac{1}{n} \times \dfrac{(17+\frac{12}{n})}{(8+\frac{15}{n^2})}$

où $\displaystyle\lim_{n\to+\infty}\left(17+\frac{12}{n}\right) = 17$ et $\displaystyle\lim_{n\to+\infty}\left(8+\frac{15}{n^2}\right) = 8$

donc $\displaystyle\lim_{n\to+\infty} u_n = \lim_{n\to+\infty} \frac{1}{n} \times \frac{17}{8} = 0$

4. $u_n = \dfrac{7n^3-12n+15}{8n^3+5n-5} = \dfrac{n^3(7-\frac{12}{n^2}+\frac{15}{n^3})}{n^3(8+\frac{5}{n^2}-\frac{5}{n^3})} = \dfrac{(7-\frac{12}{n^2}+\frac{15}{n^3})}{(8+\frac{5}{n^2}-\frac{5}{n^3})}$

où $\displaystyle\lim_{n\to+\infty}\left(7-\frac{12}{n^2}+\frac{15}{n^3}\right) = 7$ et $\displaystyle\lim_{n\to+\infty}\left(8+\frac{5}{n^2}-\frac{5}{n^3}\right) = 8$

donc $\displaystyle\lim_{n\to+\infty} u_n = \frac{7}{8}$

6 Épargne placée au taux de 5 %

1. L'équation récurrente complète est :

$x_{n+1} = 1{,}05x_n + 500$ pour tout $n \in \mathbb{N}$, avec $x_0 = 2\,000$.

L'équation homogène associée est : $y_{n+1} = 1{,}05y_n$ pour tout $n \in \mathbb{N}$, donc $y_n = 1{,}05^n y_0$.

On cherche une solution particulière constante de l'équation complète : $\overline{x}_n = C =$ constante.

Ce qui donne $C = 1{,}05C + 500$, donc $0{,}05C = -500$, d'où $C = -10\,000$.

La solution générale de l'équation complète est donc $x_n = y_n + \overline{x}_n = -10\,000 + 1{,}05^n y_0$.

2. La condition initiale est $x_0 = 2\,000$, donc $2\,000 = -10\,000 + 1{,}05^0 y_0 = -10\,000 + y_0$,

d'où $y_0 = 12\,000$ et la solution précise est :

$$x_n = -10\,000 + 1{,}05^n \times 12\,000$$

Dans 10 ans, l'épargne totale sera

$$x_{10} = -10\,000 + 1{,}05^{10} \times 12\,000 \simeq 9\,547.$$

$\lim_{n\to+\infty} x_n = \lim_{n\to+\infty}(-10\,000 + 1{,}05^n \times 12\,000) = +\infty$ car $\lim_{n\to+\infty} 1{,}05^n = +\infty$ (suite géométrique de raison supérieure à 1). Dans un grand nombre d'années, l'épargne devient très importante.

Chapitre 4

1 Vrai/Faux

1. Faux. Pour qu'une fonction ait une limite en un point, il faut qu'elle ait une limite à gauche et une limite à droite en ce point **et** que ces limites à gauche et à droite soient égales.
2. Vrai (▶ proposition 4.14)
3. Faux (▶ exemple 4.14).
4. Faux. Il existe bien un tel x mais il n'est pas forcément unique. Pour avoir l'unicité il faudrait supposer de plus que f est strictement monotone.
5. Faux. C'est vrai pour les polynômes de degré impair. Contre-exemple pour le degré pair : $f(x) = x^2 + 1$ n'a pas de racine dans $\mathbb{R}$.

2 Limite en un point x_0

1. $\lim_{x\to3} x^2 + 7x = 3^2 + 7\times3 = 9 + 21 = 30$
2. $\lim_{x\to4} \dfrac{\sqrt{x}-2}{x-4}$ est une forme indéterminée $\dfrac{0}{0}$.
   On simplifie la fonction, en écrivant :
   $$\frac{\sqrt{x}-2}{x-4} = \frac{(\sqrt{x}-2)\times(\sqrt{x}+2)}{(x-4)\times(\sqrt{x}+2)} = \frac{x-4}{(x-4)\times(\sqrt{x}+2)} = \frac{1}{(\sqrt{x}+2)}$$
   donc $\lim_{x\to4}\dfrac{\sqrt{x}-2}{x-4} = \lim_{x\to4}\dfrac{1}{(\sqrt{x}+2)} = \dfrac{1}{\sqrt{4}+2} = \dfrac{1}{4}$.
3. On a $\lim_{x\to2}(x^2-2) = 2$ et $\lim_{x\to2}(x-2)^2 = 0^+$, donc $\lim_{x\to2}\dfrac{x^2-2}{(x-2)^2} = +\infty$.
4. $\lim_{x\to2}\dfrac{x^2-4}{(x-2)^2}$ est une forme indéterminée $\dfrac{0}{0}$.
   On simplifie la fonction, en écrivant :
   $$\frac{x^2-4}{(x-2)^2} = \frac{(x-2)(x+2)}{(x-2)^2} = \frac{(x+2)}{(x-2)},$$
   avec $\lim_{x\to2}(x+2) = 4$ et $\lim_{x\to2^+}(x-2) = 0^+$ et $\lim_{x\to2^-}(x-2) = 0^-$, donc :
   $\lim_{x\to2^+}\dfrac{x^2-4}{(x-2)^2} = \lim_{x\to2^+}\dfrac{(x+2)}{(x-2)} = +\infty$
   et $\lim_{x\to2^-}\dfrac{x^2-4}{(x-2)^2} = \lim_{x\to2^-}\dfrac{(x+2)}{(x-2)} = -\infty$. Les limites à droite et à gauche ne sont pas égales, donc $\dfrac{x^2-4}{(x-2)^2}$ n'a pas de limite pour $x \to 2$.
5. $\lim_{x\to1}\dfrac{x^n-1}{x-1}$ pour $n \in \mathbb{N}$, $n \geq 2$ est une forme indéterminée $\dfrac{0}{0}$.
   On simplifie la fonction, en écrivant : $\dfrac{x^n-1}{x-1} = \dfrac{(x-1)(x^{n-1}+x^{n-2}+\ldots+x+1)}{x-1} = x^{n-1}+x^{n-2}+\ldots+x+1$,
   donc $\lim_{x\to1}\dfrac{x^n-1}{x-1} = \lim_{x\to1}(x^{n-1}+x^{n-2}+\ldots+x+1) = n$.
6. $\lim_{x\to0}\dfrac{\sqrt{1+x}-\sqrt{1-x}}{x}$ est une forme indéterminée $\dfrac{0}{0}$.
   On simplifie la fonction, en écrivant :
   $$\frac{\sqrt{1+x}-\sqrt{1-x}}{x} = \frac{\left(\sqrt{1+x}-\sqrt{1-x}\right)\left(\sqrt{1+x}+\sqrt{1-x}\right)}{x\left(\sqrt{1+x}+\sqrt{1-x}\right)}$$
   $$= \frac{(1+x)-(1-x)}{x\left(\sqrt{1+x}+\sqrt{1-x}\right)} = \frac{2x}{x\left(\sqrt{1+x}+\sqrt{1-x}\right)}$$
   $$= \frac{2}{\left(\sqrt{1+x}+\sqrt{1-x}\right)}$$
   donc $\lim_{x\to0}\dfrac{\sqrt{1+x}-\sqrt{1-x}}{x} = \lim_{x\to0}\dfrac{2}{\left(\sqrt{1+x}+\sqrt{1-x}\right)} = \dfrac{2}{2} = 1$

3 Limite en $+\infty$

Comme f est une fonction rationnelle, sa limite en $+\infty$ est la limite du quotient des termes de plus hauts degrés (▶ proposition 4.11). On en déduit :

1. $\lim_{x\to+\infty} f(x) = \lim_{x\to+\infty}\dfrac{2x}{3x^2} = \lim_{x\to+\infty}\dfrac{2}{3x} = 0$
2. $\lim_{x\to+\infty} f(x) = \lim_{x\to+\infty}\dfrac{2x^2}{3x^2} = \lim_{x\to+\infty}\dfrac{2}{3} = \dfrac{2}{3}$
3. $\lim_{x\to+\infty} f(x) = \lim_{x\to+\infty}\dfrac{2x^3}{3x^2} = \lim_{x\to+\infty}\dfrac{2x}{3} = +\infty$

Chapitre 5

1 Vrai/Faux

1. Vrai. Comme ln et exp sont des fonctions réciproques l'une de l'autre, les graphes sont symétriques par rapport à la première bissectrice (c'est-à-dire la droite d'équation $y = x$).
2. Vrai.
3. Vrai. En effet, $\log_{10}(1000) = \dfrac{\ln(1000)}{\ln(10)} = \dfrac{\ln(10^4)}{\ln(10)} = \dfrac{4\ln(10)}{\ln(10)} = 4$.
4. Faux. La fonction exp est bien égale à sa propre dérivée, mais ce n'est pas la seule fonction qui vérifie cette propriété. Toute fonction du type $g(x) = \lambda \times \exp(x)$, où λ est une constante réelle, vérifie cette propriété.
5. Faux. la fonction ln n'est définie que pour $x > 0$. On a donc seulement :
   $$\forall x \in \mathbb{R}_+^*, \exp(\ln(x)) = x$$

2 Ensemble de définition

1. f est définie pour $x + 7 > 0$, donc $D_f =]-7; +\infty[$.
2. g est définie pour $x^2 + 3 > 0$, ce qui est toujours vrai, donc $D_g = \mathbb{R}$.
3. h est définie pour $x - x^2 > 0$, i.e. $x(1 - x) > 0$, donc $D_h =]0; 1[$.

Chapitre 6

1 Vrai/Faux

1. Vrai. Notons a_1, a_2, a_3 ces racines, avec $a_1 < a_2 < a_3$. On a $f(a_1) = f(a_2) = f(a_3) = 0$.
   On applique Rolle deux fois :
   – la première fois sur $[a_1; a_2]$, d'où il existe $c_1 \in]a_1; a_2[$ tel que $f'(c_1) = 0$;
   – la deuxième fois sur $[a_2; a_3]$, d'où il existe $c_2 \in]a_2; a_3[$ tel que $f'(c_2) = 0$.
2. Vrai. Il suffit d'additionner les DL.
3. Faux. On obtient un DL d'ordre 2 en faisant le produit des DL. Les termes de degrés 3 ou 4 qui apparaissent via le produit des DL doivent être intégrés au reste $h^2\varepsilon(h)$.
4. Vrai. Si $f(x_0+h) = a_0+a_1h+h\varepsilon(h)$, alors $\lim_{h\to 0} f(x_0+h) = a_0$.
   Comme f est continue en x_0, on a $\lim_{h\to 0} f(x_0 + h) = f(x_0)$, d'où $a_0 = f(x_0)$.
   $$\frac{f(x_0 + h) - f(x_0)}{h} = \frac{f(x_0 + h) - a_0}{h} = a_1 + \varepsilon(h)$$
   avec $\lim_{h\to 0} \varepsilon(h) = 0$
   donc le taux d'accroissement tend vers a_1, c'est-à-dire f est dérivable en x_0 et $f'(x_0) = a_1$.
5. Vrai si le terme d'ordre 2 est non nul (► applications des DL section 3).
6. Faux. Une fonction peut être ni concave, ni convexe. Par exemple la fonction définie sur $\mathbb{R}$ par $f(x) = x^3$, n'est ni concave sur $\mathbb{R}$, ni convexe sur $\mathbb{R}$.
7. Vrai.
8. Faux. Contre-exemple : $f(x) = x^4$.

2 Taylor à l'ordre 3

1. On a $f(x) = \sqrt{1+x} = (1 + x)^{1/2}$, donc $f'(x) = \frac{1}{2}(1 + x)^{-1/2}$
   $$f''(x) = \frac{1}{2}\left(\frac{-1}{2}\right)(1 + x)^{-3/2} = \frac{-1}{4}(1 + x)^{-3/2}$$
   $$f^{(3)}(x) = \frac{-1}{4}\left(\frac{-3}{2}\right)(1 + x)^{-5/2} = \frac{3}{8}(1 + x)^{-5/2}$$
   d'où $f(0) = 1$; $f'(0) = \frac{1}{2}$; $f''(0) = \frac{-1}{4}$; $f^{(3)}(0) = \frac{3}{8}$
   Le développement de Taylor-Young d'ordre 3 au voisinage de 0 est :
   $$f(x) = f(0) + f'(0)x + \frac{1}{2}f''(0)x^2 + \frac{1}{6}f^{(3)}(0)x^3 + x^3\varepsilon(x)$$
   et donne ici :
   $$\sqrt{1+x} = 1 + \frac{1}{2}x - \frac{1}{8}x^2 + \frac{1}{16}x^3 + x^3\varepsilon(x).$$
2. On a $f(x) = \ln(1 + x)$, donc $f'(x) = \frac{1}{1+x}$.
   $f''(x) = \frac{-1}{(1+x)^2}$ et $f^{(3)}(x) = \frac{2}{(1+x)^3}$
   d'où $f(0) = \ln(1) = 0$; $f'(0) = 1$; $f''(0) = -1$; $f^{(3)}(0) = 2$
   Le développement de Taylor-Young d'ordre 3 au voisinage de 0 est :
   $$f(x) = f(0) + f'(0)x + \frac{1}{2}f''(0)x^2 + \frac{1}{6}f^{(3)}(0)x^3 + x^3\varepsilon(x)$$
   et donne ici :
   $$\ln(1 + x) = x - \frac{1}{2}x^2 + \frac{1}{3}x^3 + x^3\varepsilon(x)$$

4 Concavité, convexité

1. Soit f définie par $f(x) = 7x^4 + 8x^2$ sur $\mathbb{R}$. On a $f'(x) = 28x^3 + 16x$ et $f''(x) = 84x^2 + 16 > 0$, donc f est strictement convexe sur $\mathbb{R}$.
2. Soit g définie par $g(x) = 7x^4 - 8x^2$ sur $\mathbb{R}$. On a $g'(x) = 28x^3 - 16x$ et $g''(x) = 84x^2 - 16$. On a $g''(0) = -16$ et $g''(1) = 84 - 16 = 68$, donc g'' n'est pas de signe constant sur $\mathbb{R}$. On en déduit que g n'est pas convexe sur $\mathbb{R}$, et n'est pas concave sur $\mathbb{R}$.
3. Soit h définie par $h(x) = 2\ln(x) - 4x^3$ pour $x > 0$. On a :
   $$h'(x) = \frac{2}{x} - 12x^2 \quad \text{et} \quad h''(x) = -\frac{2}{x^2} - 24x < 0$$
   pour tout $x > 0$. Donc h est strictement concave sur $]0; +\infty[$.

Chapitre 7

1 Vrai/Faux

1. Vrai (► proposition 7.7).
2. Faux (► proposition 7.6).
3. Vrai par définition (► définition 7.4)
4. Faux. Une fonction non bornée sur un intervalle $]a; b]$ peut être intégrable sur cet intervalle (► paragraphe 5.2).
5. Faux. On peut faire un changement de variables, ou une intégration par parties (► section 4).

3 Par parties

1. **a.** $\int x^2 \ln(x)dx = [\frac{1}{3}x^3 \ln(x)] - \int \frac{1}{3}x^3 \times \frac{1}{x}dx$ (par parties, avec $u = ln(x)$ et $v' = x^2$)
   $= \frac{1}{3}x^3 \ln(x) - \frac{1}{3}\int x^2dx = \frac{1}{3}x^3 \ln(x) - \frac{1}{9}x^3 + C$, où C est une constante quelconque.
   b. $\int xe^{2x}dx = [x \times \frac{1}{2}e^{2x}] - \int \frac{1}{2}e^{2x}dx$ (par parties, avec $u = x$ et $v' = e^{2x}$)
   $= \frac{x}{2}e^{2x} - \frac{1}{4}e^{2x} + C$

2. a. $\int_0^1 xe^{3x}dx = [x\times\frac{1}{3}e^{3x}]_0^1 - \int_0^1 \frac{1}{3}e^{3x}dx$ (par parties, avec $u = x$ et $v' = e^{3x}$)

$= \frac{1}{3}e^3 - \frac{1}{9}[e^{3x}]_0^1 = \frac{1}{3}e^3 - \frac{1}{9}(e^3 - 1) = \frac{1}{9} + \frac{2}{9}e^3$

b. $\int_0^{+\infty} xe^{-2x}dx = [x\times\left(\frac{-1}{2}\right)e^{-2x}]_0^1 - \int_0^1 \frac{-1}{2}e^{-2x}dx$ (par parties, avec $u = x$ et $v' = e^{-2x}$)

$= -\frac{1}{2}e^{-2} + \frac{1}{2}[\left(\frac{-1}{2}\right)e^{-2x}]_0^1 = -\frac{1}{2}e^{-2} - \frac{1}{4}(e^{-2}-1) = \frac{1}{4} - \frac{3}{4}e^{-2}$

4 Changement de variables

1. $I = \int_0^1 \frac{x}{1+x^2}dx$. On pose $u = g(x) = x^2$. On a alors $g'(x) = 2x$, d'où on peut écrire $du = 2xdx$, donc, puisque $g(0) = 0$ et $g(1) = 1$:

$I = \int_0^1 \frac{1}{1+u} \times \frac{1}{2}du = \frac{1}{2}[\ln(1+u)]_0^1 = \frac{1}{2}\ln(2)$

2. $J = \int_{-1}^{+1} \frac{x^2}{(2+x^3)^4}dx$. On pose $u = g(x) = x^3$, d'où $g'(x) = 3x^2$, donc on écrit $du = g'(x)dx = 3x^2dx$, et comme $g(-1) = -1$ et $g(1) = 1$:

$$J = \int_{-1}^{+1} \frac{1}{(2+u)^4} \times \frac{1}{3}du = \frac{1}{3}\left[-\frac{1}{3(2+u)^3}\right]_{-1}^{+1}$$
$$= -\frac{1}{9}\left(\frac{1}{3^3} - \frac{1}{1^3}\right) = \frac{1}{9}\left(1 - \frac{1}{27}\right) = \frac{26}{9\times 27}$$

Chapitre 8

1 Vrai/Faux

1. Faux. Contre-exemple : dans $E = \mathbb{R}^2$, soit $E_1 = \{(x,0) ; x \in \mathbb{R}\}$ et $E_2 = \{(0,y) ; y \in \mathbb{R}\}$. Notons $F = E_1 \cup E_2$. Soit $U_1 = (3;0)$ et $U_2 = (0;5)$. On a $U_1 \in F$ et $U_2 \in F$, mais $U_1 + U_2 = (3;5) \notin F$, donc F n'est pas un sous-espace vectoriel.
2. Vrai.
3. Faux. Contre-exemple : dans $\mathbb{R}^2$, soit $U = (1;0)$, $V = (0;1)$, $W = (1;1)$. Les vecteurs U, V et W sont indépendants deux à deux, mais (U,V,W) n'est pas une famille libre, car $W = U + V$.
4. Vrai. Une base est la famille $(e_0, e_1, \ldots, e_n, \ldots)$ telle que : e_i est la suite $(u_i(k))_{k\in\mathbb{N}}$ définie par $u_i(k) = 0$ si $k \neq i$, et $u_i(k) = 1$ si $k = i$.

3 Application linéaire de $\mathbb{R}$ dans $\mathbb{R}$

1. Soit f définie de $\mathbb{R}$ dans $\mathbb{R}$ par $f(x) = 4x$.
   On a $f(x+y) = 4(x+y) = (4x) + (4y) = f(x) + f(y)$, et $f(\lambda x) = 4(\lambda x) = \lambda(4x) = \lambda f(x)$, donc f est une application linéaire.
2. Soit g définie par $g(x) = 4x^2$.
   $g(3x) = 4(3x)^2 = 9(4x^2) = 9g(x) \neq 3g(x)$ si $x \neq 0$, donc g n'est pas linéaire.
3. Soit h définie par $h(x) = 4x + 1$.
   $h(1) = 5$ et $h(2) = 9$, donc $h(2) \neq 2h(1)$. On en déduit que h n'est pas linéaire.

4 Application linéaire de E dans E

f et g deux applications linéaires de E dans E.

1. Si $x \in \mathrm{Ker}(f)$, alors $f(x) = 0$, donc $g \circ f(x) = g(f(x)) = g(0) = 0$, i.e. $x \in \mathrm{Ker}(g \circ f)$. On a donc $\mathrm{Ker}(f) \subset \mathrm{Ker}(g\circ f)$.
   Soit $y \in \mathrm{Im}(g \circ f)$. Il existe $x \in E$, tel que $y = g \circ f(x)$, donc $y = g(f(x))$, d'où y est l'image de $f(x)$ par g, i.e. $y \in \mathrm{Im}(g)$.
   On a donc $\mathrm{Im}(g \circ f) \subset \mathrm{Im}(g)$
2. On a $\mathrm{rg}(g \circ f) = \dim(\mathrm{Im}(g \circ f)) \leq \dim(\mathrm{Im}(g)) = \mathrm{rg}(g)$.
   D'autre part, d'après le théorème noyau-image :

$$\mathrm{rg}(g \circ f) = \dim(\mathrm{Im}(g \circ f)) = \dim(E) - \dim(\mathrm{Ker}(g \circ f))$$
$$\leq \dim(E) - \dim(\mathrm{Ker}(f)) = \mathrm{rg}(f)$$

Chapitre 9

1 Vrai/Faux

1. Vrai.
2. Faux.
3. Faux.
4. Vrai (▶ proposition 9.25).
5. Vrai (▶ proposition 9.36).

2 Sommes de matrices

1. $A + B = \begin{pmatrix} \frac{13}{2} & 11 \\ \frac{3}{2} & 7 \end{pmatrix}$
2. $A + B$ n'existe pas, car A et B ne sont pas de même type.
3. $A + B = \begin{pmatrix} -3 & 13 & \frac{27}{4} \\ \frac{11}{2} & -7 & 5 \end{pmatrix}$

3 Produits de matrices

1. On a $AB = \begin{pmatrix} 26 & 56 \\ 31 & 28 \end{pmatrix}$ et $BA = \begin{pmatrix} -16 & 8 \\ -14 & 70 \end{pmatrix}$.
2. On a $AB = \begin{pmatrix} 12 & 54 \\ 14 & 78 \end{pmatrix}$ et $BA = \begin{pmatrix} 89 & 27 & -25 \\ 39 & 7 & -47 \\ 26 & 8 & 6 \end{pmatrix}$ n'est pas définie.
3. AB n'est pas définie et $BA = \begin{pmatrix} 26 & 76 & 3 \\ 0 & 46 & -1 \end{pmatrix}$.
4. AB n'est pas définie et BA n'est pas définie non plus.

Chapitre 10

1 Vrai/Faux

1. Faux. La matrice $A = \begin{pmatrix} 0 & -1 \\ 1 & 0 \end{pmatrix}$ a pour polynôme caractéristique $P_A(\lambda) = \begin{vmatrix} -\lambda & -1 \\ 1 & -\lambda \end{vmatrix} = \lambda^2 + 1$ qui n'a pas de racine dans $\mathbb{R}$, donc A n'a pas de valeur propre dans $\mathbb{R}$.
2. Faux. La matrice $A = \begin{pmatrix} 0 & -1 \\ 1 & 0 \end{pmatrix}$ n'a pas de valeur propre réelle, donc pas de base formée de vecteurs propres.
3. Vrai.

4. Vrai (▸ définition 10.6).
5. Vrai (▸ proposition 10.18).

2 Diagonalisation

1. Soit $A = \begin{pmatrix} 1 & 3 \\ 3 & 1 \end{pmatrix}$. Le polynôme caractéristique est $P_A(\lambda) = \begin{vmatrix} 1-\lambda & 3 \\ 3 & 1-\lambda \end{vmatrix} = (1-\lambda)^2 - 9 = \lambda^2 - 2\lambda - 8$, de discriminant $\Delta = 4 - 4 \times (-8) = 36$. Les racines de P_A sont $\lambda = \dfrac{2 \pm 6}{2}$, donc $\lambda_1 = 4$ et $\lambda_2 = -2$.
On a deux valeurs propres distinctes dans un espace de dimension 2, donc A est diagonalisable et est semblable à la matrice $D = \begin{pmatrix} 4 & 0 \\ 0 & -2 \end{pmatrix}$.
$A\begin{pmatrix} x_1 \\ x_2 \end{pmatrix} = \begin{pmatrix} 4x_1 \\ 4x_2 \end{pmatrix} \Leftrightarrow \begin{cases} x_1 + 3x_2 = 4x_1 \\ 3x_1 + x_2 = 4x_2 \end{cases}$ qui équivaut à $x_1 = x_2$, d'où le vecteur propre $U_1 = \begin{pmatrix} 1 \\ 1 \end{pmatrix}$.
$A\begin{pmatrix} x_1 \\ x_2 \end{pmatrix} = \begin{pmatrix} -2x_1 \\ -2x_2 \end{pmatrix} \Leftrightarrow \begin{cases} x_1 + 3x_2 = -2x_1 \\ 3x_1 + x_2 = -2x_2 \end{cases}$ qui équivaut à $x_1 + x_2 = 0$, d'où le vecteur propre $U_2 = \begin{pmatrix} +1 \\ -1 \end{pmatrix}$.
Conclusion : on a $D = P^{-1}AP$, avec $P = \begin{pmatrix} 1 & 1 \\ 1 & -1 \end{pmatrix}$.

2. Soit $A = \begin{pmatrix} 2 & 5 \\ -8 & 4 \end{pmatrix}$. Le polynôme caractéristique est $P_A(\lambda) = \begin{vmatrix} 2-\lambda & 5 \\ -8 & 4-\lambda \end{vmatrix} = (2-\lambda)(4-\lambda) + 40 = \lambda^2 - 6\lambda + 48$, de discriminant $\Delta = 36 - 4 \times (48) = -156 < 0$.
Le polynôme caractéristique n'a pas de racines réelles, donc A n'a pas de valeurs propres réelles, d'où A n'est pas diagonalisable.

3. Soit $A = \begin{pmatrix} 1 & 0 & 0 \\ 0 & 1 & 0 \\ 1 & 1 & 3 \end{pmatrix}$. Le polynôme caractéristique est :

$$P_A(\lambda) = \begin{vmatrix} 1-\lambda & 0 & 0 \\ 0 & 1-\lambda & 0 \\ 1 & 1 & 3-\lambda \end{vmatrix} = (1-\lambda)\begin{vmatrix} 1-\lambda & 0 \\ 1 & 3-\lambda \end{vmatrix} = (1-\lambda)^2(3-\lambda)$$

Il y a donc deux valeurs propres, qui sont $\lambda_1 = 1$ et $\lambda_2 = 3$.
$A\begin{pmatrix} x_1 \\ x_2 \\ x_3 \end{pmatrix} = \begin{pmatrix} x_1 \\ x_2 \\ x_3 \end{pmatrix} \Leftrightarrow \begin{cases} x_1 = x_1 \\ x_2 = x_2 \\ x_1 + x_2 + 3x_3 = x_3 \end{cases}$ qui équivaut à $x_1 + x_2 + 2x_3 = 0$.
Le sous-espace propre associé à la valeur propre $\lambda_1 = 1$ a pour base (U_1, U_2), avec par exemple $U_1 = \begin{pmatrix} -2 \\ 0 \\ 1 \end{pmatrix}$ et $U_2 = \begin{pmatrix} 0 \\ -2 \\ 1 \end{pmatrix}$.
$A\begin{pmatrix} x_1 \\ x_2 \\ x_3 \end{pmatrix} = \begin{pmatrix} 3x_1 \\ 3x_2 \\ 3x_3 \end{pmatrix} \Leftrightarrow \begin{cases} x_1 = 3x_1 \\ x_2 = 3x_2 \\ x_1 + x_2 + 3x_3 = 3x_3 \end{cases}$ qui équivaut à $x_1 = x_2 = 0$.
Le sous-espace propre associé à la valeur propre $\lambda_2 = 3$ a pour base $U_3 = \begin{pmatrix} 0 \\ 0 \\ 1 \end{pmatrix}$.
Il y a une base (U_1, U_2, U_3) formée de vecteurs propres, donc A est diagonalisable, avec :
$D = P^{-1}AP$, où $D = \begin{pmatrix} 1 & 0 & 0 \\ 0 & 1 & 0 \\ 0 & 0 & 3 \end{pmatrix}$,
et $P = \begin{pmatrix} -2 & 0 & 0 \\ 0 & -2 & 0 \\ 1 & 1 & 1 \end{pmatrix}$

4. Soit $A = \begin{pmatrix} -2 & 3 & -3 \\ 0 & 1 & -1 \\ 0 & 1 & 3 \end{pmatrix}$. Le polynôme caractéristique est :

$$\begin{aligned} P_A(\lambda) &= \begin{vmatrix} -2-\lambda & 3 & -3 \\ 0 & 1-\lambda & -1 \\ 0 & 1 & 3-\lambda \end{vmatrix} \\ &= (-2-\lambda)\begin{vmatrix} 1-\lambda & -1 \\ 1 & 3-\lambda \end{vmatrix} \\ &= (-2-\lambda)[(1-\lambda)(3-\lambda) + 1] \\ &= (-2-\lambda)[\lambda^2 - 4\lambda + 4] = -(\lambda+2)(\lambda-2)^2 \end{aligned}$$

Il y a donc deux valeurs propres, qui sont $\lambda_1 = 2$ et $\lambda_2 = -2$.
$A\begin{pmatrix} x_1 \\ x_2 \\ x_3 \end{pmatrix} = \begin{pmatrix} 2x_1 \\ 2x_2 \\ 2x_3 \end{pmatrix} \Leftrightarrow \begin{cases} -2x_1 + 3x_2 - 3x_3 = 2x_1 \\ x_2 - x_3 = 2x_2 \\ x_2 + 3x_3 = 2x_3 \end{cases}$
qui équivaut à $\begin{cases} -4x_1 + 3x_2 - 3x_3 = 0 \\ x_2 + x_3 = 0 \end{cases}$, de base
$U_1 = \begin{pmatrix} 3/2 \\ 1 \\ -1 \end{pmatrix}$
$A\begin{pmatrix} x_1 \\ x_2 \\ x_3 \end{pmatrix} = \begin{pmatrix} -2x_1 \\ -2x_2 \\ -2x_3 \end{pmatrix} \Leftrightarrow \begin{cases} -2x_1 + 3x_2 - 3x_3 = -2x_1 \\ x_2 - x_3 = -2x_2 \\ x_2 + 3x_3 = -2x_3 \end{cases}$,
c'est-à-dire $\begin{cases} 3x_2 - 3x_3 = 0 \\ 3x_2 = x_3 \\ x_2 + 5x_3 = 0 \end{cases}$, qui équivaut à $x_2 = x_3 = 0$.
Le sous-espace propre associé à la valeur propre $\lambda_1 = -2$ a pour base $U_2 = \begin{pmatrix} 1 \\ 0 \\ 0 \end{pmatrix}$.
La famille de vecteurs propres ainsi calculée est donc (U_1, U_2) qui n'est pas une base (car on est en dimension 3). On en déduit que la matrice A n'est pas diagonalisable.

Chapitre 11

1 Vrai/Faux

1. Faux. Par exemple dans $\mathbb{R}$, la partie $A =]3; 7]$ n'est ni ouverte ni fermée.
2. Vrai (▸ paragraphe 2.3).

3. Faux. Par exemple, soit f la fonction définie de $\mathbb{R}$ dans $\mathbb{R}$ par $f(x) = x^2$. L'image de $A =]-1;+1[$ par f est $B = [0;1[$, où A est ouvert, f est continue et B n'est pas ouvert.
4. Vrai (▸ proposition 11.14).
5. Vrai.
6. Vrai.
7. Vrai.

3 Dérivés partielles

1. Pour $x > 0$ et $y > 0$, $f(x,y) = \ln(x/y) = \ln(x) - \ln(y)$
$\frac{\partial f}{\partial x}(x,y) = \frac{1}{x}$ et $\frac{\partial f}{\partial y}(x,y) = \frac{-1}{y}$
2. Pour $x > 0$ et $y > 0$, $f(x,y) = x^y = e^{y\ln(x)}$
$\frac{\partial f}{\partial x}(x,y) = yx^{y-1}$ et $\frac{\partial f}{\partial y}(x,y) = \ln(x)e^{y\ln(x)} = \ln(x) \times x^y$
3. Pour $x > 0$ et $y > 0$, $f(x,y) = \ln\left(\frac{1}{\sqrt{x^2+y^2}}\right) = \ln\left((x^2+y^2)^{-1/2}\right) = \frac{-1}{2}\ln\left(x^2+y^2\right)$
$\frac{\partial f}{\partial x}(x,y) = \frac{-1}{2} \times \frac{2x}{x^2+y^2} = \frac{-x}{x^2+y^2}$ et $\frac{\partial f}{\partial y}(x,y) = \frac{-y}{x^2+y^2}$

4 Élasticités partielles

1. On considère f définie par $f(x,y) = xy\ln(x)$. Le logarithme est défini seulement pour $x > 0$, donc le domaine de définition de f est $D_f = \mathbb{R}_+^* \times \mathbb{R}$. Les dérivées partielles sont :

$$\frac{\partial f}{\partial x}(x,y) = y(1+\ln(x)) \quad \text{et} \quad \frac{\partial f}{\partial x}(x,y) = x\ln(x)$$

Les élasticités partielles sont :

$$\varepsilon_x^f(x,y) = \frac{\partial f}{\partial x}(x,y) \times \frac{x}{f(x,y)} = \frac{xy(1+\ln(x))}{xy\ln(x)} = \frac{(1+\ln(x))}{\ln(x)} = 1 + \frac{1}{\ln(x)} \text{ pour } x \neq 1$$

et

$$\varepsilon_x^f(x,y) = \frac{\partial f}{\partial y}(x,y) \times \frac{y}{f(x,y)} = \frac{yx\ln(x)}{xy\ln(x)} = 1$$

5 Élasticités partielles d'une fonction de production

On considère la fonction de production Cobb-Douglas f définie par $f(K,L) = AK^\alpha L^\beta$ pour $K > 0$ et $L > 0$, où $0 < \alpha < 1$ et $0 < \beta < 1$.
Les dérivées partielles sont :

$$\frac{\partial f}{\partial K}(K,L) = \alpha AK^{\alpha-1}L^\beta \quad \text{et} \quad \frac{\partial f}{\partial L}(K,L) = \beta AK^\alpha L^{\beta-1}$$

Les élasticités partielles sont :

$$\varepsilon_K^f(K,L) = \frac{\partial f}{\partial K}(K,L) \times \frac{K}{f(K,L)} = \frac{\alpha AK^{\alpha-1}L^\beta K}{AK^\alpha L^\beta} = \alpha$$

et

$$\varepsilon_L^f(K,L) = \frac{\partial f}{\partial L}(K,L) \times \frac{L}{f(K,L)} = \frac{\beta AK^\alpha L^{\beta-1}L}{AK^\alpha L^\beta} = \beta$$

Chapitre 12

1 Vrai/Faux

1. Faux (▸ exemple 12.3).
2. Vrai car ici D est ouvert.
3. Faux car E n'est pas ouvert.
4. Vrai (▸ paragraphe 3.3).

2 Extrema locaux

On considère la fonction f de $\mathbb{R}^2$ dans $\mathbb{R}$, définie par :

$$f(x,y) = x^3 + y^3 - 9xy + 12.$$

La fonction f n'est pas bornée, donc il n'y a pas d'extremum global. On cherche les extrema locaux. Il s'agit d'un problème sans contraintes, donc on cherche les points critiques.
$\frac{\partial f}{\partial x}(x,y) = 3x^2 - 9y$ et $\frac{\partial f}{\partial y}(x,y) = 3y^2 - 9x$

$$\nabla f(x,y) = 0 \Leftrightarrow \begin{cases} x^2 = 3y \\ y^2 = 3x \end{cases} \text{ qui équivaut à } \begin{cases} x^2 = 3y \\ \left(\frac{x^2}{3}\right)^2 = 3x \end{cases}$$

On a $\left(\frac{x^2}{3}\right)^2 = 3x \Leftrightarrow x^4 = 27x$ qui donne $x = 0$ ou $x^3 = 27$.
Il y a donc deux points critiques :

$$\begin{pmatrix} 0 \\ 0 \end{pmatrix} \text{ et } \begin{pmatrix} 3 \\ 3 \end{pmatrix}.$$

La matrice hessienne est $D^2 f(x,y) = \begin{pmatrix} 6x & -9 \\ -9 & 6y \end{pmatrix}$.

Soit $A_1 = D^2 f(0;0) = \begin{pmatrix} 0 & -9 \\ -9 & 0 \end{pmatrix}$. On a $\det(A_1) = -81$ donc la matrice A_1 a deux valeurs propres de signes strictement opposés, la forme quadratique associée est indéfinie. Le point $\begin{pmatrix} 0 \\ 0 \end{pmatrix}$ est donc un point col, ce n'est pas un extremum local.

Soit $A_2 = D^2 f(3;3) = \begin{pmatrix} 18 & -9 \\ -9 & 18 \end{pmatrix}$. On a $\det(A_2) = 18^2 - 9^2 > 0$ et $tr(A_2) > 0$, donc la matrice A_2 a deux valeurs propres strictement positives, la forme quadratique associée est définie positive. Le point $\begin{pmatrix} 3 \\ 3 \end{pmatrix}$ satisfait donc les conditions suffisantes du second ordre pour être un minimum local.

Conclusion : le point est donc $\begin{pmatrix} 3 \\ 3 \end{pmatrix}$ le seul minimum local.

Il n'y a pas de maximum local. Ajoutons que $\begin{pmatrix} 3 \\ 3 \end{pmatrix}$ n'est pas un minimum global car f n'est pas minorée sur $\mathbb{R}^2$. En effet, $f(x,0) = x^3 + 12$ tend vers $-\infty$ si $x \to -\infty$.

Bibliographie

ARCHINARD G., GUERRIEN B., *Analyse mathématique pour économistes*, Economica, 3e édition, 1988.

ARCHINARD G., GUERRIEN B., *Principes mathématiques pour économistes*, Economica, 1992.

BOURSIN J.-L., *Éléments de mathématiques*, Montchrestien, 2e édition, 1990.

BOYER C., *A history of mathematics*, Princeton University Press, 1985.

CAULIER J.-F., *Fondements mathématiques pour l'économie et la gestion*, De Boeck, 2014.

ESCH L., *Mathématique pour économistes et gestionnaires*, De Boeck, 4e édition, 2010.

FERRIER O., *Maths pour économistes*, De Boeck, 2007.

GUERRIEN B., *Algèbre linéaire pour économistes*, Economica, 3e édition, 1991.

HAYEK N., LECA J-P., *Mathématiques pour l'économie*, Dunod, 5e édition, 2015.

LIPSCHUTZ S., LIPSON M., *Algèbre linéaire*, Schaum's EdiScience, 3e édition, 2003.

LIRET F., MARTINAIS D., *Algèbre 1re année*, Dunod, 2e édition, 2003.

MAFOUTA-BANTSIMBA C-P., *Mathématiques pour l'économie*, De Boeck, 2005.

MEHDI S., MESNAGER L., *Mathématiques L1*, Ellipses, 2010.

MICHEL P., *Cours de mathématiques pour économistes*, Economica, 2e édition, 1989.

PICCININI L., *Analyse Mathématiques*, Ellipses, 2008.

ROGER P., *Mathématiques pour l'économie et la gestion*, Pearson, 2006.

SIMON C., BLUME L., *Mathématiques pour économistes*, De Boeck, 1998.

SOL J.-L., *Mathématiques*, Dunod, 1993.

SYDSAETER K., HAMMOND P., *Mathématiques pour l'économie*, Pearson, 4e édition, 2012.

Index

T

U

V

70954-(I)-(2,2)-OSB 80°-172-EPR-VCT
Dépôt légal: juin 2015
Imprimé en Espagne par Unigraf S.L.